智能制造
技术与应用

林　郁　范玉顺　编著

清华大学出版社
北京

内 容 简 介

本书系统地讲解了智能制造的概念与内涵,智能制造产生的信息技术基础,物联网与云计算,大数据和人工智能技术,智能制造的主要战略,智能制造的技术框架与制造服务等。对制造行业智能制造的应用进行了深入探索与实践,深入分析了国内外3个典型案例和行业5个案例。行业应用案例阐述了为破解企业难题、促进企业转型升级,以智能工厂试点建设为切入点,推进生产制造与互联网融合创新,坚持立足实际、问题导向,开展制造工业互联网平台建设,推进工厂的生产设备网络化、生产数据可视化、生产过程透明化、生产决策智能化,全面提升企业智能制造水平,形成企业创新发展新优势。

本书案例新颖,系统性强,结构清晰,通俗易懂,适合制造业高管、生产管理者、质量管理者、信息化管理者、大学相关专业的师生及智能制造爱好者参考使用。

图书在版编目(CIP)数据

智能制造技术与应用/林郁,范玉顺编著. —北京:清华大学出版社,2023.3(2024.2重印)
ISBN 978-7-302-62560-5

Ⅰ.①智… Ⅱ.①林… ②范… Ⅲ.①智能制造系统 Ⅳ.①TH166

中国国家版本馆 CIP 数据核字(2023)第 021782 号

责任编辑:龙启铭
封面设计:刘 键
责任校对:申晓焕
责任印制:曹婉颖

出版发行:清华大学出版社
　　　　网　　　址:https://www.tup.com.cn,https://www.wqxuetang.com
　　　　地　　　址:北京清华大学学研大厦 A 座　　　　邮　　编:100084
　　　　社 总 机:010-83470000　　　　邮　　购:010-62786544
　　　　投稿与读者服务:010-62776969,c-service@tup.tsinghua.edu.cn
　　　　质量反馈:010-62772015,zhiliang@tup.tsinghua.edu.cn
　　　　课件下载:https://www.tup.com.cn,010-83470236
印 装 者:三河市龙大印装有限公司
经　　　销:全国新华书店
开　　本:185mm×260mm　　　　印　张:24.25　　　　字　数:560 千字
版　　次:2023 年 3 月第 1 版　　　　印　次:2024 年 2 月第 3 次印刷
定　　价:79.00 元

产品编号:095461-01

前　言

近些年来，笔者对智能制造理论学习和实践花了不少时间，主持或参与了多个大型企业的智能制造试点项目的开展，对其在行业应用与实践探索有了一定的思考。一年前，笔者萌生了一个想法，结合自己过去多年对传统企业 IT 系统建设的经验，想写一本关于智能制造技术与应用实践的书，而且这也是笔者所写的第一本书。考虑良久，几经反复，拟出了书的初步大纲，但久久未能动笔。清华大学范玉顺教授对智能制造的研究方面有很深的造诣，一次偶然的机会，当笔者把这一想法和他说了后，得到了他的热情鼓励和大力支持，使笔者坚定了写作的想法。于是，笔者不揣冒昧，怀着忐忑的心情开始了本书的写作。

智能制造是基于新一代信息通信技术与先进制造技术深度融合，贯穿于设计、生产、管理、服务等制造活动的各个环节，具有自感知、自学习、自决策、自执行、自适应等功能的新型生产方式。基于信息系统的智能装备、智能工厂等智能制造正在引领制造方式变革，既符合我国制造业发展的内在要求，也是重塑我国制造业新优势、实现转型升级的必然选择。加快发展智能制造，是培育我国经济增长新动能的必由之路，是抢占未来经济和科技发展制高点的战略选择，对于推动我国制造业供给侧结构性改革，打造我国制造业竞争新优势，实现制造强国，具有重要战略意义。智能制造俨然成为制造业关注的热点，已经被越来越多的企业领导者所认可。当前，深入推进工业化与信息化融合已成为行业转型升级发展的一个重要命题，也是精益管理不断向纵深推进的现实需要和战略需求。

本书系统地讲解了智能制造的概念与内涵，智能制造产生的信息技术基础，物联网与云计算，大数据和人工智能技术，智能制造的主要战略，智能制造的技术框架与制造服务等。对制造行业智能制造的应用进行了深入探索与实践，用两章的篇幅深入分析了国内外 3 个典型案例和行业 5 个案例。希望通过本书能让更多的企业领导者、CIO 和相关人员以更全面、更正确的视角理解智能制造，思考企业的数字化转型之路。

每本书的编写都凝聚了很多人的汗水和智慧，十分不易，需要投入大量的精力，尤其是将理论和实践相结合，需要较高的理论水平和对案例的充分了解，要进行提炼总结。本书由范玉顺老师编写了第 1～4 章和第 6 章，林郁编写了其余的章节。感谢笔者同事马庆文、郭天文、李文灿、曹琦、陈晓杜等，他们参与了本书部分章节的编写，从不同的视角、业务领域对智能制造建设给企业和行业带来的帮助和价值做了非常精彩的阐述。在这里特别感谢武汉智能装备工业技术研究院有限公司提供了相关案例。期待本书能给大家带来有益的帮助,那将是我乐见的事。

编　者

2022 年 5 月于厦门

目　录

第 1 章

智能制造的概念与产生背景

近年来,以计算机和网络信息技术为基础的高新技术得到迅猛发展,为传统的制造业提供了新的发展机遇。计算机技术、网络技术、自动化技术与传统制造技术相结合,形成了智能制造的概念。近年来美国提出了"工业互联网"发展战略,德国提出"工业 4.0"战略行动计划,我国提出了"中国制造 2025"发展战略,这些战略的主要目标都是发展智能制造,提升国家制造业的竞争力,而智能制造之所以在今天得到空前的重视并能够得以实施,其实质都是信息技术和制造业结合的结果。

本章对智能制造的概念与内涵进行介绍,然后重点介绍智能制造的信息技术基础。

1.1 智能制造是一种先进制造模式

制造模式是人们设计新的制造系统或者改造现有制造系统时所依据的基本概念、原则和理论,以及制造系统在企业运行过程中所遵循的规律。

先进制造模式是传统制造业不断吸收机械、电子、信息、材料、能源及现代管理等技术成果,并将其综合应用于制造全过程,以实现优质、高效、低消耗、清洁、灵活生产,从而取得较理想的技术与经济效果的方法、原理和技术的总称。制造模式的研究范畴根据抽象性的深浅可划分为三个层次:制造科学、制造系统技术、制造系统实例。制造科学主要研究制造哲理、制造策略、制造系统体系结构、各种基础的(支持性)理论方法,从学术理论方面确定制造系统的基本内涵和外延。制造系统技术主要包括产品设计技术、加工及装配工艺、控制技术、信息使能技术等。制造系统实例则包括用于技术研究和演示作用的实验系统,以及用于企业产品生产的系统。

先进制造模式是制造领域的最新发展阶段,它既是由传统制造技术发展而来,又随着高新技术的引入和制造环境的变化而产生了质的飞跃,它显著地提高了企业的产品质量、经济效益和市场竞争力。先进制造技术还在大幅度地改善企业产品结构、生产过程和经营管理模式上发挥重要的作用。越来越多的企业把能够高质量、快响应、灵活、敏捷地满足客户需求的先进制造技术作为企业继续生存并保持发展的重要手段。

在这个背景下,自 20 世纪 80 年代开始,美国、日本等开展了大量的研究,提出了许多新观点、新思想、新概念,先后诞生了许多先进制造技术、模式与系统,例如柔性制造系统、精良生产、并行工程、CIMS、智能制造系统、虚拟制造系统、敏捷制造系统、网络化制造等。在现有的研究中,关于先进制造模式的概念非常广泛,我们可以将这些制造模式按照目的不同分为以提升企业自身能力为主的先进制造模式、以促进企业间协作为主的先进制造模式和今天以全社会协作和企业创新为主的先进制造模式。以提升企业自身能力为主的先进制造模式包括：精良生产、计算机集成制造、大批量定制、虚拟制造、JIT（Just In Time，准时制生产模式）、BPR（Business Process Reengineering，业务流程再造）等；以促进企业间协作为主的先进制造模式包括：敏捷制造、网络化制造、供应链管理、协同产品商务等；以全社会协作和企业创新为主的先进制造模式包括：服务化制造、工业互联网、智能制造模式等。

针对这些先进制造模式，世界各国纷纷推出并实施旨在提高本国制造企业国际竞争力的先进制造和信息技术计划，这些计划虽然切入点不同、实施内容各有特色，但其共同的特点是都强调多种技术的综合应用和集成，特别是强调信息技术在制造业中的应用。

美国政府和企业实施了一系列促进制造企业竞争力提高的先进制造计划和项目，主要包括 CIM 战略规划、CALS 计划、AMT 计划、SIMA 计划、TEAM 项目、NIIIP 项目、AIMS 项目等，这些计划和项目在促进美国在高新技术产品的研制与制造业的发展上发挥了重要的作用；欧洲的先进制造与信息技术计划包括："尤里卡"计划、ESPRIT 计划、IST 计划、德国制造 2000 计划；日本实施了"智能制造系统"计划；韩国实施了"网络化韩国 21 世纪"计划。这些项目和计划大大促进了先进制造模式的普及和实现，显著提升了国家和地区的总体制造水平，也为这些国家和地区创造了巨大的社会和经济效益。

进入 21 世纪，随着各种制造理论、制造技术的逐渐成熟，以及分布式计算技术、互联网技术、移动通信技术、物联网技术、人工智能与大数据技术的迅猛发展，智能制造逐渐成为当前企业的先进制造模式。在当前经济全球化、信息和服务网络化的大趋势下，智能制造技术和系统能够较好地满足企业开展市场竞争的核心需求。智能制造是企业为应对知识经济和制造全球化的挑战而实施的以快速响应市场需求和提高企业（企业群体）竞争力为主要目标的一种先进制造模式。通过采用先进的网络技术、制造技术及其他相关技术，构建基于工业互联网的智能制造系统，并在系统的支持下，突破空间地域对企业生产经营范围和方式的约束，开展覆盖产品整个生命周期全部或部分环节的企业业务活动（例如，产品设计、制造、销售、采购、管理等），实现企业间的协同和各种社会资源的共享与集成，高速度、高质量、低成本地为市场提供所需的产品和服务。作为一种先进制造技术与先进信息技术结合的先进制造模式，智能制造为企业指出了在工业互联网环境下，利用人工智能和大数据技术，通过企业间协同，集成和利用全社会资源开展企业的生产经营管理活动的指导思想，在这一指导思想下，结合企业具体应用需求，构建特定的智能制造系统，为企业的业务运作提供系统和工具上的支持。因此，智能制造既包括了通用的、基础性的智能制造模式、理论和方法，又包括结合企业具体需求构建的各种形式的智能制造系统，还包括一批支持智能制造系统的规划、组织、设计、实施、运行和管理的技术。

1.2 智能制造的概念与内涵

制造是人类最基础、最重要的活动。制造业、制造技术的发展是推动人类经济进步、社会进步、文明进步的主要动力，也是国家综合国力的体现。智能制造是经济和技术发展的必然结果。为了应对动态、复杂的市场和技术环境,制造系统必须具备敏捷性、柔性、鲁棒性、协同性等一系列特性,而实现这些特性的基础在于建立一个智能化的制造系统。智能化是实现敏捷化、柔性化、自动化、集成化的关键所在,贯穿于制造活动的全过程。随着信息技术、自动化技术、制造技术和管理方法的发展,制造系统的智能化程度将不断提高。

　　智能制造是发展的必然,是相关技术进步和制造业的需求相融合的结果。虽然人们在不同时期,从不同角度对智能制造进行了不尽相同的描述,而且各个国家发展智能制造时的重点并不完全相同,但从其目标、组成要素、技术手段而言,基本内涵是一致的,都是要在制造的全过程中充分利用先进技术和充分发挥人的智慧,形成以使生产过程更灵活、更高效的制造体系和各种制造技术。智能制造就是这种制造体系和制造技术的总称。

　　目前,人们对于智能制造尚无公认的定义。美国"智能制造创新研究院"对智能制造的定义是:智能制造是先进传感、仪器、监测、控制和过程优化的技术和实践的组合,它们将信息和通信技术与制造环境融合在一起,实现工厂和企业中能量、生产率、成本的实时管理。我国工业和信息化部在"2015年智能制造试点示范专项行动"中对智能制造的定义是:智能制造是基于新一代信息技术,贯穿设计、生产、管理、服务等制造活动各个环节,具有信息深度自感知、智慧优化自决策、精准控制自执行等功能的先进制造过程、系统与模式的总称,具有以智能工厂为载体、以关键制造环节智能化为核心、以端到端数据流为基础、以网络互联为支撑等特征,实现智能制造缩短产品研制周期、降低资源能源消耗、降低运营成本、提高生产效率、提升产品质量。

　　智能制造包含多个方面的内容,智能制造不仅仅是指生产过程的智能化,而是涉及产品、设计、生产、管理等多个方面。在制造企业实施智能制造可能包含的内容有:

　　(1) 产品的智能化:通过采用嵌入传感器将传统的哑产品(不能联网、不能传递数据)变成智能产品,提高产品的档次和附加值。智能产品可以采集数据、传输数据和接收外部指令,并且可以和其他智能产品联网组成功能更强大的系统。

　　(2) 研发过程的智能化:基于虚拟现实(Virtual Reality,VR)技术、增强现实(Augmented Reality,AR)技术、知识管理技术、多学科仿真技术开展虚拟设计制造,优化产品设计。采用集成化产品开发(Integrated Product Development,IPD)技术、并行工程(Concurrent Engineering)技术改进产品的研发过程,提高产品开发质量,缩短产品研发周期,降低产品开发成本。

　　(3) 装备的智能化:采用嵌入式系统和数控系统,提高制造过程中装备的智能化水平。

　　(4) 生产过程的智能化:利用智能装备和各种传感器收集到的生产现场数据,基于大数据分析,实现柔性排产、优化调度、智能控制、故障诊断。

　　(5) 经营决策的智能化:利用各种业务知识提高业务单元操作的智能化水平,在业务决策过程中充分利用大数据分析技术,实现决策和管理过程的智能化。在跨部门业务协同中利用流程管理技术实现协作的智能化。

　　(6) 企业间协作的智能化:采用供应链管理和物流管理技术,提高供应链和物流系统的智能化水平。

　　(7) 制造业的智能化:采用云服务等技术实现制造服务化,大力发展服务互联网

(Internet of Service)，形成智能服务世界。

与传统制造模式相比，智能制造具有以下特点：

（1）智能制造与绿色制造一样，是一个方向，是一个技术领域，而不是一项具体技术。它涵盖了制造体系中的各种制造技术和管理技术。智能不是仅仅体现在制造过程的某一个层次上，智能化分布于制造的（设计、设备、过程、支撑、管理、市场）各个环节，因此智能制造也可以称为一种先进制造模式。

（2）智能制造是传统制造技术和其他领域技术（主要是信息技术）相结合的产物。由于行业信息技术的发展速度非常快，所以智能制造的技术内容也将是不断发展变化的，企业的智能制造水平也在不断提高。

（3）由于制造技术的涵盖面非常广，智能制造内涵也是多样的，不同行业、不同企业的智能制造系统所包含的内容是不一样的。

（4）智能制造的关键任务之一是把人的智慧融入生产过程所需要的各个单元之中，并且人可以直接介入生产行为，实现必要的人机合作。因此，智能制造在增强自动化能力的同时，与人的关系变得密切，人机共融是其重要特征。它的目标是非常明确的，就是提高劳动生产率。

（5）智能制造的发展与应用，将使得企业的经营管理模式将从过去的以产品为中心转变为以客户为中心的管理模式。从做什么卖什么的 B2C（企业到客户）模式，变成客户要什么就生产什么的 C2M（客户到制造商）模式。

（6）随着市场产品的日益丰富和饱和，企业的价值创造过程也将从过去的产品制造过程延伸到产品使用过程中的服务，通过服务创造更大的价值。德勤会计事务所 2006 年发布的一项数据显示："对全球顶级的制造企业的研究中发现，制成品在顶级制造企业销售收入所占的比重仅有 30% 左右，而服务以及零配件业务的比重超过 70%。"发展基于信息技术的新型服务方式将成为企业新的经济增长点。

（7）在智能制造模式下，数据将发挥越来越大的作用。通过对生产制造过程中的采集数据进行分析，一方面可以进行生产过程的优化调度，提高生产效率，另一方面可以对生产过程中设备的状态进行预测，避免出现严重的故障或者生产事故，提高产品质量。同样，通过网络化手段采集企业销售的设备（产品）使用数据，进行设备故障预测，并通过对产品使用过程中产生的数据分析，优化产品的设计，提升产品性能。

智能化是制造业技术发展的长期方向，从图 1-1 中可以看出，随着信息技术的发展，制造业的智能化水平不断提高。

信息技术的发展也在不断推进制造企业的管理与运作模式发生深刻的变化。图 1-2 是笔者总结的信息技术与企业组织管理模式发展过程的示意图。

1900 年左右，机器的发明和电器的应用促使制造业产生了以福特公司大批量流水线生产模式为代表的制造业机械化模式。

1950 年后，以计算机发明与应用、自动控制技术为基础，出现了自动化生产模式。

1980 年后，以计算机、局域网和数据库为基础，出现了以精益制造（Lean Production）和计算机集成制造（Computer Integrated Manufacturing）为代表的集成化制造模式，显著提高了制造企业的生产管理水平，提升了企业竞争能力。

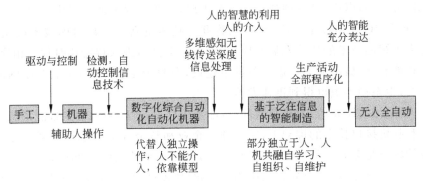

图1-1　智能化是制造业技术发展的长期方向

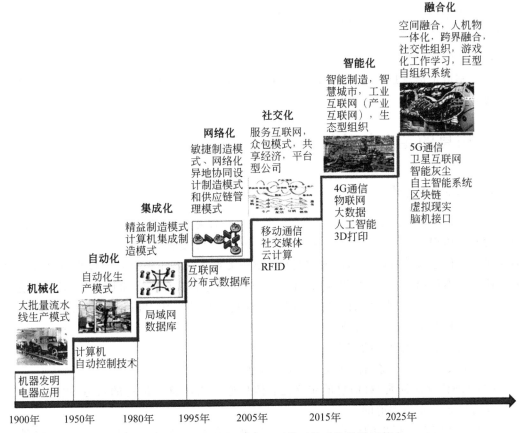

图1-2　信息技术与企业组织管理模式的发展过程

1995年前后,互联网技术的发展与分布式数据库技术的应用,促成了网络化制造模式。互联网的普及应用,打破了过去以企业围墙为边界的管理理念,产生了跨企业合作敏捷制造模式、网络化异地协同设计制造模式和供应链管理模式。

2005年后,随着移动通信、云计算、社交媒体和无线射频识别(Radio Frequency Identification,RFID)电子标签等的发展与应用,服务互联网(Internet of Service,IoS)、众包(Crowdsourcing)模式、平台型公司等纷纷出现,企业运营出现社交化模式。

2015年后,4G通信技术的广泛应用、物联网技术的普及、3D打印技术应用,特别是大数据与人工智能技术的快速发展与应用,人类社会开始进入智能化时代。相应地,企业开始实施智能制造,城市大力推进智慧城市建设,在整个工业领域,工业互联网的概念开始广泛普及,生态型组织也得到迅速发展。

2025年后,在5G通信、卫星互联网、智能灰尘(Smart Dust)、自主智能系统、区块链、虚拟现实和脑机接口技术的推动下,笔者预测企业和整个社会都会进入融合化阶段。在这个阶段的融合是多方面的融合,包括空间融合(在未来的网络空间中,任何人都好像在一个地方,无空间地理位置差异)、人机物一体化(虚实融合,数字孪生)、跨界融合(产业边界模糊化,学-研-产-用无缝融合)。基于社会激励和个人自我价值实现的社交性组织得到迅速发展。体验经济得到普及,游戏化工作学习成为常态,工作和学习成为员工兴趣和自我实现的需要。超越国家边界的巨大型组织将形成,这些组织成员之间按照优势进行自我组织,去中心化的管理运营,成员承担社会责任,通过区块链的智能合约自动调节利益分配,促进社会公平和个人幸福。

智能制造是信息技术发展驱动下产生的先进制造模式,以下几节将对先进的信息技术进行介绍。

1.3 信息的定义与特征

1.3.1 信息的定义

信息一词来源于拉丁文Informare,原意是指一种陈述,或一种解释与理解。在信息应用的发展历程中,不同的研究者从各自研究问题的角度给出了多种关于信息的定义。对如何定义信息大致可以分为两大类观点:第一类观点是基于信息是构成物质世界三大要素这个基本认识,从本体论和认识论的角度探讨信息客观存在性和其本质,即主要说明信息是什么;第二类观点是从信息的效用角度探讨信息的作用、价值和表现形式,即主要说明信息有什么用,有多大价值。

第一类观点中代表性的定义有:

(1) 中文《辞海》中将信息定义为音信、消息。

(2)《现代汉语词典》对信息的定义是:信息论中指用符号传送的报道,报道的内容是接收符号者预先不知道的。

(3) 钟义信教授提出的信息定义:信息是事物存在方式或运动状态,以及对这种方式或状态的直接或间接的表述。

(4) 控制论创始人维纳在1948年出版的《控制论——动物和机器中的通信与控制问题》一书中指出:信息就是信息,不是物质,也不是能量。后来他进一步指出:信息是人和外界相互作用的过程中互相交换的内容的名称。

(5) 苏联学者别尔格在其1971出版的《控制论中的方法观点》一书中指出:信息作为自然界客观现象的一个方面,是在整个宇宙中无所不存在的……人们在研究能量场(引力、点、磁场……)的特点时,也应该考虑到这些场都是信息的负载者。

以上定义对信息的本质特征与含义、信息与物质和能量的关系等进行了讨论,说明了信息的客观独立存在性,信息不是物质也不是能量,信息反映了物质和能量的存在方式和运动状态,同时指出了信息依赖于物质和能量进行存储和传递。对信息的作用、信息量、信息的价值和存在形式等问题没有进行讨论,对信息与数据之间的关系也没有进行讨论。

信息定义的第二类观点则是主要从信息的作用、价值和表现形式方面进行讨论。信息论创始人香农(Shannon)认为:信息是通信的内容,是用来消除未来的某种不确定性的东西,信息的多少反映了消除不确定性的大小。香农关于信息的定义首先明确了信息的本质是通信,即虽然信息是客观存在的,但是没有通信和交流,信息就没有体现出来。例如在一个原始森林中倒下了一棵树,当然就产生了信息,但是由于外界没有收到这个信息,所以也就不知道发生了树倒下这个事件。香农关于信息定义的第二个意义是说明了信息的效用和价值,即信息的效用和价值反映在消除未来的不确定性上。例如天气预报发布信息的价值就在于消除了天气对于人的未知性,人们可以根据这个信息决定第二天穿多少衣服、是否需要带上雨具。香农关于信息定义的第三个意义是对信息量做出了定义,即用反映消除未来不确定性的大小作为衡量信息量多少的指标,这实际上反映了信息对于决策的重要性。例如对报纸上的某个新闻,人们说它是垃圾新闻(信息量低),可能主要是说它报道的都是大家已经知道的事情或者是人们根本不感兴趣的事情,它不能够帮助阅读者进一步消除对某个事情、某个问题存在的疑虑。

卢卡斯给出的信息定义为:信息是指可以用来降低某些事件或者状态的不确定性的、有形的或者无形的实体。卢卡斯给出的定义在香农关于信息定义的基础上,指出了信息具有有形的实体和无形的实体两种形式。无形的实体包括电视、广播、电话中传递的声音和图像,报纸、图书中给出的图文信息,计算机磁盘、光盘中存储的资料,而有形的实体则包括雕塑、沙盘、机械模型等。

戴维斯和欧桑给出的信息定义是:信息是经过加工形成的对于接收者有意义的、一定格式的数据,它对于当前的或者预期的决策有明确的价值。在这个定义中,戴维斯和欧桑强调了信息对决策要有价值。在日常生活和工作中,人们会收到许多信息,大量的信息多被丢弃,而只有对决策者希望解决的问题有价值的信息才会引起重视并被接受。戴维斯和欧桑还明确指出了信息是经过加工的有格式的数据,这说明了为了使信息接收者能够接受和理解信息,必须要对原始的数据进行加工和处理,形成信息接收者能够理解的格式,同时可以看出信息的处理过程离不开人的智慧和劳动,人对信息进行的智能化加工使得信息能够更方便地被传递和使用。虽然有许多对采集到的数据进行自动加工处理的系统,但其本质也是人类智力劳动的结果,因为其加工处理程序是由人编制出来的。

刘红军给出的信息定义是:信息是认知主体对物质特征、运动方式、运动状态以及运动的有序性的反映和揭示,是事物之间相互联系、相互作用的状态的描述。这个定义强调了信息是对物质运动有序性的揭示,有序性则是人们希望认识和掌握的客观事物的运动规律,有了运动规律人们就可以去适应、控制,甚至改造客观世界。

除了上面介绍的部分学术界给出的信息定义以外,政府部门、企业管理者、社会活动家们还对信息给出了许多生动的描述,例如信息是战略资源、信息是生产力、信息是企业的核心竞争力等,虽然这些描述多少有些像口号,但却反映了不同人对信息及其作用的理解。

1.3.2 信息的基本特征和认知模型

信息具有普遍性、动态性、依附性、相对性、可持续性和可传递性、共享性、加工性、时效性等基本特征。

(1)普遍性:信息反映事物存在和运动的状态与方式,只要事物及其运动客观存在,就必然存在其运动的状态和方式,信息也就必然存在。物质、能量和信息一起构成客观世界的三大要素。

(2)动态性:由于信息是反映客观事物的存在和运动状态的,客观事物处于不断运动过程中,因此信息也在不断发展更新。

(3)依附性:信息与认知主体存在密切的联系,必须通过主体的主观认知才能够被反映和揭示。信息依附于认知主体,信息的收集、加工、整理、储存、传递都离不开人。人的观念、意识、思维、能力、素质和心理等因素对信息的质与量都有重大的影响。

(4)相对性:信息是无限的,人的认识能力有限,作为认知主体的人总是不能够全面地认识和感知信息。即使是同样的信息,不同的认知主体对于它的认知程度也不同。

(5)可持续性和可传递性:信息在时间上可持续保持,在空间范围内可以从一个地点移动到另外一个地点,当然,信息的保持和传递都需要依赖于某种物质媒介作为载体,如纸张、磁盘、广播、网络、电话等。

(6)共享性:物质和能量具有独占性,不能够被共享,而信息是可以被共享的,信息共享范围越大,其价值就越大。因此,基于物质和能量的经济发展方式受到物理资源的制约,具有明显的增长极限,而基于信息的知识经济具有可持续发展性。

(7)加工性:信息和物质能量一样可以被加工,对信息的加工主要是为了方便信息的传递、理解和使用,加工方式包括对信息进行格式转换、分析、综合、扩充、提炼。对信息进行加工后其信息量可以增加(如信息综合),也可以减小(如图像压缩)。

(8)时效性:信息具有非常明显的时效性,信息的价值与获得信息的时间、地点、速度密切相关。一般来说,随着时间的流逝,信息的价值会不断降低。

在构成客观世界的三大要素中,物质和能量是不依赖于人的认识而客观存在的,具有客观性。信息除了具有客观性外,还具有很强的主观性,即信息本身是不依赖于人的认识而客观存在的,但对信息的理解和应用则在很大程度上依赖于认知主体。据此,笔者提出了图1-3所示的信息认知的六维模型,其中位于中心的信息代表了信息的客观存在性,而围绕客观存在的信息是影响人对信息认知的六个因素,其中左上三角形部分的决策维、认知维和环境维反映了影响信息理解和应用的认知层面的三个因素,右下三角形部分的时间维、空间维和形式维反映了影响信息理解和应用的客观层面的三个因素。以下对这六个因素分别进行介绍。

(1)决策维。人们每天都会接收到大量的信息,其中只有很少一部分与信息接收者待决策问题相关的信息被处理和利用。例如股票市场的信息对于炒股的人是十分重要的,因为这些信息直接影响他们对股票的买入和卖出的决策,而这类信息对从不关心股票

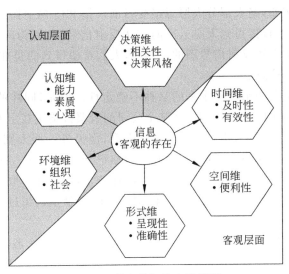

图 1-3 信息认知的六维模型

交易的球迷可能没有任何意义。因此,与决策问题的相关性是认知者决定信息是否有用、是否对其进行进一步处理和应用的第一重要因素。同样,决策者的决策风格也对信息的获取和应用有重要的影响,例如,有的决策者想要推进一个方案,他就容易忽略掉那些对推进这个方案不利的信息,或者认为这些信息没有价值;有的决策者比较善于广泛听取意见,就可能发现有价值的信息。

(2)认知维。由于信息必须通过主体的主观认知才能够被反映和揭示,人的观念、意识、思维、能力、素质和心理等因素对信息的质与量都有重大影响。年龄差别、受教育差别、个体心理特征(能力、气质和性格)差别、世界观和审美观不同都会严重影响对信息的获取和应用。比如,看同一场电影或者看同一本书,6 岁的儿童和 30 岁的成年人的感受是完全不同的。

(3)环境维。认知者所处的家庭、组织和社会环境对信息的获取、传递和应用也有非常重要的影响。比如,在一些组织中,信息容易被传播和利用,而在另一些组织中,信息往往得不到充分地传播和共享。

(4)时间维。及时性和有效性对信息的价值有至关重要的影响。古代的"600 里加急军情快递"就是希望尽快得到相关的信息,而派遣商业间谍到竞争对手的公司去收集情报是希望获得在外部得不到的有效信息(当然这种做法在道德和法律上存在问题)。例如,你想今天买股票就需要知道今天的股票价格。

(5)空间维。信息获取是否方便也直接影响认知者对信息的利用,如果在企业内部每个部门掌握的信息没有与其他部门进行共享,那么其价值就没有充分发挥出来,因此,在企业信息化应用中,打破部门间的"信息孤岛",实现信息共享是提升企业协作效率的非常基本而重要的任务。互联网的迅速发展和广泛应用大大方便了人们对信息的获取和利用。

(6)形式维。信息以什么方式提供给接收者以及提供的信息是否准确,也会影响人们对信息的利用。例如,绝大部分人愿意接受目前广播和电视中播出的天气预报这种信息表示方式,而不希望直接得到天空云层的雷达反射信号图,因为除了专业人士,一般人是看不懂天空云层的雷达反射信号图的。同时,人们希望得到的是准确的信息,而不是含糊不清甚至有错误的信息。

信息可以供决策者用来消除未来的某种不确定性。但是,同样的信息对于不同的决策者可能产生不同的作用。比如,对于"某个公司的股票价格正在上升"这个信息,一些人认为应该买入该公司的股票,认为它还会继续上升;而另外一些人则认为应该赶紧卖出,因为相对于该公司的业绩而言,目前它的股票价格已经非常高了。在获得信息和进行决策之间,还有一个非常重要的对信息含义解释的环节,而这个环节取决于决策者所拥有的知识(经验)。图 1-4 给出了一个信息解释模型。下面以股票购买过程为例对图 1-4 的含义进行说明。

在图 1-4 的模型中,假设作为认知主体的决策者王强是一个股票购买者。他从股票交易所的屏幕上看到天通公司(虚构的公司名称)的股票价格昨天是 34.8 元(数据),今天是 36.2 元(数据),这些数据经过王强的翻译模型得到"天通公司股票价格在上升"这个信息,同时他又从广播中得到天通公司将收购 HLC 通信公司(虚构的公司名称)的移动通信业务的信息;上述信息经过王强的认知模型解释(在王强个人知识库的支持下,对所得到的信息进行综合、分析、逻辑推理和论证)得出大量购买天通公司股票的决策(指令信息);随后,王强将其所有资金都用来购买了天通公司的股票(行动);第二天,天通公司股票价格涨到了 40.3 元,王强赚到了一大笔钱(结果);由于取得了非常好的结果,上述信息解释和决策过程被作为王强的成功经验总结到其知识库中,以后再有类似的情况发生,他也会采取类似的信息解释、决策和行动方式。

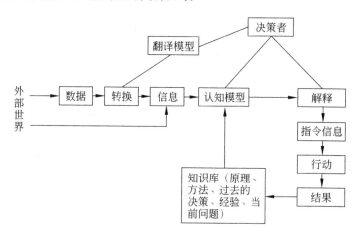

图 1-4　信息的解释模型

1.3.3　数据、信息、知识和智能的关联与区别

数据、信息、知识和智能是相互关联又有区别的 4 个概念,搞清楚它们之间的关联和区别对于深入理解信息化应用的发展方向和不同时期的工作重点具有重要的作用。

图 1-5 给出了数据、信息、知识和智能的关联和区别。

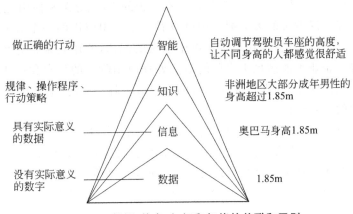

图 1-5　数据、信息、知识和智能的关联和区别

　　数据是没有实际意义的数字,如 1.85m,当人们看见 1.85m 这个数据时并不知道它是表示一个人的身高,还是游泳池的水深,必须将它与它所处的实际环境或场景相联系才能够准确理解它。数据是最基础的元素,它反映了客观世界最基本的事实和运行状态。早期(1980 年之前)的信息化应用主要是做数据处理,即计算机对数据进行处理,得到各种数字结果,然后再由人对这些结果进行解释,如绘制成特定形式的图或统计表。

　　信息是指具有实际意义的数据,如"奥巴马身高 1.85m","你的朋友给你发来一个贺卡"。信息是通过对数据加工处理后得到的,是融入了人类数据处理和表现智慧后的数据呈现方式。今天的信息化应用主要是信息处理应用阶段,人们在计算机或者各种移动终端上得到的主要是信息,依据这些信息进行生产经营和业务决策。信息发挥的作用是提供竞争情报、企业经营状态、市场反馈的消息、产品成本构成等资讯,帮助管理人员减少决策过程中的不确定性,但是如何理解这些信息,这些信息反映了客观世界的什么规律,如何做出相应的行动完全由人来决定,所做的决策和行动的正确性以及效果则完全因人而异。同样的信息,由于决策者的经验和认识不同,可能会做出截然不同的决策,甚至是背离事物运行方向的错误决策。基于数据和信息处理的信息技术应用属于信息化应用的初级阶段。

　　知识则是在信息的基础上,总结了人类实践经验后得到的对客观世界运行规律、操作程序和最佳行动策略的认识,如"非洲地区大部分成年男性的身高超过 1.85m"就是一种知识。知识是主体获得的与客观事物存在及变化内在规律有关的系统化、组织化的信息。维基百科中对知识给出的定义是:知识是对某个主题确信的认识,并且这些认识拥有潜在的能力为特定目的而使用。知识是结构化的经验、价值、相关信息和专家洞察力的融合,提供了评价和产生新的经验和信息的框架。维基百科的定义强调了知识的 3 个重要的特征,第一,知识是确信的认识,是指知识是经过大量实践检验后形成的共识;第二,知识可以使用,知识的使用价值是知识的最大作用,它被用来指导生产实践和协调社会活动,使人们的行动方向与客观世界的运行规律相符;第三,知识可以用来评价和产生新的知识,这就使得知识具有了生产要素的特性。

随着信息技术的飞速发展,我们正在加速进入知识经济时代。在知识经济时代知识成为重要的生产要素,所谓知识经济就是建立在知识的生产、分配和使用(消费)之上的经济。今天得到全球广泛重视的大数据应用可以看作是知识应用的一个方面,即利用大数据挖掘技术,发现企业经营管理和市场运作中隐藏的规律,并用它来指导企业的实践,获得市场竞争优势。企业不能满足于当前的信息处理应用阶段的信息化应用现状,需要不断提升信息化应用的深度,向即将成为主流的知识应用阶段迈进,基于知识的信息技术应用是信息化应用的中级阶段。

智能化是信息化应用的高级阶段。智能是以知识和智力为基础,其中知识是一切智能行为的基础,而智力是获取知识并运用知识求解问题的能力,是头脑中思维活动的具体体现。智能是指个体客观事物进行合理分析和判断,并灵活自适应地对变化的环境进行响应的一种能力。智能包括环境感知、逻辑推理、策略规划、行动和学习(进化)5种能力,这5种能力是判断一个对象或系统是否具有智能的主要特征。这5种能力结合以后就可以形成若干种智能对象或系统,如智能机器人、智能汽车、智能管理信息系统、智能调度与控制系统、智能大厦、智能工厂、智能电网等。下面以智能汽车为例对这5种能力进行介绍。

(1)环境感知能力:具有对环境的基本模型建立功能,并能够感知到环境中的变化,例如智能汽车可以感知到道路上的障碍物和交通信号灯的信息。

(2)逻辑推理能力:运用所拥有的知识,对感知到的环境变化进行逻辑推理和判断,识别出对系统运行带来的影响,以决定是否需要采取必要行动,例如智能汽车识别出信号灯是红色的,就需要停车,等信号灯变成绿色后再启动汽车。

(3)策略规划能力:在逻辑推理得出需要采用行动的情况下,策略规划功能负责制定一个最佳的行动策略,例如智能汽车识别出道路上的障碍物比较大,需要避让,策略规划功能就需要根据当前的车速、邻近车道上是否有靠近的其他汽车、道路是否湿滑等情况,做出汽车减速和向左(或右)绕行路障的决策。

(4)行动能力:按照策略规划功能给出的决策,执行系统进行行动操作,例如智能汽车的油门和方向控制系统按照策略规划功能给出的策略控制汽车的行进速度和方向。

(5)学习(进化)能力:每次执行行动完成后,对执行的结果进行评估(刚开始时可能需要人帮助进行评估和训练),并总结经验,将成功的结果作为知识进行积累,对失败的结果作为反面案例知识也进行积累,通过学习和知识积累,系统得到不断进化,其对环境变化的响应速度和准确度越来越高。

总结一下,区分一个对象或系统是否具有智能,首先看它是否能够根据环境变化对同样的输入信号做出不同的响应,其次是它本身是否具有进化能力,即随着时间的推移和操作次数的增加,它是否越来越"聪明"。按照这种评价方法,可以判定当前所用的许多信息化系统还不是智能化系统。

《现代汉语词典》对智能的定义是"智慧和能力"。对智慧的一种定义是"辨析判断、发明创造的能力",另外一种定义是"对事物能迅速、灵活、正确地理解和处理的能力"。依据智慧的内容以及所起作用的不同,可以把智慧分为3类:创新智慧、发现智慧和整合智慧。创新智慧是指人们可以从无到有地创造或发明新的东西的能力;发现智慧是指人们发掘已经存在但尚未被认知的事物或其本质、规律的能力;整合智慧是指人们运用现有的规则和知识来调整、梳理、矫正、改变已经存在的东西的能力。

由以上介绍可以看出智能和智慧的含义非常相近,本书采用智能而非智慧来定义信息化的高级阶段,主要的原因如下:

(1) 智慧更多的是用于形容人,智能更多的用于形容物件或者系统。例如称一个人是"智慧老人"是合适的,而称"智能老人"是有些可笑的。把一种手机称为"智能手机"是合适的,而称为"智慧手机"则不是很合适。

(2) 智慧更多的是反映人精神层面的活动过程,包括感知、综合、推理、判断、决策、学习等各种智力活动,它主要反映人拥有知识的丰富程度和认识事物本质的能力,一个人的认识结果越是接近事物的本质,则表明越有智慧,智慧并不要求具有行动能力。而智能除了精神层面的认知和决策过程外,还要关注在物理层面的行动能力,因此智能必须要有行动能力。一个没有行动能力的人(如物理学家霍金)依然可以称为具有智慧的人,但是一个没有行动能力的对象或系统(如不能开的汽车),是不可以称为智能对象或系统(智能汽车)。

(3) 智慧更多的是用于描述一个定性的目标,通常难以评价和测量,如建立智慧城市、智慧地球。智能更多的是描述一个可以量化的目标,通常方便进行评价和测量,如设计一个智能控制系统,可以用其完成自适应控制的参数变化范围、响应速度、控制精度等评价。

1.4　信息的度量和价值

1.4.1　信息的度量

信息是用来消除未来不确定性的东西。从这个意义上看,信息量越大说明消除未来不确定性的能力就越强,那么如何来定量地计算信息量呢? 这里先对如何度量不确定性进行介绍,为此引入熵的概念如下。

设 X 是个随机变量,它取值 x 的概率为 $P(x)$,定义 $H(X)$ 为随机变量 X 的熵,则有:

$$H(X) = -\sum_{i=1}^{n} P(x) \log_a P(x) \tag{1-1}$$

当 $a=2$ 时,公式(1-1)得到的熵的单位是比特(bit);$a=10$ 时,熵的单位是底特(dit);当 $a=e$ 时,熵的单位是奈特(nat)。在统计热力学中,熵是对一个系统混乱度的衡量,混乱度越小,熵越小;在统计热力学中,任何系统的演化,熵只能增加而不会减少,除非施加能量,否则熵不会降低,即熵增原理(热力学第二定律):一个孤立系统总是从有序向着无序状态演化,系统趋向于熵增,最终达到熵的最大状态,也就是系统的最混乱无序状态。

在信息论中,熵的计算公式(1-1)中取 $a=2$,由此得到的是信息熵,它是对事件或系统不确定性的衡量,即一个事件发生的概率越大,其熵越小,不确定性也越小;反之,一个事件发生的概率越小,其熵越大,不确定性也越大。假设一个系统有 n 个可能状态 $S=\{E_1,E_2,\cdots,E_n\}$,每个事件的发生概率 $P=\{p_1,p_2,\cdots,p_n\}$,则每个事件本身的信息熵为 $I_k=-\log 2p_k$,此时整个系统的信息熵 $H(S)$ 是所有事件信息熵的平均值,它反映了整个系统的平均不确定性。

$$H(S)=-\sum_{k=1}^{n}p_k\log_2 p_k \tag{1-2}$$

在信息论中,信息熵只能减少而不能增加,这就是信息不增性原理,也就是说对一个系统或者一个事件,不管你对它的评价(提供的信息)是真的还是假的,都增加了人们对它的认识,所以任何输入信息都只能减少人们对它的认识的不确定性,而不可能增加不确定性。

熵可以用来衡量随机变量 X 在不同取值上分布的纯度。随机变量 X 的熵越小,表明该随机变量在不同取值上的分布越不均匀;熵越大,该随机变量在不同取值上的分布越均匀。假设随机变量 X 可以取 2 个值 A、B,取值为 A 的概率为 $p(0\leqslant p\leqslant 1)$,取值为 B 的概率为 $1-p$,则 $H(X)=-p\log_2 p-(1-p)\log_2(1-p)$。图 1-6 给出了随着 p 从 0 变化到 1 的过程中,$H(X)$ 的变化情况。当 $p=0$ 时,$H(X)=0$;$p=0.5$ 时,$H(X)=1$ 最大;当 $p=0.1$ 时,$H(X)=0.4690$;当 $p=0.25$ 时,$H(X)=0.8113$。

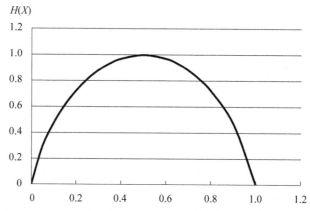

图 1-6 随机变量 X 的熵随其值 A 变化的概率 p 的变化情况

从图 1-6 中可以看出,当随机变量 X 的两个取值 A 和 B 出现的概率相同时,其不确定性最大。这点也可以进行如下理解:我们假设是 A 和 B 是 2 支球队,p 是 A 球队获胜的概率。当 $p=0.5$ 时,说明两支球队实力相等,有同样的获胜可能性,熵为最大值 1,所以比赛结果的不确定性最大;而当 $p=0.9$,A 球队获胜的可能性就很大了,这时熵为 0.4690,比赛结果的不确定性明显下降了。

至此,本书还没有给出信息量的计算方法,而仅仅给出了信息熵,用来衡量事件或系统的不确定性。认为一个系统的信息熵就是信息量的说法是不正确的,因为信息熵是系统自身不确定性的一种度量指标,反映的是系统的内在特性,与信息量完全是两个概念。为了消除事件或系统存在的不确定性就需要提供额外的输入信息,信息量是用来衡量一个消息能够在多大程度上消除对于系统状态了解程度的不确定性的一个概念,一个消息的信息量越大,它消除决策不确定性的效果就越好。能够完全消除一个事件或系统的不确定性需要提供的最少额外输入信息量的值等于信息熵,也就是说为了完全消除一个事件或系统的不确定性,需要提供不少于其信息熵值的信息量。如果提供的信息量小于系统的信息熵,那么就不能完全消除其不确定性。

那么有没有可能提供的信息量大于信息熵呢?这是不可能的。比如一个人说"你提供的信息量太大了,都超出我的预料了",这个说法仅仅是说信息量很大,超出了接收者的期望,但是并没有超过信息熵。实际的情况是,当信息量等于信息熵时,已经可以完全消除系统的不确定性了,那些超出预料的信息量实际上是冗余的,对待研究系统和相关的决策是没有任何价值的。信息的作用是用来消除不确定性,那么信息是如何消除不确定性的呢?有 A 和 B 共 2 支球队比赛,假设它们获胜的概率相同,最终的结果有 2 种可能,A 获胜或者 B 获胜,最终比赛结果的信息熵为 1 比特。如果有一个人没有观看比赛,他询问观看比赛的人最终结果是什么,如果 A 获胜回答 Y,如果 B 获胜则回答 N,他要知道比赛结果仅需要询问一次,得到 1 比特信息就可以了。也就是说在两种出现概率相同的状态中确定一个结果需要 1 比特的信息量,信息量正好等于信息熵。

在实际计算中,有时要对信息熵进行取整运算,这时可能出现信息量大于信息熵的情况,但这仅是计算上的细微差别。例如,在由 3 支球队参加的比赛中,假设每支队夺得第 1 名的概率相同,随机变量 X 的取值为 1、2、3,分别代表第 1、2、3 支球队获得第 1 名,随机变量 X 取每个值的概率都是 1/3,则 $H(X)=1.585$ 比特,而为了消除随机变量 X 的不确定性,需要 2 比特的信息量,即最多需要询问 2 次就可以知道哪个队夺得了第 1 名。

在足球世界杯比赛中,有 32 支球队参加比赛,这里也假设每支球队获胜的概率相同,32 支球队都可能夺冠,则最终冠军有 32 种可能性,采用公式(1-2)计算得到最终冠军这个事件的信息熵为 5。如果有一个人没有观看比赛,他希望知道最终哪支球队夺冠,他最多需要询问 5 次回答为 Y 或者 N 的问题就可以知道结果了,也就是说仅需要 5 比特的信息量就能够知道最终结果,这里信息量=信息熵=5 比特。他是如何做到的呢?首先他把 32 支球队按 1～32 进行编号,然后把 1～16 号球队作为第 1 组,17～32 号球队作为第 2 组,通过询问冠军是否在第 1 组,得到 Y 或 N 的回答(回答者提供了 1 比特信息),然后他将回答为 Y 的组(本例中为第 1 组)再分成第 1 分组(1～8 号)和第 2 分组(9～16 号),再次进行询问……以此类推,他最多问 5 次就可以知道最终结果了,所需要的信息量为 5 比特(5 次回答 Y 或者 N),图 1-7 给出了上述决策过程形成的决策树模型。

上面的 32 支球队参加的比赛有 32 种可能结果,用 5 比特的信息就可以确定了,所以信息量 i 和实际系统的状态数量 N 之间存在如下的近似关系:
$$N = 2^i \tag{1-3}$$
$$i = \log_2 N \tag{1-4}$$

公式(1-3)和(1-4)解释了为什么公式(1-2)中对数的底数取为 2,也向人们揭示了信息在描述复杂现象时表现出的强大能力,在 1024 个人参加的全国数学竞赛中找出获得第 1 名的选手,用 10 比特信息就可以了。公式(1-3)和(1-4)称为近似关系是因为它们是在所有状态出现概率均等的条件下成立,在不同状态出现概率不等的情况下,信息量 i 的值比公式(1-4)计算得到的值更小。

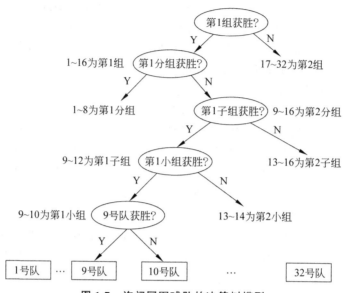

图1-7　询问冠军球队的决策树模型

上面介绍32支球队参加足球世界杯比赛的例子中,假设是每个队获得冠军的可能性相等,即每个球队获得冠军的概率都是1/32,这种情况下询问5次就可以知道最终结果了。但是在实际情况中,各队的实力差距很大,如果把实力较强的17支队分为第1组,实力较差的分在第2组,这样利用先验知识就可以先排除掉第2组,使决策范围缩小一半,这时询问4次就可以知道最终结果了。这两种在不同获胜概率下决策所需要信息量的差异情况,与图1-6中反映的结论是一致的,即随机变量分布越均匀,随机变量的熵就越大,系统不确定性就越大,消除这种不确定性需要输入的信息量就越大。

对信息量认识的一个错误是把它看出数据量。一个文本(或者文档)的规模可以很大,称之为数据量大,但是这些数据如果不能用来消除决策的不确定性,它的信息量并不大。比如,你要决策的问题是哪个球队会夺冠,给你一本500页的有关烹调的书并不会给你带来任何有用的信息。所以,数据量大不等于信息量大,信息量和数据的数量没有直接对应的关系。

在每次足球世界杯比赛中都会出现"黑马",就是看上去不能获胜的球队赢得了比赛胜利。每次出现"黑马"后,都会引起很大的轰动。为什么"黑马"获胜后会引起轰动,而本来实力强的球队获得胜利就不能引起大家的共鸣呢? 从信息论的角度看,所谓"黑马"就是获胜概率很小的球队,它获胜与人们普遍的预期相反,所以当它发生后带来的信息量就大。因此,概率越小的事件在发生后,它带来的信息量就越大,信息量与事件出现的概率成反比。比如说,一个人告诉你他今天吃了三顿饭,你不会感到有什么新奇,但是如果一个人说他一个星期就吃了一顿饭,就会引起你的巨大关注。

在当今的智能化时代(i时代),企业获得的信息种类和数量与日俱增,正在面临"信息爆炸"的困境。所谓"信息爆炸"是指企业的信息处理速度赶不上信息增加的速度,许多信息来不及也没有能力去处理,导致大量的信息被丢弃或束之高阁,而那些未被关注和处理的信息中可能包含对企业经营决策至关重要的信息。如何对信息进行过滤,发现有重要价值的信息是企业普遍关心的问题。在此,笔者建议企业一方面要加强和提升信息处理速度和能力,另外一方面要特别关注在市场竞争、企业运作、客户服务、员工心态等方面出现的小概率事件,不要简单地把它们当成偶然事件,而是要进行必要的分析,看看它们是否会发展成为未来的必然事件,从而及时采取有针对性的措施。许多企业在经营上遇到的重大难题,其实都是不重视发生的小概率事件问题造成的。

1.4.2　信息的价值

信息的作用是消除对未来的不确定性,信息的价值就在于信息在多大范围内为多少人消除了不确定性。因此,信息的价值不仅仅取决于信息量本身,还受到其传输速度和信息共享范围的影响。公式(1-5)定性地描述了信息的价值,其中 I 是信息量,V 是传递速度,S 是共享范围。

$$信息的价值 = (I \times V)^S \tag{1-5}$$

在互联网得到广泛应用之前,信息的传递速度很低,共享范围很小,所以即使有重要的信息产生,其在整个社会的影响力也非常有限。如今发达的网络通信技术,极大地提高了信息的传递速度和共享范围,使得即使是一个信息量非常小的事情都可能产生巨大的影响。许多人也借助互联网的力量而一夜成名,某些并不想炒作出名的人,也会因为互联网而无意中成为名人。

2020 年 4 月 28 日,中国互联网络信息中心(CNNIC)发布第 45 次中国互联网络发展状况统计报告。报告显示,截至 2020 年 3 月,中国网民规模为 9.04 亿人,较 2018 年底新增网民 7508 万人,其中手机网民规模达 8.97 亿人,互联网普及率达 64.5%。2020 年 5 月 13 日,腾讯公司发布的 2020 年第一季度财报显示,微信月活用户突破 12 亿。如此多的人数,如果对任一问题感兴趣,即使是一个非常没有意义的事情也会搞得轰轰烈烈。在互联网上,什么样的人都有,《纽约客》的一幅漫画“一条狗坐在计算机前,对它的狗类朋友说,‘在互联网上,没有人知道你是一条狗’。”就讽刺过这种现象。如何让众多网民不去响应那些无聊的帖子,而是发挥他们的智慧为社会做些有价值的事情呢?这就是最近几年兴起并得到广泛重视的众包模式有望解决的问题。

1.5　信息应用的发展历程

物质、能量、信息是构成客观世界的三大要素,自有人类以来,人们的生产生活都是围绕这三大要素展开的。在人类发展历史上,对物资和能量的获取利用是为了满足人们物质生活的需要,而对信息的获取利用则是为了满足人们物质生活和精神生活两方面的需求。一方面,获取和处理信息是为了支持人们对物质和能量的获取和利用,如获取天气信息用来指导农业生产;另外一方面,获取和利用信息是为了满足人们在精神生活上的需求,如通过听故事满足人们娱乐的需要,通过听大师讲授课程满足人们对知识的渴望。

在人类发展历史上,伴随着印刷术、通信技术、计算机技术、网络技术和移动通信技术的发明和广泛应用,信息应用的范围越来越大,应用的程度也越来越深入。信息应用的不断深入深刻影响了人们的生产和生活方式,信息应用的目标也从最初满足物质生活水平的需要逐步向满足精神生活需要的方向发展。根据信息应用的发展历程,可以将信息应用划分成初级、通信、自动化、网络化(e 时代)和智能化(i 时代)5 个发展阶段。

1.5.1　信息应用的前 4 个阶段

信息应用可以简单地划分为 4 个阶段:初级阶段、通信阶段、自动化时代、网络化时代。

1. 信息应用的初级阶段

在人类发展的历史长河中,信息成为人们关注的重点还是 20 世纪 80 年代以后的事情,在现代通信技术发明以前,信息的收集、记录、传递和应用水平都非常落后。古代的信息应用水平基本上处于比较原始的初级阶段,烽火报警和 600 里加急军情快递充分说明了对信息的重视。可是以下两方面的因素制约了人们对信息的广泛获取和利用。第一个方面是受到信息记录媒介落后(主要是纸介质媒介,没有电子化的媒介)、传递手段落后(主要是口传、报纸和书信邮递,没有电视、广播、网络等大众传播媒介)、传递速度慢(主要是采用传统的交通工具传递,没有以光速传递的网络通信手段)的制约,导致信息很难在广大的范围内被快速传递和利用;第二个方面是由于物资相对匮乏,人们把主要精力和时间都花在对物质和能量的获取与利用上,以满足人们物质生活需要作为最重要的生产生活目标,这在很大程度上也降低了人们对信息的关注程度。

2. 信息应用的通信阶段

1844 年 5 月 24 日,电报发明者莫尔斯无比激动地用手指从华盛顿往 70km 外的巴尔的摩发出了人类历史上第一份长途电报:"上帝创造了何等的奇迹!",从而揭开了人类信息通信史上新的一页,人类终于可以以光速向远地传递文字信息了。亚历山大·格拉汉姆·贝尔于 1876 年发明了电话,使得人们可以以光速向远地传递声音信息,1892 年纽约到芝加哥的电话线路开通,标志着人类进入了实时远程互动信息交流的阶段。

1902 年,美国人巴纳特·史特波斐德在肯塔基州穆雷市进行了第一次无线电广播,使得人类第一次可以通过广播媒介向大众传递信息,从而大大扩展了信息传递的范围。1884 年,俄裔德国科学家保尔·尼普可夫提出了机械转轮式电视机的原理。1900 年,在巴黎举行的世界博览会上第一次使用了电视这个词。1906 年德国制造出第一台电子电视图像接收机(图 1-8)。1936 年电视业获得了重大发展,这一年的 11 月 2 日,英国广播公司在伦敦郊外的亚历山大宫播出了一场颇具规模的歌舞节目。到了 1939 年,英国已经有大约 2 万个家庭拥有了电视机。因为图像信号包含了比声音信号更多的信息量,因此,电视机的出现不但扩大了信息传播的范围,而且也显著增加了传递的信息量。

电报、电话、广播和电视的发明和应用极大提升了人类传递和应用信息的水平,标志着信息应用进入了远程和广域通信的阶段,但是这些技术进步并没有把人类带进信息时代。除了当时人类物质生活需求尚未得到很好满足这个原因之外,电报、电话、广播和电视本身存在的局限性也是制约人类开展广泛深入的信息应用的重要因素。早期的电报和电话由于使用成本高,在相当长的一段时间内基本上属于奢侈品,仅有少数人能够利用它

图 1-8 第一台电子电视图像接收机

们进行信息交流,而且交流的时间和内容(信息量)都比较有限。例如,在 1930 年,从纽约打 3 分钟电话到伦敦,其费用高达 300 美元。广播和电视主要是以新闻、气象和娱乐节目的方式向外发布信息,人们仅是被动地获取电台和电视台播发的信息,无法通过广播和电视主动获取对自己生产生活有重要影响的信息。所以,人们主要把广播和电视看成一种娱乐方式和接收政治、经济、军事、气象、交通等信息的手段。电报、电话在信息交流上的高成本和广播、电视在信息传播方式上的单向性使人们无法通过这些渠道真正获得应用于企业的信息,因此信息也没有对企业的生产、经营和管理模式产生深刻影响,更没有成为影响人们社会生活的重要因素。

3. 信息应用的自动化时代阶段

1946 年,冯·诺依曼研制出了第一台被认为是现代计算机原型的通用电子计算机 ENIAC(Electronic Numerical Integrator And Computer)。这种基于二进制逻辑运算思想的电子计算机首次以数字化的方式实现了信息的存储和传递,为高速信息处理和科学计算提供了有效的方法,为人类科技迅速发展和进入信息时代奠定了重要的基础。图 1-9 是冯·诺依曼和第一台计算机 ENIAC 的照片。

图 1-9 冯·诺依曼和第一台计算机 ENIAC

ENIAC 使用了大约 6000 个真空电子管和 12000 个二极管,占地 $45.5 \mathrm{m}^2$,重达 7850kg,消耗电力 56 kW,使用时需要 30 个技术人员同时操作。由于 ENIAC 主要是以真空电子管作为计算单元,体积大、价格贵、速度很慢,每秒只能计算几千次。许多人认为计算机没有商业应用的前途,1943 年,IBM 公司创始人托马斯·沃森在接受记者采访时说:"我觉得全球市场大概只需要 5 台计算机。"

20 世纪 50 年代后期到 60 年代,晶体管和集成电路开始代替电子管作为计算机的主要计算元件,大幅度提高了计算速度,而体积和成本则大幅度下降。英特尔(Intel)名誉董事长戈登·摩尔(Gordon Moore)于 1965 年提出了著名的摩尔定律:集成电路上可容纳的晶体管数目每隔 24 个月便会增加一倍,性能也将提升一倍。后来有人把他的预测时间从 24 个月修改为 18 个月。现在关于摩尔定律的 3 种比较常见的说法是:

(1)集成电路芯片上所集成的电路的数目,每隔 18 个月就翻一番;

(2)微处理器的性能每隔 18 个月提高一倍,而价格下降一半;

(3)用一美元所能买到的计算机性能,每隔 18 个月翻两番。

冯·诺依曼计算机的出现并没有直接将人类带入信息时代,而是将人类带进了信息处理和应用的自动化阶段。在这个阶段产生了大量以计算机技术为核心的先进设备和系统,如程控电话系统、飞机自动导航系统、数控机床、柔性制造系统、自动电梯、计算机辅助设计系统、企业生产计划系统、电子数据交换系统等。这些自动化装备和管理信息系统的产生和应用,对国民经济的发展起到了巨大的促进作用,大大加快了工业化的进程,显著提升了人类的物质生活水平和科技水平,也促进了企业生产和经营管理模式的变化,从过去的粗放式管理逐步向着精细化管理的模式转变。

4. 信息应用的网络化时代阶段(e 时代)

真正把人类带入信息时代的是 20 世纪 80 年代以后得到广泛应用的个人计算机和计算机网络系统,特别是 20 世纪 90 年代得到快速发展的互联网。由于个人计算机成本的迅速降低,使得原本仅仅应用于科学和工业领域的计算机得以迅速普及,成为个人获取和处理信息的工具。而互联网的出现使得全球的计算机可以实现互联和信息共享。信息获取和发布的方便性、互联网上丰富的信息资源、信息获取成本的低廉和用于信息处理的个人计算机工具的低成本促进了人类对信息的获取和应用水平,人类从此进入了以网络化为标志的 e 时代(电子化时代)。

在信息应用促进传统物质生产和国民经济发展的同时,以信息化设备生产、信息系统开发应用、信息资源获取和利用、网络通信和信息服务为核心的信息产业在国民经济中的比重也日益增加,已经成为当前世界发达国家和正在迅速发展国家国民经济的重要组成部分。

进入信息时代以来,互联网和个人计算机的普及应用一方面显著提高了人们的生产生活水平,另外一方面,也深刻地影响着人们的生产和生活方式。电子邮件系统、网上购物、网络银行、网络电影、网络游戏的普及深刻地影响了人们的生活、交流和娱乐方式。电子商务、企业资源计划、供应链管理、产品全生命周期管理等系统的应用深刻地改变了企业的经营管理和运作模式,产生了敏捷制造、并行工程、大批量定制、网络化协同设计制造等先进的制造模式,以及业务流程再造、组织结构扁平化、学习型企业等先进的管理模式。

20 世纪 50 年代到 70 年代末快速发展的自动化技术大大提升了物质生产水平,基本满足了人们对物质生活的需求,人们开始把更多的精力和时间投入到具有创造性、知识性和高附加值的信息产品生产领域,并且用更多的精力来生产满足人类精神生活需要的信息产品。由于信息处理和发布工具的广泛普及应用,特别是智能手机等移动设备的广泛应用,加上社交网络的迅速发展,如今,人人都成为信息发布者,人类产生和存储信息的增长速度明显加快。2002 年中,全球由纸张、胶片以及磁、光存储介质所记录的信息生产总量达到 5 万亿兆字节,约等于 1999 年全球信息产量的两倍。也就是说,在 1999 年到 2002 年这 4 年间,世界范围内信息生产量以每年 30％左右的速度递增。5 万亿兆字节信息是什么概念呢? 研究人员说,如果以馆藏 1900 万册书籍和其他印刷出版物的美国国会图书馆为标准,5 万亿兆字节信息量足以填满 50 万座美国国会图书馆。2010 年以后,信息产生的速度更快,每 20 个月全球存储的信息量就增加一倍,已经非常接近图灵奖获得者 Jim Gray 于 1998 年提出的存储界"新摩尔定律":每 18 个月全球新增信息量等于有史以来全部信息量的总和。由于数据增长速度的加快,对数据的开发利用越来越引起广泛的重视,人类进入了大数据时代,大数据也成为世界各国下一个竞争力提高的前沿。

1.5.2　信息应用的智能化阶段(i 时代)

当前,人类社会正在享受以网络化为标志的信息化应用成果,感受着信息时代给生产生活带来的冲击,但是人们今天使用的信息网络依然有很多令人头疼的问题。第一个问题是,在网络上查询信息,最令人头痛的问题是现在网络上看似信息很多,但是要找到真正有用的信息却非常困难,这些有用的信息被淹没在大量的广告和垃圾信息中,由于许多网络搜索工具受到经济利益的驱动,经常把支付了广告费的网页放在搜索结果的最前面位置,垃圾信息数量过多常使人无法在短时间内找到想要的信息。同样,垃圾邮件和短信也是令人十分头痛的问题。著名科幻小说家西奥多·斯特金经过 20 年的研究,提出了斯特金定律"90％的科幻小说根本就是浪费纸张。"这样的规律也适用于当今互联网。《众包》一书的作者杰夫·豪指出:"任何事情(特别是网络上用户创造的内容),90％都是垃圾。"

第二个问题是网络速度太慢和网络基础设施发展不均衡,制约了网络应用的发展,由于缺乏高速可靠的移动访问方式,使得许多需要在移动环境下开展的业务无法进行。安全性和病毒问题是影响网络应用的第三个严重问题,特别是对于需要高度保密的商业和军事应用,这个问题尤为突出。第四个问题是虚假信息和信用问题,这个问题的存在导致人们对网上发布的信息和商家的不信任,使网上销售和网上购物的发展受到非常大的影响。信息质量不高是当前网络信息获取中第五个问题,由于信息质量的低劣导致人们在获取到相关信息后还需要花费很大的精力进行信息的过滤后再加工,导致信息应用成本和花费时间的增加。第六个问题是网络信息检索方式落后,由于人们解决问题主要依靠知识,从网上进行检索的目的主要也是希望找到有助于问题解决的相关知识,而目前在网络上采用的基于关键词的检索方式无法提供查询者希望得到的知识。上述问题的存在制约了网络应用的发展,因此是当前迫切需要解决的问题。

信息技术的快速发展正在将人类带入信息应用的智能化阶段,即 i 时代,它可以解决上面所述的信息网络应用存在的问题,为人们提供无所不在的个性化信息服务,改变人类的生活方式和商业模式。与过去的信息应用阶段相比,i 时代在技术上和商业模式上都有着显著的不同,i 时代是一个"通过利用无所不在的感知、超高速的信息传递、高效的知识共享、智能化的分析和决策,形成人-机-物三元一体化的信息物理融合空间,按用户需求快速提供大批量个性化服务"的时代。下面对 i 时代的特点进行阐述。

i 时代是无所不在的感知。近些年来,无线视频识别（Radio Frequency Identification,RFID)和无线传感器网络技术的迅速发展,物联网的应用日益普及。物联网即指把传感器设备安装到电网、铁路、桥梁、隧道、供水系统、油气管道等各种物体中,并且普遍连接形成网络,为人类提供"全面的感知、可靠的传输、智能化处理",连接现实世界和虚拟世界,以安全优质、随时随地提供可运营、可管理的信息服务为目标的全球化网络。

1. 超高速的信息传递

2004 年 12 月 25 日,国家科技部批准在清华大学启动了中国下一代互联网 CERNET2 主干网。CERNET2 是我国建成的目前世界上最大规模的超高速信息网络,采用 70% 国产网络设备,连接分布在全国 20 座城市的 25 所高校,传输速率达到 10Gb/s,该超高速信息网络 1 秒钟传输的信息量相当于 1 万册 25 万字的图书,40 分钟内就可以传完中国国家图书馆 2200 多万册藏书的全部信息。美国于 1998 年启动了建设传输速率 2.5Gb/s 信息的超高速基干网 Abilene 计划,该网络于 2002 年完成建设并开展了十项应用。2007 年 8 月,由美国 120 多所大学、协会、公司和政府机构共同努力建设的网络 Internet2(第二代互联网)推出,该网络由 Level 3 Communications 公司负责运营,它与目前的普通互联网并行运作,为各个大学、研究所提供每秒 10Gb 的实时信息交换服务,其最高网速可达 100Gbps。我国烽火通信科技股份有限公司 2012 年销售的某型号光交换机的交换速度已经达到 3.4Tb/s,可供 8000 万人同时通话。

在网络建设中,韩国一直处于世界领先位置,多年来在国际网络速度测试中位于世界第一。据美国网速测试统计公司 Ookla 2019 年 7 月发布的最新全球网速测试报告,在 140 个被调查的国家和地区中,韩国以 76.74 Mb/s 的下载速度居世界第一,全球平均网速为 27.22 Mb/s,我国以 33.72 Mb/s 的网速成绩排在榜单第 41 位。

在移动通信技术方面,第五代移动通信技术(简称 5G 技术)正在全面开始普及应用,它是 4G 技术之后的延伸,5G 的峰值静态传输速率达到 10Gb/s。2019 年 6 月,美国运营商 AT&T 的 5G 网速经测试,平均速度超 1.4Gb/s,最高达到 1.7Gb/s。2019 年 11 月,中国移动 5G 网络测试情况显示,下行最高速率达到 1.6Gb/s,最低为 75Mb/s;上行最高速率为 139Mb/s,最低为 7.65Mb/s。5G 的出现不仅仅是提高通信速度,更重要的是物联网应用。5G 的愿景是"信息随心至,万物触手及",5G 的物联网连接密度可达到 100 万个 km^2。5G 的 4 个主要应用场景如下:

(1) 连续广域覆盖:这是移动通信最基本的覆盖方式,以保证用户的移动性和业务连续性为目标,为用户提供无缝的高速业务体验。该场景的主要挑战在于随时随地(包括小区边缘、高速移动等恶劣环境)为用户提供 100Mb/s 以上的用户体验速率。

(2) 热点高容量:主要面向局部热点区域,为用户提供极高的数据传输速率,满足网络极高的流量密度需求。5G 传输将达到 1Gb/s 用户体验速率、数十吉位每秒(Gb/s)峰值速率和数十 Tb/s/km² 的流量密度。

(3) 低功耗大连接:主要面向智慧城市、环境监测、智能农业、森林防火等以传感和数据采集为目标的应用场景,具有小数据包、低功耗、海量连接等特点。这类终端分布范围广、数量众多,不仅要求网络具备超千亿连接的支持能力,满足 100 万/km² 连接数密度指标要求,而且还要保证终端的超低功耗和超低成本。

(4) 低时延高可靠:主要面向车联网、工业控制等垂直行业的特殊应用需求,这类应用对时延和可靠性具有极高的指标要求,需要为用户提供毫秒级的端到端时延和接近 100% 的业务可靠性保证。

在卫星导航系统方面,我国已成功发射 55 颗北斗导航卫星,北斗卫星导航区域组网已顺利实现。2020 年 7 月 31 日上午 10 时 30 分,北斗三号全球卫星导航系统建成并正式开通。北斗导航系统在亚太地区的精度和级别不差于美国 GPS 全球定位系统,其最大的特点就是把导航与通信紧密结合起来。北斗系统增加了短报文功能,使用户之间能用类似手机短信的方式相互交流,每条信息可容纳 120 个汉字,这是其他导航系统所不具备的。2008 年汶川地震期间,重灾区通信中断,救援部队持北斗终端设备进入,利用其短报文功能突破通信盲点,与外界取得了联系。北斗系统的位置报告服务,能支持用户将自己的位置发到信息中心,再发给经过授权的其他用户,互相同时解决"我在哪"和"你在哪"的问题,管理中心则通过位置报告功能,随时掌握着每一个终端所处的位置。

美国当地时间 2019 年 5 月 23 日晚上 10 时 30 分左右,搭载了 60 颗卫星的"猎鹰-9"号运载火箭于佛罗里达州航天发射场发射升空。每颗卫星重逾 270kg,60 颗总重量超过 13t。星链在轨卫星数 784 颗,2020 年 6 月开始互联网公测。将在 2019 年至 2024 年间在太空搭建由约 1.2 万颗卫星组成的"星链"网络,从太空向地面提供高速互联网接入服务。图 1-10 是"星链"网络的概念图。

我国现在也开始重视大力发展卫星互联网,在 2020 年发布的新型基础设施建设规划中,明确地把发展卫星互联网作为通信网络基础设施的重要组成部分。

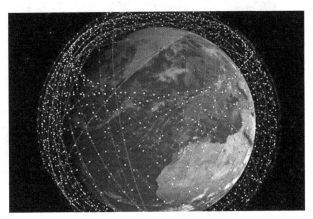

图 1-10　"星链"网络的概念图

在免费无线网络服务方面,免费无线上网是广大用户都希望能够得到的服务。未来的信息高速公路是国家重要的基础设施,对提高整个国家的生产力水平至关重要。

2013 年 6 月,Google 公司推出了最具雄心的项目之一,即 Project Loon。该项目计划搭建一个用热气球组成的无线网络,为普通的有线和无线技术难以覆盖的地区提供高速稳定的互联网连接。这些热气球有 12m 高、15m 宽，表面积 500m² 左右，白天采用太阳能供电，晚上则靠电池续航，这些氦气球的生命周期为 100 天或绕地球飞行三圈，正常情况下，每个气球可以给直径 40km 范围的区域提供相当于 3G 速度的互联网接入。Google 公司于 2013 年 6 月在新西兰推出的试点放置 30 个热气球，这些气球搭载了发射装置，机身附有一块篮球板大小的太阳能电池，装置里面包含了计算机、GPS 等设备。气球将这个装置带到 20km 的高空，悬停在该高度。利用当地预留的空白电视频段，将信号发到地面的接收器，接收器再将信号转到终端设备上。Google 公司 Project Loon 的终极目标是让足够多的热气球布满平流层，从而提供普遍的互联网接入服务，为更多的偏远地区带去互联网链接。

flightradar24.com 是一个实时查看飞机实时位置的网站，而现在可追踪对象不止飞机了，通过输入不同的气球编号，人们可以实时追踪到这些气球的运行轨迹。据 flightradar24 于 2014 年 3 月 3 日发布的消息，共有 7 个气球已经在新西兰海岸附近被目击到。现在，这些气球正在离地约 250m 的高度以 6km/h 的速度移动着，根据路线图所显示的记录，它们最高曾达到了 13000m。图 1-11 是 flightradar24 发布的编号为 LOON160 号气球的观测图，图 1-12 是编号为 I-74 号气球的运行轨迹图（http://www.ifanr.com/405379）。

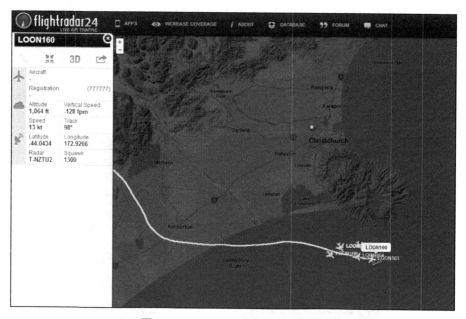

图 1-11 LOON160 号气球的观测图

2014 年 3 月 4 日，国外媒体报道称，Facebook 公司目前正在与无人机公司 Aerospace 洽谈收购事宜，希望未来能提供基于太阳能无人机的网络服务。Facebook 公司的初步计划是在非洲上空布置 11 000 架无人机用于数据传输，每个无人机翼展约 70m，用太阳能驱动，一次飞行可以在空中停留 100 天。2015 年 3 月 29 日，在英国成功进行了旨在向偏远地区提供互联网接入的太阳能无人机飞行测试。图 1-13 是 Facebook 公

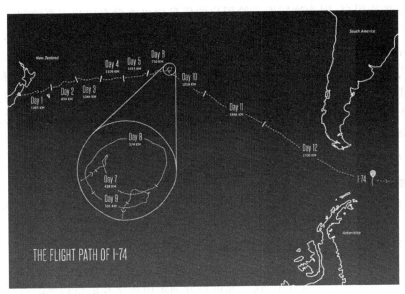

图 1-12　I-74 号气球的运行轨迹图

司的无人机免费无线网络概念图(http://cn.engadget.com/2014/03/04/facebook-drone-company-internet/)。

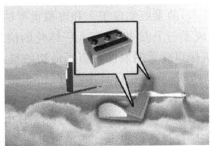

图 1-13　Facebook 公司的无人机免费无线网络概念图

　　大量的垃圾信息是今天的信息网络存在的主要问题之一,有效地过滤垃圾信息,为用户提供知识和解决方案服务是下一代网络发展的主要方向之一。在未来的信息网络上,人们不仅可以获得信息服务,还可以方便地获得知识和解决方案服务。相对于信息服务而言,知识和解决方案服务具有更高价值,因为在许多领域,人们通常缺乏的和最希望得到的是知识和解决方案,而不仅仅是信息,知识和解决方案通常能够直接解决用户面临的问题。同时,面向知识和解决方案的服务也可以在最大程度上实现全社会的知识共享,提升个体、企业和整个社会的创新能力。

　　支持网络环境下知识共享和服务的主要热点技术是语义网服务(Semantic Web Service)技术,知识本体是语义网服务中的基础和核心技术,W3C(World Wide Web Consortium,万维网联盟)定义了一种建立网络本体的语言 OWL(Web Ontology Language,网络本体语言),用来支持对信息内容的处理(而不是像传统的信息服务那样仅把信息发送给用户,因为这样发送给用户的信息中可能没有用户需要的知识,也不能有效帮助用户解决他所关心的问题)。目前,在 OWL 基础上发展起来的 OWL-S(OWL-based Web service ontology,基于 OWL 的网络服务本体)为 Web 服务提供了一种定义其服务能力和特性的标识语言,为网络环境下基于语义的知识查询、知识服务和知识共享奠定了坚实的技术基础。有了语义网服务技术的支持,在网络上可以按照人们习惯的问询方式进行智能化知识查询,如可以支持查询"具有国家认证资质的房地产资产评估机构""具有软件专业博士学位、从事过 3 年以上软件开发的架构设计师""重量小于 300 kg 的 1.8L 发动机的减震方案"等。

2. 智能化的分析和决策

超级计算机、云计算和大数据的发展应用,极大地提高了企业智能化的分析和决策水平,正在将人类带入以智能化为主要特征的信息应用时代。本书第 2 章和第 3 章将分别介绍云计算、物联网、人工智能和大数据技术。

(1)人-机-物三元一体化的信息物理融合空间。

人类过去生活在三元世界中,这三元世界分别是由物质和能量构成的物理世界、由计算机互联互通构成的虚拟世界、由人的思维和行为互动构成的精神世界,这三个世界各自有自己的运行模型和管控机制,各自独立运作,通过有限的方式实现信息交换和控制指令发布,我们称之为物、机、人三元分离的世界。今天,无线视频识别(RFID)和无线传感器网络技术的迅速发展,实现了物理世界和虚拟世界的互联互通,人机接口技术(特别是脑机接口技术)的发展实现了人和虚拟世界的互联互通,人类开始进入了一个三元互通的世界,即形成了一个人-机-物三元一体化的信息物理融合空间。

人机接口技术的发展经历了最初的键盘输入技术阶段,20 世纪 80 年代后期广泛使用的 Windows 界面接口技术阶段,20 世纪 90 年代开始使用的语音识别技术和指纹识别技术阶段,今天已经开始进入思维控制技术(脑机接口)阶段。

据新华网华盛顿 2003 年 10 月 13 日电(记者毛磊):两只脑中植入微型电极的猴子,经过训练后仅仅通过思维就能控制机械手的运动。负责这项实验的杜克大学尼科莱利斯博士等人在网络科学刊物《公共科学图书馆生物学》创刊号上介绍说,电极分别植入这两只雌性恒河猴大脑额叶和顶叶部位,每个电极不到人的一根头发丝粗细。它们发出的微弱电信号通过导线进入一套独特的计算机系统。该系统能识别与动物手臂特定运动相关的大脑信号模式,信号经翻译后用来对机械手运动进行控制。

实验中,科学家们首先训练猴子使用操纵杆来玩一种电子游戏,控制电视屏幕上的光标移向靶子。如果成绩好,猴子将会获得一杯果汁的奖励。然后在实验中引入机械手,屏幕上光标运动会因机械手的动力和惯性等产生相应变化,但猴子们经过熟悉后很快就玩得灵活自如。接下来,操纵杆被撤走。猴子起初不太适应,爪子继续在那挥舞着,试图控制屏幕上的光标,机械手也随之相应运动。尼科莱利斯博士介绍说,这种情况持续短短几天后,"最令人惊异的结果就出现了,猴子突然意识到实际上根本就没有必要移动自己的手臂"。在意识到这点后,猴子臂部肌肉完全停止运动,仅用大脑信号和视觉反馈来控制机械手。对猴子大脑信号的分析显示,它们似乎把机械手当成自己的一部分了。

图 1-14 是美国杜克大学科学家米格尔博士在展示操纵杆。科学家们表明,借助类似技术,瘫痪的人将来也许可以用思维控制机器或工具,或者重新获得对手脚运动的控制能力。这种技术甚至还有可能用于开发出微型机器人,它们会直接被人脑信号操纵(http://tech.sina.com.cn/other/2003-10-14/1542243864.shtml)。

图 1-14 美国杜克大学科学家米格尔博士在展示操纵杆

据新华社伦敦 2014 年 2 月 18 日电(记者刘石磊):科幻电影《阿凡达》中,人通过脑电波控制可以掌控克隆外星人"阿凡达"的躯体。美国科研人员 2014 年 2 月 18 日报告说,他们首次在猴子身上实现了这种异体操控,这一成果有助于未来帮助瘫痪者重新控制自己的身体。脊髓损伤会阻碍大脑指令信息向躯体的传递,导致运动能力受损甚至瘫痪。目前许多科学家都在研究通过模拟脑电波信号对受伤脊髓进行电刺激,使伤者的躯体能重新接收运动指令。

美国哈佛大学医学院等机构研究人员在新一期英国《自然-通信》杂志上报告说,他们在实验中使用了两只猴子,一只作为发出指令的"主体",另一只则是接收指令、完成动作的"阿凡达"。研究人员先在"主体"猴子的大脑中植入一个芯片,对多达 100 个神经元的电活动进行监控,记录它支配每个身体动作时的大脑神经元电活动,而猴子"阿凡达"脊髓中则植入了 36 个电极,并尝试刺激不同的电极组合以研究对肢体运动有何影响。在实验中,研究人员通过仪器将这两只猴子身上的装置相连接,并给"阿凡达"服用了镇静剂,使它的身体动作可完全由"主体"的脑活动所控制。它俩的任务是协作使得计算机屏幕上的光标上下移动,操纵杆掌握在"阿凡达"手中。结果"主体"控制"阿凡达"完成这一任务的成功率高达 98%(http://www.stdaily.com/shouye/guoji/201402/t20140220_649155.shtml)。

研究人员第一次把人脑控制机械臂的实验从猴子转移到人身上发生在 2011 年。美国布朗大学的神经科学教授约翰·多诺霍(John Donoghue)让一名瘫痪了 15 年的女子能够用意念控制机械臂,拿起一杯饮料送到自己的嘴边来喝。这个研究发表在当年的《自然》杂志上,成为历史上第一个人类意念控制机械臂的临床试验。2012 年,一位名叫简·舒尔曼(Jan Scheuermann)的女性找到施瓦茨。她患有一种发病机理不明的疾病,大脑与肌肉之间的神经连接会逐渐退化,最初是腿脚不灵,最终发展成四肢瘫痪,连耸一下肩膀都困难。她希望能够在施瓦茨这里得到帮助。在施瓦茨的实验室,舒尔曼的大脑被植入了一块 $16mm^2$ 的芯片,芯片位于她大脑的左运动皮质上。芯片与一只机械臂相连接,这只机械臂非常精密,在许多结构上与人手相近,舒尔曼需要学习用意念去控制这只机械臂。仅仅是在训练开始的第二天,她就能做到用意念让它运动了,而一星期后已经可以控制它上下左右运动。她一共训练了 13 周,最后她已经能够用机械臂拿起不同的物体,再放到想要放的位置。

信息物理融合系统(Cyber Physical Systems,CPS)是一个综合计算、网络和物理环境的多维复杂系统,通过计算(Computation)、通信(Communication)、控制(Control)技术(简称 3C 技术)的有机融合与深度协作,实现大型工程系统的实时感知、动态控制和信息服务。CPS 实现计算、通信与物理系统的一体化设计,可使系统更加可靠、高效、实时协同,具有重要而广泛的应用前景。

近年来,CPS 已成为国际学术界和科技界研究开发的重要方向。2006 年 2 月发布的《美国竞争力计划》将信息物理融合系统 CPS 列为重要的研究项目。2007 年 7 月,美国总统科学技术顾问委员会(PCAST)在题为《挑战下的领先——竞争世界中的信息技术研发》的报告中列出了 8 大关键的信息技术,其中 CPS 位列首位,其余分别是软件、数据、数据存储与数据流、网络、高端计算、网络与信息安全、人机界面。欧盟计划从 2007 年到 2013 年在嵌入智能与系统的先进研究与技术(ARTMEIS)上投入 54 亿欧元(超过 400 亿元人民币),以期使欧盟在 2016 年成为智能电子系统的世界领袖。

CPS 的意义在于将物理设备联网,特别是连接到互联网上,使得物理设备具有计算、通信、精确控制、远程协调和自治等 5 大功能。CPS 本质上是一个具有控制属性的网络,但它又有别于现有的控制系统。CPS 把通信放在与计算和控制同等地位上,这是因为 CPS 强调的分布式应用系统中物理设备之间的协调是离不开通信的。CPS 对网络内部设备的远程协调能力、自治能力、控制对象的种类和数量,特别是网络规模上远远超过现有的工控网络。美国国家科学基金会(NSF)认为,CPS 将让整个世界互联起来。如同互联网改变了人与人的互动一样,CPS 将会改变我们与物理世界的互动。

物联网不是 CPS,物联网中的物品不具备控制和自治能力,通信也大都发生在物品与服务器之间,因此物品之间无法进行协同。从这个角度来说,物联网可以看作 CPS 的一种简约应用,或者说,物联网未来发展的高级阶段是 CPS。在人类社会对物理世界实现“感、知、控”的三个环节中,物联网主要实现的是第一个环节的功能,而要实现“知、控”这后两个环节就需要云计算、大数据和智能控制技术。

目前,对于 CPS 的研究还处于起步阶段,在科学问题和关键技术上还面临许多挑战。第一方面的挑战来自控制领域与计算领域对建模方法上的差异。通常,控制领域是通过微分方程和连续的边界条件来建立对象模型,而计算则采用离散数学的方法来建立对象模型;控制问题对时间和空间都十分敏感,而计算则主要关心功能的实现。通俗地说,研究控制的人和研究计算机的人没有一种建立对象模型的“共同语言”。这种差异将给计算机科学和应用带来基础性的变革,需要开发新的科学和工程原理、方法、算法和模型,融合连续和离散数学的方法,实现对复杂 CPS 连续和离散特性的综合描述和分析,将信息和物理世界集成在统一的基础原理之上。

CPS 面临的第二个挑战是目前信号处理和计算机控制方法是基于如下的基本假设,即样本时间是等距的、确定性的、不变的和同步的。但是,当系统组件之间的互连是基于互联网时,由于信息传送延迟、性能不稳定、信息包丢失等问题时,上述假设都不再成立。CPS 需要发展基于互联网的“网络化控制系统”,系统下一个状态的更新时间只是一个可能的概率分布,这就需要一个全新的系统理论,来处理时标不统一问题。

CPS 应用实施中面临的第三个挑战是需要面对复杂网络环境下的海量资源的管理、控制与优化。复杂网络控制是实现 CPS 系统海量资源管理和控制的重要方法之一。复杂网络在经历了十几年的发展之后,形成了许多有价值的理论和方法,并且揭示了复杂网络现象背后许多的基本规律,例如度分布规律、幂律分布规律、小世界现象、长尾效应、马太效应(富者更富现象)。CPS 的出现给复杂网络领域的研究者带来了新的挑战和机遇。CPS 最大的特点就在于它是由很多具有通信、计算和决策控制功能的设备组成的智能网络,这些设备可以通过相互作用使得整个系统处于最佳状态。例如,在机器人足球比赛中,当某个机器人准备传球时,它会收集每个同伴的信息,然后通过计算得出一个最佳的传球方案,并且将该方案传给所有队员,让队员们配合这个传球过程,通过这种方式可以提高整个球队的水平。该思想同样可以应用于很多其他的系统,例如,交通系统中车辆之间通过通信和计算得出最佳行车路线,避免各种交通事故;电力系统中各个站点通过信息传递从而动态调整负荷,避免大规模级联故障等。这些系统的运行其实就是复杂网络的动力学过程,只不过这些过程集合了复杂网络中的信息传播、同步、博弈等多种动力学过程,因此研究的内容更加丰富和复杂。具体的研究内容有很多,例如研究制定系统规则(或协议)使系统在最短的时间内达到最佳状态,此外还可以研究各种外界因素是如何影响系统运行等。

CPS 面临的第四个挑战是对于复杂网络环境下的性能分析和优化,很难建立精确的数学模型和有效的解析方法。而采用仿真技术可以有效地实现复杂 CPS 的分析。目前,CPS 的一个重要挑战是开发强有力的仿真和设计工具来处理信息和物理世界的分布和多变性。建模和仿真是处理物理世界问题的一个常用方法。对于 CPS,不单要满足连续系统仿真,同时也要对网络环境下的大量离散事件进行处理,信息和物理世界的混合使我们需要一种协同仿真和设计工具。这些工具将对 CPS 的建模、分析、处理和优化起到关键作用。该方向的预期目标是建立一个可以预测、建模、验证、确认和理解 CPS 的工具集。

除此以外,CPS 还需要解决的问题包括:海量数据快速处理、复杂系统的资源调度和优化、资源虚拟化以及虚拟资源管理技术等。

CPS 和脑机接口技术的发展和应用基本实现了人-机-物三元世界的一体化,形成了全新的信息物理融合空间,并最终实现"所想即所得"的服务,即人想得到什么,计算机就会理解人的需求,并且指示机器人完成。

3. 按用户需求快速提供大批量个性化服务

大批量个性化服务的含义是指用大批量生产的成本为用户提供定制化的服务。与今天人们在网络上通过信息搜索工具查询信息的方法不同,在信息应用的智能化阶段,人们享受到的是随时随地的个性化信息和业务服务,得到信息和业务服务就如同今天用电和自来水一样方便。具体含义是:服务的时间没有间断,夜以继日;服务的地点没有限制,无论你走到哪里,都可以得到所需要的服务;服务的载体多种多样,你可以用不同的方式获得服务,你穿的衣服、戴的眼镜、开的汽车都可以成为获取信息和业务服务的工具;服务具有平等性,只要你进入了服务系统,针对你的服务总是有效的;服务具有高可靠性和连续性,无论网络系统或者服务器是否出现故障,你享受到的服务是不受影响的,你感觉不到服务器切换这些操作细节问题;服务具有个性化特点,你得到的是专门为你定制的服务,你需要的服务都会及时提供给你。要做到按用户需求快速提供大批量个性化服务,需要引入服务互联网和面向服务的企业(Service Oriented Enterprise,SOE)的概念和平台。

表1-1对信息应用5个发展阶段的一些特性进行了对比。上述对信息应用发展历程的五个阶段进行了简单的介绍,可以看出,信息应用的智能化阶段是信息应用发展的高级阶段,它将显著改变人们的生产与生活方式,智能化的信息网络将成为人们学习、交流、企业业务运作和大众娱乐等不可或缺的基本环境。在高度发达的智能化信息网络环境下,信息和知识将成为国民经济中最重要的生产力要素,围绕信息和知识的获取、存储、处理、共享和利用,将涌现出大量的新型产业(例如基于信息技术的新型服务业、创意产业、虚拟网络平台等),制造出大量的信息和知识产品,促进经济的增长并极大地丰富人类的精神生活。

表 1-1　信息应用不同发展阶段的特性对比

对　比　项	发 展 阶 段				
	初级	通信	自动化	网络化	服务
发展年代	19世纪60年代以前	19世纪60年代～20世纪40年代	20世纪40年代～20世纪80年代	20世纪80年代～2010年	2010年以后
标志性技术	印刷术	电报、电话、广播、电视	电子计算机	个人计算机、网络	超强计算机、超高速网络和移动通信、无线传感技术
信息传递介质与传递方式	石刻、纸张	纸张、声音、图像	磁带、磁盘	光盘、芯片、移动硬盘	海量存储光盘、芯片
传递的模式	模拟信号	模拟信号	数字信号	数字信号	数字信号
传递方式	口传、邮递	电话、电报、广播、电视	计算机磁带、磁盘	网络	网络、移动设备、无线传感
传递范围	本地	区域性	区域性	全球范围	全球范围
传递速度	低	高	高	高	高
传递量	小	小	较大	大	很大
获取成本	高	高	较高	较低	低
信息传递安全性	差	差	中等	中等～较高	高
用户获得感兴趣信息的方便性	不方便	不方便	较方便	较方便	很方便
对用户决策问题的针对性	低	低	中等	较高	很高
对生产生活方式的影响程度	小	小	中等	大	大
对制造业组织和管理模式的影响	小	小	中等	较大～大	很大

1.6 信息技术的功能

信息技术是指对信息进行采集、加工、存储、传递、分析和应用技术的统称。自从有了人类社会,就有了对信息的认知,也就产生了信息技术和对信息技术的应用,例如古代的烽火报警就是典型的信息传递技术。因此,信息技术并不是有了计算机和网络系统以后才产生的。

虽然信息技术是古已有之,但是在没有发明计算机和网络系统之前,人类对信息技术的应用主要依赖于人的感觉器官进行信息收集,采用传统的交通和交流方式进行信息传递,借助纸张等媒介进行信息存储,利用人脑的计算能力(借助简单的工具,如算盘、计算尺等)进行信息推理和综合,因此,当时人类社会的信息技术水平和应用能力非常低,具体反映在信息采集手段原始、信息获取成本高、信息处理能力低、信息传递速度慢、信息传播范围小、信息存储介质原始、信息存储容量小等方面,这些问题导致了信息技术对人们的生产和生活方式没有产生显著的影响,信息技术本身也没有得到广泛的重视,也没有形成专门的学科和专业对信息技术进行研究。

计算机和网络系统的发明极大地提升了人类对信息的处理和应用能力,促进了以计算机和网络技术为核心的信息技术的迅速发展,信息技术的广泛应用深刻地改变了人们的生产生活方式。因此,今天人们概念中的信息技术主要是指以电子形式采集、处理、储存、传递和利用信息的技术。

冯·诺依曼研制第一台电子计算机的主要目的是用来进行科学计算,解决人类计算能力有限和计算速度慢的问题。互联网的出现,其主要目的是解决信息传递距离短、传递速度慢、传递信息量小的问题。这两项技术发明的主要目的是拓展人类的信息技术处理能力。随着计算机和网络技术的普及,其在企业应用的范围不断扩大,功能不断增加,相应的软件工具和系统日益丰富,信息技术已经成为无孔不入的技术,渗透到了企业生产、经营和管理的方方面面。那么对于企业应用而言,信息技术究竟具有什么功能呢? 如何划分这些功能呢? 笔者认为,虽然企业的应用信息系统非常多,解决的问题多种多样,但信息技术在企业的应用可以概括为本源、扩展和战略三类功能。

1.6.1 信息技术的本原功能

信息技术的本原功能是指计算机和网络技术诞生之日起就注定要发挥作用的功能。计算机和网络技术的本原功能就是完成科学计算、信息存储和信息传递,这些功能是计算机和网络技术的强项,也是人类发明计算机和网络系统的最初目的(拓展人类的信息处理和传递能力),就如同人类发明了手机是用来进行移动通信、发明了汽车是用来旅行一样。在企业应用场景中,信息技术的本原功能主要是指基于计算机和网络技术的计算、存储和传递功能,开发实施支持企业进行科学计算、信息存储、信息交换的应用软件系统,拓展企业工作人员事务处理和信息传递的能力,加快企业事务工作的速度、提高事务工作的准确性、提高办公和办事效率。

信息技术的本原功能在企业的具体应用包括采用计算机软件进行物料需求计划制

定、库存统计、财务记账、产品辅助设计、工艺路径辅助编制、设备控制、数据采集、质量统计、报表生成等，还包括采用电子邮件系统发送和接收电子订单、网上发布公司介绍和产品广告等。

由于科学计算、信息存储、信息传递本身具有科学性和客观性的特点，其应用方法和效果不受人的主观因素影响，信息技术本原功能在企业的应用方便了人们的工作，减轻了人们的劳动强度，使得过去无法解决的大规模计算和信息存储问题得到有效的解决，受到了人们普遍的欢迎。如同没有人抱怨手机具有移动通信功能一样，至今也没有人对采用计算机进行物料需求计划制定的方法提出批评，也没有人提出要摈弃计算机而退回到过去用手工编制物料需求计划的想法，更没有人抱怨用电子邮件系统来交换信息的做法（垃圾邮件的产生是人的道德和品质问题，不是电子邮件系统本身的问题）。

这里需要指出的是，信息技术的本原功能在企业的应用是企业信息技术应用的初级阶段，主要解决个人事务处理问题，并没有解决企业生产组织、管理和运作层面上的问题，因此对提高整个企业效益的作用还不明显。

1.6.2 信息技术的扩展功能

信息技术的扩展功能是指在计算机和网络技术本原功能的基础上，将企业运营中本来由人进行管理的业务运作模式、业务流程、业务对象及其相互之间的关系，经过整理和总结，编制成相应的应用信息系统，并在应用信息系统的支持下开展企业管理和业务运作，以提高企业的管理水平和业务运作效率，提高企业的市场竞争力，取得良好的经济效益。信息技术的扩展功能可以总结成公式(1-6)。

$$信息技术的扩展功能 = 信息技术的本原功能 + 企业管理和业务运作方法 \quad (1-6)$$

企业的运作模式和管理方法涉及了企业管理的方方面面，包括企业管理思想、管理方法和管理制度、业务运作模式、业务流程和业务规则、生产组织方式、资源调度和优化方法、产品开发方法、组织设置和人力资源管理方法等，因此，信息技术的扩展功能包含的内容十分丰富。常见的实现信息技术扩展功能的应用系统有企业资源计划系统、产品研发管理系统、制造执行系统、人力资源管理系统、后勤保障系统、营销与采购管理系统、能源动力管理系统、办公自动化系统、文档与知识管理系统、物流管理与控制系统、项目管理系统、决策支持系统、考勤与绩效考核系统等。

在信息技术本原功能的基础上，信息技术的扩展功能将企业的管理思想和方法以一种模型化和程序化的方法，通过编制软件程序固化到相应的应用信息系统中，并在应用信息系统的支持下实现企业管理和运作的规范化、科学化和制度化，从而达到提升企业管理水平和业务运作效率的目的。实现信息技术扩展功能的核心工作是总结整理企业管理思想、方法、业务规则和运作方式，形成计算机可以理解的形式化表示方法（包括企业管理模型、业务规则、优化算法、控制程序和资源分配策略等），并固化到相应的软件程序中。信息技术的扩展功能是否丰富、实用、高效和合理，本质上取决于企业对相应的模型和规则的总结整理水平。如果企业总结整理得到的模型和规则内容丰富、科学先进、符合企业业务运作实际，则据此开发实施的信息管理系统就会得到认可并发挥重要作用。反之，则不会得到认可，也不能够在实际应用中发挥出重要作用。

在企业对商用信息管理系统进行选型时,要考察相应的软件系统中采用的企业管理模型和规则内容是否丰富、是否科学先进、是否符合企业业务运作情况,这些是对商用信息管理系统进行评价的重要依据。

实现信息技术的扩展功能,建立支持企业管理和业务运作的信息管理系统,是当前企业信息化工作的主要内容。由于认识和方法上的问题,有些企业在实施信息化过程中遇到了许多困难,走了许多弯路,甚至造成了部分企业在信息化上投资的浪费,并由此产生一些对企业信息技术应用的质疑。笔者认为,造成信息技术在企业应用过程中出现问题的根本原因不在信息技术本身,而在于当企业应用信息技术的扩展功能时,对反映企业管理和运作过程的企业管理模型、业务规则、优化算法、控制程序和资源分配策略等缺乏深入的分析,导致实施的管理信息系统与企业实际业务运作情况不符合。另外,企业管理水平不高、管理信息系统的开发实施方法存在问题、对业务人员的信息技术培训不够重视等,也是造成信息化应用失败的重要原因。

1.6.3　信息技术的战略功能

信息技术的战略功能是指利用信息技术支持企业经营模式和管理战略的创新,实现企业内部、供应商、客户和社会资源的整合,建立企业战略竞争优势,赢得市场竞争。信息技术的本原功能是在个人事务处理层面发挥作用,扩展功能是在企业管理和业务运作层面发挥作用,战略功能则是在企业战略运营和社会资源整合层面发挥作用。

网络技术发展和应用普及,使信息技术具有了可以无限延伸和以光速传播信息的能力,企业可以利用信息技术提供的能力,突破过去地域、时间、管理手段等因素给企业经营管理方式带来的制约,实现企业经营和管理战略上的创新,完成社会资源的整合。以下给出 3 个采用信息技术实现企业战略创新的示例。

(1) 案例 1:洛克希德·马丁公司在竞争美国联合攻击战斗机项目时,采用信息技术建立了全球 30 个国家 50 家公司参与研发的数字化协同环境,形成了无缝连接、紧密配合的全球虚拟企业,快速地完成了以数字化技术为研制基础的 3 种变型、4 个军种、客户化程度高的飞机设计,赢得了全球有史以来最大的军火合同,总合同价值约 2 000 亿美元。

(2) 案例 2:DELL 公司利用网络技术构建了定制化计算机的直销模式,用户可以通过 DELL 公司提供的网上计算机定制系统进行计算机配置,并直接给 DELL 公司下订单,从而消除了大量的中间环节,DELL 公司根据顾客的订单安排采购和生产,从而实现了与顾客的零距离和产品的零库存。

(3) 案例 3:2001 年 10 月 1 日,GE Fanuc 公司与 Datasweep 公司结成联盟,共同开发从车间加工设备到全球供应链的 e 制造系统。由 GE Fanuc 公司设计的基于车间自动化的 eManufacturing 方案及其产品 CIMPLICITY 可以方便地集成车间中的各种系统,收集和分析各种生产和管理信息。Datasweep 公司的 Advantage 产品是一个基于 Web 的制造管理系统。Advantage 可以提供实时的协同制造解决方案,解决企业与多个供应商之间实时生产信息的交流和共享问题,对整个商务过程——从车间设备到整个供应链的情况,进行实时动态地监控。基于当今动态多变的企业组织结构,CIMPLICITY Advantage 方案为企业的管理者们提供了全面了解整个生产过程执行情况和实时动态监控的功能,企业可以方便地了解和控制分布在世界各地的分公司、协作商等的经营情况。另外,CIMPLICITY Advantage 将数据集市(Data Mart)技术以及联机事务处理(OLTP)和联机分析处理(OLAP)技术用于企业操作层面的分析处理,使得对整个供应链的管理更加高效、可靠。

目前有一些公司为了提高其产品的研发速度,在全球的多个地点建立产品研发中心,这些研发中心之间通过网络实现产品研发数据的交换,从而建立全球协同的产品研发团队,利用不同地区的时差,实现产品 24 小时不间断的研发,从而大大加快了产品研发的速度。还有一些公司在全球的多个地点建立产品服务支持中心,利用不同地区的时差,为用户提供 24 小时不间断的产品服务技术支持,从而大大提高客户满意度。

实现信息技术的战略功能首先需要企业有创新的经营管理理念,其次要充分利用信息技术在信息获取、传递、处理上的优势,用这些优势弥补传统企业经营管理方式上存在的不足,在社会范围内进行资源整合,并面向全球开展企业运作。

典型的实现信息技术战略功能的应用系统有电子商务系统、协同产品商务系统、供应链管理系统、电子化制造系统(e-manufacturing system)、异地协同设计制造系统、动态联盟和敏捷制造系统、产品全生命周期管理系统等。与提供信息技术本原功能和扩展功能的应用系统相比,实现信息技术战略功能的应用信息系统的特点如下。

① 支持企业战略运营,而不仅仅是日常业务的管理。

② 运作范围广,跨越了企业边界,支持在多企业间和社会范围内的企业协同和资源共享。

③ 突破了传统的时间和地域约束,实现产品研发和技术支持的 24 小时不间断运作。

④ 对产品实现从客户需求获取、产品研发、生产制造、产品使用到服务支持的全生命周期管理。

表 1-2 给出了信息技术三类功能的对比。

表 1-2　信息技术三类功能的对比

	本 原 功 能	扩 展 功 能	战 略 功 能
应用目的	提升个人事务处理能力	提升企业管理和业务运作能力	提高企业战略管理和创新能力
应用层面	个人事务	企业管理和业务运作	企业战略管理和社会资源整合
应用范围	个人、部门内部	部门、全企业	跨企业、社会
典型应用	库存管理、财务统计、物料需求计划制定、计算机辅助产品设计	企业资源计划系统、产品数据管理系统、办公自动化系统、制造执行系统	协同产品商务系统、产品全生命周期管理系统、动态联盟管理系统、供应链和客户关系管理系统
效果	加快企业事务工作的速度、提高事务工作的准确性、提高办公和办事效率	提高企业的管理水平和业务运作效率,提高企业的市场竞争力,取得良好的经济效益	促进企业创新、实现社会资源整合、建立企业核心竞争优势

1.6.4　湿件的作用

信息系统包含硬件(Hardware)、软件(Software)和湿件(Wetware)3 部分组成,其中硬件是信息系统的物理载体,主要包括运算器、控制器、存储器、输入设备和输出设备。而只有硬件的裸机是无法运行的,还需要软件的支持。所谓软件,是指为解决问题而编制的程序及其文档。计算机软件包括计算机本身运行所需要的系统软件和用户完成任务所需要的应用软件。湿件是指与计算机软件、硬件系统紧密相连的人(程序员、操作员、管理员、业务人员),以及与系统相连的人类神经系统。湿件是储存于人脑之中、无法与拥有它的人分离的能力、才干、知识等。

在企业信息化应用过程中,湿件是指基于给定的硬件和软件环境下,一个组织内部的人员开展业务处理和协同工作的能力和水平,它主要反映人使用信息系统的熟练程度。把湿件作为信息系统的组成部分是因为如今的信息系统基本上都是人机交互的系统,特别是企业应用信息系统,其功能主要是与人交互完成业务处理和决策控制。湿件是与软件、硬件并列的信息系统第三大件。湿件将人的作用突出出来,而且这种作用远远高于软件和硬件。没有软件,硬件是无用的;没有人的操作或指示,软件、硬件一起也做不了什么,由此可见,湿件是信息系统发挥作用的重要组成部分。在企业信息化应用过程中,仅有良好的硬件和软件是不够的,还要大力加强人员使用信息系统技能的培训,否则企业在信息化上的投资无法取得良好的收益。

有些企业喜欢在技术上追求先进性,频繁引入新的硬件和软件,但是实际上获得的信息化收益却与投入呈反比,某些人将信息化收益与投入呈反比现象称为"IT 悖论",通过引入湿件概念可以在一定程度上解释这种现象。即企业引入新的硬件和软件导致投入增加,而硬件和软件本身并不会为企业带来收益,只有湿件才能为企业创造价值,但是由于引入了新的硬件和软件,员工需要放弃过去熟悉的操作界面、工作方式和协作程序,而熟悉新的系统需要培训和时间,导致在相当长的一段时间内,员工的湿件水平下降,企业业务运作效率下降,信息化收益下降。所以,企业在一定时期内,不要频繁地升级或更换系统,要把主要精力放在用好已有信息系统上,在新的系统上线后,要及时进行操作技能的培训,使信息化投入尽快获得回报。

1.7　信息技术的企业应用发展历程

信息技术在企业的应用经历了由浅到深、由孤立应用到集成应用、由技术系统到管理系统的发展过程。回顾信息技术在企业应用的发展历史,展望信息技术在企业应用的未来,有利于更好把握信息技术在企业应用的实质,对于应用中出现的问题也会有更清楚的认识。

美国人诺兰(Nolan)曾于 1979 年提出了图 1-15 所示的数据处理发展阶段的诺兰模型。在模型中,诺兰将数据处理技术在企业的应用过程分成 6 个阶段,并将前 3 个阶段称为计算机时代,而后 3 个阶段称为信息时代。

(1) 启动阶段:企业数据处理技术应用的开始阶段,其标志是企业安装了第一台计

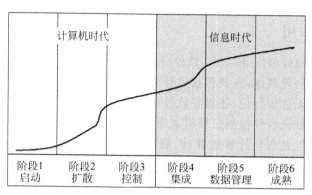

图 1-15　数据处理发展阶段的诺兰模型

算机,将其应用于数据处理工作,并引入了自动化的概念。

（2）扩散阶段:随着自动化技术在企业应用的日益扩展,使得企业计算机系统数量的快速增加。

（3）控制阶段:试图遏制快速上升的计算机服务成本,并将数据处理系统的发展置于受控状态。

（4）集成阶段:本阶段的重点是实现企业各种信息技术平台和数据处理系统的整合,将各种各样的系统和技术集成为内在统一的系统,使数据处理系统的发展进入再生和受控发展时期。

（5）数据管理阶段:本阶段的标志是实施了集成化的数据处理系统,企业将主要精力从数据处理系统的建设转向数据处理系统的应用,并开始取得良好的经济效益。

（6）成熟阶段:企业数据处理系统日益成熟,成为企业经营管理和业务运作的重要支撑环境。

目前我国大部分企业的信息化工作处于从控制阶段向集成阶段的过渡过程中,部分信息化实施的先进企业进入了数据管理阶段。需要指出的是,图 1-15 给出的诺兰模型是对企业数据应用发展过程总结后得到的一个模型,它并不是企业信息化应用的理想模型,企业在实施信息化的过程中,不要按照这个模型去规划信息化应用的发展阶段,这样会导致企业在信息化的过程中走不必要的弯路。当前实施企业信息化的较好方法是在企业信息化规划的指导下,加强业务流程与信息技术的融合,实施集成化的信息化应用系统。

诺兰本人也认识到了该模型已经不能够充分反映企业信息化应用发展的实际情况,他于 1995 年提出了图 1-16 所示的信息技术发展的三个时代模型。

在数据处理时代（20 世纪 60 年代至 80 年代）,信息技术主要在企业的操作和管理层面起作用,其主要功能是专门工作的自动化,例如开展库存管理、财务管理、生产计划制定、计算机辅助设计制造等,这个阶段主要应用的是信息技术的本原功能。在信息技术时代（20 世纪 80 年代至 90 年代）,信息技术在整个企业的业务管理和决策层面发挥作用,强调基于信息技术开展企业业务运作和决策,例如建立企业资源计划管理系统、产品数据管理系统、办公自动化系统、决策支持系统等,这个阶段主要应用的是信息技术的扩展功能。在网络时代,信息技术不仅仅用于提高企业的业务效能,还强调信息技术的战略作用

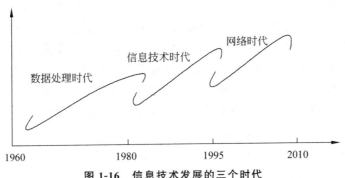

图 1-16 信息技术发展的三个时代

和社会资源的整合,通过信息技术将组织、人员及其工作整合为一种网络化的组织形式以创造更高的生产率,并与其他企业实现协同,促进整个价值链的增值,例如建立电子商务系统、供应链与客户关系管理系统、协同产品商务系统、异地网络化协同设计制造系统等,这个阶段主要应用的是信息技术的战略功能。

诺兰给出的两种描述信息技术企业应用阶段的模型还不够细致,笔者根据自身对企业信息化发展历程的研究和理解,给出了图 1-17 所示的信息技术在企业应用的 5 个发展阶段模型。

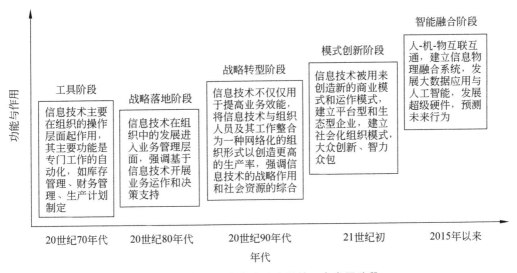

图 1-17 信息技术在企业应用的 5 个发展阶段

以下对信息技术在企业应用的 5 个发展阶段进行简要的介绍。

(1)工具阶段:20 世纪 70 年代中期以前,企业的信息技术应用水平还较低,所开发的信息应用功能也比较简单,主要支持部门内部和个人的事务性工作,例如财务管理、生产计划制定、采购物料数量品种计算、库存管理、计算机辅助绘图等。

(2)战略落地阶段:20 世纪 70 年代中期至 80 年代后期,信息技术开始与管理应用结合,信息技术被用于支持企业业务运作和决策支持。

（3）战略转型阶段：20世纪90年代中期开始，信息技术（特别是互联网技术）被用于支持企业的业务转型和升级。在这个阶段，许多大型企业都利用互联网实现企业的战略转型和升级。在这个阶段，过去"大而全"和"小而全"的企业运作模式受到了广泛的批评，企业开始重视核心能力的建设，把自己做得好的部分留下（专业化），而把自己做得不好的部分进行外包。比如，沃尔玛公司和供应商通过共享实时销售数据开展供应链合作；波音公司与众多的航空制造企业建立虚拟企业模式，实施敏捷制造战略。

（4）模式创新阶段：自21世纪初以来，信息技术被用来创造新的商业运作模式。比如，众包模式的兴起，以优步和爱彼迎等公司为代表的共享经济模式，以苹果公司的Apple Store平台为代表的平台型和生态型企业的形成。

（5）智能融合阶段：2015年以来，信息技术在企业的应用进入智能融合阶段，以CPS为基础的工业互联网、智能制造、"互联网＋"等概念和应用成为企业发展的主要方向。企业和行业的边界越来越模糊，跨界融合成为常态，共创分享将成为智能经济生态的基本特征。将人工智能技术与传统的硬件系统结合，生产具有学习进步能力的智能硬件，使其成为未来企业的高附加值产品。

第 2 章

物联网与云计算

智能社会的到来主要是受到来自 7 方面信息技术的推动,这 7 方面的技术是:大数据、人工智能、云计算、移动互联、物联网、区块链、人机融合,简称大智云移物链融。第 1 章中对移动互联和人机融合技术做了介绍,本章主要介绍物联网和云计算,第 3 章和第 4 章将对人工智能和大数据技术进行介绍。

2.1 物联网的基本概念与发展过程

顾名思义,物联网是"物与物相联构成的网络"。得益于传感技术、网络通信技术、大数据、云服务等软件技术的发展,网络从计算机之间的相互连接,扩展到将每个实际物体连接起来,实现人与人、人与物、物与物之间能够互相交换信息。物体也可以灵活地参与到商业、信息和社会财产活动中,它们可以与环境进行互动,对环境的改变自动做出相应的响应。最终,将无缝地为人类的生产生活提供智能化和便捷化的服务。

2.1.1 物联网的概念

从信息物理系统的角度看,物联网是物理世界与信息世界的接口,物联网将物理世界中的人与物的状态及之间的关系实时反映到信息世界,在信息世界中重构了一个与物理世界高度吻合的虚拟世界。在互联网时代,这个虚拟世界的主角只有人,而在物联网时代,这个虚拟世界不仅包括人,还包括所有的实际物体。

按照国际电信联盟(ITU)的定义:物联网是通过 RFID 和智能计算等技术实现全世界设备互联的网络。如图 2-1 所示,物联网在不久的将来,有可能像互联网一样,形成一个全球性的网络,在任何时间、任何地点,任何人和物都能建立连接。在互联网时代,主要强调的是任何时间和任何地点两个维度。在物联网时代,增加了第三个维度,强调了任何人与物体都能够进行连接。

2.1.2 物联网的基本架构

物联网架构从下到上由 3 个层次构成:智能感知层、接入与传输层、处理与决策层。

在智能感知层,通过大规模部署的、泛在的和多样的传感器,实时全面感知各种物体和现实世界的状态,并将其转化为数字信号。从传感器的类型分类,传感器包括 RFID 标

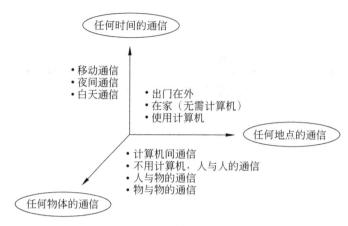

图 2-1　物联网新维度

签、无线传感器和有线传感器等。从传感器监控对象分类,有环境传感器、化学传感器、压力传感器和电力传感器等。从传感器的位置分类,有内置在物体中的传感器,也有外部部署对物体进行监控的传感器。

在接入与传输层,将传感器感知到的数据通过泛在的接口接入到信息网络中,并实时可靠地进行传输、交换和汇集。组网可以是单层次的,也可以是多层次的。IPv6 技术(互联网协议第 6 版,它将 IP 地址长度从当前第 4 版的 32 位扩展到了 128 位)足够支持为全世界现有的每个物体分配一个 IP 地址,因此,理论上每个物体都可以直接接入互联网,从而实现物体的互联。然而,在很多应用场景中,这种方案从经济性、传输速度、稳定性等方面并不适用。更通用的方案是"汇聚网＋广域网"模式,将传感器信息先汇聚到区域中心节点,然后再利用广域网进行传输和发布。例如,局部范围内的无线传感器节点可以通过 ZigBee 协议(一种低速短距离传输的无线网络协议)组成小规模的无线传感器网络。RFID 标签的信息将首先被 RFID 阅读器所获取,然后再向其他设备传递。传统有线传感器采集的数据一般也首先汇聚到一个汇聚节点或计算机上,由它向外发布。大量局域网汇聚的数据在光纤通信、千兆交换机、4G/5G 移动通信技术支持下,在互联网上进行传输,在人或物之间交换信息,或者汇聚起来支持业务应用和决策。

在处理与决策层,在云平台技术的支撑下,数据将汇集到云平台,形成物理上分散存储,但逻辑上统一管理、统一处理的形式。多种定制化的云服务将对数据进行管理,或对这些数据进行分析并创造商业应用价值。常见的数据管理类云服务有多源数据接入服务、数据清洗服务、数据存储服务、数据管理服务、数据检索服务、数据可视化服务等。在大数据技术支撑下,针对不同应用需求发展了数量庞大的海量数据处理的云服务。例如,工业物联网中 MES(制造执行系统)、ERP(企业资源计划系统)和 OA(办公自动化系统)等均已有运行于云平台的产品。而基于车联网,通过云服务可以实现车辆智能调度、道路智能控制、应急指挥、追踪逃犯等多种功能。

2.1.3　物联网的特点

物联网的特点主要包括全面感知、实时传输、广泛联通、大数据和智能服务等。

1. 全面感知

在传统应用中,由于传感器价格、体积、传输布线等因素影响,部署的传感器相对较少,往往仅针对应用目标进行某一方面局部数据的监控。例如,采用土壤湿度监控系统监控土壤湿度信息。在物联网时代,传感器在小型化和廉价化技术方面不断发展,同时通信技术(包括 ZigBee 协议、蓝牙协议等)、无线网技术、3G/4G/5G 技术也在快速地发展,过去制约大规模应用的瓶颈在逐渐消失,大规模部署和应用物联网有了实现的基础。无所不在的感知逐渐成为可能,大规模部署和应用物联网能够全面监控几乎所有物体的各种状态,精确获知每个物体的实际信息,使得精确控制每个物体成为可能。

2. 实时传输

在局域组网层面,传统的无线传感器只能存储和每秒传输几十 kb 的数据。随着芯片存储容量的扩大、通信芯片小型化和功耗的降低、WiFi、3G/4G 等技术的发展,每个传感器每秒传送几 Mb 数据的技术已经成熟,这使得物联网可以在局域组网层面做到数据的实时传输汇集。在广域网层面,随着第二代互联网技术的发展和千兆级交换机设备的普及,实时传输海量数据成为可能。

3. 广泛联通

与传统的传感器网络不同,物联网通常并不是为单一的应用目的所建立,它强调的是将所有的物体都联通到同一个网络中。这种广泛的联通性,需要一种框架能够支持方便地接入种类繁多的数据,又能够支持将不同的数据进行融合,为数量众多的应用提供不同的服务。云平台技术的发展,为有效管理和应用物联网提供了基础。

4. 大数据

由于传感器的规模以及物联网全面感知的需求,物联网往往会产生海量的数据。面对物联网产生的大数据,在传输层需要解决实时传输的问题;在应用层需要解决存储和处理两方面的问题。在大规模数据存储方面,并行数据库、NoSQL 技术、列存储技术等发挥着重要的作用。在海量数据处理方面,需要发展专门的方法,进行更有效的多维分析及数据挖掘,寻找数据的价值。MapReduce 技术、Hadoop 框架、深度学习算法等方面的研究和应用丰富和发展了大数据处理技术。

5. 智能服务

感知、传输、大数据处理都是从开发者的角度出发看待大数据的特点。从用户的角度,通过大量物与人的联接,来收集大量数据的作用就是要为人类的生产生活智能化提供优质的、个性化的、自动化的服务。因此,服务的智能化和自动化是物联网技术应用的重要特点。

2.1.4 物联网的发展历程

在国际上,物联网已经有 20 余年的发展历史。1991 年,美国麻省理工学院(MIT)的教授 Kevin Ashton 首次提出了"物联网"的概念。1995 年,比尔·盖茨在《未来之路》一书中提及物联网,但未引起重视。1999 年,美国麻省理工学院(MIT)建立自动识别中心(Auto-ID Labs),Ashton 教授研究 RFID 系统时阐明了物联网的基本含义。这个系统通过 RFID 等将所有物品通过信息传感设备与互联网连接起来,实现智能化识别和管理。

2005 年,ITU 在突尼斯举行了信息社会世界峰会(WSIS),发布了 *ITU Internet Reports：The Internet of Things*(2005),正式确立了"物联网"的概念,并介绍了物联网的特征、相关的技术、面临的挑战和未来的市场机遇。2008 年 3 月,瑞士 ETH Zurich、St. Gallen 大学 Auto-ID 实验室和美国 MIT 举办了全球首个国际物联网会议"物联网 2008",探讨了物联网下一个阶段的推进发展策略。

2008 年 11 月,IBM 公司在美国纽约发布了《智慧的地球：下一代领导人议程》主题报告,提出了"智慧地球"的概念,将物联网列为智慧地球的关键组成部分。美国总统奥巴马就任后对智慧地球概念做出积极回应,将物联网纳入美国国家战略,与新能源一起列为振兴美国经济的两大重点。

2009 年 6 月,欧盟发布了 *Internet of Things — An action plan for Europe*,提出了物联网发展和管理设想,提出了 12 项行动保障物联网加速发展,标志着欧盟正式启动了物联网的研究与应用行动。图 2-2 给出了物联网发展应用的三个阶段。

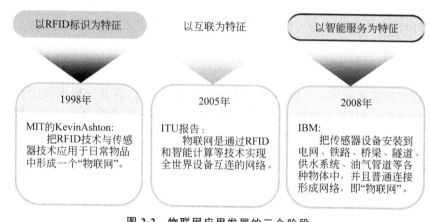

图 2-2　物联网应用发展的三个阶段

第一个阶段以 RFID 标识为特征,它是物联网的初级阶段,因为 RFID 仅提供了对物体的身份识别,不具有感知世界的功能,是物联网应用的初级阶段;第二个阶段以互联为特征,实现物理世界的物体与虚拟世界(计算机网络)连通,是物联网应用的中级阶段;第三阶段以智能服务为特征,是物联网应用的高级阶段,是由无线传感器网络、RFID 等共同组成的一个复杂系统。IBM 公司定义物联网是"把传感器设备安装到电网、铁路、桥梁、隧道、供水系统、油气管道等各种物体中,并且普遍连接形成网络"。在这个阶段,其科学内涵是以"全面的感知、可靠的传输、智能化处理"为特征,连接现实世界和虚拟世界,以安全优质、随时随地提供可运营、可管理的信息服务为目标的全球化网络。

2.2　RFID 的起源与系统组成

如果说 20 世纪 90 年代是"互联网(Internet)"的时代,那么 21 世纪将是"物联网(Internet of Things)"的时代。物联网以人与物、物与物之间的信息交换和通信为主要内容,其核心技术之一是无线射频识别(RFID)技术。RFID 是一种非接触式的自动识别技术,它通过射频信号自动识别目标对象并获取相关数据信息。作为快速、实时、准确采集与处理信息的技术,RFID 技术在生产、销售和流通等领域有着广泛的应用前景,美国商业周刊、国际市场研究公司 Gartner Group、IDC 公司(国际数据集团旗下子公司)等,都把 RFID 列为 21 世纪十大策略性产业之一。

2.2.1 RFID 的起源

RFID 起源于二战期间盟军基于射频的轰炸机识别系统。由于盟军的轰炸机很可能被德军的防空炮兵击中,盟军都希望在夜间执行轰炸任务,因为夜间飞机不容易被地面炮兵发现和击中。然而,德国人也会利用夜幕出动轰炸机攻击盟军目标,这样盟军就很难区分是己方的返航飞机还是德军的轰炸机。1937 年,美国海军研究试验室开发出了敌我识别系统(Identification Friend-or-Foe system,IFF system),用来识别返航的轰炸机属于盟军还是德军。这一系统通过无线通信发送编码的识别信号,能够发送正确信号的飞机是自己的飞机,否则被认为是敌人的飞机。RFID 就这样诞生了,从 20 世纪 50 年代起,RFID 技术成为现代空中交通管制的基础。

早期的射频识别系统,是由被观测的物体主动地发送无线信号,识别系统接收到这些信号后解析信号,以便识别该物体,这实际上是今天人们所说的主动式 RFID 系统。二战结束后不久,Harry Stockman 发现,移动的发射机(Transmitter)完全可以从接收到的无线信号中获得能量来发送信号。20 世纪 70 年代,劳伦斯利弗莫尔实验室(Lawrence Livermore Laboratory,LLL)发现手持接收机(Receiver)能够被接收到的射频无线信号的能量激活,然后发送回编码的无线信号。后来他们将这项技术开发成为敏感材料和核武器的控制访问系统。这些研究成果为开发应用被动式 RFID 系统奠定了技术基础。

20 世纪 60 年代后期和 70 年代早期,电子物品监控(Electronic Article Surveillance,EAS)系统开始出现,例如,商场防盗系统。20 世纪 80 年代,RFID 开始进入商业应用,包括铁路和食品领域。20 世纪 90 年代,RFID 进入了标准化的发展阶段,在国际上形成了多个标准化组织,其中比较有影响力的是 EPCglobal,吉列(Gillette)公司和宝洁(Procter & Gamble)公司是 EPCglobal 组织最早的赞助商和应用方,为 RFID 的大规模应用积累了宝贵的经验。

零售业巨头美国沃尔玛公司在 2003 年中期宣布,要求其全球前 100 名供货商在 2005 年开始在货箱和托盘贴上 RFID 标签,随后,美国国防部(DoD)也提出了类似需求,从而在全球范围内推动了 RFID 的应用。

需要指出的是,RFID 得到广泛关注的另一个重要原因是其具有巨大的潜在市场需求,目前大量使用的物品识别技术——条形码技术存在很多不足,例如,条码技术无法大批量读取物品信息,且容易脱落等,市场需要一个新型的技术来弥补条码技术的不足,这就为 RFID 技术的推广应用提供了广大的市场空间。

RFID 系统的基本组成部分包括 RFID 标签、RFID 读写器、所选择的天线与无线通信频段以及连接读写器的应用系统。除此之外,RFID 系统还包含标签打印机等辅助设备。

2.2.2 RFID 标签

RFID 标签是 RFID 系统最基本的构成元素,其基本结构如图 2-3 所示。RFID 标签包含天线和芯片,而芯片包含无线信号调制器和解调器、编码器和解码器、数模转换器、内存和电源。图中虚线部分的电源系统是可选部件,被动式 RFID 标签不需要电源。图 2-4 给出了 RFID 标签的实例。

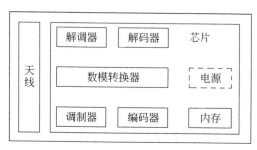

图 2-3　RFID 标签的基本结构

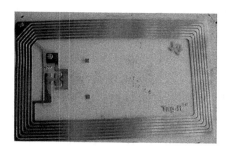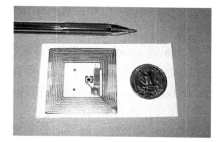

图 2-4　RFID 标签的实例

1. 标签类别

RFID 标签可以分为被动标签、主动标签和半被动标签。其中,被动标签(Passive Tag)是指标签不需要电源,发射信号需要的能量完全由接收到的射频信号来供给;主动标签(Active Tag)是指标签发射信号需要的能量由电池来供应。

主动标签的主要优势是其读取范围广和可靠性高。如果给标签和读写器配备上良好的天线,一个 915M 的标签最大的读取范围可以达到 100m。由于不需要持续的射频信号来供给能源,因而更可靠。

被动标签由于没有电池,它比主动标签体积更小、价格更低廉。被动标签的另一个优势是具有更长的生命周期,主动标签一般可以使用几年的时间,而被动标签原则上可以无限期地使用下去,只要其硬件保持良好。

在主动标签和被动标签之间,还有半被动标签(Semi-passive Tag)。这样的标签像主动标签一样拥有电池,同时也使用读写器发送信号中的能量来将信息传送给读写器,使用读写器发送信号中的能量来发送信息的技术称为反向散射技术(Backscatter)。半被动标签具有主动标签的可靠性、被动标签的读取范围以及比主动标签具有更长的生命周期等多种优点。

2. 标签形状和尺寸

RFID 标签具有不同的尺寸和形状。小的 RFID 标签可以仅有几毫米大小,比如日立公司(Hitachi)生产的 mu-chip,其每个边长小于 0.4 毫米,主要内嵌在纸张中,用来跟踪办公环境中的纸质文档。RFID 标签的尺寸也可以很大,Fast Lane 和 E-ZPass 电子收费系统中的标签有一本书那么大,其中包含天线和可以使用五年的电池。

RFID 标签可以是无区别的,也可以是安全的。无区别的标签是指它们可以跟任何的读写器进行通信;而安全的标签是指读写器必须通过密码或者其他验证机制的验证才能读取标签的信息。目前部署的大部分 RFID 标签都是无区别的,这不仅仅是因为无区别的标签价格低廉,更重要是因为这样部署的系统容易进行管理。

3. 标签数据

目前市场上使用的大部分 RFID 标签都包含系统数据、物品唯一编码和用户数据 3 部分内容。其中,系统数据包含访问控制数据(访问口令、自毁口令等)、标签功能描述数据等。物品唯一编码用来在全球范围内唯一标识一个物品,不同的标准化组织使用不同的方式来标识物品,其中比较有影响力的有 EPCglobal 的 EPC 编码,以及日本 Ubiquitous ID 中心的 ucode 编码。而用户数据是指用户在标签使用过程中的自定义数据,比如对标签所标识物品进行操作的名称、时间、地点等信息。

最简单的 RFID 标签中的芯片只包含系统数据和物品唯一编码。物品唯一编码可以由标签的制造厂商在出厂前写入芯片,然而在大部分情况下,物品唯一编码由终端用户通过编程写入。有些标签的物品唯一编码写入后无法更改,还有一些标签的物品唯一编码可以由用户编程更改。下面重点介绍物品唯一编码的编码规则。

物品唯一编码是 RFID 电子标签中最重要的数据,用来在全球范围内唯一确定一件物品。下面以 EPC 编码的编码规则为例进行简单介绍。

EPC 编码的编码规则是与 EAN/UCC 编码规则兼容的新一代编码标准。它由 4 部分内容组成,依次为:版本号、管理域、类别和序列号。版本号用来决定整个 EPC 编码的位数;管理域用于表示产品的厂商信息;类别用于表示商品种类;序列号用于唯一表示一件物品。EPC 编码可以分为 64 位、96 位和 256 位 3 种类型。由于成本的限制,目前广泛使用的是 64 位或者 96 位 EPC 编码。

表 2-1 是 96 位 EPC 编码的一个例子,其中版本号由 8 位二进制数表示,管理域由 28 位二进制数表示,类别由 24 位二进制数表示,序列号由 36 位二进制数表示。在示例行中的数字是十六进制数,表示 4 位二进制数。

表 2-1 一个 EPC-96 位码的例子

	版本号	管理域	类别	序列号
位数	8 位	28 位	24 位	36 位
示例	01	0000A29	00016F	000169DC0

4. 防冲突

如果在一个读写器的读取范围内有多个电子标签,不同电子标签向读写器同时传送的信号可能相互影响,这样电子标签之间就会互相干扰、冲突,阻碍了标签的快速识别。在一些 RFID 应用系统中,标签之间不会产生干扰和冲突,比如停车场应用系统,因为经过优化,系统保证了每一个读写器的读取范围内只有一个电子标签。但是在大部分应用系统中,标签之间的干扰和冲突是一个非常严重的问题,在这些系统中,一个读写器同时读取多个电子标签是一个非常普遍的现象。在这种情况下,电子标签需要采用防冲突协议来保证获取正确的标签信息。

标签防冲突协议可以分为基于阿罗哈的协议(Aloha-based)和基于树的协议两类,这两类方法各有利弊。基于阿罗哈的协议使得标签在不同的时间发送信息,从而减少标签发生冲突的可能性。但是基于阿罗哈的协议不能完全防止标签冲突,而且可能导致"标签饥饿问题(tag starvation problem)",也就是说某个标签可能在很长的时间范围内不能被识别。基于树的协议的主要思想是将同时传送信息的标签构成一个集合,当这个集合内的标签引发冲突时,就将这个集合分为多个集合,直到所有集合内的标签不发生冲突为止。其中的二叉树协议已经被 ISO/IEC 18000 Part 6 采纳为 RFID 标签防冲突的标准协议。尽管基于树的协议不导致"标签饥饿问题",但是标签集合的划分过程会导致较长的标签识别延时。

5. 保护隐私和信息安全机制

标签内的信息很可能被其他没有授权的读写器或者用户无意、有意甚至是恶意地读取和修改,损害了标签用户的利益。因此必须建立相应的机制来保证标签信息的安全,使标签用户的隐私不被非法窃取。

在保证标签信息安全性和用户隐私方面已经有了很多研究成果。其中最简单,也是很极端的做法是标签芯片使用自我毁坏或者自杀机制,即通过向标签发送一个特殊的代码,使它不再响应任何读写器发送的读取命令,这样标签内的信息就无法被读出,相当于标签死去一样。另外一种类似的方法是在物品被售出以后,RFID 标签可以从物品上取下,这样其他 RFID 读写器就无法再读写物品的信息。EPCglobal 最新的 Class 1 的第二代标签就可以使用标签自毁机制来保护用户隐私。

但是,为了保护用户隐私而将标签自毁的做法存在许多应用问题,主要体现在如下 3方面:

(1)售出物品上的 RFID 标签有很多附加价值,比如售后服务、帮助盲人识别物品等。这样,简单地采用标签自毁功能来保护用户隐私势必使得 RFID 的优势大打折扣。

(2)物品的 RFID 标签还可以在物品的回收利用、销毁等方面发挥重要作用。

(3)即使采用标签的自毁功能来保护用户的隐私可以满足需求,但是目前市场上的很多标签本身没有自毁功能,它们所包含的信息同样面临着被篡改和盗用的危险。

因此,必须采用其他方法来保护用户隐私和信息安全。这些方法包括信息加密、标签口令、标签伪名、阻碍标签、天线能量分析。

(1)信息加密。加密是保护隐私和信息安全的传统方法。在 RFID 标签上存储加密的物品唯一编码来保护隐私和信息安全,至少需要解决两个问题:一是如何管理密钥,二是高效并且容易实现的加密算法。简单的加密算法容易被破解,而复杂的加密算法实现比较困难,势必使得 RFID 标签的成本增加。

(2) 标签口令。这是保护隐私和信息安全简单有效的方法之一。比如,符合 EPC 标准的基本 RFID 标签具有验证口令的能力,它可以保证只有得到正确口令才将自身的信息发送出去。

(3) 标签伪名。为了保护消费者的隐私和信息安全,可以为物品的 RFID 标签变更名称,改变它们的物品唯一编码。基本的实现方法是为每个标签给出伪名的集合,比如 $\{p_1, p_2, \cdots, p_k\}$,并且每当标签被读一次,它们就按照一定的循环顺序,为标签赋予一个新的伪名。

(4) 阻碍标签。阻碍标签是一个特别配置的、辅助的 RFID 标签,用来阻止那些没有得到授权的标签读写操作,而得到授权的标签读写操作能够正常进行。

(5) 天线能量分析。天线能量分析的一个基本假设是合法的 RFID 读写器是离电子标签比较近的,而恶意的 RFID 读写器离电子标签比较远。RFID 读写器信号的信噪比随着读写器与标签之间距离的增大而减小。这样,读写器距离越远,信号中的噪声比例就越大。通过标签中额外的电路就可以估计读写器与标签的距离,根据这个距离来采取相应的操作,距离近的为合法读写,而距离远的为非法读写。当然,单独的使用距离并不能提供令人满意的隐私保护机制,它可以和其他访问控制机制结合起来使用。

6. 集成传感器

标签芯片还可以包含传感器,典型的例子有使用气压传感器来监控轮胎的充气程度。另外,还有温度传感器、湿度传感器等。在这样的情况下,标签芯片可以在内存中暂时存储传感器感知的结果,或者直接将这些结果报告给读写器。

2.2.3　RFID 读写器

RFID 读写器主要用来读取电子标签中的数据,或者将相关数据写入到电子标签中。RFID 读写器向标签发送射频信号,并且监听标签的响应。标签检测到读写器发送的无线信号,接收该信号,并且发送回一个响应信号。响应信号主要包含标签中的物品编码,还可以包含其他信息,比如标签内存中保存的数据,传感器感知的数据等。

在简单的 RFID 系统中,读写器的射频信号仅仅相当于标签的开关。而在比较复杂的 RFID 应用系统中,读写器的射频信号可以包含发送给标签的命令,比如读取标签内存的指令、口令、修改标签内存内容的指令等。

RFID 读写器一般情况处于"接通"状态,持续地发送无线信号,等待在其读取范围中标签的响应。然而对于一些应用来讲,读写器一直处于接通状态是没有必要的,尤其是对那些由电池供给能量的读写器,这更是不可取的。因此,需要对 RFID 读写器进行配置,使其只有在接收到外部触发事件的情况下才发送无线信号,读取标签信息。

RFID 读写器可以呈现不同的形状和尺寸,例如,通道式读写器、手持式读写器、普通读写器等,图 2-5 给出几种读写器的图片。

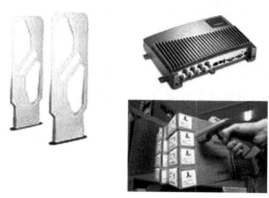

图 2-5　不同形状和尺寸的读写器

2.2.4　天线、频段与应用软件系统

1. 天线

天线是一种以电磁波形式接收或发射射频信号的装置。天线按工作频段可分为短波天线、超短波天线、微波天线等;按方向性可分为全向天线、定向天线等;按外形可分为线状天线、面状天线等。

RFID 标签通常需要粘贴在不同类型和形状的物体表面,甚至需要嵌入到物体内部,同时要求 RFID 标签具有低成本和高可靠性,这些因素对天线的设计提出了严格要求。目前对 RFID 天线的研究主要集中在天线结构和环境因素对天线性能的影响方面。

天线特性受所标识物体的形状及物理特性影响,例如,金属物体对电磁信号有衰减作用,金属表面对电磁信号有反射作用,弹性基层会造成标签及天线变形,物体尺寸对天线大小有一定限制等。天线特性还受天线周围物体和环境的影响,例如,障碍物会妨碍电磁波传输,金属物体会产生电磁屏蔽,这些因素都会导致读写器无法正确地读取电子标签内容。宽频带信号源、发动机、水泵、发电机和交直流转换器等,也会产生电磁干扰,影响电子标签的正确读取。如何减少电磁屏蔽和电磁干扰是 RFID 天线技术研究的一个重要方向。

2. 频段

RFID 是用无线方式来进行数据通信的,标签工作时所使用的频率称为 RFID 的工作频率。工作频率是 RFID 系统最重要的特征之一,它不仅决定 RFID 系统的工作原理和识别距离,而且还决定了 RFID 标签设计和读写器实现的难易程度以及设备成本。

工作在不同频段上的 RFID 标签具有不同的特征。RFID 占用的频段主要分为低频(LF)、高频(HF)、超高频(UHF)和微波 4 个范围,典型的工作频率为 125kHz、133kHz、13.56MHz、27.12MHz、433MHz、860MHz～930MHz、2.45GHz 和 5.8GHz。

一般而言,工作频率在 100MHz 以下的 RFID 系统是通过线圈之间磁场耦合的方式工作,具有工作距离近、成本低、天线尺寸大、通信速度低等特点,这类电子标签对人体一般没有影响。400MHz 以上的 RFID 系统是通过无线电波发射和反射方式工作的,具有工作距离远、天线尺寸小、通信速度高等特点,对这类电子标签一般会有发射功率的限制,以避免对人体或环境造成伤害。

(1) 低频 RFID 标签。

低频 RFID 标签工作频率范围为 30kHz～300kHz,典型的工作频率有 125kHz 和 133kHz。低频 RFID 标签一般为无源标签,工作能量通过电感耦合方式从读写器耦合线圈的辐射近场中获得,读写距离一般情况下小于 1m。除了金属材料外,低频信号能够穿过一般材料的物品而不降低其读取距离,工作在低频的读写器在全球没有任何特殊的许可限制。相对于其他频段的 RFID 产品,低频 RFID 标签的数据传输速度较慢。

(2) 高频 RFID 标签。

高频 RFID 标签的典型工作频率为 13.56MHz。标签发射信号的能量通过电感耦合方式获得。该频率的标签可以通过腐蚀印制的方式制作天线,不需要绕制线圈以制作天线。除了金属材料外,该频率的波长可以穿过大多数的材料,但往往会降低读取距离。该频段标签的使用在全球都没有特殊的限制。高频 RFID 标签具有防碰撞特性,读写器可以同时读取多个 RFID 标签。

(3) 超高频 RFID 标签。

超高频 RFID 标签的典型工作频率为 860MHz～930MHz。该频段的读取距离比较远,无源标签可达 100m 左右。该频段在全球的定义不尽相同,欧洲和部分亚洲国家定义的频率为 868MHz,北美定义的频段为 902MHz～905MHz,日本建议的频段为 950MHz～956MHz。超高频频段的电波不能穿过很多材料,特别是水、灰尘和雾等悬浮颗粒状物质。

(4) 微波 RFID 标签。

微波 RFID 标签的典型工作频率为 2.45GHz 和 5.8GHz。标签位于读写器天线辐射远区场内,标签与读写器之间的耦合方式为电磁耦合方式。读写器天线辐射场为无源标签提供射频能量,将标签唤醒。

表 2-2 给出了不同频段的优缺点。

表 2-2　各工作频段的优缺点

工作频段	优　点	缺　点
低频: 30kHz～300kHz	① 标准的 CMOS 工艺 ② 技术简单可靠成熟 ③ 无频率限制	① 通信速度低 ② 工作距离短(小于 1m) ③ 天线尺寸大
高频: 13.56MHz	① 与标准 CMOS 工艺兼容 ② 和 125kHz 频段比有较高的通信速度和较长的工作距离 ③ 此频段在公交等领域的非接触卡中应用广泛	和更高的频段比 ① 工作距离不够长(最长 75cm 左右) ② 天线尺寸大 ③ 受金属材料等的影响较大
超高频: 860MHz～ 930MHz	① 工作距离长(大于 10m) ② 天线尺寸小 ③ 可绕开障碍物,无须保持视线接触 ④ 可定向识别	① 各国有不同的频段管制 ② 对人体有伤害,发射功率受限制 ③ 受某些材料影响较大

续表

工作频段	优　点	缺　点
微波： 2.45GHz 和 5.8GHz	除超高频特点外 ① 更高的带宽和通信速率 ② 更长的工作距离 ③ 更小的天线尺寸	除超高频缺点外 ① 共享此频段产品多，易受干扰 ② 技术相对复杂 ③ 因共享频段，标准仍在制定中

3. 应用软件系统

在大部分情况下，RFID 读写器从标签中读到的是一个物品编码。为了能够根据这个编码获取物品的相关信息，需要应用软件系统对这个编码进行处理。

对于 RFID 简单的应用，比如访问控制系统，应用软件系统仅仅是将该物品编码与一系列的号码列表进行对比。而对于大型供应链应用系统来讲，用户需要知道与物品编码对应的产品的详细信息，比如生产厂商、生产日期、有效期等，并且将这些信息在不同的供应链参与者之间进行共享，这就需要复杂的应用软件系统。EPCglobal 标准组织提出了一种应用方法，如 2.3 节所述。

2.3　RFID 的工作原理与中间件

本节首先介绍 RFID 的基本工作原理，即读写器如何与 RFID 标签进行数据通信，然后介绍 RFID 应用系统的工作原理，最后介绍 RFID 的中间件。

2.3.1　RFID 的工作原理

对于被动式 RFID 系统来讲，读写器通过发射天线发送一定频率的射频信号，如图 2-6 所示。当 RFID 标签进入发射天线工作区域时产生感应电流，RFID 标签周围形成电磁场，RFID 标签从电磁场中获得能量，激活标签中的微芯片电路，将标签芯片中的信息转换为电磁波，通过标签内置发送天线发送出去，读写器内置的接收天线接收到从标签发送来的信号，经天线调节器传送到读写器，读写器对接收到的信号进行解调和解码，然后送到后台信息系统进行后续处理。对于主动式 RFID 系统来讲，标签利用自身的电源系统，主动发送电磁波信号，读写器接收到这些信号，将其转换为相应的数据。

(a) 读写器

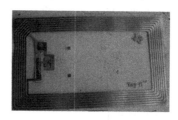

(b) RFID标签

图 2-6　RFID 系统基本工作原理

本节以 EPCglobal 的 EPC 网络为例,说明 RFID 应用系统的工作原理。EPCglobal 的目标是在全球的供应链中及时、准确地知道每一件商品的信息,构建物联网络。为了实现这一目标,需要解决如下几方面的问题:首先,要有一种技术能够标识每一件商品,而不是与条码一样只能标识一类商品;其次,要能够快速准确地采集到每一件商品的信息;最后,需要相应的方法来管理企业间或企业内部信息的传递。物联网通过以下方法满足了上述需求,图 2-7 给出了 RFID 应用系统的工作原理示意图。

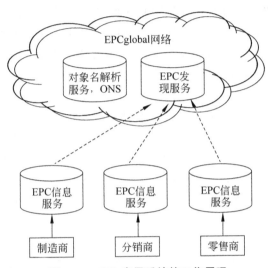

图 2-7　RFID 应用系统的工作原理

贴在商品上的 RFID 标签内的主要内容是与该产品对应的全球唯一编码,即 EPC 编码。在 RFID 标签微型芯片中仅仅存储 EPC 和其他有限的信息,这样可使得 RFID 标签能够维持低廉的成本。而与标签所对应商品的详细信息则存放在制造商、分销商、零售商的数据库中,在获得标签对应的 EPC 编码后,通过查询相应的信息系统就可以得到商品的详细信息,这样既保持了标签本身的简单性,又保持了商品信息的完整性。

每件产品贴有电子标签之后,在其生产、运输和销售过程中,读写器将不断收到该 EPC 编码数据。整个过程中最为重要、同时也是最困难的问题就是传送和管理不同地点收到的 EPC 编码数据,这由 RFID 的中间件来实现,RFID 中间件将在 2.3.2 节中介绍。

产品的详细信息存放在 EPC 信息服务器内(EPCIS),主要包括:为了实现物品跟踪而需要的产品序列号数据;实物层的数据,例如,生产日期、过期日期等;物品类别层次数据,例如,产品种类信息等。为了响应信息请求,EPC 信息服务需要从企业内部提取一系列相关的数据并将其转换为 PML 格式(物理标记语言格式),PML 是可扩展标记语言(XML)的扩展,提供了一种通用的标准化词汇来表示 EPC 网络所能识别物体的相关信息。EPC 信息服务对不同的信息请求做不同的数据处理,以满足用户的需要。从这个意义上来讲,EPC 信息服务就像是整个 EPC 网络运行的大脑,它处理着企业核心的信息服务需求。EPC 网络中的每个企业都管理、控制着自己的 EPC 信息服务,决定着给谁授予获取不同信息服务的相应权限。

有了产品的 EPC 编码(存放在 RFID 标签中)以及产品的详细信息(存放在 EPC 信

息服务器中),如何通过 EPC 编码得到产品的详细信息呢? EPC 网络采用了类似于互联网中使用的 DNS(域名系统/服务协议)机制的对象名解析服务(Object Naming Service, ONS)。对象名解析服务将 EPC 编码与相应商品信息进行匹配,将产品的 EPC 编码转换成一个或多个互联网统一资源定位器(Uniform Resource Locator, URL),通过 URL 就可以定位 EPC 网络中存储 EPC 编码对应产品信息的服务器,即企业 EPC 信息系统的地址,当然也有可能找到与 EPC 编码对应的网站和其他的互联网资源地址来实现其定位服务。当读写器读取 EPC 标签的信息时,EPC 编码就传递给了中间件系统,中间件系统利用对象名解析服务找到这个产品信息所存储的位置。对象名解析服务给中间件系统指明了存储这个产品的有关信息的服务器地址,中间件系统可以从这个地址中取得产品的信息,并将获得的信息应用于供应链管理。

当中间件系统根据 EPC 编码找到产品的详细信息以后,它以什么样的格式将这些信息取回来呢? 在 EPC 网络中,采用的是物理标记语言(Physical Markup Language, PML)。EPC 编码标识单个产品,PML 用来描述所有关于产品的信息。PML 是由可扩展标记语言(XML)发展而来的,它用一种通用的层次结构来描述自然物体。除了描述不会改变的产品信息(如物质成分)之外,PML 还可以用来描述动态数据和时序数据。动态数据有船运水果的温度,机器震动的级别等;时序数据是指在整个物品的生命周期中,离散且间歇地变化的数据,如物品所处的地点等。这些数据都存储在 PML 文件中,PML 文件存储在 PML 服务器上,它为供应链中其他部门提供所需的信息。PML 服务器由制造商维护,并且负责输入他所生产的所有商品的信息。在供应链管理中,可以利用这些信息实现供应链的动态管理,例如可以设置一个触发器,当产品的有效期将要结束时,降低产品的价格来进行促销。

EPC 发现服务(EPC discovery service)实际上是一个产品的保管链。它为产品的制造商提供一个目录,该目录记录了所有曾经读取和保存过该产品的分销商、零售商等的 EPC 信息系统地址信息。

通过上面的描述,EPCglobal 应用系统的工作原理如下。

(1)产品制造出来以后,贴上 RFID 标签,其中记录了产品的 EPC 编码,与该产品相关的其他信息存放在 EPC 信息服务器中。

(2)EPC 信息服务器将保存该产品信息的服务器地址注册到 EPC 发现服务中去。

(3)产品从制造商运送到分销商,并在制造商的 EPC 信息服务器中记录产品已经运出。

(4)分销商接收到货物后,在分销商的 EPC 信息服务器中记录产品已经到货。

(5)将产品已经运送到分销商的信息和保存该产品信息的分销商服务器地址注册到 EPC 发现服务中。

(6)当产品从分销商运送到零售商时,执行类似步骤(3)、(4)、(5)的过程。

(7)当用户想知道产品的详细信息时,他根据产品的唯一编码查询 ONS 服务器,找到存储该产品信息的服务器地址。

(8)根据找到的地址,到相应的服务器上查询产品的详细信息。

(9)制造商想知道产品现在到了哪个流通环节,只要根据产品的唯一编码就可以从

EPC 发现服务器中查询到。

2.3.2 RFID 中间件

从前面的分析可以看出,RFID 应用系统的关键是 RFID 中间件系统。目前,已经有很多机构和公司致力于 RFID 中间件的研究和开发。EPCglobal 制定了 EPC 中间件的规范,即应用层事件(ALE)规范,它在较高层次上定义了 EPC 中间件的基本接口。其他的机构和公司分别从不同的角度研究开发 RFID 中间件,例如,加州大学洛杉矶分校(UCLA)开发了 WinRFID 中间件,SUN 公司开发了 EPC Network 中间件,SAP 公司开发了 AII(Auto-Id Infrastructure)中间件,Oracle 公司开发了 Sensor Edge Server 中间件,BEA 公司提出了 WeblogicRFID 解决方案,IBM 公司开发了 WebSphere RFID Premises Server 中间件,Sybase 公司提出了其 RFID 解决方案,以及 Siemens 公司开发的 RFID 中间件等。这些中间件基于公司已有的中间件技术,对获取的数据进行相对简单的处理,比如数据过滤、增补与修复、简单的数据聚合等,但是这些简单的数据处理还无法发现隐含在这些数据背后的企业运作信息。

对于大规模的分布式应用系统来说,基于事件的通信方式是比较合适的选择。基于事件的中间件构建在发布/订阅机制基础上,能较好地支持大规模分布式系统中复杂的多对多异步通信,并且通过形式化的事件模型,可以简化系统中信息的处理和通信过程,发现隐含在大量数据背后的信息。因此,本文给出 RFID 中间件的体系结构如图 2-8 所示。

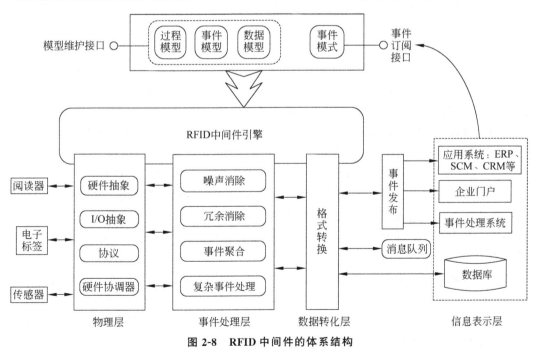

图 2-8 RFID 中间件的体系结构

图 2-8 所示的体系结构分为模型、RFID 中间件引擎以及功能 3 部分。

1. 模型

模型部分主要包含中间件引擎需要用到的过程模型、事件模型、数据模型等。此外，还提供相应的接口来对这些模型进行维护。过程模型描述企业的业务模型，用来支持中间件引擎更好地过滤事件、处理数据，实现基于业务流程的信息获取。事件模型用来规范化地描述事件以及事件之间的关系，支持事件的各种运算。数据模型描述 RFID 产生的数据的结构和数据之间的关系，以便更高效地实现数据存储、查询以及分析。

2. RFID 中间件引擎

中间件引擎是指利用事先定义好的模型来更好地实现系统功能的软件组件，它广泛应用在处理快速变化的海量数据，利用已有的事件模式来实现事件的聚合，利用数据模型进行数据处理。

3. 功能

功能部分主要包括物理、事件处理、数据转化、信息表示 4 个层次，下面分别介绍。

（1）物理层。

物理层主要用来抽象表示系统的硬件及其协议，包括硬件抽象（读写器、标签、传感器等）、I/O 抽象和协议。

（2）事件处理层。

事件处理层主要从海量的数据中找出用户需要的信息，并且加工成便于理解的格式将这些信息提供给用户，其主要功能包括噪声消除、冗余消除、事件聚合、复杂事件处理等。

由于环境等因素的影响，RFID 读写器会收到不是其希望获得的数据，甚至是完全错误的数据，这些数据称为噪声数据。另外，由于一个读写器重复读取同一个标签数据，或者多个读写器重复读取同一个标签数据，会产生很多重复的数据，这些数据称为冗余数据。文献[25]给出了消除冗余和噪声数据的算法。

用户通常关心的是经过加工综合后的高层事件，而不关心未经处理的底层事件。因此，系统需要相应的方法来为用户提供他们感兴趣的、高层次的、具有较高抽象级别的事件信息，事件加工处理的方法包括事件聚合、复杂事件处理、语义事件挖掘等。

事件聚合方法是指根据系统事先确定的规则将用户不感兴趣的事件过滤掉，或者将不同事件按照一定的规则聚合成一个复杂的高级事件，该规则一般采用形式化的方法进行描述。在事件过滤和聚合过程中，中间件引擎可以对错误数据进行修复，也可以按照业务模型中的语义为原始数据增补相应的信息。

事件过滤和事件聚合需要有事先确定的规则，而复杂事件的处理方法，不仅仅需要对事件集进行过滤、聚合以及关联，还要对事件之间的关系进行相应的操作，以发现事件之间蕴涵的意义，找出事件之间的因果关系，形成管理人员关心的更易理解的事件。事件之间的关系可以采用事件模式进行定义。

文献[26]给出了语义事件挖掘的方法，实现从实时海量 RFID 流数据和事件中发现人们通过一般途径难以发现的规律和知识，并且实时地将这些知识传送给相应的人员。复杂的事件挖掘算法可以用来从系统现有的事件中挖掘出新的事件。

（3）数据转化层。

数据转化层主要用来将数据转化为客户应用系统需要的格式，常用的方法就是将数据转化为 XML 格式或者某个特定的数据库模式。

（4）信息表示层。

信息表示层使用不同的方式来展现用户得到的信息，基本方式有 3 种：一是通过企业建立的应用系统，比如 MES、ERP、SCM、CRM 等，对得到的信息进行相应的处理，然后提供给业务处理部门或者相关人员，促进企业的业务运作；二是通过企业门户以统一的方式将获取到的信息提供给企业的客户、供应商、合作伙伴，促进价值链的有效运作；三是通过数据库系统将获取到的信息集中保存起来，供不同的应用系统进行查询和分析。

中间系统基于发布/订阅机制，企业信息系统、门户系统等以事件订阅的方式来提出它们对特定事件的需求，通过事件订阅接口以事件模式的形式表达它们的信息需求，中间件系统将获取的事件进行发布，这些事件将发送到所有感兴趣的事件订阅者那里。在这样的机制中，事件发布者可以发布它产生的事件，并不需要知道有谁订阅了这些事件，而事件订阅者可以获取它感兴趣的事件，也无须知道这些事件是谁发布的。

2.4 物联网的关键技术

工业和信息化部在《物联网"十二五"发展规划》中列出了物联网领域重点发展的四项关键技术，即是信息感知技术、信息传输技术、信息处理技术和信息安全技术。下面分别对这四项技术进行介绍。

2.4.1 信息感知技术

国家标准 GB7665-87 将传感器定义为"能感受规定的被测量并按照一定的规律转换成可用输出信号的器件或装置，通常由敏感元件和转换元件组成。"它强调了一种量的转化。最早的传感器可以追溯到伽利略在 1593 年发明的气温计以及桑克托留斯在 1600 年改进的体温计。将被测量转化为电信号的传感器是 1821 年德国赛贝发明的热电偶传感器。经过数百年的发展，传感器器件和设备已经发展出了几千种不同的类型。按应用分类，常见的传感器有压力传感器、温湿度传感器、温度传感器、流量传感器、液位传感器、超声波传感器、浸水传感器、照度传感器、差压变送器、加速度传感器、位移传感器、称重传感器等。传统的传感器已经发展得相对成熟，并大量用到了工业生产和社会生活当中。作为物联网连接物理世界的重要介质，传感器的微型化和智能化是一种重要的趋势。本节重点介绍传感器领域一些新技术发展情况，包括智能手机、可穿戴设备等。

1. 智能手机

2007 年苹果公司发布第一代 iPhone 以来，传感器嵌入到智能手机中成为一种趋势。智能手机也成为最常见的传感器终端设备。现在绝大部分智能手机中嵌入的传感器有重力传感器、三维加速度传感器、麦克风、光强传感器、指南针、摄像头等。这些传感器已经逐渐成为智能手机的标准配置，得到了 Android 系统、Windows Phone 系统、iOS 系统等主流手机操作系统的支持。由于智能手机的普及率高,同时智能手机具备稳定快速的数据实时发送的功能,充分利用智能手机的传感能力,可使物联网的传感触角延伸得更广。

2. 可穿戴设备

可穿戴设备是穿戴在人身上的一些电子设备,它们常常做成衣服、配饰、眼镜、手表等形式,兼顾舒适性与功能性。由于人体在通常情况下是不适宜进行传感器植入的,因此,可穿戴设备就得到了迅速发展。可穿戴设备具备两方面的功能:一是对人体状态进行随时随地的监测,二是与用户进行随时随地的交互。可穿戴设备发展是物联网发展的重要组成部分。首先,可穿戴设备将物联网的传感器端从物体延伸到了人体,扩展了物联网监测的范围。其次,可穿戴设备可以综合分析使用者与环境物体的信息,将分析结果实时直接推送到用户,与增强现实等技术融合,实现所见即所得、所感即所得的用户体验,扩展了物联网的应用模式。在可预见的未来,可穿戴设备将成为信息产业发展的一个热点,下面将介绍一些流行的可穿戴设备产品。

(1) 谷歌眼镜。

谷歌眼镜(Google Glass)是谷歌公司在 2012 年 4 月发表的一款可穿戴设备,如图 2-9 所示。它基于一副眼镜,在右眼镜片前方悬置摄像头及能将影像直接投射到使用者眼球中的显示屏,同时在右边镜框内置有处理芯片,以及一块触摸屏用于操控。

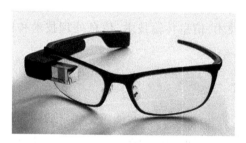

图 2-9　谷歌眼镜

谷歌眼镜是基于增强现实理念的一款产品,它强调通过摄像头即时从第一人称视角拍摄用户所看到的影像,并可以上传到互联网上进行实时转播。通过图像处理及数据挖掘,还可实时识别用户所在场景或所注视的物体,实时给出场景或物体信息。例如,走路时实时显示地图,看窗外时实时显示天气信息等。谷歌眼镜是第一款以第一人称视角获取图像数据的商业产品,该理念拓展了物联网传感设备设计思路。

(2) 健康手环。

健康手环类产品在市场上大量涌现,目前国内主要有小米手环、华为手环、荣耀手环、乐心手环、amazfit 手环等,如图 2-10 所示。健康手环就是通过手环内置的传感器,实时监测使用者走过的步数、脉搏、血压、皮肤温度、细微动作等信息,用以分析使用者的身体情况、运动能量消耗、睡眠质量、心理及情绪状况等。大部分健康手环类产品可以通过蓝牙、NFC 等技术实时传输数据到智能手机或计算机上,健康手环未来将成为监控人体状态的重要的物联网传感设备。

图 2-10　一些健康手环产品

2.4.2　组网与泛在接入技术

在物联网中,信息通过传输技术聚合在一起。物联网通常是多层次的,包括底层的汇聚网和高层的广域网。在汇聚网内,空间位置相近的传感器节点通过局域网通信技术聚合到一起。而广域网信息传输则主要需要考虑传输的速度以及异构网络融合所带来的挑战。在光纤技术、局域网技术、千兆级交换机等支撑下,有线接入方式能向终端用户提供 1Mb/s 到 1Gb/s 的传输速率。然而,这对组网环境的要求较高。物联网是一个泛在的网络,在任何有需要的环境下,都需要数据能够有效传输,因此,有线网络是远远不够的。在这一节,我们将介绍信息传输的一些新技术,包括无线传感器网络、蓝牙技术、IPv6、移动通信技术等。

2.4.2.1　无线传感器网络

无线传感器网络(Wireless Sensor Network,WSN)是由部署在监测区域内的大量的廉价微型传感器节点组成,通过无线通信方式形成的一个多跳的自组织网络系统。图 2-11 展示了在野外利用无线传感器网络监测环境事件的场景。

图 2-11　野外部署的无线传感器网络

无线传感器网络的体系结构如图2-12所示,包括传感器节点和汇聚节点。大量传感器节点随机部署在监测区域内,能够通过自组织的方式构成网络。一个传感器监测的信息,通过附近的传感器逐跳转发,经过多跳传输到汇聚节点,再传输到广域网上。汇聚节点是一类特殊的节点,它具有较强的信息处理、存储、通信能力,通常也没有能源容量的制约。它既连接传感器网络中的节点,也连接外部网络,实现两种协议栈之间的通信协议转换,将收集到的传感器采集的信息转发到外部网络上。

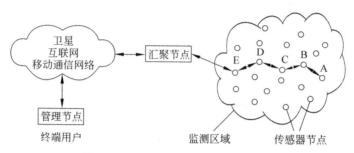

图 2-12   无线传感器网络的体系结构

无线传感器网络有如下特点。第一,相较于传统的有线传感器网络,无线的通信模式避免了布线带来的麻烦,具有布线方便、价格低廉、数据可靠性高等特点。特别适合一些难以铺设有线网络的环境或特别恶劣的环境,如野外环境、战场环境、山地峡谷等人迹罕至环境、已经完成装修的家居环境等。第二,无线传感器节点的尺寸较小,几乎可以融入任何环境,不对人的正常生活或者物体的正常状态产生影响。第三,动态自适应。由于无线传感器网络具备自组网特点,可以根据应用需要在一定范围内增加、移除、移动部分无线传感器节点,或者自动适应由于环境变化,数据通道的带宽变化,或传感器节点的失效或故障,动态重构网络,以确保数据能顺利送达汇聚节点。第四,精度高容错性强。由于无线传感器网络避免了传输线路的部署,因此可以大规模布网,通过冗余节点的部署,一方面可以提高监测的数据的精确度;另一方面,在某些传感器节点误报时,通过冗余的数据可以进行数据修正,从而确保数据质量。

1. 无线传感器节点

如图2-13所示,无线传感器网络节点由4部分组成:传感器模块、处理器模块、无线通信模块和能量供应模块。传感器模块负责采集监测区域内的信息并将其转化为数字信号。处理器模块负责处理、打包、存储本节点采集的信息,存储、转发其他传感器节点发来的信息。无线通信模块负责与其他无线传感器节点进行通信,交换信息及控制命令。能量供应模块采用纽扣电池为上述三个模块提供电能。典型的商用无线传感器节点如图2-14所示。

不同的应用对传感器有不同的需求,重新开发具有自组网、多跳信息传输等功能的无线传感器网络节点将产生巨大的成本,限制了无线传感器网络的应用。现有的无线传感器节点通常采用传感器模块与基座分离的设计,将传感和通信功能分开,如图2-15所示。传感器模块根据应用需求集成各类传感器,它与要解决的实际应用问题相关。基座包含通用的处理器、无线通信模块以及能量供应模块,运行通用的无线传感器操作系统。基座

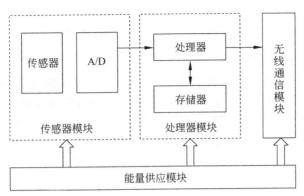

图 2-13 无线传感器节点体系结构

图 2-14 典型的商用无线传感器节点

独立于特定应用,与应用者通过接口进行连接。同一个基座可以连接多个不同传感器。因此,现有的传感器(包括一些专业传感器),只要通过适当的模数转换,符合信号规范,就可以方便地连接到基座上,从而融入无线传感器网络,降低了无线传感器网络的使用门槛。

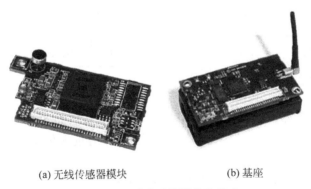

(a) 无线传感器模块   (b) 基座

图 2-15 无线传感器模块和基座

现有的商用无线传感器网络节点硬件有小型化、廉价化的趋势,一般常用的无线传感器节点长宽都在 10cm 以下,美国的智能灰尘(Smart dust)项目已经将微型的传感器节点做到数毫米大小。批量生产的传感器节点能将成本控制在 10 美元以下。

一个无线传感器节点的传输距离在无遮挡情况下可达数百米,依靠自组网和多跳信息传输技术,一个无线传感器网络的有效监控半径可达数千米。随着能源管理技术的深入研究,无线传感器节点使用时间大幅度提高。在实际应用对采样频率要求较低(如每小时一次)时,依靠普通电池供电,能够支撑传感器节点工作半年时间。

2. 无线传感器网络协议栈

无线传感器网络节点的协议栈如图 2-16 所示。该协议栈包括:物理层提供简单健壮的信号调制和无线收发技术;数据链路层负责数据帧的生成与检测;网络层负责路由生成与选择;传输层负责数据流控制;应用层包含一系列用于监测任务的应用软件。能量管理平台管理无线传感器网络节点的能量使用,由于数据传输是无线传感器网络中耗能最多的部分,因此每一层都需要考虑节省能量;移动管理平台检测并注册节点的移动,维护每个节点到汇聚节点的路由;任务管理平台实现平衡和调度监测任务。

ZigBee 技术是一种近距离、低复杂度、低功耗、低数据速率、低成本的双向无线通信技术,主要适合于自动控制和远程控制领域,可以嵌入各种设备中,同时支持地理定位功能。它基于 IEEE 的低速无线个人局域网协议 IEEE 802.15.4,但是由于该协议只定义了物理层和低级的 MAC 层的协议,因此 ZigBee 联盟扩展了该协议,对网络层以及应用层 API 进行了标准化,如图 2-17 所示。

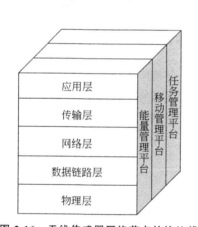

图 2-16 无线传感器网络节点的协议栈

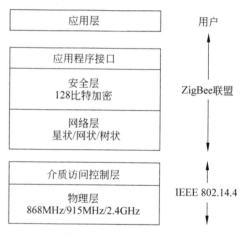

图 2-17 ZigBee 协议栈

现有的无线传感器网络大多采用 ZigBee 协议。其特点如下。

(1) 低功耗:发射功率仅为 1mW,支持在不工作时进入休眠模式,能耗只有工作状态的千分之一。

(2) 低速率:在 2.4GHz、915MHz、868MHz 工作频率下的数据吞吐率分别是 250Kb/s、40Kb/s、20Kb/s。

(3) 低延时:从休眠转入工作模式只需要 15 毫秒左右。入网只需 30 毫秒,远少于蓝牙、WiFi 的数秒的入网时间。

(4) 大规模组网:一个主节点可管理 254 个子节点,在具有两层管理节点情况下,可容纳 6.5 万余个节点。

3. 无线传感器网络软件

早期的无线传感器节点中的软件基于汇编语言以及 C 语言开发,通过多年的实践发现,C 语言不能有效方便地支持无线传感器网络的软件开发。因此,在 C 语言基础上,研究人员扩展出了现有无线传感器网络最常用的 nesC 语言。nesC 语言体现了组件化、事件驱动等特点,提高了软件开发的方便性和应用执行的可靠性。

在无线传感器网络发展早期,节点的软件是直接针对硬件开发的嵌入式软件,但经过进一步研究发现,这样的做法带来了较高的开发难度,开发人员需要掌握硬件的细节,而且开发出来的软件可复用性差,针对一款传感器节点开发的软件难以移植到其他节点上。因此,现在的无线传感器节点软件大都采用"操作系统＋应用软件"的模式,将通信协议、能量管理、数据存储等基本功能封装于操作系统中,而与应用相关的传感器数据的处理、存储、打包等功能由应用软件实现。部分无线传感器节点还在操作系统和应用软件间构建中间件,将自组网、多跳转发等功能封装于中间件中。

由于无线传感器节点受到处理能力、能源总量等硬件条件限制,现有的嵌入式操作系统难以直接应用于无线传感器节点中,因此,研究人员开发了用于无线传感器节点的操作系统。目前最成功的无线传感器节点操作系统是 TinyOS 系统。TinyOS 系统最早是由美国加州大学伯克利分校研发的,现在已经成为一个国际合作项目,形成了 TinyOS 联盟。它基本基于 nesC 语言编写,其构建体现了基于组件的组合框架软件(Component Software)思想,组件间通过接口连接,同时为了适应无线传感器网络的任务处理特点,采用了主动消息推送、事件驱动、轻量级线程、两层调度等技术。

4. 其他关键技术问题

(1) 能耗:能耗是目前制约无线传感器网络普及应用的关键问题。在许多应用中,无线传感器节点需要依靠电池等一次性供电设备供电,在小型化的需求制约下,电源的容量有限,因此要求节点能耗尽量低,从而延长无线传感器网络的使用寿命。降低传输、处理能耗是能耗管理方面重点发展的技术方向。

(2) 成本:成本是制约无线传感器网络大规模使用的关键问题。目前的一个无线传感器节点成本还在数十美元,一个包含数千传感器节点的中型网络,成本将达到十万美元,这阻碍了无线传感器网络的民用化应用。如何平衡成本、性能和能量供应,是亟待解决的关键问题。

(3) 微型化:现有传感器节点只微型化到厘米的量级,而发展更小的,甚至能嵌入到物体中的无线传感器节点,是物联网发展的必然要求,因此是无线传感器网络发展中的关键问题。

(4) 定位:空间信息是描述物体状态非常重要的信息,在不同的应用环境中,例如野外环境、室内环境等,如何定位无线传感器节点,是目前研究的热点问题。

(5) 快速移动:在目前的协议支持下,无线传感器节点的重新自组网的时间在数秒至数分钟的量级,而对一些快速移动的物体(如汽车、动物等)检测要求自组网时间能够达到毫秒量级,快速组网是无线传感器网络应用中需要解决的一个重要问题。

2.4.2.2　其他汇聚网组网技术

其他汇聚网组网技术包括 WiFi 技术、蓝牙技术和红外技术。

1. WiFi 技术

WiFi 技术被大量地用于物联网中汇聚网层的组网。WiFi 技术在传输速率、安全性、可靠性、价格等方面具有优势。以 WiFi 路由器作为汇聚节点，所有电子设备都通过 WiFi 相互连接形成家庭物联网，这是智能家居的一种廉价快捷解决方案。但是由于 WiFi 网络对路由器的依赖，以及自身的技术局限性，如能量消耗、传输距离等限制，一般仅适用于智能楼宇、智能家居等环境的物联汇聚，而对室外环境、野外环境并不适合。WiFi Direct 标准则试图解决 WiFi 网络对路由器的依赖，支持设备点对点的数据传输，但是该标准还未在现有设备上普及。

2. 蓝牙技术

蓝牙技术是一种短距离点对点无线通信技术，传输速率能够达到 25Mb/s。在手持设备中，蓝牙技术已经得到了成功的应用。蓝牙技术的优势在于，它是专为点对点信息传输而设计的，摆脱了其他汇聚网组网方式对中心节点/汇聚节点的依赖；数据传输的稳定性较好。蓝牙技术也有其劣势，本质上，蓝牙技术的发明是为了解决设备一对一传输数据的问题，因此，设备之间传输数据需要"配对"。在大规模组网情况下，设备节点一一配对，配对量过大，难以管理，易造成混乱。在无线传感器网络中，一般采用 Ad hoc（多跳）网络模式，Ad hoc 网络是一种特殊的无线移动网络，网络中所有节点的地位平等，无须设置任何的中心控制节点，网络中的节点不仅具有普通移动终端所需的功能，而且具有报文转发能力，将源传感器发送的信号经过多个中间传感器节点的接力最终传递到目标节点，即传感器发送的信号在网络中进行跳跃式的传递（多跳）。由于蓝牙协议并不支持多跳模式，需要专门开发应用层软件来实现多跳模式，这就会加重处理器负担，增加应用开发难度。因此蓝牙技术不适合大规模组网，仅适合小规模设备的数据传输。

3. 红外技术

在物联网的开发应用中，不能忽视一些已经成熟的技术将在物联网发展中将发挥的重要作用。据某设备制造商调查，电气设备中最普及的无线通信装置是通过红外线技术支撑的遥控装置。通过设备内置的红外线装置，可以操控设备以及获取少量的设备信息。在目前智能芯片及 ZigBee、WiFi、蓝牙等传输芯片还未大规模嵌入到物体中的今天，依靠红外技术进行组网是物联网商业应用的一个值得重视的实现途径。

2.4.2.3　IPv6

IP 地址是互联网中计算机的一个编号，计算机间通信的报文需要根据 IP 地址投递现有最流行的互联网协议 IPv4，即互联网协议（Internet Protocol，IP）的第 4 版，规定 IP 地址由 4 个字节也就是 32 位组成，最大能支持 $2^{32}-1\approx42$ 亿个地址。互联网在发展的早期，主要是满足学术机构、软件公司、研究实验室等小规模应用。但是，随着经济的全球化，互联网得到了长足的发展，全球仅移动联网设备已突破 70 亿个，IP 地址已经成为互联网发展的瓶颈。在互联网时代，局域网、动态分配 IP 等技术部分缓解了 IP 地址稀缺的问题。但在物联网时代，所有物体或设备都将时刻联网，每个物体或设备需要有一个固定的 IP 地址，以便时刻获取数据及访问。据估算，全世界现有设备 1.5 万亿，如果要将生产、生活中的每个物体都联入物联网,IPv4 定义的地址远远不能满足需求。

对于 IP 地址稀缺的问题,1994 年,Internet 工程任务组(IETF)提出了新版 IP 建议书,称为 IPv6,也就是互联网协议第 6 版。除了对网络层处理的一些简化外,其最主要的特点是将 IP 地址长度扩展到了 128 位,即支持 $2^{128}-1 \approx 3.4 \times 10^{38}$ 个地址。以现有世界人口计算,平均每人能分配到 4.8×10^{28} 个地址,足够将生产生活中的物体全都纳入物联网中。

但是,从 IPv4 标准转化为 IPv6 标准是一个漫长的过程。IPv4 标准下形成的既有设备、习惯和产业链还不易改变。现在大部分网关设备和电子设备支持的还是 IPv4 标准,真正完全应用 IPv6 标准的设备还比较少,这需要各国网络管理机构、研究机构、商业公司的共同推动。

我国在 2003 年正式启动了中国下一代互联网示范工程(CNGI),在 IPv6 技术的支撑下,近十年以来已经形成 6 个基于 IPv6 的主干网:CERNET2(第二代中国教育科研网)、中国电信、中国网通/中科院、中国移动、中国联通和中国铁通,形成了北京、上海两个交换中心以及相应的数据链路,推动了 IPv6 技术在我国的应用,改变了我国 IP 地址受制于人的被动局面。

2.4.3 信息安全技术

安全性是决定物联网能否成功应用的关键。物联网连接物体和设备的规模、物体和设备的异构性与相互作用、庞大的数据量等都使得一些现有的安全解决方案不再适用。由于物联网是一个融合多层的综合系统,分别保证感知层、传输层、应用层的安全,也不一定能保证物联网的安全,因为许多的安全问题来源于系统整合。因此,需要为物联网专门制定可持续发展的安全架构。

在感知层,大量使用传感器来标识物体、设备。传感器功能简单、能量较少,无法进行复杂的安全防护,易被攻击控制,使其失效或篡改数据。

在传输层,需要保障的安全性有数据的机密性,防止数据泄露;数据的完整性,保证数据在传输过程中不被非法篡改,或能检测出篡改的内容;异构网络融合的认证问题等。

在应用层,对垃圾信息、恶意信息、攻击信息的判别尤为重要。同时,由于物联网采集的信息涉及个人隐私,隐私的保护也是一个重要的问题。

2.5 物联网的企业应用

目前,在所有物联网应用中,RFID 由于发展时间较长,成本较低,其应用最为广泛与成熟,已广泛地应用在零售业、供应链管理、生产制造中。

2.5.1 RFID 在零售业的应用

目前,零售行业存在如下一些问题:库存盘点需要大量的人力,人力成本居高不下;库存水平很高,而货架还经常出现缺货现象;结账时经常出现排长队的现象;在产品发生质量问题时,无法快速、准确地确定这些货物是由哪些厂家生产的,经由哪些运输途径发运的;货物丢失的现象时有发生。

目前零售业广泛采用的条形码技术存在着一些不足,使得从技术层面上解决上述问题存在比较大的困难。例如,条形码只能识别一类产品,不能识别单件商品;条形码必须在看得见的情况下才能识别;条码容易撕裂、污损和脱落等。

RFID 对于零售业的优势体现在后台的优化库存管理和前台的提高顾客服务质量,具体体现在以下 6 方面。

(1) 使用 RFID 可以提高配送中心的货物装卸效率和准确性,可以快速、准确地盘点货物的数量、位置、有效期等。

(2) 通过在货架上安装 RFID 读写器,可以准确地确定货物的在架数量,如果货架即将缺货,系统能够及时通知相关人员补充货物。通过在仓库部署 RFID 系统可以快速准确地知道目前货物的库存量、有效期等,如果库存货物数量降低到一定程度,可以及时通知供货商快速地补充库存。这样就可以做到在更好地进行库存控制、降低库存量的同时,减少货架缺货的现象。

(3) 使用 RFID 技术可以快速地清点顾客购买的货物数量、种类以及价格等,通过与信用卡、银行卡或 RFID 卡关联,可以快速地结账,无须排长队,提高顾客满意度。

(4) RFID 技术可以快速、详细地记录货物的生产厂商、运输途径、经过哪些流通环节等信息。当货物出现质量问题需要召回时,零售商可以快速、准确地确定应该召回产品的生产厂商、生产批次等,避免召回所有的产品,减少浪费。

(5) 由于 RFID 可以实时跟踪货物的位置和流向,因此可以减少货物的丢失。

(6) 相对于条码技术来讲,RFID 技术具有批量读取、可以识别单件商品、不需要看得见商品就可以读取其中的信息等优点。

在众多已经实施了 RFID 的公司当中,最受关注的无疑是沃尔玛公司了。在零售业这样一个微利行业中,沃尔玛公司能够成为"零售帝国",先进的信息系统做出了巨大的贡献。如今,沃尔玛公司又开展了 RFID 技术的应用,以期提高整个供应链的效率,减少缺货,降低库存。

沃尔玛公司在 2003 年宣布,它将要求它的前 100 名供货商自 2005 年 1 月 1 日起,在所有送往达拉斯地区仓库的货物的货箱和货盘上面贴上 RFID 标签。然而,沃尔玛公司推动 RFID 应用的过程并不顺利。沃尔玛公司和它的供货商在 RFID 的实施过程当中,很快就发现了很多挑战性问题,例如,它们用来作为标准的 UHF 频率不能穿透很多商店销售的常见产品(金属包装的液体产品等)。

沃尔玛公司对于新技术的推广过于自信,在 RFID 技术标准尚未完全统一、成本还不是很低、读取率也不是特别可靠、RFID 技术市场认知度还处于培育期的情况下,强硬推行 RFID 技术的推广应用,难免会困难重重。因此,在随后的 RFID 推广计划中,沃尔玛公司不得不与供应商妥协,多次调整实施计划。到目前为止,沃尔玛公司的 RFID 计划已经取得了初步的成果,并且开始了新的扩展计划。

有关方面公布的最新数据显示,应用 RFID 技术后,沃尔玛公司的产品脱销率降低了32%,大大优于原先预计的降低 16% 的预期目标。脱销率的降低主要得益于 RFID 能够帮助监控入库货箱和上架货箱的数量,然后再将这些数据与 POS(Point Of Sales)机提供的销售数据进行比较,以便制定更为合理的补货计划。另外,RFID 为缩短供货周期、减少供货批量、增加供货频率提供了条件,这使得超市和配送中心平均库存量降低了 10%,库存周转率提高了 3 倍。沃尔玛公司与其部分供应商合作的 RFID 试验项目,证实了 RFID 技术确实能够大幅度提升供应链管理水平。沃尔玛公司计划投入 30 亿美元来继续推行 RFID 技术的应用。

2.5.2　RFID 在供应链管理方面的应用

在供应链管理方面,目前存在流通环节不透明、库存控制能力弱、产品召回成本高、时效产品管理粗放、防伪能力差等问题。RFID 以及相应的信息系统,在生产、运输、存储、零售、配送和分销等供应链环节中可以发挥重要的作用,解决这些影响供应链运作效率和质量的问题。

RFID 为每一件单品在全球供应链中提供唯一的号码,这使得企业的产品信息管理粒度由现在的类别级细化到物品级,客户可以查询产品的来源、中间加工环节、运输途径等相关信息,政府也可以采用相应的机制来监控整个供应链,构建一个安全、和谐的货物流通环境。

信息共享已被证实是削弱长尾效应的有效策略。企业 ERP 系统、供应链管理平台为供应链各环节信息共享和资源整合提供了强大的 IT 平台。但是这个平台能否充分发挥作用取决于能否有准确实时的底层和终端数据基础。目前的供应链管理中,底层和终端数据的采集(如库存盘点、货物出入库、数据录入等)主要依赖条形码技术,需要大量的人工介入,效率低下、差错率高,所提供信息的准确性和实时性得不到保证。RFID 技术的应用将为企业提供实时、准确的数据,在后台 IT 系统的支持下将极大地提升供应链环节中的信息共享能力,为供应链管理的策略制定、实施提供了坚实的基础。

RFID 可以有效地降低生产和库存的成本,加速供应链上下游企业之间的信息传输速度,缩短响应时间。上游企业通过对其产品在下游企业中的跟踪可以快速地了解产品需求情况,实时地监控库存中的原材料、产品,从而更加准确、及时地制定生产计划。下游企业通过 EPC 网络可以清楚地掌握上游企业产品的生产情况,从而更加明确所需求的产品或原材料何时能够到达本企业,实现快速采购。此外,供应商可以随时了解到自己售出的产品在什么地方、状态如何、是否已经丢失或损坏,还可以通过 EPC 网络跟踪到第三方物流公司是否将产品送到指定地点。分销商或零售商可以具体地知道某次订购的产品具体存放在什么位置,目前状况如何,而无须物理盘点,从而更有效地制定产品订购计划。同时,由于标签是唯一的,下游企业可以知道产品存放的时间,确定产品是否过期,这对于食品类产品尤为重要。通过对货架上产品的监控,可以及时补货,避免产品脱销。通过对顾客在购买过程中的行为数据(例如,顾客拿起一件商品又放下的时间)的采集,可以帮助营销人员做好产品分析。顾客则可以很快地找到自己要购买的商品,在结账时不再需要排长队,他们还能确切地了解商品的产地,供应链中的运行过程和库存信息等。

当时效商品在供应链中流通时,可以采用带有传感器的 RFID 标签监控和记录货运环境,在运输过程对时效商品加以保护,例如,判断温度变化是否对时效商品造成了破坏或者影响了其保质期。销售商也可以根据货物运输环境的历史信息,更好地制定时效商品的销售策略。如果货物保存的温度已知,那么就可以确切地计算出任何一种货物的保质期,也很容易计算出货物销售的"最佳日期"或者"截止日期"。如果货物在运输途中能够被很好地监控,并采取必要的措施,就能够有效地防止浪费。

当产品出现问题时,可以准确地查出与问题产品同一批次,使用同一原材料的产品,准确召回问题产品,避免扩大召回范围,尽量降低损失。

RFID 技术给产品的防伪提供了基本的技术保障,通过对 RFID 标签的识别,可以准确知道产品的详细出厂信息和流通渠道,有效杜绝假冒产品。

RFID 技术在供应链管理中具有多重应用价值,并且这些应用价值已在相关应用案例中得到了证实。但是,由于供应链历来都是一个多方利益博弈的战场,RFID 应用获得最大化效益的前提是供应链上下游数据、信息的共享,而这些数据、信息往往是其拥有者参与供应链博弈的资本。因此,信息共享带来的收益必须能够恰当地在供应链成员之间进行分配,信息共享本身才有可能,RFID 在供应链中的应用才能显示强大威力。可见,良好的供应链协调机制是 RFID 价值充分发挥的重要条件。

具有行业领先地位的企业,比如海尔公司等,它们在供应链中具有举足轻重的地位,能够主导供应链协调机制的建立,由这类企业推动实施的供应链 RFID 项目会有比较大的成功概率。对于广大的中小企业而言,RFID 技术将更多的应用于产品防伪和内部流程改造等非供应链管理领域,同时在供应链核心企业推动 RFID 项目时,它们可以通过积极参与而从中获益。

2.5.3　RFID 在制造企业中的应用

在我国制造企业的发展过程中,企业信息系统发挥了重要作用,在一定程度上提高了企业的管理水平和竞争力。但是,目前的企业信息系统在支撑企业经营运作方面还有一定的不足,主要体现在数据采集、信息获取两方面,如下所述。

(1) 企业的底层生产系统与企业上层应用信息系统之间存在脱节,没有实现紧密的信息集成,企业上层应用信息系统不能自动、实时、准确、详细地获取企业生产系统的信息(库存、加工完成情况、产品质量情况等),从而造成不能实时、准确、可视化地确定生产的当前状态,不能很好地实现供应链管理。由于无法详细了解企业资源、生产能力等情况,生产调度不能有效发挥作用,生产人员不能及时报告生产事故信息,使生产管理者无法及时调整生产过程,减少产品质量问题。

(2) 现有企业应用信息系统的原始数据基本上是靠人工输入的,这种方式不仅仅效率低,也很容易产生错误,影响信息系统的准确性。即使采用条码技术来进行数据采集,其效率依然不高。

(3) 在信息获取方面存在的问题是没有较好的方法来发现数据之间蕴含的信息,虽然数据挖掘、业务智能等方法能够在一定程度解决这个问题,但是它们是对数据的事后分析,实时性不够好,如果企业信息系统不能实时获取现实环境中的数据,就无法快速发现隐含在这些数据中的信息,例如潜在的重大质量事故。

针对目前制造企业信息系统存在的问题,笔者提出了图 2-18 所示的基于 RFID 的制造企业信息系统体系结构。

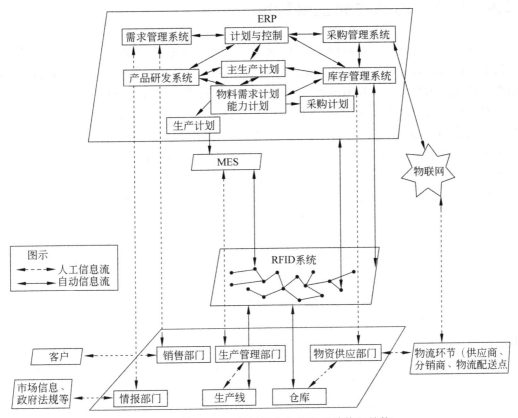

图 2-18　基于 RFID 的制造企业信息系统体系结构

通过给产品、零部件、人员等贴上 RFID 电子标签,在企业的重要部位(仓库、生产线、工厂的出入口、物料流转的路径等)安装 RFID 读写器,使其覆盖企业的库存、生产线甚至是职员、办公环境等,从而构建基于 RFID 的企业信息系统,可以在一定程度上自动、实时、准确、详细地获取企业的相关数据,更好地组织和管理产品的制造过程。

北美福特公司于 1995 年就已经开始使用 RFID 技术来跟踪发动机的生产。该公司采购了一万多个标签,每个标签约 150 美金。标签被置于载有发动机的托盘上,在装配开始时,发动机被放入托盘上,将一个序列号写入标签。当发动机沿着不同的装配工位移动时,相关的制造信息被不断地写入。这样,RFID 标签可用来追踪每项作业的时间等相关数据,收集质量控制数据,并且产生一个特定的发动机装配记录。当完成所有工序时,托盘经过最后一个读写器,将所有关于装配的信息传送到制造商的数据库中去。然后托盘再装载其他发动机,实现了生产线上的电子标签的循环利用。

波音、空中客车、联合利华、戴尔等国际知名企业,以及国内的海尔公司等,也已经在生产制造过程中引入了 RFID 技术,监控生产过程,控制生产质量。

2.6 云计算的概念和主要特征

云计算是互联网计算的新构想,2006 年后得到了突飞猛进的发展。它创新的计算模式使用户能够通过互联网随时获得近乎无限的计算能力和丰富多样的信息服务,它创新的商业模式使用户对计算和服务可以取用自由、按量付费,不受任何约束。

早在计算机刚刚发明出来的 20 世纪 40 年代初期,IBM 公司当时的首席执行官老托马斯·沃森(Thomas J. Watson)预言:"全世界只需要五台计算机。"当其儿子小托马斯·沃森准备带领 IBM 公司将主要业务从经营收益可观的打孔卡机领域转变到计算机领域时,老托马斯·沃森是非常反对的。20 世纪 80 年代开始的个人计算机(PC)的普及应用推翻了老托马斯·沃森的预言。美国知名 IT 杂志 *PC World* 网络版 2009 年 1 月 1 日评出了过去 65 年来美国 7 大最为失败的科技预言(http://tech. qq. com/a/20090101/000068.htm)。这 7 大失败预言如下。

(1)"全世界只需要 5 台计算机。"预言人:IBM 公司创始人老托马斯·沃森,时间:1943 年。

(2)"电视节目的流行时间不会超过半年,公众每晚会面对着一个小盒子(指电视机),他们将对此感到厌烦。"预言人:美国电影公司 20 世纪福克斯高管达里尔·扎努克,时间:1946 年。

(3)"今后 10 年内,核能吸尘器产品将上市销售。"预言人:美国 Lewyt 吸尘器公司总裁亚历克斯·卢伊特,时间:1955 年。

(4)"我找不到普通家庭也需要计算机的理由。"预言人:美国数字设备公司(DEC)创始人肯·奥尔森,时间:1977 年。

(5)"很多人预测 1996 年互联网产业将大规模增长。但我的预测是,1996 年互联网产业由于增长过于快速,因此将像超新星一样爆炸后而走向崩溃。"预言人:美国网络设备制造商 3Com 创始人罗伯特·迈特卡尔夫,时间:1995 年。

(6)"苹果公司已死。"预言人:微软公司前首席技术官(CTO)纳桑·梅沃尔德,时间:1997 年。

(7)"全球垃圾邮件问题将在今后两年内得到解决。"预言人:微软公司创始人兼董事长比尔·盖茨,时间:2004 年。

人们也常引用这些例子,来说明 IT 业的未来不可以预测。然而,由于半导体技术、互联网技术和虚拟化技术的飞速发展,业界不得不重新思考"全世界只需要 5 台计算机"这个预言。未来人们可能不再采用传统的计算应用模式,因为利用云计算技术可以把各种应用封装成服务,并在网络上进行共享,用户采用可租用的方式来远程使用这些计算资源,未来世界也许只需要 5 台计算机就可以了,这 5 台计算机提供 5 类服务来满足人们的计算和信息服务需要。第一台计算机为用户提供信息查询和知识搜索服务;第二台计算机为用户提供数据保管和科学计算服务;第三台计算机为用户提供各种各样的应用服务,如电子商务、物流管理、办公自动化、客户关系管理服务;第四台计算机为用户提供解决方案服务;最后一台计算机为用户提供信息采集、接入、传输服务。

2.6.1　云计算的概念

本节将首先从云计算的典型案例入手,并以这些案例为脉络,来探究云计算的内涵,领略云中的真实世界。

案例 1

2008 年 3 月 19 日,美国国家档案馆公开了希拉里·克林顿在 1993～2001 年作为第一夫人期间的白宫日程档案。这些档案具有极高的社会关注度与新闻时效性,《华盛顿邮报》希望将这些档案在第一时间上传到互联网,以便公众查询。但这些档案是不可检索的低像素 PDF 文件,若想将其转化为可以检索且便于浏览的文件格式,需要进行再处理。而以《华盛顿邮报》当时所拥有的计算能力,需要超过一年的时间才能完成全部档案的格式转换工作。显然,这样的效率不能满足新闻的时效性和公众对于信息的期盼。因此,《华盛顿邮报》将这个档案的转换工程提交给亚马逊公司的弹性计算云(Amazon EC2,Elastic Compute Cloud)。Amazon EC2 同时使用 200 个虚拟服务器实例,花费了 1407 小时的虚拟服务器机时,在 9 小时内将所有的档案转化完毕,使《华盛顿邮报》可以以最快的速度将这些第一手资料呈现给读者,《华盛顿邮报》为此向亚马逊公司支付了 144.62 美元的计算费用。

案例 2

Giftag 是一款 Web 2.0 应用,其以插件的形式安装在 Firefox(火狐)和 IE 浏览器上。互联网用户在浏览网页,尤其是购物网站时,可以利用这个插件将心仪的商品加入由 Giftag 维护的商品清单中,并将这个清单与好友分享。这个应用一经推出,便广泛流行起来,注册用户数量激增,每天 Giftag 的服务器都要响应数以百万计次的请求,并存储用户提交的海量信息,服务器很快就不堪重负。为此,Giftag 将应用迁移到谷歌公司的 Google App Engine(GAE)平台,基于 GAE 的开放 API,Giftag 可以利用 Google 具有伸缩性的计算处理性能来响应高峰期的用户请求,利用 Google 的分布式数据库来存储用户数据,甚至可以使用 Gmail 的邮箱和 Google 的搜索功能来增强用户体验。Giftag 从一个初创的 Web 2.0 应用平稳过渡到一个稳定的、持续增长的网络服务。在这一过程中,Giftag 公司避开了高昂的基础设施投入风险和 Web 应用复杂的软件配置。在 GAE 平台上,Giftag 可以将自己的精力集中于应用本身,而将诸如服务器动态扩展、数据库访问、负载均衡等各个层次的问题交给 GAE 平台来解决。正是由于 GAE 将 Web 应用所需的基础功能作为服务提供给了 Giftag,才使得其可以专注于应用的开发和优化。

案例 3

哈根达斯公司是著名的冰激凌供应商,其加盟店遍布于世界各地。该公司需要一个 CRM(客户关系管理)系统对所有的加盟店进行管理。当时哈根达斯公司用 Excel 表单来管理和跟踪主要的加盟店,用 Access 数据库来存储加盟店的数据,但是使用虚拟专用网(VPN)来访问该数据库的方法效果总不是很好。因此,公司急需一个能够让分布在各地的员工沟通协作的解决方案,并且要求该方案能够根据不同的需求进行灵活配置。哈根达斯公司选择了 Salesforce CRM 企业版,应用系统在不到 6 个月的时间就上线了。哈根达斯公司用更少的成本获得了超预期的效果。如果哈根达斯公司要搭建自己的 CRM 平台,传统的做法是先聘请一支专业的顾问团队研究公司的业务流程,建模分析并提出咨询报告。然后再雇用一家 IT 外包公司,进驻自己的公司对平台进行开发。同时,还需要购买服务器、交换机、防火墙、各种各样的软件,以及租用带宽等。最后,即使经历了这令人精疲力竭的过程后系统终于上线了,但它是不是真的满足了哈根达斯最初的愿望呢,可能永远不会有人知道和提起了。幸运的是,哈根达斯公司没有重复这条被别的公司走过无数次的老路。Salesforce 作为 CRM 系统的专业提供商,对这个领域有着精深的理解。同时,它能够将已经完成的 CRM 应用模块打包,供用户选择。用户只需要如同在超市选购商品一样选择自己需要的功能模块,让 Salesforce 进行定制集成一个属于自己的 CRM 系统,系统的上线和维护也将由 Salesforce 的专业团队负责。这样,一家非 IT 公司就可以专注于它的主营业务,使 IT 真正成为公司的支撑,而不是拖累。

云计算这一概念自诞生至今,尚未形成业界广泛认可的统一定义,这里将给出几种有代表性的云计算定义。目前广为接受的一个云计算定义是美国国家标准与技术研究院(NIST)给出的:云计算是一种 IT 资源按使用量付费的模式,对共享的可配置资源(如网络、服务器、存储、应用和服务等)提供普适的、方便的、按需的网络访问。与此同时资源的使用和释放可以快速进行,不需要很大的管理代价。

加州大学伯克利分校电子工程和计算机学院的 Michael Armbrust 等人发布技术报告 *Above the Clouds: A Berkeley View of Cloud Computing*,该技术报告对云计算这一概念的定义如下:云计算既指通过互联网以服务形式发布的应用程序,也指数据中心为提供这些服务的硬件及系统软件。这些服务本身就是人们常说的软件即服务(Software as a Service, SaaS),而位于数据中心的软硬件则是"云"。

IBM 的 Greg Boss 等人以技术白皮书的形式给出了云计算的定义:云计算是一种共享的网络交付信息服务的模式,云服务的使用者看到的只有服务本身,而不用关心相关基础设施的具体实现。也就是说,硬件和软件都是资源并被封装为服务,用户可以通过互联网按需地访问和使用。

维基百科(Wikipedia.com)认为:云计算是一种基于互联网的计算方式,通过这种方式,共享的软硬件资源和信息可以按需提供给计算机和其他设备。云计算是继 20 世纪 80 年代大型计算机到客户端-服务器的大转变之后的又一种巨变。用户不再需要了解"云"中基础设施的细节,不必具有相应的专业知识,也无须直接进行控制。

Gartner 将云计算定义为:云计算是利用互联网技术将庞大且可伸缩的 IT 能力集合起来,以"服务"的形式提供给多个客户使用的技术。

上述定义给出了云计算两方面的含义:一方面,云计算描述了其基础设施资源;另一方面,云计算描述了建立在这种基础设施资源之上的应用。云计算是一个具有广泛含义的计算平台,能够支持各类密集型的应用,例如支持网络应用程序中的三层应用架构模式,即 Web 服务器、应用服务器和数据库服务器,以及支持当前 Web 2.0 和 3.0 模式下的网络应用程序等。同时云计算也能够通过虚拟化等手段提供动态按需和高可用的资源池给其上层的应用。

2.6.2　云计算的主要特征

现如今,在云计算、大数据、移动和社交网络四大热门技术之中,云计算起着核心的支撑作用。具体而言,由于在后端有规模庞大、高度自动化和高可靠性的云计算数据中心的存在,人们只要接入互联网,就能非常方便地访问各种基于云的应用和信息,免去了安装和维护等烦琐操作。同时,企业和个人也能以低廉的价格来使用这些由云计算数据中心提供的各类服务或者在云中直接搭建其所需的服务。在收费模式上,云计算与水电等公用事业非常类似,用户只需为其所使用的部分付费。对云计算的使用者(主要是个人用户和企业)来讲,云计算将会给用户提供良好的用户体验和低廉的应用成本,图 2-19 给出了云计算数据中心服务模式。云服务提供商则基于云计算数据中心为用户提供所需要的服务,用户按需使用云服务提供商提供的硬件和软件服务,按使用量支付相应的费用。

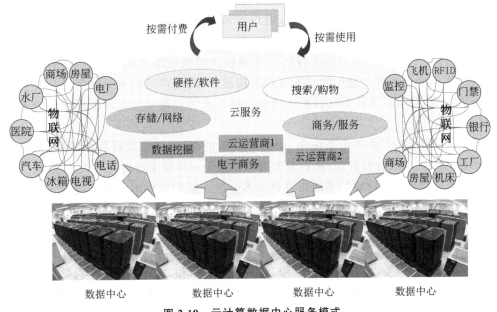

图 2-19　云计算数据中心服务模式

目前,云计算作为一种新型的 IT 服务交付模式,除了常见的超大规模、高可扩展性和按需服务之外,还有自动化和节能环保等优点。具体特征如下。

(1)超大规模:大多数云计算中心都具有相当的规模,比如,谷歌公司云计算中心已经拥有几百万台服务器,而亚马逊、IBM、微软、雅虎等公司所掌控的云计算规模也十分庞大,并且云计算中心能通过整合和管理这些数目庞大的计算机集群来为用户提供巨大的计算和存储能力。

(2)透明化:云计算支持用户在任意位置、使用各种终端获取应用服务,所请求的资源都来自“云”,而不是固定有形的特色计算实体。应用在“云”的某处运行,而用户无须了解、也不用担心应用运行的具体位置,这样能方便用户使用该应用。

(3)高可靠性:云计算中心在软硬件层面采用了数据多副本容错、心跳检测和计算节点同构可互换等措施来保障服务的高可靠性,还在基础设施层面上对能源、制冷和网络连接等采用了冗余设计来进一步确保服务的可靠性。

(4) 高可扩展性:用户所使用"云"的资源可以根据其应用的需要进行调整和动态伸缩,并且再加上前面所提到的云计算中心本身的超大规模,使得"云"能有效地满足应用和用户大规模快速增长的需要。

(5) 资源聚合成池:应用服务的提供由一组资源支撑,资源组中的任何一个物理资源对于应用服务来讲是透明的和可替换的(现在许多企业的 IT 服务部署直接绑定到特定的物理资源,所以灵活性差);云服务中的同一份资源可以被不同的用户或应用服务共享,而非隔离的和孤立的,这可大大降低 IT 基础设施的运行和维护成本(现在许多企业的 IT 服务运行模式多为竖井式,提供不同服务的设备是物理上隔离的,所以运行和维护成本高)。

(6) 按需服务:"云"是一个庞大的资源池,用户可以按需购买,就像水、电和煤气等公用事业那样根据用户的使用量计费,用户无须任何软硬件和基础设施等方面的前期投入。

(7) 廉价:由于云计算中心本身的巨大规模所带来的经济性和资源利用率的提升,并且"云"大都采用廉价和通用的 x86 节点来构建,因此用户可以充分享受云计算所带来的低成本优势,经常只要花费几百美元就能完成以前需要数万美元才能完成的计算和信息应用任务。

(8) 自动化:"云"中不论是应用、服务和资源的部署,还是软硬件的管理,都主要通过自动化的方式来执行和管理,从而极大地降低整个云计算中心庞大的人力成本。

(9) 节能环保:云计算技术能将许许多多分散在低利用率服务器上的工作负载整合到云中,来提升资源的整体使用效率,而且"云"由专业管理团队运维,所以其 PUE(Power Usage Effectiveness,电源使用效率值)值和普通企业的数据中心相比低很多,比如,谷歌公司数据中心的 PUE 值在 1.2 左右,也就是说,计算资源消耗了一块钱的电力,只需再花 0.2 元电力用于制冷等设备,常见企业的 PUE 值却在 2 和 3 之间,远高于谷歌公司的对应值。云计算中心还可以建设在水电厂等洁净资源旁边,这样既能进一步节省能源方面的开支,又能保护环境。

(10) 专业化的运维机制:云计算平台的运行维护通常由专业化的团队来完成,他们帮助用户管理信息,采用先进的数据中心来帮用户保存数据,采用严格的权限管理和系统维护策略保证这些数据的安全,用户无须花费重金就可以享受到最专业的系统运维服务。

由于这些特点的存在,使得云计算能以更低廉的成本为用户提供更好的体验,这些特点也是云计算能在众多技术中脱颖而出,并且被大多数业界人士所推崇的原因之一。

2.7 云计算的工作原理与关键技术

2.7.1 云计算的工作原理

在典型的云计算模式中,用户通过终端接入网络,向"云"提出需求;"云"接收请求后组织资源,通过网络为"端"提供服务。用户终端的功能可以大大简化,诸多复杂的计算与处理过程都将转移到终端背后的"云"上去完成。用户所需的应用程序并不需要运行在用户的个人计算机、手机等终端设备上,而是运行在互联网上的大规模服务器集群中;用户所处理的数据也无须存储在本地,而是保存在互联网上的数据中心里。提供云计算服务的企业负责这些数据中心和服务器的正常运转和管理维护,并保证为用户提供足够强的计算能力和足够大的存储空间。在任何时间和任何地点,用户只要能够连接至互联网,就可以访问"云",实现随需随用。这种"云＋端"的使用模式,使得个人和单位的计算机不再重要,未来互联网就是计算机。图 2-20 给出了云计算的概念模型。

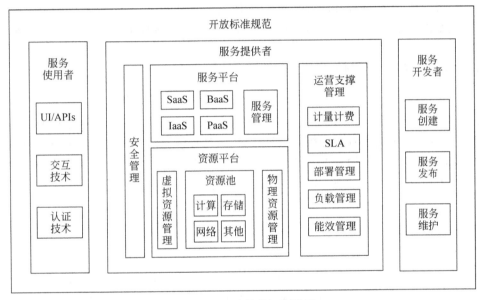

图 2-20　云计算的概念模型

该模型建立在统一的开放标准规范之上,包括 3 类不同的角色:服务使用者、服务提供者和服务开发者。不同角色之间以及同一角色内部不同模块之间通过标准接口进行交互,只有这样才能实现服务提供者和服务开发者之间的互联互通,保证服务使用者方便一致地访问云服务。

服务使用者通过用户接口与服务提供者进行交互。服务开发者负责服务的创建、发布和维护。服务提供者负责服务管理、资源管理、安全管理和运营支撑管理。服务提供者作为联系服务使用者和服务开发者的桥梁,在整个云计算概念模型中发挥着重要作用。同时,服务提供者的效率也决定了整个云计算服务平台的效率。从组成上看,服务提供者主要完成 4 方面的工作:资源平台、服务平台、安全管理和运营支撑管理。

(1) 资源平台主要包括计算、存储、网络、软件、数据等各类软硬件资源以及对资源的管理。根据管理对象的不同,将资源管理分为两类:虚拟资源管理和物理资源管理。虚拟资源管理包括资源的虚拟化和对虚拟资源的管理。虚拟化技术是实现云计算中资源按需使用的重要技术。物理资源主要指不适合或不能虚拟化的资源,例如数据等。云计算环境下数据分布在网络的多个节点上,且数据量增长迅速,因此云计算下的数据管理主要指分布式海量数据的管理。

（2）服务平台主要包括基础设施即服务（Infrastructure as a Service，IaaS）、平台即服务（Platform as a Service，PaaS）、软件即服务（Software as a Service，SaaS）和业务即服务（Business as a Service，BaaS）等服务以及对这些服务的管理。服务管理包括服务组合、服务检索、服务质量（QoS）等。

（3）安全管理主要包括跨云的身份鉴别、数据的安全存储、安全传输等方面。安全性是用户是否选择云计算的首要考虑因素。

（4）运营支撑管理主要包括计量计费、服务等级协议（Service Level Agreement，SLA）、部署管理、负载管理和能效管理。其中，计量计费和 SLA 主要面向服务使用者，部署管理主要面向服务开发者，负载管理和能效管理用于服务提供者自身的运营管理。

2.7.2　云计算的关键技术

云计算是随着虚拟化技术、分布式存储技术、面向服务体系架构和 Web 服务技术、虚拟资源的调度与管理以及多租户技术等发展而产生的。通过对云计算概念模型中 3 类不同角色，尤其是服务提供者的分析，可以总结出云计算涉及的 6 类主要关键技术是虚拟化技术、面向服务的体系架构和 Web 服务技术、虚拟资源的调度与管理、多租户技术、分布式存储技术、并行编程与计算。其中分布式存储技术、并行编程与计算将在第 3 章中介绍，本节介绍其他 4 类关键技术。

1. 虚拟化技术

在 1956 年 6 月的国际信息处理大会（International Conference on Information Processing）上，计算机科学家 Christopher Strachey 发表了论文《大型高速计算机中的时间共享》（*Time Sharing in Large Fast Computers*），首次提出并论述了虚拟化技术。

虚拟化的核心思想是使用虚拟化软件在一台物理机上虚拟出一台或多台虚拟机。虚拟机是指使用系统虚拟化技术，运行在一个隔离环境中，具有完整硬件功能的逻辑计算机系统，包括客户操作系统和其中的应用程序。采用虚拟化技术可以实现计算机资源利用的最大化。在服务器虚拟化中，虚拟化软件需要实现对硬件的抽象，资源的分配、调度和管理，虚拟机与宿主操作系统及多个虚拟机间的隔离等功能，目前典型的虚拟化软件有 Citrix Xen、VMware ESX Server 和 Microsoft Hyper-V 等。图 2-21 给出了服务器虚拟化应用的原理示意图。图 2-21 中左边部分的图表示过去需要 3 台物理服务器来支持 3 个软件系统的运行，经过服务器虚拟化后，现在用一个物理服务器就可以支持 3 个软件的运行（图 2-21 中右边部分的图），而且这 3 个软件相互隔离，在运行上都好像自己是独自占用一个服务器。

运用虚拟化技术可以随时方便地进行资源调度，实现资源的按需分配，应用和服务既不会因为缺乏基础资源而性能下降，也不会由于长期处于空闲状态而造成基础资源的浪费。硬件的廉价性和虚拟机的易创建性使应用和服务可以拥有更多的虚拟机来进行容错和灾难恢复，从而提高了自身的可靠性和可用性。

由此可见，正是由于虚拟化技术的成熟和广泛运用，云计算中计算、存储、应用和服务

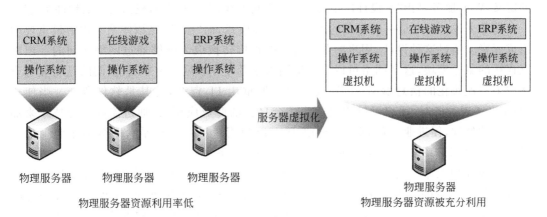

图 2-21　服务器虚拟化应用原理示意图

都变成了资源,这些资源可以被动态扩展和配置,云计算最终在逻辑上以单一整体形式呈现的特性才能实现。虚拟化技术是云计算中最关键、最核心的技术原动力。

虚拟机是一类特殊的软件,能够完全模拟硬件的执行,运行不经修改的完整的操作系统,保留了一整套运行环境语义。通过虚拟机的方式,在云计算平台上获得如下一些优点。

(1) 云计算的管理平台能够动态地将计算平台定位到所需要的物理节点上,而无须停止运行在虚拟机平台上的应用程序,进程迁移方法更加灵活。

(2) 降低集群电能消耗,将多个负载不是很重的虚拟机计算节点合并到同一个物理节点上,从而能够关闭空闲的物理节点,达到节约电能的目的。

(3) 通过虚拟机在不同物理节点上的动态迁移,迁移了整体的虚拟运行环境,能够获得与应用无关的负载平衡性能。

(4) 在部署上也更加灵活,即可以将虚拟机直接部署到物理计算平台上,而虚拟机本身就包括了相应的操作系统以及相应的应用软件,直接将大量的虚拟机镜像复制到对应的物理节点即可。

2. 面向服务的体系架构和 Web 服务技术

面向服务的体系架构(Service-Oriented Architecture,SOA)是 1996 年由 Gartner 公司最早提出来的。SOA 强调信息系统及其模块的设计和开发尽可能松散耦合,同时可以灵活地重用和互操作,以便帮助企业实现"随需应变(On-demand)"的业务需求。强调松散耦合、重用和互操作并非 SOA 所特有,许多新型计算模式(如网格计算、分布式计算和对等计算等)也都提出过类似的要求。然而,SOA 的特点在于突出以"服务"为其核心理念,强调一方可以"消费"另一方所提供的"服务"。SOA 的这种"服务提供"与"服务消费"关系能够灵活动态地随着业务需求的改变而改变,从而实现业务的随需应变。

无论工业界还是学术界都没有给出 SOA 中所提出的"服务"的明确定义。在当前实践中,SOA 主要是采用 Web 服务技术来实现的。因此,通常情况下 SOA 中的"服务"与"Web 服务"并不加以严格区分。根据万维网联盟(World Wide Web Consortium,W3C)

的定义,Web 服务是指"被设计用来支持网络上可互操作的、机器对机器交互的软件系统"。

简单来说,SOA 是一种新型的 IT 架构设计模式,而"服务"是该体系架构中最重要的组成元素。通过这种设计,用户的业务可以被直接转换成为能够通过网络访问的一组相互连接的服务模块,这个网络可以是本地网络或者是互联网。SOA 所强调的是将业务直接映射到模块化的信息服务,并且最大限度地重用 IT 资产,尤其是软件资产。当使用 SOA 来实现业务时,用户可以快速创建适合自己的商业应用,并通过流程管理技术来加速业务的处理,促进业务的创新。SOA 还可以为用户屏蔽运行平台及数据来源上的差异,从而使得 IT 系统能够以一种一致的方式提供服务。

资源和功能服务化是云计算的一个核心思想。SOA 为云中的资源与服务的组织方式提供了可行的方案。云计算依赖于 SOA 的思想,通过标准化、流程化和自动化的松耦合组件为用户提供服务。不过,云计算不仅是一种设计架构的模式或方法,而且是一个完整的应用运行平台,基于 SOA 思想构建的解决方案将在云中运行,服务于云外的用户。

与此同时,SOA 的设计思想引领了 Web 服务技术的发展,使得开放式的数据模型和通信标准越来越广泛地为人们使用,更大程度地促进了已有信息系统的互联。目前,无论是网格技术,还是云计算,基本上都符合 Web 服务规范。Web 服务是 SOA 的实现机制之一。Web 服务是由统一资源标识(Uniform Resource Identifier,URI)标识的软件应用。该应用的接口和绑定可通过基于 XML 的语言进行定义、描述和发现。同时,该应用可通过基于互联网的 XML 消息协议与其他软件应用直接交互。Web 服务具有简单的、标准的、跨平台的且与厂商无关的特性,因此被广泛使用,Web 服务还可以大幅度降低架构耦合度,可以提供服务层次的集成。

从 Web 服务组合的角度来说,单个 Web 服务(特别是细粒度的服务)提供的功能通常较为简单。当复杂业务需求出现,单个 Web 服务又无法满足该业务需求时,往往需要将若干个服务组合起来形成一个更粗粒度的复合服务,以便实现所要求的业务需求。将若干 Web 服务按照一定逻辑关系组合成能够满足更高层次的业务需求的服务或系统的过程称为 Web 服务组合(或简称为服务组合)。相对于复合服务而言,这些参与组合的单个服务被认为是成员服务,复合服务经常也称为组合服务。同时,经过组合后的服务可用满足一定的业务需求,进而构成了流程服务。SOA 之所以引起工业界和学术界的广泛关注,与 Web 服务能够灵活方便地进行服务组合有很大关系。更明确地说,由于 Web 服务具有松散耦合和基于标准等特点,使得 Web 服务能够灵活方便地通过服务组合来满足快速变化的业务需求。由此可见,这也是云计算中广泛采用 SOA 技术的重要原因之一。

3. 虚拟资源的调度与管理

在云计算中广泛采用虚拟化技术,其重要特征是通过整合物理资源形成资源池,并通过资源管理层(管理中间件)实现对资源池中虚拟资源的调度。由于云计算环境中虚拟机的数量会很多,虚拟资源管理要求迁移具有共享存储服务的两个不同计算机中的虚拟机,当虚拟机的数量非常多时,存储服务可能会成为性能瓶颈,甚至无法提供服务。在这种场景下,需要虚拟资源管理能够支持迁移双方分别使用自己的存储服务。目前比较成熟的技术是 VMware 的 Storage vMotion 技术,可以支持动态迁移时实现虚拟机镜像文件在不同存储服务之间的迁移。此外,当虚拟机迁移时,其网络配置是不变的,而在云计算环境中,要求虚拟资源管理能够在虚拟机动态迁移时对网络配置进行灵活地调整。目前动态迁移限制迁移的双方物理机处于同一个广播域(Broadcast Domain)内。在这里,广播域是指在一个共享以太网中,站点广播帧通过一个共享媒介到所有的节点,其他节点收听这个广播仅仅是接收帧转发给它们,因此,所有节点共享属于相同广播域的以太网。虚拟LAN 技术能够创造一个虚拟的广播域。在云计算环境中,虚拟机的数量非常大时,可能导致广播域无法给所有的虚拟机分配地址。针对这个问题,VMware 提出了 vNetwork Distributed Switch 技术,将多个广播域整合成为一个虚拟的广播域,并维护所有的虚拟机地址。但同时还要避免广播风暴、安全问题等的发生。

虚拟资源调度需要考虑到资源的实时使用情况,这就要求对云计算环境中的资源进行实时监控和管理。该环境中资源的种类多、规模大,对资源的实时监控和管理就变得十分困难。在这方面,主要依赖于云计算平台层的技术提供者能够提供详尽的资源使用情况数据。此外,该环境中可能有成千上万的计算任务存在,这对调度算法的复杂性和有效性也提出了新的挑战,调度算法必须在精确性和速度之间寻找一个平衡点,提供给用户多种选择。

4. 多租户技术

多租户技术是云计算平台的一个关键技术,该技术使得大量用户组织能够共享同一堆栈的软硬件资源,每个用户组织可以按需使用资源,并且能够对软件服务进行客户化配置而不影响其他用户组织的使用,每一个用户组织被称为租户,如图 2-22 所示。

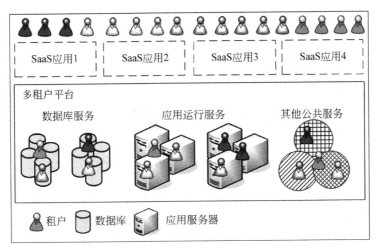

图 2-22 多租户平台

目前,多租户技术面临的技术难点包括数据隔离、架构扩展、性能定制等。其中,数据隔离是指多个租户使用同一个系统时,租户的业务数据是相互隔离存储的,不同租户的业务数据处理不会相互干扰。多租户技术需要实现安全高效的数据隔离从而保证租户数据安全以及多租户平台的整体性能。架构扩展是指多租户服务能够提供灵活的、具备高可伸缩性的基础架构,从而保证不同负载下的多租户平台的性能。在典型的多租户场景中,多租户平台需要支持大规模租户同时访问平台,因此平台的可伸缩性至关重要。性能定制是指对于同一个 SaaS 应用实例来说,不同租户对共享资源性能的要求可能是不同的,而为某个特定应用的不同租户建立一套灵活的资源共享配置方案是多租户技术中的难点之一。

2.8 典型云计算的服务模式与部署模式

2.8.1 云计算的服务模式

在对云计算定义深入理解的基础上,产业界和学术界对云计算的服务模式进行了总结。云计算能够把整个 IT 体系架构的所有层次从最底层的物理设备、应用开发和运行平台、提供业务功能的软件直到支持企业运营的业务流程都作为服务随时随地按照需要交付使用,典型云计算的服务模式包括 4 类:基础设施即服务(IaaS)、平台即服务(PaaS)、软件即服务(SaaS)和业务即服务(BaaS),如图 2-23 所示。

图 2-23　典型云计算的服务模式

（1）基础设施即服务(IaaS):提供虚拟硬件资源,如虚拟主机、存储、网络、安全等资源,并封装成服务供用户使用,典型的有亚马逊的弹性计算云 EC2(Elastic Compute Cloud)和简单存储服务 S3(Simple Storage Service)。相对于传统的用户自行购置硬件的使用方式,IaaS 允许用户按需使用硬件资源,并且按量计费。从服务使用者的角度看,IaaS 的服务器规模巨大,用户可以认为能够申请的资源几乎是无限的;从服务提供者的角度看,IaaS 同时为多个用户提供服务,因而具有更高的资源利用率。

（2）平台即服务(PaaS):指将一个完整的应用开发平台,包括应用设计、应用开发、应用测试、应用托管、数据库、操作系统和应用开发平台,都作为一种服务提供给用户。在这种服务模式中,客户不需要购买软硬件,只需要利用 PaaS 平台,就能够创建、测试、部署相关的应用和服务。其典型的应用包括 Google App Engine、Microsoft Azure 服务、

IBM Develop Cloud 和阿里云。PaaS 负责资源的动态扩展、容错管理和节点间的配合,但与此同时,用户的自主权也降低,必须使用特定的编程环境并遵照其编程模型来构建该类应用。例如,Google App Engine 只允许使用 Python 和 Java 语言,并调用 Google App Engine SDK 来开发在线应用服务。

(3) 软件即服务(SaaS):指将某些特定应用软件功能封装成服务,用户通过标准的 Web 浏览器来使用 Internet 上的软件。用户不必购买软件,只需按需租用软件。典型的应用有 Salesforce 公司提供的在线客户关系管理 CRM 服务、IBM Lotus Live。SaaS 既不像 IaaS 一样提供计算或存储等资源类型的服务,也不像 PaaS 一样提供运行用户自定义应用程序的环境,它只提供具有某些专门用途的服务调用。

(4) 业务即服务(BaaS):是指通过互联网将一个完整的业务作为服务提供给用户。其中业务包括了虚拟和实际的运营商、设备制造商、终端提供商、互联网服务提供商等产业链的各个环节的服务,也包括将各种服务组合成为一个业务流程为用户提供集成化的综合业务服务,例如,一个完整的从采购到供应链的配送服务。业务流程是一组相互关联业务活动的集成,不是凭空设计重组、孤立存在的,它遵循企业的经营发展战略、业务模式和生产经营活动的客观规律。一个企业的业务流程是否合理和高效取决于这个企业的商务、供应链、市场营销、产品研发、物料采购、产品制造、财务成本、物流配送、售后服务等各个环节服务的高效运作和协同水平。

全球云计算市场仍处于高速发展阶段。根据 Gartner 在 2020 年 4 月 23 日发布的云计算市场 2019 年报告,2019 年全球云计算 IaaS 市场增长 37.3%,规模达到 445 亿美元。亚马逊、微软、阿里云、谷歌排名市场占有率前四,市场内巨头聚集效应明显,前四厂商共占据了 77.3% 的市场份额。其中,IaaS 排第一的是亚马逊的 AWS。据亚马逊发布的 2019 财报,AWS 连续 12 个季度保持 30% 以上增速,2019 年 AWS 收入超过 350 亿美元。

2020 年 7 月 19 日,微软公司发布了 2019 财年第 4 季度财报,其云计算收入 114 亿美元,云计算的收入首次超过 Windows 操作系统的收入。目前微软公司以 Office 365、Dynamics 365 及 LinkedIn 为核心,成为全球第一大 SaaS 服务提供商。

2.8.2 云计算的部署模式

以云服务提供商的所属关系和服务提供方式作为划分标准,可以将云计算分为 4 类典型的部署模式:公有云、私有云、社区云和混合云。具体描述如下。

(1) 公有云:在公有云模式下,云基础设施是公开的,可以自由地分配给公众。企业、学术界与政府机构都可以拥有和管理公有云,并实现对公有云的操作。公有云能够以低廉的价格为最终用户提供有吸引力的服务,创造新的业务价值。作为支撑平台,公有云还能够整合上游服务(如增值业务、广告)提供商和下游终端用户,打造新的价值链和生态系统。

(2) 私有云:在私有云模式下,云基础设施分配给由多种用户组成的企业或组织。用户是这个企业或组织的内部成员,这些成员共享着该云计算环境所提供的所有资源,公司或组织以外的用户无法访问这个云计算环境提供的任何服务。同时它可以被这个企业或组织所拥有、管理及操作。

（3）社区云：在社区云模式下，云基础设施分配给一些社区组织专有，这些组织共同关注任务、安全需求、政策或合规性等信息。云基础设施由若干个组织分享，以支持某个特定的社区。其中，社区是指有共同诉求和追求的团体。社区云也可以由该组织或某个第三方负责管理。

（4）混合云：在混合云模式下，云基础设施由两个或多个云（私有云、社区云或公有云）组成，独立存在，但是通过标准的或私有的技术绑定在一起。由于安全和控制原因，并非所有的企业信息都能放置在公有云上，因此企业将使用混合云模式，将公有信息和私有信息分别放置在公有云和私有云环境中。在混合云构建方面，大部分企业选择同时使用公有云和私有云，有些也会同时建立社区云。

2.9 云计算平台的典型案例

下面给出工业界 2 个具体的云计算实例，分别是 IBM 公司的"蓝云"计算平台产品和亚马逊公司的弹性计算云。

2.9.1 IBM 公司的"蓝云"计算平台产品

IBM 公司的"蓝云"计算平台是一套软、硬件平台，将 Internet 上使用的技术扩展到企业平台上，使得数据中心使用类似于互联网的计算环境。"蓝云"大量使用了 IBM 公司先进的大规模计算技术，结合了 IBM 公司自身的软、硬件系统以及服务技术，支持开放标准与开放源代码软件。"蓝云"基于 IBM Almaden 研究中心的云基础架构，采用了 Xen 和 PowerVM 虚拟化软件、Linux 操作系统映像以及 Hadoop 软件（Google File System 以及 MapReduce 的开源实现）。IBM 公司已经正式推出了基于 x86 芯片服务器系统的"蓝云"产品。

"蓝云"计算平台由一个数据中心、IBM Tivoli 部署管理软件（Tivoli provisioning manager）、IBM Tivoli 监控软件（IBM Tivoli monitoring）、IBM WebSphere 应用服务器、IBM DB2 数据库以及一些开源信息处理软件和开源虚拟化软件共同组成。"蓝云"的硬件平台环境与一般的 x86 服务器集群类似，使用刀片服务器的方式增加了计算密度。"蓝云"软件平台的特点主要体现在虚拟机以及对于大规模数据处理软件 Apache Hadoop 的使用上。"蓝云"产品架构如图 2-24 所示。

1. "蓝云"计算平台中的虚拟化技术

"蓝云"的一个重要特点是在内部使用了虚拟化技术。虚拟化的方式在"蓝云"中可以在两个级别上实现。一个级别是在硬件上实现虚拟化。硬件级别的虚拟化可以使用 IBM P 系列的服务器，获得硬件的逻辑分区 LPAR（Logic Partition）。逻辑分区的 CPU 资源能够通过 IBM 企业级负载管理工具（IBM Enterprise Workload Manager）来管理。通过这样的方式加上在实际使用过程中的资源分配策略，能够使相应的资源合理地分配到各个逻辑分区。P 系列系统的逻辑分区最小粒度是 1/10 颗中央处理器（CPU）。虚拟化的另外一个级别是通过软件来获得，在"蓝云"计算平台中使用了 Xen 虚拟化软件。

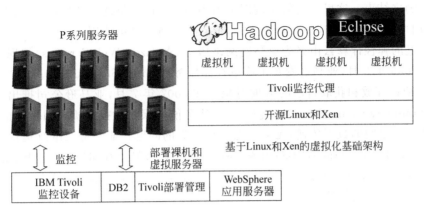

图 2-24　"蓝云"产品架构

Xen 也是一个开源的虚拟化软件,能够在现有的 Linux 基础之上虚拟出若干操作系统,虚拟 Linux 和 Windows 等都可以,并通过虚拟机的方式灵活地进行软件部署和操作。

2. "蓝云"计算平台中的存储体系结构

"蓝云"计算平台中的存储体系结构对于云计算来说也是非常重要的,无论是操作系统、服务程序还是用户的应用程序的数据都保存在存储体系中。"蓝云"存储体系结构包含类似于 Google File System 的集群文件系统,以及基于块设备方式的存储区域网络 SAN。在设计云计算平台的存储体系结构时,不仅仅需要考虑存储容量的问题。实际上,随着硬盘容量的不断扩充以及硬盘价格的不断下降,可以通过组合多个磁盘获得很大的磁盘容量。相对于磁盘的容量,在云计算平台的存储中,磁盘数据的读写速度是一个更重要的问题,因此需要对多个磁盘进行同时读写。这种方式要求将数据分配到多个节点的多个磁盘当中。为达到这一目的,存储技术采用两种方式:一种是使用类似于 Google File System 的集群文件系统,另一种是基于块设备的存储区域网络 SAN 系统。

在"蓝云"计算平台上,SAN 系统与分布式文件系统(例如 Google File System)并不是相互对立的系统,SAN 提供的是块设备接口,需要在此基础上构建文件系统,才能被上层应用程序所使用。而 Google File System 正好是一个分布式的文件系统,能够建立在 SAN 之上。两者都能提供可靠性、可扩展性,至于如何使用还需要由建立在云计算平台之上的应用程序来决定,这也体现了计算平台与上层应用相互协作的关系。

2.9.2　亚马逊公司的弹性计算云

亚马逊是互联网上最大的在线零售商,每天负担着大量的网络交易,同时亚马逊也为独立软件开发人员以及开发商提供云计算服务平台。亚马逊将其云计算平台称为弹性计算云(Elastic Compute Cloud,EC2),是最早提供远程云计算平台服务的公司。亚马逊将自己的弹性计算云建立在公司内部的大规模集群计算的平台上,而用户可以通过弹性计算云的网络界面去操作在云计算平台上运行的各个实例(Instance)。用户使用实例的付费方式由用户的使用状况决定,即用户只需为自己所使用的计算平台实例付费,运行结束后计费也随之结束。这里所说的实例即是由用户控制的完整的虚拟机运行实例。通过这种方式,用户不必自己去建立云计算平台,节省了设备与维护费用。

亚马逊的弹性计算云由名为亚马逊网络服务(Amazon Web Services)的现有平台发展而来。2006 年 3 月,亚马逊发布了简单存储服务(Simple Storage Service,S3),用户使用 SOAP 协议存放和获取自己的数据对象。在 2007 年 7 月,亚马逊公司推出了简单队列服务(Simple Queuing Service,SQS),这项服务能够保存虚拟主机之间发送的消息,支持分布式程序之间的数据传递,无须考虑消息丢失的问题。亚马逊又继续提供了弹性块存储(Elastic Block Storage,EBS)服务,为用户提供块级别的存储接口。在提供这些基础设施的同时,亚马逊公司开发了弹性计算云 EC2 系统,开放给外部开发人员使用。图 2-25 给出了一个 EC2 系统的使用模式。

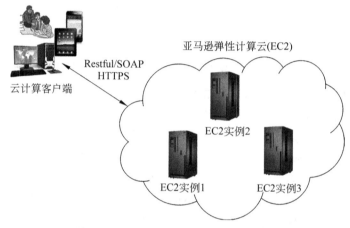

图 2-25　亚马逊弹性计算云的使用模式

从图 2-25 中可以看出,弹性计算云用户使用客户端通过 Restful 或 SOAP 接口方式在 HTTPS 协议基础上与亚马逊弹性计算云内部的实例进行交互。这样,弹性计算云平台为用户或者开发人员提供了一个虚拟的集群环境,在用户具有充分灵活性的同时,也减轻了云计算平台拥有者(亚马逊公司)的管理负担。弹性计算云中的每一个实例代表一个运行中的虚拟机。用户对自己的虚拟机具有完整的访问权限,包括针对此虚拟机操作系统的管理员权限。虚拟机的收费也是根据虚拟机的能力进行费用计算。实际上,用户租用的是虚拟的计算能力。总而言之,亚马逊通过提供弹性计算云,满足了小规模软件开发人员对集群系统的需求,减小了维护负担。用户根据使用资源的多少来支付资源费用即可。

为了弹性计算云的进一步发展,亚马逊公司也规划了如何在云计算平台基础上帮助用户开发网络化的应用程序。除了网络零售业务以外,云计算也是亚马逊公司的核心价值所在。可以预见,在将来的发展过程中,亚马逊公司必然会在弹性计算云的平台上添加更多的网络服务组件模块,为用户构建云计算应用提供方便。

第 3 章
大　数　据

进入新世纪以来,信息技术的发展以不可阻挡之势变革着世界,以数字化为基本特征的信息技术将人类引入了具有云计算、社会化计算、大数据、高速互联网特征的新时代。从台式机到笔记本,从笔记本到智能手机、平板电脑,再到各式各样的可穿戴设备,曾经笨重的计算工具以越来越便携的方式出现在人们身边,并随时传递着丰富的文字、图片、语音视频等信息资源,同时,它们也空前详细地记录着使用者的一言一行,并将这些数据存储到设备本身的存储介质,或者是远方的"云存储"中。

3.1　大数据的产生背景与数据来源

网络购物为传统的商品交易活动带来了全新的模式,顾客在享受网购便利的同时,也被购物网站记录着购物行为,代表用户行为的数据经过后台数据分析流程,被归纳成了顾客们的购物兴趣和偏好,并最终以相关商品推荐的形式出现在顾客的面前。这些看似平常的生活细节背后,正是包含数据收集、数据存储、数据分析在内的大数据相关技术和以数据为核心的思维模式发展对社会生活所带来的改变,"大数据"已经远非一个距离人们生活十分遥远的概念,它正在大刀阔斧地改变着各行各业,宣告着一个被数据主宰的时代的到来。

3.1.1　大数据的产生背景

作为全球最大的搜索引擎服务提供商和互联网行业巨头,谷歌公司平均每天处理近40亿条搜索请求,而这些记录着用户兴趣和搜索行为的搜索请求则成为了谷歌公司十分宝贵的数据资源。据谷歌发布的 2019 年第 4 季度财报,凭借对搜索语义的分析,2019 年第 4 季度谷歌的广告收入为 379.34 亿美元,这部分收入构成了谷歌公司经营利润的 90%。

虽然搜索引擎和在线广告早就在互联网领域中成为了两个密不可分的名词,但是在 2009 年以前很少有人会想到谷歌搜索可以和流感趋势发生关联。按照美国相关规定,公共卫生部门需要随时对流感疫情进行监控并统计疫情状况,然而由于大部分患者都是在患病长时间后才会向医院寻求帮助,这导致卫生部门的统计信息可能会产生一至两周的延迟,而在面对快速传播的疫情时,这一段延迟可能会对流感疫情的控制产生非常重大的影响。在对搜索引擎上的用户检索词条和流感暴发数据进行对比分析时,谷歌公司的工程师们惊奇地发现,在流感疫情暴发的前期,搜索引擎上用户搜索的词条会发生变化,而这些变化也许可以帮助卫生部门更好地预测流感疫情。于是,谷歌公司的工程师们把5000万条美国人频繁检索的词条和美国疾控中心 2003 年至 2008 年季节性流感传播时期的数据进行了对比分析。在对检索词条的频繁使用和流感在时间和空间上的传播建立相关关系的基础上,工程师们分析了 1 亿多个模型,发现了 45 条检索词条的组合,使用它们进行流感发病预测的准确率高达 97%,而且这个模型不仅可以像卫生部门一样判断流感的传播来源,同时能够得到更具有即时性的预测结果,这意味着卫生部门可以借助它迅速地对流感疫情做出反应,从而控制疫情传播。

这个研究成果发表于 2009 年 2 月的《自然》杂志上,如今来自全球的用户都可以在谷歌流感趋势网站上查看当前全球流感分布图,以了解世界上大部分国家的流感疫情。在2009 年甲型 H1N1 流感暴发时,谷歌流感预测为卫生部门提供了更加及时准确的疫情信息,为疫情的防控立下了汗马功劳。正是由于掌握了海量数据,人们可以以一种全新的方式建立信息与现象之间的关联,并从而获得更有价值的产品、服务或是准确的预测。

在 2012 年的美国总统竞选中,奥巴马竞选阵营的数据挖掘团队为竞选活动搜集、存储和分析了大量数据。作为奥巴马的数据收集、处理和分析助手,数据挖掘团队帮助整个竞选团队成功策划多场活动,从资金筹集到选民分析提供了完整的支持,促成了奥巴马的成功连任。从总统大选一开始,奥巴马竞选团队主管吉姆·梅斯纳(Jim Messina)便希望打造一个以数据驱动为主、完全不同于以前的竞选活动,在这场数据驱动的竞选中“政治天赋是基础,但不再是唯一决定因素”。梅斯纳在成为竞选主管后说:“我们会在此次竞选活动中测量每一件事情。”他打造了一个规模五倍于 2008 年总统竞选时的数据分析部门,这个数据分析团队基于海量社交网络统计数据构建了庞大的分析系统,将从民调专家、筹款人、选战一线员工、消费者数据库等处得到的信息汇总起来以支持整个团队的数据分析过程。

在分析系统中,选民被划分为了 1000 多个特征群体,根据不同州的选民特点,分析系统可以对奥巴马团队的竞选过程给出最精确的建议。例如,通过对数据进行分析,奥巴马竞选团队发现明星乔治·克鲁尼(George Clooney)对于年龄在 40~49 岁的美国西海岸地区女性选民具有较强吸引力,因此特别联系乔治·克鲁尼于 2012 年 5 月 10 日在好莱坞举办了竞选筹资晚宴,这次晚宴大获成功,为奥巴马筹集了 1500 万美元的竞选经费。类似地,竞选团队在东海岸选择了女明星莎拉·杰西卡·帕克(Sarah Jessica Parker),成功地复制了西海岸的筹款效果。在数据的支持下,竞选团队帮助奥巴马筹措到了创纪录的 10 亿美元竞选资金。

在筹资活动结束之后,数据挖掘团队转向选情分析工作,他们根据 4 个来源的民调数据来详细分析关键州的选民。竞选团队中的一位官员说,通过对俄亥俄州 2.9 万选民民调数据的深入分析,他们可以得到各个族群的选民在任何时刻的投票倾向。在总统候选人的第一次辩论之后,数据分析团队可以分析出哪些选民倒戈,哪些没有。通过对这个数据库的分析,他们在 2012 年 10 月时发现,大部分俄亥俄州选民并非奥巴马的本来支持者,而是因为罗姆尼的失误而倒戈的人。奥巴马的数据团队每晚要实施 6.6 万次模拟选举,正是这些模拟选举推算出了奥巴马在摇摆州的胜率,并让他们得以参考这些数据来分配资源。

此外,数据挖掘同样决定了竞选团队的竞选广告策略。数据分析人员通过构造一些复杂的模型来精准定位不同选民,最终决定购买一些冷门节目的广告时段,而没有采用在本地新闻时段购买广告的传统做法。来自芝加哥竞选总部的数据证明,2012 年奥巴马的竞选广告效率相比 2008 年提高了 14%。

奥巴马的数据挖掘团队让整个政界感受到了大数据的力量,而这个团队在竞选结束后,也成为投资人眼中的新宠,并且在谷歌执行董事埃里克·施密特(Eric Emerson Schmidt)的支持下成立了 Civis Analytics 顾问公司,为更多的企业提供数据分析服务。

3.1.2　大数据的来源

英特尔公司联合创始人戈登·摩尔(Gordon Moore)于 1965 年发现芯片上可容纳的晶体管数目每隔两年左右的时间会增加一倍,而以同样价格所购买到的计算机性能也会提高一倍,这个规律被命名为摩尔定律。随后,摩尔定律被推广到包括数据存储、网络速度、计算能力等更多方面,成功地预言了信息产业中计算设备的周期性升级。在从 1965 年至今的 50 年里,存储的价格从 20 世纪 60 年代的 1 万美元/1MB 下降到如今的 1 美分/1GB 的水平;网络带宽的增加使得更多的文件可以被快速便捷地分享;计算机 CPU 的性能不断提升,如今的个人计算机可以承担极为复杂的计算任务。这些信息基础设施的发展为人们更好地使用计算机完成数据收集、整理和分析提供了前提,而云计算的提出和应用则使得分布式计算架构被广泛推广,云计算的分布式处理、分布式数据库、云存储和虚拟化技术为海量数据管理和挖掘提供了基础。

大数据的来源主要包括以下 4 方面。

1. 企业业务与交易数据

企业业务运作过程中会产生大量的业务数据和交易数据,沃尔玛公司 2010 年数据库的规模约为 2500TB。

相比传统的企业业务和交易,电子商务交易产生了更多的数据:Ebay 网站有 1.8 亿个活跃用户;Ebay 的拍卖搜索引擎上,每天会产生 2.5 亿次搜索;Ebay 的搜索及平台副总裁 Hugh Williams 说,公司在 Hadoop 集群和 Teradata 服务器上拥有的原始数据是 10PB;据淘宝数据产品团队负责人赵昆介绍,淘宝每月会增加 1.5PB 数据;亚马逊每秒的订货数量是 72.9 件。

2. 移动互联、社交网络和智能终端

进入互联网时代以来,成千上万的用户通过计算机接入更加广阔的网络,越来越多传统的社会行为可以在互联网上完成。通过电子购物网站,顾客足不出户就可以走进店铺、挑选商品、支付货款。与传统的购物行为相比,每一位顾客在互联网上的购物行为可以更加便利地被网上零售商记录,顾客的行为在互联网上被转化成一次次鼠标点击、在不同页面上的停留时间、选择的支付方式等,而这些数据被网上零售商悉数记录下来,并作为通过数据分析深入研究顾客购物行为的原材料。社交网络平台在进入 21 世纪后飞速发展,

人们通过社交网络平台进行交流,在互联网上发布心情、分享生活、经营人际关系,因此,社交网络上的海量数据也成为了解社会关系、把握社会舆情的重要来源。正是由于互联网广泛联接、存储便利的特征,它已经成为了研究用户、了解用户的重要工具。

移动互联与社交网络产生了巨大的数据,全球现有 24 亿互联网用户,相比较 2011 年同期增长 8%,而这部分增量主要得益于移动互联网用户的增长。全球现有 6.34 亿个网站,11 亿智能手机用户,50 亿手机用户。截至 2018 年,Facebook 已经有 14 亿用户,每天 100 亿条分享的内容、45 亿个点"赞"的数量、3.5 亿照片上传数,每天新产生的数据超过 600TB。截至 2019 年,微信有 10.9 亿用户,每天有 450 亿次信息发送以及 4.1 亿语音视频呼叫。谷歌公司已经从单纯的搜索引擎公司发展为目前包括博客、邮件、网络分析、新闻、问答、数字图书、日历、软件服务、云计算、地图、广告、阅读、图片、视频等数十种服务的综合网络服务提供商,其搜索引擎拥有至少 10 亿用户,每秒响应 3.4 万次搜索,每天处理的搜索量超过 30 亿次,在线视频每月拥有大于 5 亿人次的访问量,博客有 4 亿读者,Gmail 有 2 亿用户,Google+有 1.35 亿位活跃用户。

智能终端的推出使移动互联网用户数量激增,移动互联网用户数量从 2014 年底开始已经超过桌面互联网的用户数量,在 Twitter 的 1.5 亿用户中,有近一半的用户使用 Twitter 移动版进行登陆,使用智能终端使更加精细地采集数据内容成为可能。智能终端也在不断地改变人们的生活。通过便携式的平板电脑、智能手机,用户可以随时随地地访问互联网、拍摄图片、发布信息、购买商品,甚至进行理财管理。智能终端上的地理信息采集功能又为更多与位置相结合的服务的发展提供了可能,互联网真正成为人们生活的必需品。智能终端的发展与应用改变了人们的生活习惯,也提供了更多丰富详细的数据,使大数据的应用不再是无源之水。

3. 物联网感知数据

在物联网技术应用潮流的推动下,RFID 标签数量激增。截至 2010 年,全球 RFID 标签数量已经超过了 300 亿个。加上传感器大规模全方位的布网和高速高精度传感器的使用,物联网将产生海量的数据。据报道,一个大型城市电力物联网每天产生的数据可达 TB 级,一个大型城市交通物联网每天产生的数据可达 10TB,加上环境监测、天文探索、海洋探测、生命科学研究(DNA 分析)、气象分析等,物联网产生的数据量将呈指数增长。

在工业设备运行监控和物流跟踪过程中同样会产生海量的数据,以西门子对燃气发电机组监测控制系统为例,其监测变量数目大于每秒 5000 个,需要计算 1000 个以上的中间模型,每台燃机 24 小时运行信息约 2TB,通过对这些数据的分析可以进行系统实时诊断故障,优化发动机运行状态,减少发动机运行故障,提高工作效率并降低废气排放。

4. 政府开放数据

除了互联网、社交网络、智能终端、物联网的发展所产生的海量数据外,一些传统的数据管理机构也逐渐开始开放自己所保存的大量数据。美国前总统奥巴马解除了此前政府对公众查阅总统文件的限制,而他的首份总统备忘案《透明和开放的政府》则更加具体地阐述了他致力于建立透明、开放政府的执政理念。在奥巴马的影响下,美国联邦政府的各部门以前所未有的开放态度将本部门所保管的海量数据向公众开放,同时,为了方便公众查阅,美国政府专门设立了 www.data.gov 政府数据查询网站,图 3-1 是该网站的首页。美国政府利用该平台公开数据,并鼓励政府与公众的交流,推动企业与政府的合作。截止到 2020 年 12 月,data.gov 平台上已经包含了 21.7 万个数据集,这些数据集涵盖了农业、天气、教育、能源、制造等近 50 个公共管理和生活领域。开放数据的风潮从美国开始,逐渐影响全球。在开源政府平台计划的要求下,美国政府开放了数据公开平台代码以供更多的国家使用,目前已经有包括联合国、世界银行、美国、芬兰、澳大利亚在内的 40 余个国际组织、国家和地区建立了数据开放平台。

图 3-1　www.data.gov 网站首页

海量数据中所蕴含的丰富宝藏吸引了越来越多的淘金者。通过数据分析技术,谷歌公司推出的个性化搜索广告技术和内容广告技术为它带来了每天高达 3 亿美元的收入;亚马逊公司将商品推荐作为广告促销的重要手段,使用推荐系统促成了 20%～30% 的用户订单。这股数据利用的潮流,自互联网开始,迅速普及到整个社会,从互联网到政治,再到媒体、医疗、零售业、制造业,几乎所有的领域中都可以见到大数据的身影,一个以海量数据为核心资产,以数据分析为核心竞争力的时代已经到来。

3.2　大数据特征与思维转变

与许多信息技术名词一样,“大数据”在被广泛使用的同时,依然没有一个统一公认的定义。数据科学家维克托·迈尔·舍恩伯格认为大数据并非一个确切的概念,最初这个概念是指需要处理的信息量过大,超过了一般计算机的存储计算性能的一些数据,而为了处理这些超出当前技术范围的数据,新的处理技术应运而生,这些新的技术为人们挖掘数据价值提供了更多可能。随着大数据概念的逐渐扩展,今天大数据已经不仅是指数据本身,更包括人们在大规模数据的基础上可以做到的事情,而这些事情在小规模数据的基础上是无法完成的。

3.2.1　大数据的特征

2011 年麦肯锡咨询公司所发布的大数据研究报告中,大数据被定义为大小超出常规的数据库工具获取、存储、管理和分析能力的数据集。而到底多大规模的数据集可以被称为是大数据则不确定,这个概念可能会随着数据库处理能力的增强而不断发生变化。维基百科中,大数据指的是所涉及的数据量规模巨大到无法通过人工在合理时间内达到截取、管理、处理、并整理成为人类所能解读的信息。网络上每一次搜索,网站上每一笔交易、每一条输入都是数据,通过计算机对这些数据做筛选、整理和分析,不仅只是为了得到简单和客观的结论,而是希望发现本质规律和变化趋势,并用于帮助企业进行经营决策和完成更清晰的战略规划。纵观前述的各种定义,可以发现大数据之"大"是其不同于传统数据的重要特征,大数据是蕴含了海量信息,甚至超出了当前处理能力的数据的集合。正是拥有了不同于以往的、更多更丰富同时也更加鱼龙混杂的数据,人们对于数据的使用模式发生了变化,因此,大数据概念的提出和应用对于计算技术、数据科学以及产业理念都带来了颠覆性的改变。

一般来说,大数据被认为具有 4V 特征,分别是大规模(Volume)、快速地数据处理要求(Velocity)、差异化的数据类型(Variety)、巨大的潜在价值(Value)或者价值密度低(Veracity)。以下从 4V 模型出发,对大数据的典型特征进行说明。

1. 大规模

国际数据公司(IDC)2012 年 12 月所发布的《数字宇宙研究报告》中,研究人员对当前全世界保有、产生和使用的数据进行了统计,这些统计数据中既包括传统的文本数据,也包括图像、视频数据,涵盖的范围包括数字电影、金融记录、安检数据、科研原始数据、文本信息等。该报告预测,从 2005 年至 2020 年,全球数据规模将增加 300 倍,从 134EB 增加到 40ZB,全球数据规模在 2013 年后以每两年翻一番的速度增长,在此期间,平均每人将产生 5TB 的数据。在 2012 年,有 68% 的数据直接由消费者产生或是使用,随着智能设备的发展以及物联网的普及,更多的数据将在传感器中直接采集、传输并保存。图灵奖获得者 Jim Gray 于 1998 年提出了存储界"新摩尔定律":每 18 个月全球新增信息量等于有史以来全部信息量的总和。

国际数据公司的监测数据显示,2013 年全球大数据储量为 4.3ZB(相当于 47.24 亿个 1TB 容量的移动硬盘),2014 年和 2015 年全球大数据储量分别为 6.6ZB 和 8.6ZB。近几年全球大数据储量的增速每年都保持在 40%,2016 年甚至达到了 87.21% 的增长率。2016 年和 2017 年全球大数据储量分别为 16.1ZB 和 21.6ZB,2018 年全球大数据储量达到 33.0ZB。

表 3-1 给出了数据量的单位和含义。

表 3-1　数据量的单位和含义

单位	英文	大　　小	含　　义
位	Bit	1 或者 0	一个二进制数位,0 或者 1
字节	Byte	8 位	计算机存储信息的基本单位,存储一个英文字母在计算机上,其大小就是一字节
千字节	KB	1KB＝1024 字节,2^{10} 字节	一页纸上的文字 3～5KB
兆字节	MB	1MB＝1024KB,2^{20} 字节	一个普通的 MP3 格式的歌曲 3～4MB
吉字节	GB	1GB＝1024MB,2^{30} 字节	一部 DVD 原版影片 5～6GB
太字节	TB	1TB＝1024GB,2^{40} 字节	美国国会图书馆所有登记的印刷版书本数据量为 15TB
拍字节	PB	1PB＝1024TB,2^{50} 字节	美国邮政局一年处理的信件大约为 5PB,谷歌每小时处理的数据为 1PB,eBay 每天处理的信息量大于 100PB
艾字节	EB	1ZB＝1024PB,2^{60} 字节	相当于 13 亿中国人每人一本 500 页的书加起来的信息量
泽字节	ZB	1ZB＝1024EB,2^{70} 字节	截至 2018 年,全球数据储存量 33ZB
尧字节	YB	1YB＝1024ZB,2^{80} 字节	

在全球大数据储量快速增长的形势下,中国数据量正以年均增速 50％以上爆发式增长。国际数据公司(IDC) 2018 年的统计数据显示,中国的大数据产生量约占全球数据产生量的 23％,美国的数据产生量占比约为 21％,EMEA(欧洲、中东、非洲)的数据产生量占比约为 30％,APJxC(日本和亚太)数据产生量占比约为 18％,全球其他地区数据产生量占比约为 8％。中国已经成为跨境数据流量的第一大国。日本经济新闻社利用从国际电信联盟(ITU)和美国电信市场研究机构 TeleGeography 取得的 11 个国家或地区的 2019 年跨境数据流量数据进行研究分析,发现中国跨境数据流量远远超越美国和其余 9 国或地区。在全球跨境数据流量中,中国以 23％的占比名列第一,美国以 12％位居第二。

2. 快速地数据处理要求

对于大数据应用来说,处理速度发挥着至关重要的作用。

一方面,在实际的应用中,从数据的采集到运算分析得到结果之间的时间要求可能是秒,甚至是毫秒级的。购物网站对用户行为进行采集和分析的过程对时间要求很高,从一个用户进入页面开始浏览到最终下单的过程中,购物网站需要根据用户的购物历史和当前行为,最终输出推荐结果。根据统计,37％的用户在购物时会发生冲动型行为,那么如果数据分析系统在冲动发生的瞬间推荐最为合适的商品,将能够有效提升成交率。用户对网络搜索的时间要求非常苛刻,如果网页加载时间超过 4 秒,25％的用户会放弃该网页,如果网页加载时间超过 10 秒,50％的用户会放弃该网页。此外,包括股票交易、应急救援、基于地理位置的服务(LBS)都具有时效性要求高的特点。

另一方面，当数据量没有达到"大数据"规模时，使用传统的算法，也许在可以接受的时间长度范围内获得所需要的分析处理结果。但是一旦数据规模（包括数据的数量、维度以及复杂度）从普通数据规模增长到海量数据的规模后，原有的算法和计算方式将不能在现有的计算能力下继续满足新的处理速度要求，因此，新的数据管理及分析框架成为大数据分析与应用中的必然需求。而针对这些新的要求，谷歌公司于 2004 年提出了包含 Google File System、MapReduce 和 Big Table 等技术框架的分布式数据处理模型，在这个新的架构中，数据不再集中存放在存储盘柜中，而是分割成小块散布在每个计算节点上，这样使得业务需求出现增加时，可以灵活地对原有计算集群进行扩展。

3. 差异化的数据类型

差异化的数据类型一方面指数量的来源多，大数据的来源包括：

（1）社交网站、微博、视频网站、电子商务网站；

（2）物联网、移动设备、终端中的商品、个人位置、传感器采集的数据；

（3）通信和互联网运营商；

（4）天文望远镜拍摄的图像、视频数据、气象学里面的卫星云图数据；

（5）社会组织各部门统计数据，如人口抽样调查、交通数据、卫生统计数据等。

差异化的数据类型另一方面是指数据的格式多样，计算机所处理的数据被分为结构化和非结构化数据两种。结构化数据所代表的就是传统数据库所处理的数据，即存储在数据表中的行数据，例如，企业信息数据库中的每一条企业信息都包含企业名称、组织机构代码证编号、法人姓名、电话、地址、主营业务等字段，这些企业信息条目就是所谓的结构化数据，可以使用数据库直接对数据库表中的记录进行统一的添加、删除、修改和查询。而非结构化数据则广泛代指那些不能直接用数据库中的二维逻辑表来表现的数据，它包括所有格式的办公文档、文本、图片、XML、HTML、各类报表、图像和音频、视频信息等。

由于生活中大部分的数据都是非结构化数据，在将这些原始数据存储汇总成大数据资料时，需要研究非结构化数据的存储、处理技术，使得能够像处理结构化数据一样方便快捷地完成数据的存储和管理。针对非结构化数据的大量出现，非结构化数据库也在逐渐被推广和使用。与以往流行的关系数据库相比，非结构化数据库突破了关系数据库结构定义不易改变和数据定长的限制，支持重复字段、子字段以及变长字段，并实现了对变长数据和重复字段的处理和数据项的变长存储管理。非结构化数据库在处理连续信息（包括全文信息）和非结构化信息（包括各种多媒体信息）方面有着传统关系型数据库所无法比拟的优势。目前的非结构化数据库已经可以管理各种文档信息、多媒体信息，并且对于各种具有检索意义的文档信息资源（如 HTML、DOC、RTF、TXT 等）还可以提供强大的全文检索能力。

4. 巨大的潜在价值或者价值密度低

大数据的主要价值在于预测未来，在《爆发》一书中，复杂网络研究领域的权威巴拉巴斯指出，人类的活动是有迹可循的，其中 93% 的人类行为都是可以预测的。一旦掌握了足够多的历史信息，就可以从其中得到规律，并对未来即将发生事件进行准确的预判。而大数据的出现无疑是给了人们一把打开未来之锁的钥匙。也正是因为大数据的预测特性,谷歌可以对流感趋势实现预判;亚马逊可以推断出用户的购物喜好并予以推荐;阿里巴巴公司根据平台上的询盘数暴跌而成功预测了外贸交易市场中的成交量变化;Farecast 网站根据 2000 亿条飞行数据记录预测出每一条航线上每班飞机每个座位的综合票价变更趋势;对冲基金通过分析 Twitter 上的数据信息预测股市的表现;UPS 快递公司通过分析汽车行驶数据对车队中 60000 辆汽车进行监测和预测性维修。大数据就像是一副能够帮助我们更清晰地观察世界的眼镜,在它的帮助下,更多的可能将在更多的领域发生,我们生活中的方方面面都将感受到它的影响,并享受到它所带来的便利。

但是必须指出大数据存在的一个严重的不足是数据良莠不齐、价值密度非常低。斯特金定律说"互联网上 90% 的信息是垃圾"。实际数据的价值密度比斯特金定律还要低,美国国家安全局对全美电话进行监控,每小时产生的数据量是 2.5TB,这些数据中有多少是有价值的,万分之一还是百万分之一? 因此,大数据的处理必须依赖超级计算机或者云计算平台,对数据进行过滤,提升数据的价值密度,而过滤数据的工作量是非常巨大的。

3.2.2　大数据所带来的思维转变

大数据开启了一次重要的时代转型,而与时代转型所同步的是人们看待数据和使用数据的思维模式。在大数据时代,人们的思维方式将面临的转变包括,从对抽样数据的使用到全体数据的使用;从计较数据的准确性、确定性到重点关注在大量数据中所得到的统计性质;从执着于推断现象与结果之间的因果关系到仅仅归纳使用获得数据的相关关系;从关注单个数据或单类数据集上的研究到广泛使用跨领域的海量数据进行联合分析。以下对这 4 种重要转变进行更细致的说明。

1. 从抽样样本到全体数据

在传统的数据分析领域中,人们习惯于通过抽样来估计待研究对象的全貌。这是因为在很长的一段时期里面,人们使用的用于记录、存储和分析数据的工具处理能力和速度都不够好,在面对那些超过当前计算能力的数据时,只能退而求其次,通过科学的抽样方法以较少的样本来进行分析,这些抽样得到的样本就近似作为数据的全貌使用。

这样的一种思维方式已经逐渐成为人们在开展数据分析时的惯性思维,人们会习惯性地采用统计学的方式,以尽可能少的数据得到尽可能接近"真相"的结论。为了实现这个目标,统计学家们不断探索着科学的采样方法,他们证明:抽样分析的精确性随着抽样随机性的增加而大幅提升,并且与样本数量的增加关系不大。当样本数量达到某个阈值后,再增加新的样本而带来的信息增加会越来越少。

随机抽样在过去的科学研究中扮演了十分重要的作用,帮助人们以较少的花费作出高精准程度的判断,但它毕竟只是在有限计算能力下的一种权宜之计。随机采样的有效性依赖于采样的随机性,然而采样的完全随机性是难以保证的,而这些偏差就会在最终的分析结果中得到体现。例如,在 2008 年美国大选的民调中,几家大型的咨询公司就发现,如果在抽样过程中没将只使用移动电话的用户进行单独考虑,就会导致最终的准确度发生 3 个百分点的偏差,而如果将这些用户考虑进来,就可以将偏差缩小到 1 个百分点。

除了抽样的随机性之外,人们还发现随机采样不适合考察子类别的情况,在有限的样本下,可以通过当前的随机样本来估计总体,而如果研究人员希望能够在当前样本基础上进一步研究子类别的情形,则会由于样本量的急剧减少而导致研究结果不准确。这就像是人们使用可以接受的抽象程度对现实世界进行了缩微照相,这张缩微照片反映出了现实世界的轮廓,但是如果还希望能够利用缩微照片进一步研究更细致层面的问题时,当前的抽象程度就难以满足进一步的要求了。这样的问题不仅存在于研究子类别分布的情况,也会导致一次随机抽样只能满足特定预置问题、特定抽象层面的需要,而无法应对在研究过程中人们希望能够解决的新问题。

抽样的目的是为了减少信息收集、存储和处理的工作量,使得研究者能以更加低成本和高效的方式去解决数据问题。然而,随着大数据时代的到来,人们所面对的客观环境和所能利用的工具都发生了巨大的变化:在大数据时代,数据收集变得更加便利,人们可以轻而易举地获得海量的完整数据,可以具体到每一个人在日常生活中的每一个行动;人们使用的数据处理技术水平得到了巨大的提升,分布式存储和运算使得海量数据分析变得可行。所以,现在人们不必再纠结于如何以更加随机的方式完成采样的过程,通过采集并使用所有的数据,人们可以发现那些原本可能会由于采样的不完整性而被淹没的重要结论,而这些在随机抽样中被作为不重要的细节而被忽略的"异常",则恰恰可能是带来新发现的关键所在。

2. 从锱铢必较到良莠不齐

在只能通过抽样获得少部分数据以估计全体数据的时代,数据的准确性十分重要,因为收集信息的有限性意味着其中的每一个小错误都会在全体数据的估计中被放大,从而导致结果发生意料之外的偏差。然而大数据的出现使人们对于数据精确程度锱铢必较的习惯也发生了改变。

在收集少量有限数据的情形下,数据采集者需要不断优化测量的工具,保证每一次测量的准确性,但是当数据的规模变成原来的成千上万倍乃至更多时,人们将会很难确保每一次测量的精准性。而也正是因为放松了容错的标准,人们才可能会掌握更多的数据,并利用这些数据去探索规律,完成新的分析和研究。因此,数据的"良莠不齐"是获取大数据时所伴随的一个必然结果,它既指数据的质量会出现波动,包含一些不那么精确,甚至是错误的数据,同时,它也代表了数据格式多样化、非结构化数据大量涌现的特征。总之,传统的数据分析工作中确保每一个数据精确的要求不再是大数据时代的必要特征。

数据的误差必然会对后续的分析带来不利的影响,所幸的是,在大数据时代,人们拥有了规模更大的数据,在概率意义下,那些细微的错误所带来的影响将作为小概率事件而被消除。例如,在进行果园的温度监控时,既可以采用 1 个温度计进行测量,在测量时充分保证它的运行正常和读数准确,同时也可以采用分片检测的方式,在每十平方米的空间内安置一个温度计进行温度的监控。在这新的 1000 个温度计中,可能有部分的温度计会出现读数的误差或是混乱,然而当综合研究这 1000 个温度计的读数时,将必然可以得到远比以前那种依赖一个温度计准确读数的方式更加精确可靠的结果。这就是这些可能良莠不齐,但是却具有海量规模的数据给人们带来的改变。相比较依赖少量数据和精确性的时代,大数据更加关注数据的完整性并同时正视数据的混杂性。在大数据时代的分析中,数据通常用概率来说话,而不是用"确凿无疑"的方式来给出结论。

3. 从因果关系到相关关系

因果关系是人类认识世界时最直观的关注点,在传统的科学体系和逻辑体系中,人们认为事出必有因,任何所观察到的现象都有原因的驱使。在这样的模式下,人们习惯于追寻现象之间的因果关系。因果关系可能来自于人们的直观假设,并在严格控制因变量和排除干扰变量的科学实验中得到证实。研究因果关系使得人们不仅知道"是什么",更了解了背后的"为什么"。然而,人们所面临的世界是十分复杂的,在极少数的情况下,人们可以归纳出可能对某个结果发生作用的变量,并在精心设计的实验中严格控制每一个变量对最终现象的作用,从而探讨因果关系的存在,但是,在大多数情况下,因果关系是难以得到证实的。

相关关系的核心是量化两个变量或者是多个变量之间的数值关系:对于强相关关系的两个变量而言,一个数据值增加时,其他的数据值也可能会增加(正相关)或者减少(负相关);而对于相关关系较弱的两个变量,当一个数据值增加时,其他的数据值则不会发生明显的变化。与因果关系不同,相关关系并不关注"为什么",它只需要能够通过相关性确认变量之间的关联,并用来进行数据的预测。寻找相关关系的实现难度明显小于因果关系,尤其是在人们掌握了海量数据的情况下。

在亚马逊的推荐系统中,根据所有用户的购书或是浏览记录,"item-to-item"协同过滤算法自动为当前用户推荐它可能会感兴趣的书,整个亚马逊网站的销售额中,有近三分之一来自于这个推荐系统。在推荐时,系统并不需要关注为当前用户推荐这些书籍的原因,它只是根据所有的用户记录,从用户行为和这本书籍的购买之间发现了相关关系而已。例如,全球最大的零售商沃尔玛公司在对过往交易系统中的数据库进行整理、分析后发现,每当季节性飓风来临之前,不仅手电筒的销售额增加了,蛋挞的销售额也会增加,因此,即便无法直接了解飓风和该品牌蛋挞之间的因果关系,但是沃尔玛公司依然决定在下一次的季节性飓风来临前把蛋挞放在靠近飓风用品的位置。

专家们发现,Twitter 消息由于具有直接性的特点,因而可以更准确地评估人们的情绪。以前,人们以为股市的跌落导致人们产生了负面情绪,但是,现在看来事实正好相反。位于英国伦敦中部梅菲尔的基金公司 Derwent Capital Markets 的分析师,通过一套分析程序来评估人们的共同情绪是高兴、悲伤、焦虑或是疲惫,从而确定他们的投资行为。

这套分析程序原本是由印第安纳州大学信息和计算机系教授约翰·博伦(Johan Bollen)设计。它随机抽取 10% 的 Twitter 消息,然后利用两种方法整理数据。其一,比较正面评价和负面评价;其二,利用谷歌设计的程序确定人们的六种情绪:冷静、警觉、确信、活跃、友好和高兴。在 2010 年 10 月发布的一项研究中,博伦利用社交网站来预测纽约道琼斯指数的走势,结果准确率达到了 87.6%。约翰·博伦说:"我们记录了在线社区的情绪,但是我们无法证实它能否做出准确预测。于是,我们观察道琼斯指数的变动,从而验证它们之间是否有某种联系。我们原以为如果股市下跌,人们在 Twitter 上的情绪将会表现得很低落。但是,我们后来意识到事实正好相反——如果在线社区的情绪低落,股市就会出现下滑。这真是一个让人豁然开朗的时刻。这意味着,我们能够预测股市的变化,并让你在股市中获得更多的胜算。"

以前人们通过理论假设来建立世界的运作方式模型,并通过数据收集和分析来验证这些模型,从而形成通用的因果规律。而在大数据时代,不再需要在还没有收集数据之前,就把分析建立在早已设立的少量理论假设的基础上,人们可以在海量数据的帮助下直接发现数据之间的规律而不受限于各种假设。也正是因为不再受限于传统的思维模式和特定领域里面所隐含的固有偏见,大数据才能为人们提供更开阔的视野,从数据中挖掘出更多的价值。

4. 从单一数据集到多类型数据集的关联分析

在传统的数据分析领域,大部分的数据分析者只能掌握某一领域的相关数据,例如,保险公司可以收集用户的基本信息(年龄、性别、职业等)并用来对用户的消费行为进行预测;天气预报部门可以根据过去天气的信息进行未来天气情况的预测,超市可以根据不同商品被同时购买的记录向新的用户推荐产品。相较于这些使用单一类型的数据进行分析的行为,跨类型、跨领域的多数据集关联分析一直没有得到广泛的应用。一方面是由于跨领域的数据相对于单领域的数据更加难以获得,大部分的数据可能会因为涉及个人隐私或是商业机密而没有进行公开,而那些公开的少部分数据集也因为数据存储方式的问题而难以被数据分析过程直接使用;另一方面则是因为数据分析能力的限制,假如需要对数据集进行合并关联分析,那么究竟该选取什么样的数据集?使用什么样的数据集可以得到有意义的结论?这些都是跨领域数据分析中需要解决的问题。

大数据技术和思想的发展使得跨类型、跨领域的数据分析成为可能,随着政府、企业等社会组织对于数据分析的重视和对于数据共享意识的提升,越来越多的数据可以被公开获取,取得跨领域的数据集并用于数据分析变得比以前便利得多。大数据技术使得用户可以对海量的数据进行相关分析,而不用将自己的精力花在讨论因果关系上,这样使得用户可以输入品类繁杂的大量数据,并最终得到有趣的相关关系结论。

正是这样的变化使得数据分析的视野得到了空前的扩展,人们可以将任意类型的、来自不同领域的数据组合到一起,使用最先进的数据分析方法去探索那些原本在单一数据集里无法呈现的关联关系,并将这些关联应用到实际的生活中。因此,人们才能获取用户的社交网络数据去进行信用评级,使用朋友圈中的有效信息得到对于个人生活的更精准描述,从而减少个人贷款发放的风险;谷歌的工程师们才能够将种类繁多的输入词语和流感暴发的数据库进行合并分析,并最终发现两者之间的关联。

人们所生活的世界原本就是一个由紧密关联的众多要素所组成的复杂系统,在这个系统中,要素与要素之间的联动最终使得事物以人们所看到的模式而运行。传统的单一类型、单一领域的数据集的分析方式就像是盲人摸象,帮助人们在无法得到足够多的数据、无法进行大规模的分析时能够以管窥豹,对生活中的规律形成认识。然而,原本这些数据之下所蕴含的规律本来就不是相互割裂的方式而彼此独立存在的。大数据的出现使得人们可以更好地完成不同类型数据之间的联合分析,而这样的分析过程无疑也将更加完整准确地呈现出世界的本来面目。

3.3 大数据产业链与应用

对于过去的企业来说,日常数据可能只是存储在计算机数据库中的二进制字符,或是堆叠在文件仓库里泛黄的文件,这些在实际运营中所积累的资料是食之无味弃之可惜的鸡肋,既占据了存储空间,又暂时不知道该如何去使用。而在大数据时代,这些原本是鸡肋的数据将成为企业最重要的资产,在大数据思维催化下转化为企业最核心的竞争力。

3.3.1　大数据产业链

1. 以数据为核心竞争力的新时代

在互联网领域,谷歌、Facebook、亚马逊和苹果公司被称为大数据时代的新巨头,而它们的共同特点都是直接面对用户并掌控着海量数据。作为世界上最大的搜索引擎公司,谷歌公司拥有最大规模的网页数据库,并依托对关键词查询的记录和分析,建立了效率最高的商业广告投放系统并实现盈利。它所提供的免费邮箱、在线文件编辑、日历管理等服务都源源不断地产生数据,这些数据描绘着人们生活的方方面面,并在未来成为谷歌持续创造新价值的原材料。Facebook 则拥有最完整的社交网络,里面包括了海量的人际关系数据,以及不断更新的状态、日志、图片等信息,拥有了这些数据,就可以对每一个人的社交习惯和当前的各类热点话题趋势进行描绘。亚马逊公司则拥有世界上最大的商品电子目录,以及海量的购物行为信息,与 Kindle(电子书阅读器)所配套推出的图书购买服务更是成为亚马逊直接面向终端客户收集数据的利器。在过去,这些数据帮助亚马逊取得了惊人的销售成绩,而在未来,它们可能会发挥更加有价值的作用。苹果公司依靠以 iPhone、iPad 为代表的智能终端销售一度成为世界上最值钱的公司,它在通过售卖智能终端获取巨大收益的同时,经营着十分繁荣的生态系统,苹果在线商店已经涵盖了应用程序、图书、音乐、广播以及在线课程等领域,它们的购买数据与智能终端所采集到的用户数据一起构成了苹果公司的数据资产。

与其他的实物性资源不同,数据的价值不会随着它的使用而减少,而是像一座有待开采且储量不断丰富的金矿,只要能够找到合适的工具和矿脉的走向,就可以从里面挖掘出新的财富。数据的真实价值就像是漂浮在海洋中的冰山,第一眼只能看到冰山一角,而它的绝大部分都隐藏在表面之下。因此,这个新的时代,原本需要经年累月才能累积的生产工具和技术优势不再那么关键,具有能够获得数据并以敏锐的思维方式从数据中提取其潜在价值的公司将具有更大的发展可能,而这也是越来越多的创新型企业获得成功的原因。

在《大数据时代的历史机遇》一书中,赵国栋等提出了数据资产的评估模型,从规模、活性、多维度、关联性和颗粒度等 5 个维度来评价数据资产的质量。其中,规模是指数据的规模大小,可以用信息领域的存储单位比特来衡量;活性表示数据采集的时间间隔,采集频率越高的数据,其活性更高;多维度表示采集数据来源的丰富性,维度不同的数据可能会带来截然不同的分析结果;关联性指多维数据之间的内在联系;颗粒度则代表数据采集的精细程度。当然,在实际的使用中,数据采集的时效性也十分重要,在使用数据进行分析时,不同的时间断面所采集的数据对于当前状态的预测具有不同的意义,一般来说,距离现在越近的数据具有更重大的意义。

2. 数字化的世界

在 19 世纪,一名曾经的海军军官马修·方丹·莫里(Matthew Fontaine Maury)在担任图表仪器厂负责人期间发现了大量的航海日志,他从这些记录着当时日期、风向、海面情况的日志中提取出一幅完整的航海导航图,这些从日志中得到的数据帮助了千千万万的船员绕过难以对付的洋流和恶劣的天气,顺利地完成航行。当莫里从那些纷繁冗杂的日志中整理出每一个经纬度所对应的天气、日期、洋流信息时,他完成了航海信息的数据化过程。当他制作完成的航海图为海员们指引出一条新的安全航线时,数据的价值得到了体现。人类把观察到的现象和产生的信息进行记录,形成了数据,并对数据进行开发利用,这个过程在人类进入数字化社会之前就已经在不断进行了。

虽然莫里可以从海量的数据中发现重要的航线,但是这个过程耗费的人力物力都可能会让人望而却步。幸运的是,数字化的时代使得人们可以将那些原本需要人工阅读才能理解的数据经过整理交给计算机,借助科技的力量大大提升数据分析的效率。大数据时代的组织拥有更多的数据,这意味着,数据采集和整理成为他们扩张并利用数据资产的必然工作。为了以更高效率采集更多的数据,人们使用传感器代替了人工读取温度湿度等各种物理状态信息,现代的传感设备可以自动定期读取数据并直接存入数据库,传感器的部署和应用极大地提升了数据资产的增长速度。而如果希望从这些海量数据中发现有价值的蛛丝马迹,单凭借人的力量显然是难以完成的,因此,只有将传统的数据转化为电子化的、计算机可以理解的数字化数据,才能够使得更多的数据分析工具发挥作用。

在企业争相积累数据资产的今天,人们发现自己所生活的地球已经成为一个高度数字化的世界:人们的位置可以用 GPS 系统或汽车里的无线传感器准确定位;人们的人际关系可以使用 Facebook 等社交网站的人际图谱进行描绘;人们的睡眠质量可以通过智能手机中的 App 来检测;人们的运动时间和模式也被穿着的运动鞋所记录。数字化的进程还在不断继续,而这些进程所积累的数据将成为人类发现自身、改变世界的重要工具。

3. 大数据产业链的发展与更迭

当获取并利用数据成为企业的核心关注点时,原有的产业链和产业布局也在朝着以数据为中心的方向变化。在大数据产业链中,一共有 5 种类型的企业。

(1)掌握大数据资产并且有分析能力的企业。这部分企业通过自身的运营过程收集到海量数据,获得了大规模的数据资产。那些能够直接与用户接触,并采集用户数据的企业,都可以视作此类。例如,谷歌公司、苹果公司,或者是接受信用卡申请的金融机构等。这些企业自身建立了完整的数据分析模式,并且利用数据分析的结果指导和支持业务的运作。

(2)掌握大数据资产但是自己没有分析能力的企业。例如中国许多城市的小型连锁超市、物流公司。它们并没有意识到自己所拥有的巨大财富,也还没有主动去对这些数据资产进行挖掘和分析利用。

以上两类掌握大数据资产的企业可以通过直接出售或是出租数据进行营利,也可以在自身数据的基础上进行分析和挖掘,将数据转化为信息或服务的方式为自己企业服务或是进行出售。

(3)掌握数据分析技能的公司。这些公司自身并不一定拥有海量数据,但是它们具有数据分析的经验和专业的技能,可以站在旁观者的角度上对客户所提供的数据进行处理和分析,并帮助客户获得新的增长点。很多的咨询公司都属于此类,而更多的专门从事数据分析的公司也在不断涌现。

（4）拥有大数据思维的公司。它们自身可能并不具备大数据资产，但是它们具有与众不同的大数据思维，能够先人一步发现机遇，然后利用公开的数据集来实现它们的大数据设想，并创造新的价值。例如，航班准点率预测网站 FlightCaster.com 就是最先意识到可以利用美国运输统计局、联邦航空局和天气服务网站的统计数据来进行航班准点率预测的公司。

（5）专门从事大数据交易的公司。它们本身并不拥有数据，只是建立数据交易平台协助数据交易。在中国比较有名的是贵州大数据交易平台。

上述 5 类公司共同构成了以大数据为核心的产业链，也正是因为数据是产业链中最为关键的部分，拥有数据资产的第一类公司成为产业链中最具有话语权的角色，它们可能不一定是直接收集数据的企业，但是它们拥有数据资产，有权使用数据或是将数据进行处理和出售。如果企业能够将自己放在这条数据产业链的核心，就能够更轻松地挖掘数据的价值并扩大经营业务规模。因此，这也导致越来越多的企业开始扩张原有业务领域，以各式各样的方式来获取更多的数据，提升企业在大数据产业链中的核心地位。

对于企业来说，直接与用户接触并获取形式多样的用户数据是积累大数据资产的重要模式，因此越来越多的传统企业开始向用户端倾斜，而一些互联网企业也开始延伸业务触角，力求打造"平台＋终端＋应用"的一体化模式，从而全面掌握自己所在产业的每一环中的数据资产。例如，谷歌公司推出安卓操作系统和 Google Glass（谷歌眼镜），就是希望能够从传统的互联网平台逐渐触及最终用户，并能够直接从用户身上获得数据。

图 3-2 是 Big Data Group 所描绘的大数据云图（http://www.bigdatalandscape.com/），从中可以看出，围绕大数据已经逐渐演化发展出十分繁荣的生态系统，里面包含了提供硬件、操作系统软件、数据库软件、应用软件、云平台软件、数据分析、咨询服务等各

图 3-2　大数据云图

种类型业务的公司。这些公司在大数据基础设施层和应用层分别提供不同类型的服务，同类型的服务之间相互竞争，不同类型的服务之间相互协作，共同形成一个以大数据为核心的服务协同生态系统。

3.3.2 大数据应用

1. 大数据在医疗行业的应用

人体是十分复杂的系统，传统的医学尤其是西医，注重了解人体的内部构成，研究疾病成因并施以治疗。而在海量数据的帮助下，人体与疾病相关关系的挖掘变得更加简单、快捷、准确，在采集海量数据的情形下，医生甚至可以直接依据相关关系进行疾病的预判和诊疗。

在 IBM、安大略理工大学和一些医院的合作项目中，心率、呼吸、体温、血压和血氧含量等 16 组数据被用于检测早产儿的身体状况，这些数据的采集频度达到了每秒 1260 次之多。在这个系统的帮助下，医生可以根据早产儿的身体细微变化预判他们可能出现的感染症状，将诊疗预防提前 24 小时。

而与此同时，IBM 也和其他机构就大数据应用开展了多项合作。IBM 的科学家在与美国加州大学洛杉矶分校里根医学中心的医生们就创伤性脑损伤治疗的合作中，通过分析从患者身上获得的巨大数据流来预测可能导致认知能力损害甚至死亡的脑肿胀病情的发生可能性。通过跟踪实时采集到的患者呼吸率数据和心率模式，医生可以利用 IBM 开发的大数据软件识别并预测患者未来数小时的各种生理迹象，如图 3-3 所示。

图 3-3　里根医学中心的医生正在使用大数据平台进行诊断

IBM 大数据项目的负责人 Nagui Halim 说："我们可以将治疗脑损伤的大数据技术与一本书的写作做一个生动的比较。计算机科学家通常会在数据被编译后才对其进行分析——就像扫描已完成的一本或者一百本书的关键字一样。有了目前的技术，我们可以一边打字，一边分析。"Halim 还说，未来科学家可以通过研究病人的病历，将病人的健康形态拼在一起来预测病人未来的状况——就像可以通过了解一个笔者如何在其以往著作中塑造人物和故事情节，从而在其未成书时预测书的内容。得克萨斯州的脑损伤专家 Brent Masel 医生表示："这并不能彻底治愈脑损伤，但是它在脑损伤恢复上却起到了非常了不起的作用。这使我们的治疗更为精确、意义非凡。"

哈佛医学院布赖海姆女子医院的医学研究人员也在使用大数据技术来研究开给

1000 万患者的处方药的效果。研究人员正在创建全新的研究方式来分析海量数据,用以辨别数以百万计的患者的用药风险。

对数据分析能力的增强也使得更精细的诊断分析成为可能,在苹果公司前总裁史蒂夫·乔布斯(Steve Jobs)的癌症治疗过程中,他支付几十万美元的费用完成了自身所有 DNA 序列和肿瘤序列的排序,以便于医生们能够基于他个人的基因组成给出用药建议。

在公共卫生和传染病预防领域,基于社交网络和搜索词条的检测系统(如谷歌流感趋势分析系统)也发挥着重要的作用。美国堪萨斯州路易斯维尔市政府针对当地的哮喘病高发状况推出了"路易斯维尔哮喘数据创新计划",该计划由当地政府部门、IBM 公司和 Asthmapolis 公司(Asthmapolish 公司现在已经更名为 Propell Hearth 公司,http://propellerhealth.com/)联合发起,一共选择了 500 名患者,在他们的呼吸器中装入传感器,可以实时记录他们使用呼吸器的情况,这样可以直接得到比患者自行记录更加准确的数据,随后传感器可以将数据传至患者的智能手机上,并由手机传送给负责的医生。一方面,患者可以通过手机上的 Asthmapolis 应用获取已发送数据的反馈和指导,从而更好地控制哮喘病的发作。而另一方面,"路易斯维尔哮喘数据创新计划"中采集的数据可以与其他渠道采集的数据进行联合分析,通过结合手机 GPS 所采集的地理位置信息、空气质量数据、交通数据等数据,在进行数据分析之后,医生可以对该地区哮喘病发生的原因形成更加清晰的认识,不仅可以在患者前来就医时给予针对性的诊治,还可以对疾病的暴发时间及地区进行预警。

2. 媒体与广告行业应用

互联网全面深入到人们的生活中是大数据广泛应用的重要背景,今天人们可以随时随地通过智能手机进行报纸、杂志和图书的在线阅读,这对传统媒体行业带来了巨大的冲击。互联网企业正通过在线广告获取大量的利润,企业广告营销投入从传统纸媒转到互联网媒体平台无疑是导致传统媒体业绩下滑的重要原因。数据分析的引入使得在线广告相对于传统广告而言具有更加精细的投放渠道:用户通过淘宝网站浏览货品的历史会被记录下来,一旦用户使用相同的浏览器登录新浪微博,那么新浪微博的淘宝专用广告栏中就会出现与用户浏览过货品相类似的商品(图 3-4)。淘宝网站浏览货品的历史记录和新浪微博数据的贯通和整合无疑将给淘宝商家带来更多的收入。

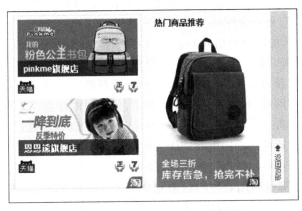

图 3-4　新浪微博上出现的个性化商品广告

New Relic 公司是一家提供应用或是网站性能监测服务的网站,通过整理汇总本公司来自 Salesforce.com、需求生成系统 Marketo 和 Twitter 上营销活动的数据,在对这些数据进行集中处理和分析的基础上,他们可以评估各种因素对最终营销收益的影响,包括顾客的地理位置、顾客浏览推文、顾客和销售代表的联系次数等,从而对本公司过往的营销活动进行更加全面的总结,并指导接下来的营销活动开展。

作为大数据的应用先驱,亚马逊公司也通过基于大数据技术的广告传播为自己带来了传统零售业务之外新的收入增长渠道。2008 年,亚马逊开始通过官方网站以及附属网站售卖广告,主要是来自品牌厂商和卖家的促销广告或品牌广告。2012 年 10 月,亚马逊发布了全新的广告形式 Amazon Media Group,这是亚马逊广告发展史上的一件大事,标志着亚马逊真正地开始考虑拓展广告业务。

基于多年的数据积累和技术的不断优化,亚马逊的个性化推荐技术闻名业界。亚马逊将这些数据和技术的积累应用到广告领域,希望凭借对消费者的理解和先进的技术实力进行精准的广告投放,提升消费者购物的效率和体验。Amazon.com 是亚马逊公司的官方网站,目前拥有超过 2 亿的活跃用户和每个月 1.5 亿的独立访客。广告主可以在搜索页面、顾客评论页面、购物车页面等位置展示广告,也可以通过优惠券推送或者嵌入视频的方式投放广告。同时,亚马逊个性化推荐的技术应用到旗下的 Quidsi、IMDB、DPReview 等公司网站,开始进入电影娱乐、数码产品分享社区。2012 年底,亚马逊建立了一个移动广告联盟网络,目前该网络的广告已经可以在 Kindle Fire、Android 以及 iOS (iPhone、iPad)上的应用中显示。亚马逊的移动广告联盟网络同样利用了亚马逊积累的海量用户数据和精准化的顾客定位技术,以实现广告投放效率的最大化。在过去 20 年间,亚马逊公司追踪了海量用户在亚马逊网站上的浏览、搜索、点击和购买等记录,这些海量数据资源和在这些资源基础上所开发出来的推荐算法都成为大数据时代亚马逊公司征战广告领域的利剑,帮助亚马逊打造基于海量用户购物数据的强大实时广告竞价产品,帮助企业将其广告在合适的网站、合适的时间展现给合适的消费者。

3. 教育和科研领域应用

在线教育的发展使得足不出户享受优质的教育资源成为可能,国外的 Coursera、edX、Udacity 以及国内的网易公开课、新浪公开课、优米网等都是在线教育的典型代表。通过在线课程平台,用户在学习的同时,还可以通过在线答题、反馈等方式与授课人员进行互动。如今 Coursera 上面拥有来自全球的 609 门在线课程,吸引了全球超过 400 万学生的参加,图 3-5 是 Coursera 网站的联合创始人 Daphne Koller 和 Andrew Ng(吴恩达)。在线平台的开放带来了海量学习者,同时,这些学习者的课程反馈也可以用于进一步研究各国、各地区学习者的学习模式,以获得对于开发新的课程和发展新的教学领域等有指导价值的研究成果,还可以发现什么样的时间、什么样的授课方式、什么样的作业内容可以取得最好的授课效果,从而针对性地改善在线教育模式,或是指导现实中的课程面授过程。除了研究意义之外,在线教育课程平台通过激励措施鼓励优秀的教育者们将他们的视频资料上传到网络平台,而这些资料将作为重要的数据资料留存,以期在未来的研究中发挥更加重要的作用。

自然科学研究中海量观测数据的积累和分析为自然科学的研究也带来的新的发展可能。1998 年启动的"全球海洋监测网"(Array for Real-time Geostrophic Oceanography,

图 3-5　Coursera 网站的联合创始人 Daphne Koller(右)和 Andrew Ng(吴恩达)

ARGO，http://www.argo.ucsd.edu/)计划借助巨大的观测网，快速、准确地收集全球海洋上层海水的温度、盐度等数据，从而提升气候预报的准确性，更好地完成灾害预警工作。该计划从 2000 年开始，在大洋中每隔 300 千米布置一个卫星跟踪的浮标，投放超过 3000个浮标，这些浮标共同组成全球海洋观测网。

　　在 4～5 年的使用期限内，这些浮标将每隔 10～14 天自动发送一组实时观测数据到数据中心。中国于 2001 年也加入了该项计划，截至 2022 年 7 月，中国共投放 ARGO 浮标 64 个，采集到超过 100 万组观测数据。"全球海洋监测网"计划被誉为"海洋观测手段的一场革命"，因为它不仅能够实现长期、自动、实时、连续地获取大范围海洋资料，同时还将所有采集数据以开放的方式公布给公众，所有的研究人员都可以从 ARGO 计划网站上下载所有的观测数据，利用这些观测数据开展研究。

　　截至 2022 年 5 月，基于 ARGO 计划采集到的数据发表的研究论文已经达到了近5400 篇，图 3-6 给出了基于 ARGO 数据发表的年度论文数量(http://www-argo.ucsd.edu/Bibliography.html)。ARGO 计划不仅促进了气象学领域的研究进展，更关键的是它所开创的全球多国协作获取自然界大数据的模式为科学研究开展提供了新的思路。

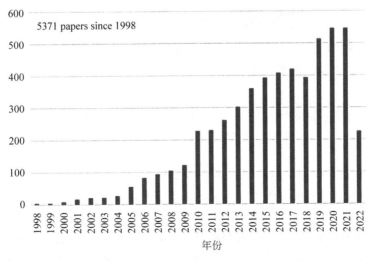

图 3-6　基于 ARGO 数据发表的年度论文数量

(共计 5371 篇论文)

4. 制造与设计领域应用

在产品设计及制造过程中采集的数据有助于帮助设计人员更好地得到反馈信息从而进行产品改进。在 Facebook 网站设计中,数据被用来作为驱动决策和修改网站设计的重要标准。为了方便用户进行照片上传,Facebook 推出了图片上传控件,这个控件在安装时,浏览器会跳出一条警告或是通知信息。在对下载数据进行研究后,Facebook 团队发现在 120 万名收到软件安装请求的用户中,只有 37% 的用户选择了安装。因此,他们重新整合上传方式,现在采用的方式不需要用户安装插件,直接在网页上就可以上传了,同时加入了人脸识别之类的技术来帮助用户实现"圈人"功能,并且更新了多设备支持和更快速的上传图片方式,可以让用户有更好的传图体验。

福特公司内部每一个职能部门都会配备专门的数据分析小组,同时还在硅谷设立了一个专门依据数据进行科技创新的实验室。这个实验室收集着大约 400 万辆装有车载传感设备的汽车的数据,通过对数据进行分析,工程师可以了解司机在驾驶汽车时的感受、外部的环境变化以及汽车的环境相应表现,从而改善车辆的操作性、能源的利用率和车辆的排气质量,同时,还针对车内噪声的问题改变了扬声器的位置,从而最大限度地减少了车内噪声。在 2014 年举行的北美国际车展中,福特重新设计了 F-150 皮卡车,使用轻量铝代替了原来的钢材,有效减少了燃料消耗。负责 F-150 皮卡车设计的数据分析师 Michael Cavaretta 说,在减少燃料消耗的过程中,技术团队选择了多项备选方案,并在估算了这些技术的成本和利润,以及实现技术需要消耗的时间的基础上进行了优化分析和抉择,而轻量铝就是团队进行数据分析和综合评估之后的选择。图 3-7 是使用轻量铝的福特新型 F-150 皮卡。

图 3-7 使用轻量铝的福特新型 F-150 皮卡

福特研究和创新中心一直希望能够通过使用先进的数学模型帮助福特汽车降低对环境的影响,从而提高公司的影响力。针对燃油经济性问题,由科学家、数学家和建模专家所组成的研究团队开发出了基于统计数据的研发模型,对未来 50 年内全球汽车所产生的二氧化碳排放量进行预测,进而帮助福特制定较高的燃油经济性目标并提醒公司高层保持对环境的重视。针对汽车能源动力选择问题,福特数据团队利用数学建模方法,证明某一种替代能源动力要取代其他所有动力的可能性很小,由此帮助福特开发出包括

EcoBoost 发动机、混合动力、插电式混合动力、灵活燃料、纯电动、生物燃油、天然气和液化天然气在内的一系列动力技术。同时,福特团队还开发了具有特殊功用的分析工具,如福特车辆采购计划工具,该分析系统能根据大宗客户的需求帮助他们进行采购分析,同时也帮助他们降低成本,保护环境。福特认为分析模型与大数据将是增强自身创新能力、竞争能力和工作效率的下一个突破点,在越来越多新的技术方法不断涌现的今天,分析模型与大数据将为消费者和企业自身创造更多的价值。

劳斯莱斯公司在飞机发动机中配备了大量的传感器,用来采集发动机的各个部件、系统以及子系统的数据。任何微小的细节,如振动、压力、温度、速度等,都会通过卫星传送到进行数据分析的计算机中。所有飞机发动机传感数据由一个总共 200 人左右的工程师团队,按照每 25～30 人一组轮班地进行不间断的分析。这项工作不仅可以帮助劳斯莱斯公司提前发现飞机发动机故障,还可以帮助客户更及时有效地安排引擎检测和维修。

风力发电机大多位于偏远山区或是海上,运维资源的调度困难、费用高,运维成本占总成本 20%～30%。事前维护与事后维修费用差别巨大,更换一个齿轮箱的费用 50 万～60 万元,维护仅数千元。风机一旦故障停机,每日由于少发电所造成的损失达 1.5 万元(2MW 风机)。风机一旦发生倒塌事故,仅倒塌本身损失约 1000 万元,更换一个叶片 200 万元。金风科技和华为公司开展团队合作,通过增加传感器和监测点,将单个设备监测点从 40～50 个增至 1000 个。利用采集到的大量运行数据进行故障预测并安排设备提前维护,避免严重事故发生,取得了巨大收益。过去 10 多年设备可利用率在 80% 左右,经常可以看到设备停机故障的情况。现在某 2MW 机型机组的可利用率已经达到 99.7%,值班人员从 150 人降到 50 人,运行维护人员减少 66%,运维成本下降 30%～40%。

5. 金融行业应用

数据分析在金融业中最直接的应用是个人信用等级的评估,美国个人消费信用评估公司 FICO 在 20 世纪 50 年代发明了信用分概念和评价方法,根据支付历史、欠款金额和使用信用卡时间长度等信用报告指标进行信用评分,并用于个人信贷等领域。进入大数据时代后,越来越多新指标被纳入评估体系,包括在过去常常被认为是不可能获取的社交网络数据。Lenddo 公司(https://www.lenddo.com/)是一家创立于 2011 年的个人贷款在线社区,目前该社区已经在全球范围内拥有超过 25 万会员,其会员数量以每 60～90 天翻番的速度在增长。Lenddo 公司最初聚焦于向用户提供用于教育、医疗等领域的小额贷款,与时下热门的 P2P(peer-to-peer)贷款模式不同,Lenddo 并不提供平台用户之间的借贷服务,它们放贷的资金源于公司的自有资金以及投资者和合作伙伴的资金。Lenddo 进行放贷时会将用户的社交网络资料纳入考虑范畴,例如,他们的教育信息、职业信息、好友信息、关注者数量,同时,他们在用户欠款时还会通过用户的好友网络对用户进行施压,以催促用户还款,如果用户逾期不还,则他的好友在 Lenddo 系统中的评分也会降低。

在 Lenddo 上申请贷款只需 5 个简单的步骤:①在线报名;②上传一张照片;③连接你的社会化网络媒体;④邀请 3 位朋友在 Lenddo 上创建你的"可信社区";⑤网上申请贷款。在 Lenddo 的商业模式里,人的信誉成为一种财富,那些做得好而且对别人有益的人,将是最富有的人。在这样的逻辑里,人的社交网络将成为衡量人们"做得好"的重要指标。基于这样的理念,在 Lenddo 平台上设置有 LenddoScore(Lenddo 得分),这是用户的声望信誉在网上的评价指标,它与用户的性格以及社交网络有关,Lenddo 以用户在线上社区的社交数据和信息为基础,来给出相应的 LenddoScore。

提高个人 LenddoScore 的途径有 3 种:关联真实且活跃的社会化网络账户;在 Lenddo 上关联最亲密的朋友和家人,他们的 LenddoScore 可以帮助你提高积分;你有及时还贷的历史数据,或者是在 Lenddo 上你有信任的朋友,并且他们愿意为你的声誉、品质做担保。换个角度来看,用户在提高自己 LenddoScore 的同时,也使得 Lenddo 社区更加活跃,这也能从侧面解释为何 Lenddo 的会员数量增长如此之快。

目前,Lenddo 将业务发展的重心放在传统金融服务比较薄弱的国家和地区。Naveen Agnihotri 博士、Lenddo 首席科学家、Lenddo 专有算法开发团队的负责人介绍,"通过 LenddoScore(将社区和声誉与信誉相连接),Lenddo 能够将之前依赖直觉的风险评估交由科学的算法来处理"。

Lenddo 于 2011 年开始在菲律宾开展业务,2012 年扩大到哥伦比亚,随后拓展到墨西哥,目前在纽约也设立了自己的办公室。而 Lenddo 会员则来自超过 35 个不同的国家,并且还在不断增长。

正是因为数据的广泛使用为信用评估带来的便利,越来越多的传统互联网企业开始进入个人金融领域,例如,阿里巴巴就基于旗下的支付宝、淘宝及 B2B 网站数据,面向中小企业放开了小额贷款业务,这些子网站上所积累的用户身份、交易数据、资金流动信息都是进行信用评估的利器。为了应对互联网企业的挑战,传统的银行业、保险业等企业也将进一步加快信息技术的利用,以数字化的方式收集、管理用户数据。

6. 零售行业应用

在零售业,沃尔玛公司是积累数据和分析数据的先锋,今天,数据分析逐渐成为每一家大型零售企业了解用户和控制库存的重要手段。美国折扣零售商塔吉特(Target,美国仅次于沃尔玛的第二大零售百货集团)一直在使用相关关系分析用户需求,他们成功通过婴儿礼物登记簿、无香乳液等 20 种关联物预测出怀孕女性的故事在零售业界广为流传。而之所以能够完成这样准确的预测,与他们一直以来对用户信息收集的重视密不可分。在塔吉特的数据库中,每一个用户都有唯一的 ID 号码,用户与商店发生的每一个交互行为都通过 ID 号进行了详细的记录。

在海量数据处理变得越来越便利的现在,零售企业将能够收集更多的数据资产,并使用它们完成更多的分析。目前已经有许多的零售企业在专业机构的帮助下开始进行营业时间内客流量的实时统计,用户路径监测等工作。同时,现有的 POS 机数据、门禁数据、商品数据和客户关系数据都可以成为进行综合分析的重要资料。借助这些新的数据资料和数据分析手段,零售企业可以分析客流高峰、顾客偏好的购物通道、容易发生协同购买行为的商品组合等,并依据这些发现来改进现有的销售模式。

成立于 1962 年的耐克公司是全球知名的零售企业,当许多服装企业还在被库存和渠道清理搞得焦头烂额时,耐克公司却依然腾出手来推进其互联网、数字化战略平台 Nike+,为企业在大数据时代的持续发展积蓄能量。图 3-8 给出了 Nike+ 生态系统发展历程。2004 年,耐克总部的工程师发现俄勒冈大学校园内几乎人人都在使用 iPod,从而找到了开发的灵感。经过 18 个月的合作开发,2006 年 5 月,耐克公司与苹果公司共同推出了 Nike＋iPod 产品。随后,以 Nike＋运动数据分享和社交平台为中心的业务品类不断发展。

图 3-8　Nike＋生态系统发展历程

2008 年 3 月,耐克公司发布传感器和 Sportband 跑步腕带套件,使用 Sportband 作为 iPod 的替代品,完成自身运动数据采集和接收上传的闭环;2008 年 8 月,iPod 健体发布,从跑步数据采集扩展到健身数据的采集;2008 年 9 月,Nike＋功能被集成到新的 iTouch 中,可以支持数据采集后的直接上传;2009 年起,耐克公司与 iOS 平台合作,推出了 Nike＋Running,Nike＋Training,Nike＋Basketball 等多种应用,在收集数据的同时,为用户提供健康服务和运动指导;2012 年 12 月,推出 Nike＋Fuelband 智能腕带,随时记录用户日常运动数据;2012 年冬季推出 Nike＋SportWatch 运动腕表,在传统手表中加入了心率监测等功能;2013 年 10 月推出 Nike＋Fuelband SE,加入了睡眠监测等更多日常行为采集功能,提供全面健康监测。同时,发布了 Nike＋FuelLab 计划,允许开发者使用 Nike＋的开放接口开发 Nike＋应用,促进平台走向开放。2013 年 11 月 11 日,成立微信公众账号 Nike＋ Run Club,作为对 Nike＋网站的补充,进一步推进其通过运动群体进行推广的策略。

根据耐克公司的数据显示,截止到 2019 年,Nike＋全球用户量已经突破 1.7 亿,这些 Nike＋平台(https://nikeplus.nike.com)用户可以通过 Nike 旗下的硬件产品 FuelBand 手环或者 SportWatch,以及耐克公司在智能手机上推出的一系列用于健身的应用登陆该平台,平台提供了丰富多彩的社交功能和运动激励机制(图 3-9)。

从 2006 年至今,耐克公司一直在着力营造属于自己的运动者社群。从第一代的 Nike＋iPod 到 Nike＋Running、可穿戴设备,再到刚刚推出的 Nike＋Run Club,耐克通过在互联网产品上持续发力,积累了越来越多的用户,同时也不断接近用户的核心需求。

虽然目前 Nike＋的战略布局还没有直接与数据发生关联,但是在数据成为企业核心竞争力的时代,耐克在 Nike＋生态系统中所积累的海量数据资源将成为耐克公司下一步

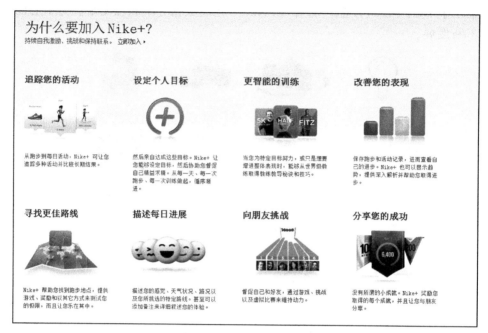

图 3-9　Nike＋社区提供了丰富多彩的运动激励机制

发展的重要财富。

（1）利用用户不断上传到 Nike＋网站上的运动数据，耐克公司可以完成许多其他运动用品制造商所梦寐以求的事情；

（2）了解运动爱好者集中的区域，实现更加精准的广告投放和促销活动选址；

（3）将运动爱好者的位置信息开放给代理商，为代理商的实体店选址提供支持；

（4）通过收集不同年龄段用户的运动数据，可以帮助设计师设计出更加贴合用户需求的产品；

（5）由于用户在注册 Nike＋时可以填写自己的身高、体重、年龄等信息，在了解到用户所在地区后，可以在不同的地区重点推广不同的产品，并在库存方面提前做好准备；

（6）通过海量的用户运动数据，还可以判断当前用户运动习惯的变化，从而预测整个运动市场的走向，提前制定针对性的策略。

在大数据成为企业新的营收增长点的时代，Nike＋正在帮助耐克实现从传统的运动产品制造商向更具有创新特质的类互联网企业的转变。

3.4　大数据下企业管理的新方法

大数据所带来的并非是从无到有的创新，而是基于传统的数据挖掘领域，在海量数据的背景下，对人们观念进行的重塑和更新。企业管理服务于企业的经营过程，在大数据出现以前，企业的管理中存在以下问题。

（1）以用户为中心的经营战略难以落地。自进入 20 世纪 90 年代以来，世界范围内经营环境的变化使得企业相对稳定的经营环境变得更加复杂多变。为了应对企业生产与用户需求脱节而导致用户满意度不高的情况，以用户为中心的经营策略逐渐受到重视，以敏捷制造为代表的经营框架为企业根据用户需求紧随市场变化提供了指导。然而，以用户为中心战略的前提是充分了解用户，即便企业领导层充分重视了用户，但是对用户需求进行实时跟踪、细分化了解依然因为工作量过大、分析技术难以选择而存在较大的问题。因为没有了对用户的精准了解，以用户为中心的经营战略也就难以落地了。

（2）企业的商业智能化程度不够高。1996 年，Gartner Group 给出商业智能的定义是"商业智能描述了一系列的概念和方法，通过应用基于事实的支持系统来辅助商业决策的制定"。商业智能技术提供企业迅速分析数据的技术和方法，包括收集、管理和分析数据，将这些数据转化为有用的信息，然后分发到企业各处。商业智能的理想状态是企业内部的决策能够得到数据、事实的完美支持，从而极大地简化决策的过程，减少决策过程中的不确定性，提高决策过程的可信程度。然而，在企业实际运营过程中，大部分的企业都没有意识到商业智能的重要性，"拍脑袋"式决策依然是企业，尤其是我国中小型企业中最为常见的决策方式。有些企业即便坐拥大量的用户数据、生产数据和服务数据，却依然没有意识到这些数据中所蕴含的巨大价值，或是没有找到合适的方法将数据"变废为宝"，实现从数据资源到商业智能的转化。

（3）企业经营者对于决策主体认识的局限。传统的商业环境下，企业经营过程的话语权属于掌握更多内部数据的商业精英团体，这些商业精英团体以企业高管、咨询公司为代表，他们基于自身经验和内部数据完成决策过程。然而，随着大数据的发展，数据公开成为必然的趋势，通过将不同的数据资源整合，结合适当的数据分析手段，普通的社会公众也可以获得有关企业经营过程的数据分析结果，并借此参与企业决策过程。因此，企业经营者也应该逐渐实现决策过程的进一步转变，更多地将社会公众的建议纳入决策过程，借此获得更充分完整的信息支持。

大数据的引入对于企业来说，一方面提升了整个企业内部对于数据资源的重视程度，另一方面大数据技术所提供的数据分析方法也为企业更好地利用数据奠定了基础。在海量数据应用策略的影响下，企业的管理模式乃至价值链都将发生以用户为中心的转变，企业内部的决策商业智能化进一步增强、管理结构更加扁平、内部沟通更加透明化，企业与企业之间的数据交流将更加频繁密切，建立在数据合作基础上的企业协同将成为商业环境中的常态。以下给出大数据策略下企业经营管理中的一些新理念和新方法。

3.4.1　新的价值创造过程

基于大数据进行更加精准的用户分析，建立真正以用户为中心的价值创造过程是提升现代企业经营绩效的一个有效方法。在产品供给短缺的时代，企业价值链以企业的生产资料为核心，通过投入人、财、物，生产产品并提供给用户。由于供给有限，企业的产品处于供不应求的状态，用户的需求并没有得到充分的重视。然而，随着经济的发展和市场产品从供不应求转为供过于求，企业之间的竞争进一步加剧，用户具有了挑选产品的发言权，关注用户需求，并跟随用户需求改进产品设计、组织产品生产已经成为企业在市场中占领竞争先机、获得利润的必要手段。传统的以企业生产资料为核心的价值链也逐渐发生转变,在现代的企业价值链中,顾客成为企业价值创造的核心驱动,图 3-10 给出了以顾客为中心的企业价值链图。

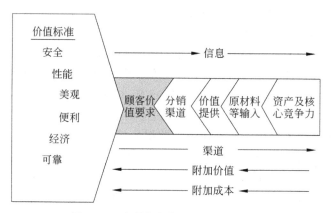

图 3-10　以顾客为中心的企业价值链

　　虽然以顾客为中心的现代价值链经过数十年的广泛普及,已经成为商业界的基本常识,然而识别用户需求仍然在执行层面上存在一定的困难。由于用户数据采集和分析的成本较高,对用户需求的分析要么难以执行,要么则主要针对用户的整体层面的概要用户需求,无法针对用户的细分需求进行有效即时的收集和整理。对于传统企业来说,如果希望能够了解用户信息和需求,一般是通过问卷访问、小组访谈等传统的市场调研技术来进行,限于企业所能够投入的人力、时间、成本等因素,这样的调研一般仅限于对有限客户进行群体性的研究,通过对用户的群体行为和需求的大致划分和刻画,针对不同的用户群体开展企业产品的推荐、销售、售后等服务。由于传统的市场调研技术从问卷设计、调研群体选择、问卷发放、问卷回收、数据录入到数据分析的整个流程周期较长,当对客户需求的收集过程完成后,得到的数据往往存在较大的滞后性,而这些滞后性容易导致企业无法及时把握最准确的客户需求进而影响企业的客户分析效果。

　　在大数据环境下,得益于各类互联网技术的发展,用户的信息采集变得前所未有的简单便捷,企业可以轻而易举地记录每一个用户在交互过程中所发生的每一次行为,而存储技术的发展也为这些用户信息的记录提供了快速、准确、稳定的存储支持。因此,大数据支持下的用户形象从过去脸谱式的群体成为一些具有个人特征的鲜活个体。除了研究用户针对产品所发生的交互之外,通过分析用户在社交网络、朋友圈等平台上的行为,还可以获得更加丰满完整的用户形象,这也使得企业对用户的了解更加全面丰富,针对用户需求而开展的设计、生产和销售活动可以具有极强的针对性和准确性。

　　与此同时,得益于海量数据获取和处理速度的进一步提升,现在的企业可以准确地把握用户的即时需求信息并进行针对性的销售与服务。互联网销售企业对用户的点击行为进行实时分析,并迅速改变产品推荐策略,以取得用户购买率的最大限度提升。在线音乐网站基于用户对当前音乐的判断可以改变后续音乐的推荐策略,并根据用户当前的音乐喜好判断分析用户所处的环境与音乐需求,从而更具有针对性地推荐音乐。基于位置的服务获得了越来越广泛的应用,通过用户随身携带的智能移动设备所发送的位置信息,商家可以为附近的用户提供优惠券,而包括大众点评在内的信息服务平台则推出了根据用户当前位置和用户历史偏好而进行极具个性化的信息服务。

大数据的影响下,企业可以准确、快速识别用户的个性化需求,这些需求的识别将进一步驱动企业的整个价值创造过程。因为充分掌握了用户需求,企业的生产过程将更加准确地契合用户的需求,也将进一步向着个性化、多品种、定制化的方向发展。生产过程的柔性化进一步增强,基于数据支持的企业生产过程也将具有更高的效率,利于企业柔性化生产水平的提升。企业销售过程实现多元化、个性化,对于用户信息的管理更加科学,以针对性的营销方式提升企业产品宣传推广的效率。通过个性化的用户档案,以及产品使用过程的数据分析记录,企业可以实现更具备主动性的售后服务,进一步提升用户满意度。

3.4.2　以数据中心为基础的知识管理与决策支持

在传统的企业信息系统架构中,由于孤立信息系统造成的"信息孤岛"严重影响着企业内部的协同和企业的整体化运营,对企业的运营效率造成了严重的影响。对企业信息系统进行集成,打破各信息系统之间的信息孤岛,成为企业 IT 运营部门的重要工作。随着大数据时代的到来,单纯打通各企业之间的信息流转途径已经不能满足新的时代要求,挖掘大数据的价值要求企业能够统一整合来自不同部门、不同系统的多结构数据,通过建立企业公共的数据中心或是数据仓库,实现数据的汇总,并在数据中心的基础上完善企业的知识挖掘和知识管理过程,实现从数据到知识到决策并最终转化为新的价值的过程。

企业数据中心是企业的业务系统和数据资源进行汇总、整合、共享、分析和使用的平台,建立统一的企业数据中心应用系统平台,能够有效地简化数据使用的过程,提升数据利用率。新一代数据中心所提供的综合分析功能,能够有效支持大数据环境下数据资产的管理和应用。新一代数据中心是一个集成的、标准化的、自动化的适应性基础设施和高性能计算环境,为整个企业建立了一个数据环境,采用统一的规范和管理手段以保证数据定义的准确性和一致性,为各种应用系统提供数据服务,并实现各个系统之间的数据共享。企业数据中心依托流程管理系统、商业智能系统、制造执行系统、财务系统、OA 系统、客户关系管理系统、企业资源计划系统等业务系统软件,为它们搭建数据环境,其数据来源为以上业务系统软件和外部用户提交的数据,图 3-11 是企业数据中心架构图。

在企业数据中心架构中,前端数据及指令输入输出接口为各业务系统向数据输入整理转化软件及数据查询、轮询中间层各业务系统输出查询命令提供合适的接口。数据查询、轮询中间层在收到检索及订阅请求后先对指令进行处理,将其转化为单一的查询命令,最后通过前端数据及指令输入输出接口向业务系统进行数据查询。数据输入整理转化软件将业务系统输入的业务系统数据整理转化,处理成为在数据中心内可以通用的标准数据,并将此标准数据提供给数据传输处理模块。

检索及订阅命令处理模块接收数据检索及发布订阅中间层发来的检索及订阅指令,在存储系统索引、外部数据索引中查找请求数据的位置,并将检索规则记录在数据访问及发送规则库中。数据输出整理转化软件将数据传输处理模块提供的标准数据进行整理转化,将标准数据处理成业务系统便于利用的数据,并将各业务系统需要的数据通过后端数

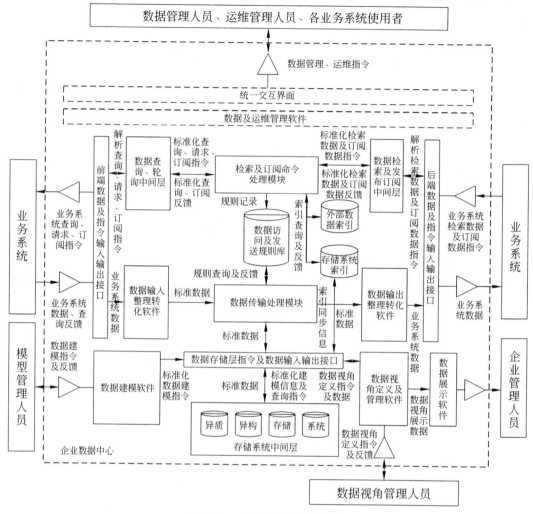

图 3-11　企业数据中心架构图

据及指令输入输出接口输出给业务系统。后端数据及指令输入输出接口为数据中心向各
个业务系统提供数据,业务系统为数据中心请求查询数据或订阅数据提供合适的接口。

数据建模软件提供图形化的界面,支持模型管理人员对企业的数据进行分层建模。
根据所建模型自动生成建模命令,并支持对数据模型的修改。数据视角定义及管理软件
提供图形化、命令行等界面,支持数据视角管理人员进行数据视角定义,并通过数据存储
层指令及数据输入输出接口获得数据视角展示数据,将其传递到数据展示软件进行展示,
供企业管理人员参考。数据展示软件接收数据视角定义及管理软件提供的数据视角展示
数据,并通过图、表等多种直观形式进行展示。外部数据索引记录各个业务系统共享数据
的位置,供检索及订阅命令处理模块查询。存储系统索引记录存储系统中的数据的位置,
供检索及订阅命令处理模块查询。

数据及运维管理软件接收数据管理人员、运维管理人员的管理指令,带有用户接口,

向企业数据中心的其他软件发布各类管理指令。统一交互界面提供整个数据中心除数据建模、数据视角建模和展示之外的所有信息、功能。

从数据中提取知识之后,企业还需要重视知识积累和知识提炼,只有建立完整的知识管理流程,才能够实现对大数据的充分利用。知识管理是网络新经济时代的新兴管理思潮与方法,管理学者彼得·德鲁克早在 1965 年即预言:"知识将取代土地、劳动、资本与机器设备,成为最重要的生产因素。"

知识管理系统,即根据知识管理理论、客户实际状况,完成对组织中大量的有价值的方案、策划、成果、经验等知识的分类存储和管理,积累知识资产,避免知识资产流失,促进知识的学习、共享、培训、再利用和创新,有效降低组织运营成本,强化其核心竞争力的软件系统。知识管理系统作为知识管理过程中最主要的生产、应用、分析系统,从工具性的角度,它提供了知识的创造、审核、发布、使用、交互、共享、推送、评价、考核、分析、分拣等具体的功能。

大数据改变了企业数据利用和知识管理的现状,并进一步改变了传统企业主要依靠经验的企业决策方式,使得企业经营者可以借助海量数据和先进的数据分析手段,得到更加有据可依的经营建议,而这也将对企业的决策模式带来影响。

对于企业高层管理者来说,以往的决策过程主要依赖个人经验和简单的数据分析,而立足于充分数据分析的决策模式将帮助企业管理者以更加科学的方式完成决策过程,提高决策的准确度。在以往的决策过程中,企业的一般员工因为对企业全貌缺乏把握,难以提出对企业决策的全局性建议,也就无法参与企业的核心决策过程。但是在大数据时代,企业数据中心的建立和企业知识管理流程的科学化、规范化和公开化使得普通员工也能够获得充足的企业决策信息,使得更多的普通员工能够了解企业的整体动向并提出有意义的决策建议。而这样的变化无疑也将改变原有的企业运营模式,使得企业的组织架构、决策模式进一步向扁平化发展,企业管理者将和普通员工一起完成决策过程。大数据影响下的决策环境更加复杂,决策时效性更高,因此传统的集中式决策方式将向着分散式的决策方式转变,这也要求企业的领导者具有一定的放权意识,对企业的决策过程进行更趋于扁平化的调整。

由于数据中心的建立,企业各部门之间的数据和信息变得透明,来自设计、生产、销售、支持等不同部门的数据能够被有效整合,形成完整、精细的产品、用户信息流。因此,企业各部门之间的合作也将变得更加简单便捷,有助于企业部门之间边界的模糊化,极大地提升企业价值创造流程的效率。

当然,对于企业的领导者来说,实现大数据背景下的企业转型并不是一蹴而就的。企业管理过程和决策模式的改变不仅依赖于企业内部数据中心、知识管理系统等技术层面的发展,更需要依靠企业内部员工对于数据的重视和主动决策意识的觉醒。因此,企业内部需要进行大数据思维模式的培养和数据收集、整理、分析、决策过程的规范化指导,以树立关注数据、科学决策、全员参与的整体氛围,真正实现数据对企业发展的推进作用。

3.4.3　建立企业数据共享平台和开放式企业环境

数据的原始价值来自数据集本身,但是跨领域数据的联合分析则会从数据中挖掘出新的价值。当企业把多个数据集进行整合时,这个新的数据集的价值可能会远大于单独数据集价值的总和。因此,在数据资产越来越丰富的世界里,数据的分享和数据之间的连接将成为常态,而企业对于数据的管理也将呈现出越来越开放的姿态。

大数据技术的发展提升了企业之间的数据关联,企业之间的数据分享将极大地促进彼此的发展,也将进一步加深企业之间的合作和联系。因此,企业数据共享平台的建立是大数据发展的必然,基于原来的企业边界而产生的企业之间的数据边界将进一步模糊。

在整个商业环境中逐渐形成开放式的企业环境,不仅有利于企业之间的合作与分享,一部分私有数据的公开化将在社会范围内产生更大的价值。美国政府的交通安全管理局每年都组织工作人员进行数据收集和分析的培训,在整个部门内部进行政策实施效果的评估,并根据实施效果数据分析的情况最终确定最合适的实施方案。

同时,他们还通过互联网公布本部门所收集到的所有数据,吸引了一大批对于交通安全问题感兴趣的各界人士参与到政策制定的过程中来,公众的大范围参与使得政策执行中的问题能够最大限度地被发现,从而更好地提升政策制定的科学性。这种基于数据的开放式决策过程对于企业来说也是类似的。

企业通过选择性地开放自身的数据,改变以往"闭门造车"的运作过程,鼓励公众参与到企业的决策、设计和生产等过程中来,一方面可以促进公众对于企业的了解,向公众展示企业的经营透明度,另一方面可以更充分地了解用户意见,听取用户建议,促进企业的科学决策。

例如,肯德基在 2014 年推出的两大鸡肉类产品的选择中,采用了公众投票的方式,肯德基旗下各店铺分别在两个月内仅销售两种产品中的一种,并通过有奖投票的方式吸引用户参与两大产品的决策过程,一方面提升了产品知名度,树立了企业重视顾客的良好形象;另一方面也充分考虑了用户的意见,提升了决策结果的可靠性。

加拿大 GoldCorp 矿产公司为解决 RedLake 矿区的矿脉定位问题,在社会媒体上公开了该矿区 1948 年至今的全部地质数据,在短短几周内收到大量网民的积极反馈,并在网民建议的全部 110 个矿点中准确地发现了 80 多处矿藏。因此,大数据时代的企业将以更加开放的姿态呈现在公众面前,数据的公开和合作不仅将发生于企业之间,更将把整个社会吸纳进来,形成更具有开放式的企业环境。

3.5 大数据应用中的关键技术

2012 年 3 月 29 日,美国政府发布了《大数据研发计划》(*Big Data Research and Development Initiative*),旨在通过开启一系列由政府各部门与高校、科研组织、企业研发部门等社会机构的合作项目,提高从大型复杂的数字数据集中提取知识和观点的能力,促进大数据技术在科学与工程中的应用,从而全面提升国家安全保障水平和教学科研实力。在该计划中发布了 6 个联邦政府的部门和机构高达 2 亿美元的投资项目,这些项目主要聚焦于如何提高从大量数据中访问、组织、收集发现信息的工具和技术水平,其具体研究内容包括大规模数据集的异常检测和特征化处理、高性能存储研究、半结构化及非结构化数据分析方法、文本及图像数据识别技术等。

美国政府所发布的计划体现了政府机构对于大数据技术研发的高度重视,而其背景正是大数据对传统的数据提取、存储、分析技术所提出的挑战。数据技术是为了满足企业和社会组织在大数据时代的数据处理需求而发展的数据采集、清理、存储、变换、分析和挖掘的一系列方法和工具的总称,先进的数据技术是企业顺利地储备大数据、管理大数据、使用大数据的前提。

面对大数据规模大、增长快、结构复杂的新特征和大数据应用本身对于处理速度、管理效率的要求,研究人员开展了许多相关研究,这些技术的发展成为大数据能够从设想成为现实的关键,而本节将对一些大数据相关的典型技术发展进行介绍。目前,在数据采集、存储、分析以及应用等层面都已经出现了比较成熟的技术,这也为企业发展大数据奠定了良好的基础。本节重点对数据挖掘技术、当前常用的分布式架构 MapReduce 及开源 Hadoop 系统、分布数据存储领域的最新情况进行介绍,这些技术的发展共同构成了目前大数据应用研究的基础。

3.5.1　分布式架构技术

大数据的出现使海量数据的快速处理成为 IT 从业人员急需解决的问题,而谷歌公司无疑是最早面对海量数据处理需求的公司之一。谷歌搜索引擎存储着全球规模最大的互联网网页数据,而每接收到一次搜索请求,搜索引擎都需要在后台运行一系列复杂算法,在所有的网页中返回与搜索请求最相关的网页。为了保证用户体验,谷歌公司必须尽量缩短这个计算的过程所耗费的时间。因此,谷歌的工程师在实际的工作中研发了一系列技术以保证海量数据的高效存储、处理和分析,其中最核心的技术就是被称为谷歌公司三大核心技术的 Google File System、BigTable 和 MapReduce,另外就是得到广泛应用的 Apache 开源组织开发的 Hadoop 体系结构。

1. Google File System

Google File System(谷歌文件系统,GFS)是一个面向大规模数据密集型应用的分布式文件系统,具有高度的可扩展性。GFS 通过高效的监控措施、错误侦测机制、冗余存储机制和自动恢复机制等设计大大减少了整个系统稳定运行对单台计算机性能的要求,使得只要购买廉价的计算机就可以组成具有高性能的计算机文件处理集群系统。而它的高度扩展性可以帮助企业在面临快速增长的数据时,通过增加新的计算机快速扩展存储能力。目前为止,谷歌公司最大的一个集群利用数千台机器的数千个硬盘,提供了数百 TB 的存储空间,同时为数百个客户机服务。

GFS 是 Google 云存储的基石,其他存储系统(例如 Google BigTable、Google Megastore、Google Percolator)均直接或间接地构建在 GFS 之上。另外,Google 大规模批处理系统 MapReduce 也需要利用 GFS 作为海量数据的输入输出。GFS 的系统架构如图 3-12 所示。

GFS 将整个系统的节点分为 3 种角色:GFS Master(总控服务器)、GFS ChunkServer(数据块服务器,CS)以及 GFS Client(客户端)。GFS 文件被划分为固定大小的数据块(Chunk),谷歌公司选择数据块规模为 64MB,由总控服务器在创建时分配一个 64 位全局

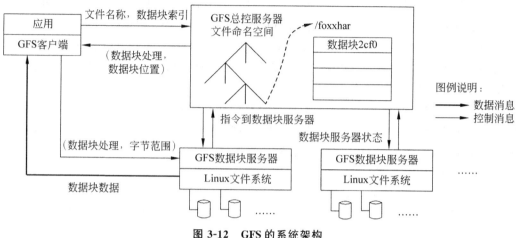

图 3-12　GFS 的系统架构

唯一的数据块句柄。数据块服务器以普通的 Linux 文件的形式将数据块存储在磁盘中。为了保证可靠性,数据块在不同的机器中复制多份,默认为 3 份。

总控服务器中维护了系统的元数据,包括文件及数据块名字空间、GFS 文件到数据块之间的映射、数据块位置信息。它也负责整个系统的全局控制,如数据块租约管理、无用数据块垃圾回收、数据块复制等。总控服务器会定期与数据块服务器通过心跳的方式交换信息。

客户端是 GFS 提供给应用程序的访问接口,它是一组专用接口,以库文件的形式提供。客户端访问 GFS 时,首先访问总控服务器节点,获取与之进行交互的数据块服务器信息,然后直接访问这些数据块服务器,完成数据存取工作。

在云计算环境中数据类型多种多样,包括了普通文件、虚拟机镜像文件、类似 XML 的格式化数据,甚至数据库的关系型数据等。云计算的分布式存储服务设计必须考虑到各种不同数据类型的大规模存储机制,以及数据操作的性能、可靠性、安全性和简单性等。

2. BigTable

BigTable 是一个分布式结构化数据存储系统,它是谷歌公司为了海量数据存储,尤其是分布在数千台普通服务器上的 PB 级的数据存储而设计的。BigTable 是一种压缩的、高性能的、高可扩展性的、基于 Google 文件系统的数据存储系统,用于存储大规模结构化数据,非常适合于云端计算。

BigTable 是非关系的数据库,是一个稀疏的、分布式的、持久化存储的多维度排序图。BigTable 的设计目的是可靠地处理 PB 级别的数据,并且能够部署到上千台机器上。BigTable 具有适用性广泛、可扩展、高性能和高可用性等优点。

在很多方面,BigTable 和数据库很类似,它使用了很多数据库的实现策略。但是 BigTable 提供了一个和这些系统完全不同的接口。BigTable 不支持完整的关系数据模型,与之相反,BigTable 为客户提供了简单的数据模型,利用这个模型,客户可以动态控制数据的分布和格式(也就是对 BigTable 而言,数据是没有格式的),数据的下标是行和列的名字,名字可以是任意的字符串。BigTable 将存储的数据都视为字符串,但是

BigTable 本身不去解析这些字符串,客户程序通常会在把各种结构化或者半结构化的数据串行化到这些字符串里。

BigTable 不是关系型数据库,但是却沿用了很多关系型数据库的术语,例如 table(表)、row(行)、column(列)等。这容易让读者误解,将其与关系型数据库的概念对应起来,从而难以理解。本质上说,BigTable 是一个键值(key-value)映射。BigTable 是一个稀疏的、分布式的、持久化的、多维的排序映射。

BigTable 的键有三维,分别是行键(row key)、列键(column key)和时间戳(timestamp),行键和列键都是字节串(string),时间戳是 64 位整型(int64),而值是一个字节串,可以用(row:string,column:string,time:int64)→string 来表示一条键值对记录。

行键可以是任意字节串,通常有 10~100 字节。行的读写都是原子性的。BigTable 按照行键的字典序存储数据。BigTable 的表会根据行键自动划分为片(tablet),片是负载均衡的单元。最初表都只有一个片,但随着表不断增大,片会自动分裂,片的大小控制在 100MB~200MB。行是表的第一级索引,可以把该行的列、时间和值看成一个整体,简化为一维键值映射。

列是第二级索引,每行拥有的列是不受限制的,可以随时增加减少。为了方便管理,列被分为多个列族(column family,是访问控制的单元),一个列族里的列一般存储相同类型的数据。一行的列族很少变化,但是列族里的列可以随意添加删除。列键按照 family:qualifier(标识符)格式命名。

时间戳是第三级索引。BigTable 允许保存数据的多个版本,版本区分的依据就是时间戳。时间戳可以由 BigTable 赋值,代表数据进入 BigTable 的准确时间,也可以由客户端赋值。数据的不同版本按照时间戳降序存储,因此先读到的是最新版本的数据。加入时间戳后,就得到了 BigTable 的完整数据模型。

查询时,如果只给出行列,那么返回的是最新版本的数据,如果给出了行列时间戳,那么返回的是时间小于或等于时间戳的数据。

图 3-13 是文献中给出的一个 BigTable 例子,Webtable 表存储了大量的网页和相关信息。在 Webtable,每一行存储一个网页,其反转的 URL 作为行键,比如 CNN 网页 www.cnn.com 写成"com.cnn.www",反转的原因是为了让同一个域名下的子域名网页能聚集在一起。图 3-13 中的列族"contents"保存的是网页的内容,它有三个时间版本,时间戳是 t_3、t_5、t_6;列族"anchor"保存了该网页的引用站点(比如引用了 CNN 主页的站点)的名称,图上显示有 cnnsi.com 和 my.look.ca 引用了 CNN 主页,每个引用的版本仅有一个,时间戳分别是 t_9、t_8。

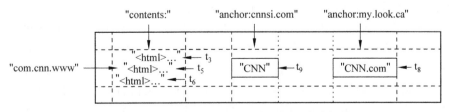

图 3-13　一个存储 Web 网页的 Webtable 表的切片

3. MapReduce

MapReduce 是一个处理和生成超大数据集的算法。谷歌公司的工程师在进行海量原始数据处理时，可能会需要使用一些简单的算法来反复地处理海量的原始数据，这些处理工作如果在单机上执行将会导致速度极慢，因此，为了在可接受的时间内完成运算，谷歌公司研发了 MapReduce 算法，通过使用该算法，原来的程序运行过程可以以并行的方式分布式地运行在成百上千台主机所组成的计算集群上，而使得计算的效率得到大幅的提升。由于 MapReduce 是谷歌三大技术中最核心的部分，下面对 MapReduce 的计算过程和原理进行介绍。

在早期的计算中，大部分的程序都是使用串行的方式执行的。随着编程思想的不断演进，逐渐出现了可以以并行方式运行的程序。在一个并行程序里，一段处理过程可以被划分为几部分，这几部分可以并发地在不同的 CPU 上面同时运行，这些 CPU 可以存放在单台机器上，也可以分布式地存放在许多不同的机器上。相对于只能运行在单台机器上的串行程序，并行编程的方式可以极大地提高程序执行的性能和效率，不仅可以加快程序运行的速度，而且可以通过分布式的运行方式，更好地扩展原有的计算能力，使得仅拥有多台低性能的计算机也可以实现对海量数据集的存储、管理和分析。

如果一个程序每一步运行的结果都完整依赖于上一步的值，那么就会比较难以并行化，而如果我们拥有大量的结构一致的数据需要处理，则可以把数据分解成相互之间没有关联的部分，分别交给不同的计算机处理，最后对总的结果进行合并。例如，如果我们希望计算一个文件集合中每个单词所出现的次数，就可以采用先分割文件集合，随后在不同的机器上分别统计子文件集合中的单词出现次数，再进行汇总统计，最后得到总的文件集合中的单词出现次数。

在 MapReduce 算法实现的过程中，上述并行计算的过程被分为了"映射"（Map）和"归约"（Reduce）两个阶段：在"映射"阶段，需要处理的工作被分割为多个子集，多个节点并行处理这些子集，并产生一个键值对（Key/Value Pair），关键字（Key）用来区分不同的记录（比如"清华大学"），而值则是需要处理或是计算的数据值（比如"清华大学"在一个文件中出现的次数）；在"归约"步骤中，对具有相同关键字（Key）值的数值记录（Value）应用适当的合并操作，最终输出汇总的结果。在谷歌的 MapReduce 过程中，用户只需要分别编写自己的映射函数（Map Function）和归约函数（Reduce Function）就可以实现整个过程。用户定义的映射函数接收一个输入对，产生一个中间的键值对集合，随后MapReduce 系统将所有具有某些关键字（Key＝X）的键值对聚合起来，将他们传递给归约函数。归约函数也由用户定义，它可以接收符合某些关键字约束（例如 Key＝X）的键值对集合，并通过预设好的合并操作，输出最终的值集合。

在通常的 MapReduce 执行中，所有的计算机被分为主机（Master）和从机（Worker）两种角色，其中主机主要完成初始化任务、任务分割、任务分配和结果汇总的工作，而从机则是进行具体工作的处理。在执行具体工作时，因为 MapReduce 对应映射和归约两个过程，因此，分别执行这两个过程的节点又被称为映射机（Mapper）和归约机（Reducer）。

图 3-14 给出了谷歌 MapReduce 算法的执行过程，其中映射过程中输入数据被自动分割成 M 片从而分配到多台机器上，输入的片能够在不同的机器上被并行处理，归约过

程则通过分割函数依据中间关键字(Key)的数量进行分割,从而形成 R 片,并再次将中间键值对分布到多台机器上。分割数量 R 和分割函数由用户来指定。

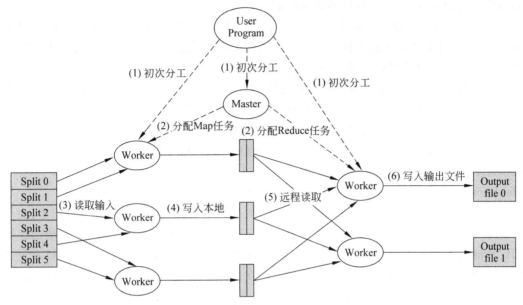

图 3-14　谷歌 MapReduce 算法的执行过程

当用户的程序调用 MapReduce 函数时,将发生下面一系列动作。

(1) 调用 MapReduce 系统程序中提供的数据处理函数将输入文件分割成 M 个片,每个片的大小一般为 16~64MB(用户可以通过可选的参数来控制),然后在计算机集群上启动 Map 和 Reduce 程序,用户会预先编写好映射函数和归约函数,分别用来执行映射和归约的操作。归约阶段由多个从机来并行执行,在完成文件的分割后,用户编写的映射和归约程序将会被拷贝到机群中的各台机器上。

(2) 为计算机集群中所有的计算机分配角色。在这些计算机中选取一个作为主机,而其他的计算都是由主机管理的从机执行,在全过程中有 M 个映射任务和 R 个归约任务将被分配到各台计算机上。在 MapReduce 过程中,主机将会分配一个映射任务或归约任务给一台空闲的从机。如果一个从机保持沉默超过预设的时间间隔,主机记录下这个从机状态为死亡,并把分配给这个从机的数据发到别的从机。

(3) 一个被分配了映射任务的从机读取相关输入数据片(Split)的内容。它从输入数据中分析出输入键值对,然后把键值对传递给用户自定义的映射函数。由映射函数运行算法,从输入键值对产生中间键值对输出,并将中间结果缓存在内存中。

(4) 缓存在内存中的键值对被周期性地写入到本地磁盘上,写入本地磁盘的数据根据用户指定的分割函数被分为 R 个数据区,将来每个数据区会对应一个归约任务,这 R 个区域将分别和 R 台执行归约操作的从机相对应。在本地磁盘上的缓存对的位置被传送给主机,主机负责把这些位置传送给执行归约操作的从机。

(5) 当一个执行归约任务的从机得到主机的位置通知时,它使用远程过程调用来从映射从机的磁盘上读取缓存的数据。当归约从机读取了所有的中间数据后,它通过排序使具有相同关键字值的内容聚合在一起。因为可能会有许多不同的关键字映射给同一台的归约从机,所以必须要先排序整理键值对。

(6)归约从机对排过序的中间数据分别进行计算,对于遇到的每一个唯一的中间关键字,它把关键字和相关的中间值集合传递给用户自定义的归约函数。归约函数的输出被添加到这个归约过程分割的最终的输出文件中。

(7)当所有的映射和归约任务都完成后,主机唤醒用户程序。这个时候,在用户程序里的 MapReduce 函数调用结束,返回到用户程序执行后续操作。

在以上操作都成功完成之后,MapReduce 执行的输出存放在 R 个输出文件中,每一个 reduce 任务都会产生一个由用户指定名字的文件。一般来说,用户不需要把这 R 个输出文件合并成一个文件,因为他们经常把这些文件当作一个输入传递给其他的 MapReduce 调用,或者在可以处理多个分割文件的分布式应用中直接使用。

在这 3 项谷歌所提出的核心技术基础上,数据可以不再集中存放于存储盘柜中,而是分割成小块,分布式地存储于每个计算节点上。在这种模型中,计算机(集群)系统的存储和计算能力不再集中于一点,而是分布在多个服务器上,系统的性能不再由一台核心设备的能力决定,而是所有计算设备能力的集合。在这种模式下,系统对于单台设备的能力和可靠性不再那么强调,当一个节点出现问题时,其他节点可以迅速弥补,而当面对业务能力逐渐扩展的情况时,只需要购买新的计算机并加入原有集群即可,这样的系统无疑是既具有高稳定性、高计算能力,同时性价比又极高的。因此,随着大数据逐渐引起重视,企业对于海量数据处理的需求急剧增长,基于分布式结构的系统和技术也迅速发展起来。

4. Hadoop

Hadoop 是 Apache 开源组织的一个分布式计算开源框架,Hadoop 项目于 2005 年秋天作为 Lucene 的子项目 Nutch 的一部分正式引入,它的架构和建设就是受到谷歌公司所提出的 MapReduce 和 GFS 的启发而完成的。2006 年 3 月份,MapReduce 和 Nutch Distributed File System(NDFS)分别被纳入项目中。经过近 10 年的发展,Hadoop 已经逐渐发展成熟,在多个商业领域得到应用,在 Hadoop 的使用者名单中包括了许多互联网行业的巨头,如 IBM、Facebook、亚马逊、雅虎等,而包括百度、腾讯、阿里巴巴在内的许多国内互联网企业也纷纷搭建了自己的 Hadoop 计算机集群系统。在 2012 年由几家 IT 门户网站发起的 Hadoop 在中国企业中部署情况的调查显示,将近 79% 的企业用户已经部署或是即将部署自己的 Hadoop 或是相关的大数据计算集群解决方案。

Apache Hadoop 由一系列的子项目组成,这些子项目分别完成大数据处理过程中的不同工作内容。例如,Core 和 Avro 为其他项目提供底层的支持,Core 提供了一系列分布式文件系统和通用 I/O 的组件与接口,Avro 是一个用于数据持久化储存的数据序列号工具,分布式文件系统 HDFS 用于支持集群中的数据存储和管理,MapReduce 用于支持并行大规模数据分析,Zookeeper 则提供了用于分布式数据管理的服务框架,如统一服务命名、集群管理等,HBase 是一种基于 HDFS(分布式文件系统)的分布式数据库系统,Hive 是基于 Hadoop 的数据仓库工具。

图 3-15 给出了 Hadoop 集群中 HDFS 的体系结构,在 Hadoop 中有客户端(Client)、

名称节点(NameNode)和数据节点(DataNode)3 种不同角色的节点。其中,客户端通过引用程序对 Hadoop 中的文件进行创建、删除、移动等操作。名称节点类似于谷歌 MapReduce 过程中的主机节点,负责整个文件系统的管理和协调工作。具体来说,名称节点完成的功能包括:

(1) 元数据和文件块的管理,通过名称节点中所保存的文件属性、存储位置等信息(这些信息也被称为元数据),系统可以快速定位寻找到用户所需要的文件;

(2) 文件系统命名空间管理,对元数据进行增删改查等操作;

(3) 监听并响应客户端的文件查询、命名空间修改等请求;

(4) 对数据节点进行定期轮询,对于长时间没有反馈的节点进行故障标记和处理。

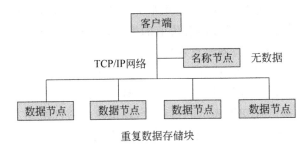

图 3-15 Hadoop 集群中 HDFS 的体系结构

数据节点是最基本的数据存储单元,负责文件内容的存储,为了减少大集群中硬件故障带来的数据丢失等影响,HDFS 采取了冗余复制的策略,文件中每个数据块都被默认复制到了多个数据节点中。数据节点将每个数据块存储在本地文件系统中,并保存文件块对应的元数据信息,周期性地将文件元数据信息发给名称节点,接收名称节点的轮询。

3.5.2 数据挖掘技术

数据挖掘就是在数据中去粗存精,得到有价值结论的过程。使用更科学的定义方法,数据挖掘就是综合使用传统的统计学知识和人工智能、机器学习、模式识别等方法,从大量的数据中归纳、推断其隐含的有效信息的过程。有许多学者将数据挖掘视为数据知识发现(Knowledge Discovery in Data,KDD)的近义词,事实上,广义的数据挖掘指的就是数据知识发现的过程,而狭义的数据挖掘只是知识发现过程中一个基本步骤,使用机器学习的方式来提取数据模式。数据挖掘是一种通用的技术,它的对象可以是任何类型的数据,既可以来自数据库存储的规范化数据,也可以是企业的数据仓库中所存储的数据,还可以是文本数据、网络数据、多媒体数据、视频数据等多种类型的数据集合。一般来说,知识发现的过程包含以下环节。

(1) 数据集成与清理:将多种数据源进行组合与合并,同时消除数据中的噪声、数据中的冗余部分并删除不一致的数据;

(2) 数据选择:从数据库(或是企业数据仓库)中提取与分析任务相关的数据;

(3) 数据变换:通过数据汇总或是数据聚集操作,将数据变换成适合进行挖掘的形式;

（4）数据挖掘：知识发现过程的重要步骤，使用机器学习的方式来提取数据模式；

（5）模式评估：根据某种兴趣度度量，识别能够作为代表知识的有意思的模式；

（6）知识表示：归纳前面阶段的挖掘结果，将所挖掘到的知识以可视化或是其他知识表示的方式呈现在用户面前。

其中，前3个步骤是对数据进行预处理的过程，经过预处理的数据能够更好地支持数据挖掘过程。数据挖掘是知识发现过程中的核心，在这个过程中，数据挖掘人员建立对应的数据分析模型，在理解数据的基础上选择相应的数据挖掘算法，并对算法进行反复地调试、实验，最终使得算法能够从数据集合中得到用户所需要的模式。

而模式评估则是对前一阶段数据挖掘结果的提炼和评价，数据挖掘算法可能会从原始数据中发现各式各样的原始模式，但是并非所有模式都是有意义的，所以模式评估的主要目标就是从这些原始模式中寻找出有价值的模式，而如果在本次模式评估中没有得到有价值的模式，则那么研究人员需要重新反思数据挖掘过程中所使用的方法，或是回到数据预处理的步骤，检视是否因为没有筛选合适的数据集合而导致模式发现过程的失败。

知识表示建立在前面所有阶段的基础上，是对有价值模式的综合表述，也是直接呈现给用户的数据挖掘结果。在知识表示的过程中，越来越多的可视化工具和方法得到应用。

在数据挖掘阶段，根据所面对的数据挖掘任务不同、需要挖掘的数据模式的不同，所需要采取的方法也不一样。一般来说，数据挖掘任务可以分为两类：描述性任务和预测性任务。其中，描述性挖掘任务刻画目标数据中数据的一般性质，而预测性挖掘任务在当前数据上进行归纳，从而进行预测。数据挖掘的核心是模式发现，总的来说，使用数据挖掘的方法可以完成特征分析与数据区分、频繁模式挖掘、使用分类和回归进行预测、聚类分析、异常点检测等几类任务。

1. 特征分析与数据区分

一般情况下，原始的数据由数字组成，这些数字中并不带有明显的便于观察的区分特征，但是为了研究或者讨论的便利，人们需要将数据背后的特征进行归纳与分析，也就是用归纳式的、简洁的、精确的表达方式描述数据中的每一个类别或者概念。

数据特征分析就是对目标类数据的特征进行汇总。例如，一家银行中拥有顾客存款数额、顾客年龄、顾客职业、顾客信用积分等特征，银行经理可能希望重点关注那些存款在500万以上的顾客所具有的特征，而这时就可以利用数据特征分析的方法从数据库中读取那些目标顾客并进行其他关键属性的分析，而相应的结论可能是顾客年龄在40～50岁，职业大部分是经商，信用积分在3000分以上等。

在数据特征分析的过程中，既可以使用基于统计度量的简单数据汇总方法，也可以使用更高级的面向属性的数据归纳技术对数据进行泛化和特征化操作。数据特征化的输出既可以使用饼图、条状图等图表展示，也可以使用特征规则的方式进行归纳。

数据区分则是将目标数据对象的一般特征与一个或多个对比类别对象的特征进行比较，从而得到多种类别之间的区分性特征。数据区分的具体执行过程和特征分析十分相似，只是将特征区分过程中的单个类别扩展到多个类别，并指定对应的目标类和待比较类。在上面的例子中，银行的经理可能希望对存款500万以上的顾客中进行进一步的区分，例如，比较存款在500万～1000万和存款1000万以上的顾客特征差异，在这次的分析中,就需要引入更多新的特征,并寻找那些能够对这两个数据总体差异进行概括的特征了。

2. 频繁模式挖掘

频繁模式是指在数据中频繁出现的模式,一般来说包括频繁项集、频繁子序列、频繁子结构等类型。其中,频繁项集指的是在事务数据集条目中一起频繁出现的个体,例如,在飓风到来前,沃尔玛的顾客购买记录中频繁出现蛋挞和手电筒;频繁子序列则是在频繁项集的基础上加入了频繁模式中个体出现的先后特征(或者序列化特征),例如,光顾数码商店的顾客常常是先购买智能手机,再购买手机贴膜、手机保护套、充电宝等手机配件;频繁子结构则是针对存在复杂内部结构的数据而言,如图、树、网格状结构等,通过频繁子结构挖掘,可以发现这些数据结构中的内部规则。

频繁项集挖掘是频繁模式挖掘的基础,它的方法可以扩展应用于频繁子序列挖掘和频繁子结构挖掘。目前针对频繁项集挖掘已经开发了许多行之有效的方法,总体来说可以分为 3 类:Apriori 和类 Apriori 算法、频繁模式增长算法(FP-growth)等;使用垂直数据格式的算法。

Apriori 算法是应用最广泛的算法之一,该算法基于"频繁项集的所有非空子集也是频繁的"规则而运行。Apriori 算法使用逐层搜索的迭代方法,其中第 k 次迭代时获得的频繁 k 项集用于支持对频繁(k+1)项集的挖掘。首先,通过扫描数据集,累计每个个体项的技术,并收集满足最小支持度(该项最少出现的次数)的项,找出频繁 1 项集的集合,并将其记为 L_1,然后使用 L_1 找出频繁 2 项集的集合 L_2,使用 L_2 再找出 L_3,依次逐层迭代,直到不能再找出频繁 k 项集为止。

频繁模式增长方法是一种不产生候选集合的频繁项集挖掘方法,它通过构造一个高度压缩的 FP 树而压缩原来的事务数据库,与 Apriori 方法的产生所有项集并继续测试筛选的模式不同,它采用的是频繁模式逐段增长的模式,这样可以在面对海量数据集时具有更高的效率。

在 Apriori 和频繁模式增长算法中,数据都是以{事务编号:个体项集合}的模式出现的,例如{001:薯条、啤酒、炸鸡}、{002:啤酒、炸鸡}、{003:薯条、炸鸡}等,这种模式被称为水平数据模式。以等价类变换(Equivalence CLAss Transformation,Eclat)为代表的基于垂直模式的算法,采用的就是{个体项:事务编号集合}类型的数据,例如,{薯条:001、003}、{啤酒:001、002}、{炸鸡:001、002、003}。在算法运行过程中,不断选取满足最小支持度的项集,并通过对不同个体项集合对应的事务编号集合求交集,并同时不断扩大个体项集合的规模,从而最终得到所需的频繁项集合。

3. 使用分类和回归进行预测

分类是按照已知的分类模式找出数据对象的共同特征,并依据共同特征建立模型,从而将待分类样本划分到对应的类别中,对未知类的标号或者类别进行预测。分类的输入是单次事务的各项数据特征,例如,银行顾客的收入、职业、年龄等,而输出对应的是各项类别,每一个类别则代表不同实际意义,并与每一项事务相对应,如"能结清贷款"和"不能结清贷款"、销售额的"高""中"和"低"。

通过抽取 Web 服务模型中不同服务的标签、创建时间、调用次数等特征,可以构造分类器,对服务失效可能性进行分类预测,从而服务用户选择稳定性更好的服务;基于服务结构中原有的服务合作模式,可以对即将出现的新的服务连接进行预测,从而为用户推荐可能的服务组合模式。回归的出发点与分类相类似,只是将分类器所输出的编号改为具体的数值,例如,房产经纪希望通过房屋的朝向、面积、地理位置、小区环境等特征进行综合分析,得到房屋的价值估计,这个读取特征、建立模型并输出具体预测数值的过程就是回归分析。分类和数值预测是预测问题的两种主要类型。

目前有许多用于分类的成熟算法:

(1)决策树归纳是一种自顶向下的递归树归纳算法,以生成树的方式不断生成新的规则从而实现对数据的区分,树中每个非叶子节点对应一个属性规则,而叶子节点则对应分类的结果。常用的决策树方法有 ID3、C4.5、CART 等。同时,通过树剪枝的方式可以减去数据中带来噪声的分支,从而得到更加有效的分类模型。基于规则的分类器使用 IF-THEN 规则进行分类,规则可以从决策树直接提取,也可以使用顺序覆盖算法直接从训练数据中产生。

(2)贝叶斯分类方法基于后验概率的贝叶斯定理,其中朴素贝叶斯分类假设类条件独立,而如果使用贝叶斯信念网络,则可以通过构造变量之间的因果关系并利用训练数据进行学习,最终产生可以用来分类的贝叶信念网络。

(3)支持向量机(SVM)方法是一种用于线性和非线性数据分类的方法,它把源数据变换到较高维空间,使用支持向量作为基本元组,训练得到能够用于分离数据的超平面。

(4)神经网络算法也得到了十分广泛的引用,例如,使用后向传播神经网络(BP 神经网络)可以通过构造神经网络层隐藏层,并通过训练集以及输出结果误差前馈的方法迭代获得层间权重,最终获得可以用于分类的神经网络。近年来,基于神经网络思路的深度学习算法因为其在构造多层神经网络中的表现而得到了越来越多的重视,在计算机视觉等模式识别领域得到了广泛的应用。

4. 聚类分析

聚类分析将一组对象按照相似性划分为几个不同的类别(簇、子集),使得同一类别中样本的相似性尽可能大,而不同样本集合之间的差异性尽可能大。例如,在 Web 服务推荐中,可以使用话题模型对不同的 Web 服务所重点解决的问题进行分类,并给予 Web 服务描述中不同话题的比重进行聚类,从而实现对 Web 服务的自动聚类,用于服务推荐、失效服务替换等领域。

在所有的聚类分析中,都需要根据研究对象的基本属性和研究目的选择合适的相似性(差异性)判断指标,在选择指标并计算相似度的过程中,可能会使用欧氏距离、余弦相似度等空间距离计算方法。在得到相似度之后,就可以直接使用机器学习的方法,对数据点进行分类了。

目前常用的聚类方法包括以下几类。

(1)划分方法:给定 n 个对象组成的集合,划分方法构建数据的 k 个分区,每个分区代表一个分类簇。一般来说,划分方法首先根据用户所需要构建的簇数 k 对原始数据构造初始分区,然后通过迭代的方式将簇中的对象移动到更加合适的簇中,从而对现有划分进行优化。为了加快优化划分的效率,一些启发式算法也被用于聚类,其中 k-均值和 k-中心点就是最常用的算法代表。

(2)层次方法:层次方法创建给定数据对象集的层次分解,从而形成聚类。针对现有的数据集合,层次方法可以采用自底向上的方法,在初始划分中将每个对象作为单独的一个组,然后逐次合并相近的对象或者组,直到所有的组合并为一个组,或者是满足用户设置的终止条件为止。同时,层次方法也可以采用自顶向下的方法,开始将所有的对象置入一个簇中,在每次相继迭代中,一个簇被划分为更小的簇,知道最终每个对象在单独的一个簇中。

(3)基于密度的方法:大部分划分方法是基于对象距离进行聚类的,因此发现的簇大多数是球状簇,而基于密度的方法则可以用于发现任何形状的簇。基于密度方法的核心思想是,只要"领域"中数据点的个数(密度)超过了某个阈值,就继续增长给定的簇。

(4)基于网格的方法:基于网格的方法把对象空间量化为有限个单元,形成一个网格式的结构。所有的聚类操作都在网格结构上进行。相对于其他的方法,基于网格方法的优点是其处理时间随着数据对象规模的增长不明显,因为基于网格方法的处理时间仅依赖于量化空间中每一维度的单元数,而与数据的个数无关。

5. 异常点检测

如果基于某种度量而言,该数据点与数据集中的其他数据有着显著的不同,那么这个点就被定义为异常点。长期以来,异常点都被作为系统中的噪声而对待,希望能够减少异常点对于系统描述的影响。异常点的主要来源包括 3 类:第一类异常点由数据变量固有变化而引起,由于观测值在样本总体中发生了变化而出现,这类异常是不可控的,也是无法避免的,它的出现从侧面反映了数据集的数据分布特征;第二类异常点由测量错误引起,是因为测量仪器的一些缺陷导致部分测量值成为异常点;第三类异常点由执行错误引起,如黑客网络入侵、系统机械故障的出现导致数据集出现异常点。随着对数据挖掘领域研究的不断深入,研究人员发现,异常点往往反映着研究对象本身所发生的变化,或是数据采集工具中所出现的故障。对于异常点进行检测和识别,不仅可以对数据对象本身进行精炼,使数据更加准确,还可以作为判断样本异常的重要手段。

异常点是数据集内与其余数据有显著不同的数据点,因此,挖掘异常点比较直观的方法是建立数据集中绝大部分数据的数据模型,从而把不满足该数据模型的那一部分数据认为是异常点。一般来说,异常点检测包括基于统计模型的方法、基于距离模型的方法、基于偏差/偏离模型的方法等。基于统计模型的方法首先对给定的数据集假设一个分布或者概率模型,然后针对该模型采用不一致检测,从而确定异常点,但是该类方法需要了解数据集的数据模型类型,分布参数以及假设的异常点的数目。基于距离模型的算法与聚类的思路非常类似,通过待检测数据点与数据集中其他点的距离判断异常,如果某个数据点与其他的至少 p 个对象距离大于 d,则该数据点是基于距离的(p,d)异常点。基于偏差的算法通过对一组数据对象的特征进行检查而确定异常点,如果某些数据点的特征与给定的数据特征差异过大,就可以被认定为异常点。

异常点的背后往往可能蕴含着数据集中不常见的行为,所以,通过异常点检测可以对医疗保险、证券交易等数据集中的非正常行为(如欺诈等)进行有效的判断和筛选。在证券交易行业中,通过提取客户交易数据中的异常点,券商可以有效发现客户交易中的违法违规行为,而通过跟踪行为出现异常的客户并采取相应的防范措施,能够更好地避免违法违规交易行为的发生,维护良好的证券交易秩序。

3.5.3 新型企业数据存储技术

对于企业或者其他组织而言,数据是企业核心资料的记录,也是企业核心价值的承载者,因此随着计算机技术的发展,数据库技术也成为人们所关注的重要技术之一。数据库存储技术在 20 世纪 60 年代诞生,有了数据库之后,人们可以把庞杂的资料以规范的格式进行管理,从而便于数据的查询、使用。从最早期的层次型数据库、网状数据库系统,到得到广泛应用的关系型数据库,数据库技术的应用在许多领域中都发挥了非常重要的作用。关系数据库的原型理论诞生于 20 世纪 70 年代 IBM 工程师 Codd 所发表的论文 *A Relational Model of Data for Large Shared Data Banks*,Codd 将现实世界中的各类实体以及他们相互之间的关系映射成为表格以及表格中的行和列,并建立了严格的关系代数运算体系,严格的数据基础以及简单直接的模型逻辑使得关系型数据库模型成为最流行的数据库模型,并同时带来了数据库产业的繁荣发展。

然而,随着大数据时代的到来,所需要管理的数据也发生了巨大的变化:数据产生的速度加快,数据的规模在量级上发生了翻天覆地的变化,短期内需要进行大数据量的读写操作;数据的类型多种多样,不仅要处理传统的结构化数据,还需要关注各类半结构化和非结构化数据;针对海量数据的分析操作要求对数据执行相对于传统的增删改查来说更加复杂的操作,针对分析的时效性要求数据库能够快速地完成数据的复杂操作;数据的快速增长不仅对数据读写速度提出了要求,更要求数据库系统具有更加良好的扩展性,从而减少增加硬件时升级数据库系统带来的麻烦。面对这些新的要求,传统的关系型数据库却存在许多问题:类型多样的数据不便于用关系模型管理;传统的关系型数据库如何在成百上千台计算机所构成的集群上实现稳定高速的大数据操作;现有的数据分析工具通过从数据库中提取数据再进行分析,在海量对象处理时处理速度必然会受到严重的影响。

基于上述问题,通过数据划分和并行计算实现对海量数据的处理成为了数据库发展的重要趋势,而 NoSQL 技术成为了数据库中逐渐发展壮大的新力量。NoSQL 是一类技术的统称,用以代指那些不使用传统的关系型数据库模型的、具备超大量数据处理能力的数据库技术。各类 NoSQL 技术在设计时,考虑了一系列新的原则,首要的问题是如何对大数据进行有效处理。对大数据的操作不仅要求读取速度要快,对写入的性能要求也是极高的,这对于写入操作密集的应用来讲非常重要。这些新原则包括:提升数据库系统的可扩展性,针对海量数据的管理要求,通过加入存储节点的方式对数据库结构进行横向扩展;放松原来对关系型数据库的一致性约束,在快速频繁读写时允许数据暂时出现不一致的情况,而接受最终一致性;对各个数据分区进行备份,以适当冗余的方式来弥补大集群系统中节点或是网络失效所带来的稳定性风险。经过最近几年的发展,目前已经出现了许多比较成熟的 NoSQL 技术。以下对其中比较具有代表性的类别进行简单介绍。

1. 基于 Key Value 存储的 NoSQL 技术

基于 Key Value 进行存储的数据库技术使用哈希表技术。哈希表(Hash table,也叫散列表)是根据关键字(Key Value)直接访问在内存存储位置的数据结构。也就是说,哈希表技术把键值通过一个函数的计算,映射到表中一个位置来访问记录,这加快了查找速度。这个映射函数称作散列函数,存放记录的数组称作散列表。为了查找电话簿中某人的号码,可以创建一个按照人名首字母顺序排列的表(即建立人名到首字母的一个函数关系),在首字母为 W 的表中查找"王"姓的电话号码,显然比直接查找就要快得多。这里使用人名作为关键字,"取首字母"是这个例子中散列函数的函数法则,存放首字母的表对应散列表。

基于 Key Value 进行存储的数据库存储 Key 值到 Value 值的映射,程序访问数据库时通过提供 Key 值寻找对应的 Value 值的存储地址,从而寻找到对应的 Value 值并返回。在仅需要查询单个 Key 值对应的 Value 时,Key Value 存储能够获得良好的性能。同时,和传统的关系型数据库不同,虽然 Key Value 存储的 Value 内部可能会具有某种结构,即存储某种类型的数据,但是 NoSQL 系统并不对其进行解释,而是直接将 Value 部分取出并返回给应用程序进行处理,而应用程序就需要根据数据存储时所定义的格式进行解读;另一方面,用户无法像从关系型数据库中读取字段值一样直接根据 Key 值读取 Value 内部某属性值。

由于 Key Value 存储模型和查询的简单性,便于把数据进行横向分割,从而分布到大规模集群上进行存储和处理,Key Value 型数据库十分适合分布式存储,并具有较高的操作性能。比较典型的系统是 Tokyo Cabinet/Tyrant、Redis、Voldemort、Oracle Berkeley DB、Amazon Dynamo/SimpleDB 等。

2. 基于 Column Family 存储的 NoSQL 技术

基于 Column Family 存储的 NoSQL 技术和 Key Value 的索引方式相似,同样是通过 Key Value 的模型对数据进行索引和存储,但是 Column Family 模型中所对应的 Value 具有了更精细的内部结构———一个 Value 存储中包含多个列,而这些列还可以分组进行存储,用来表现更加复杂的结构。此外,在 Column Family 存储中,每列数据都带有了时间属性的,用来描述同一种数据所对应的不同版本,这样就可以在数据库里面十分便利地实现历史版本的管理和数据的恢复。

Column Family 模型是一种在分布式系统中应用十分广泛的 NoSQL 模型,我们所了解的 Google BigTable、Hadoop 架构中的 HBase 数据库都是典型的代表。Facebook 以开源的 HBase 数据库为蓝本,对原有代码进行了改进,从而极大地提高了 HBase 的吞吐能力。根据统计,目前 Facebook 所使用的数据库可以达到每天完成 200 亿个写操作,也就是每秒可以完成 23 万次写操作。也正是因为有了如此高性能的数据库,Facebook 才能快速稳定地记录每天发生在社交网络上的频繁交互行为。

3. 基于文件存储的 NoSQL 技术

基于文件存储的 NoSQL 技术同样以 Key Value 存储模型作为基础模型,但是这个模型可以对文档的历史版本进行追踪,而每个文档内容又对应一个 Key Value 的列表,形成了循环嵌套的结构。在基于文件存储的 NoSQL 系统中,文档格式一般采用 JSON 或者类似于 JSON 的格式。

JSON(JavaScript Object Notation)是一种轻量级的数据交换格式,它基于 JavaScript,采用完全独立于语言的文本格式,但是也使用了类似于 C 语言家族的习惯,一个比较简单的 JSON 格式的数据为 {"firstName"："Brett","lastName"："McLaughlin","email"："aaaa"},表示一个人的下列数据：firstName＝Brett,lastName＝McLaughlin,email＝aaaa。

JSON 具有既易于人阅读和编写,同时也易于机器解析的效果。基于文件存储给予数据库设计者极大的灵活性对数据进行建模,但是对数据进行操作的编程负担落在了程序员身上,数据的循环嵌套结构特点有可能会增加应用程序数据操作的复杂性。主要的技术和产品包括 CouchDB、MongoDB 和 Riak 等。

4. 基于图存储的 NoSQL 技术

随着 Web 2.0 的发展,社交网络逐渐成为海量数据的重要来源,而和传统的文档式、关系型数据相比,类似于社交网络人际关系这样的数据在使用图进行表示时具有更高的效率,因此,基于图存储的 NoSQL 技术也就应运而生。目前比较常见的基于图存储的系统包括 Neo4J、InfoGrid、Infinite Graph、Hyper Graph DB 等。其中有的数据库基于面向对象数据库创建,比如 Infinite Graph,在节点的遍历等图数据的操作中表现出优异的性能。因为表示对象的不同,图数据库和其他 3 类 NoSQL 技术在存储模型、物理设计、数据分布、数据遍历、查询处理、事务的语义等方面都具有明显的差异。除了社交网络作为典型的图存储服务对象外,用于生物学研究的基因表达网络、服务计算领域中 Web 服务组合关联网络以及计算机通信领域的计算机互联网络等研究课题中,基于图存储的 NoSQL 技术都可以发挥十分重要的作用。

第 4 章

人 工 智 能

要介绍人工智能的概念,我们需要先搞清楚什么是智能。智能以知识和智力为基础,是头脑中思维活动的具体体现,其中知识是一切智能行为的基础,而智力是获取知识并运用知识求解问题的能力。智能是指个体对客观事物进行合理分析和判断,并灵活自适应地对变化的环境进行响应的一种能力。

4.1 人工智能的概念与发展历程

智能分为两种,一种是人类和动物具有的自然智能,是指人类和一些动物所具有的智力和行为能力。人类的自然智能是指人类在认识客观世界中,由思维过程和脑力活动所表现出的综合能力。另外一种就是由计算机产生的智能,称为人工智能。

4.1.1 人工智能的概念

人工智能最早的概念由阿兰·图灵于 1950 年在其论文 *Computing Machinery and Intelligence* 中提出。在这篇论文中,图灵提出"计算机能思维"的想法,并提出了"图灵测试"。图灵认为,只要机器在满足实验条件的前提下,能够顺利地和人进行交流,即,使测试者无法辨别回答问题的是人还是机器,就能说明机器和人的理解力是没有区别的,那么它就具有思维能力。

人工智能这个词出现于 1956 年。1956 年 8 月,在美国汉诺斯小镇的达特茅斯学院(现在是达特茅斯大学)中,一群科学家开了一个为期两个月的论坛,讨论的问题是使计算机变得更"聪明",或者说使计算机具有智能,希望能够用机器来模仿人类学习以及产生其他方面的智能。会议的主要参加者有:约翰·麦卡锡(John McCarthy,达特茅斯学院的数学家、计算机专家,后为麻省理工学院教授)、马文·闵斯基(Marvin Minsky,哈佛大学数学与神经学初级研究员,人工智能与认知学专家)、克劳德·香农(Claude Shannon,贝尔实验室信息部数学研究员,信息论的创始人)、艾伦·纽厄尔(Allen Newell,曾在兰德公司,卡内基梅隆大学的计算机学院、泰珀商学院和心理学系任职,计算机科学家)、赫伯特·西蒙(Herbert Simon,卡内基梅隆大学的经济管理研究生院任教,诺贝尔经济学奖得主)、洛切斯特(N. Lochester,IBM 信息中心负责人)等。

会议足足开了两个月的时间,虽然大家没有达成普遍的共识,但是却为会议讨论的内容起了一个名字：人工智能（Artificial Intelligence，AI）。因此，1956 年也就成为了人工智能元年。

人工智能又称智能模拟，它是一个知识信息处理系统，主要研究如何使计算机去做类似人类智能的工作。斯坦福大学的 Nils J. Nilsson 教授对人工智能的定义为：人工智能就是使机器变得智能，智能就是帮助实体在环境中恰当地运转，并对周围环境具有预见性。

关于智能是如何产生的问题至今并没有一个最终的答案。目前主要有三种认识智能的观点和方法。

第一种是思维理论，认为智能来源于思维活动，智能的核心是思维，人的一切知识都是思维的产物。可望通过对思维规律和思维方法的研究，来揭示智能的本质。

第二种是知识阈值理论，认为智能取决于知识的数量及其可运用程度。一个系统所具有的可运用知识越多，其智能就会越高。

第三种是进化理论，这是美国麻省理工学院的 Brooks 教授在对智能机器人研究的基础上提出的。Brooks 教授设计了一个有六条腿的智能机器人，通过给它赋予一个学习算法并且设定学习目标，智能机器人自主学会了如何协调其动作完成复杂环境下的行走。Brooks 教授认为智能取决于感知和行为以及对外界复杂环境的适应，智能不需要知识、不需要表示、不需要推理，智能可由逐步进化来实现。

在文献中，Brooks 教授介绍了他们在麻省理工学院的人工智能实验室开展的智能机器人研究工作，指出智能不需要表示，可以通过逐步的进化实现。在文献中，Brooks 教授介绍了他们研究的六足智能机器人 Genghis 的结构和工作原理。图 4-1 是 1991 年 *Science* 杂志封面上的 Genghis 在复杂环境下行走的照片。

图 4-1　Genghis 在复杂环境下的行走

Genghis 长 35 厘米，有六条腿，每条腿通过一个两旋转自由度的关节连接到骨架，由平面控制伺服电机进行控制。传感器包括纵摇倾斜仪、两个碰撞敏感天线、六个前向的被动热释电红外传感器、测量每个电机伺服回路的力测量装置。机器人装配了四个 8 位的微处理器，其中，三个处理器用来处理电机和传感器的信号，一个处理器用来运行包容体系结构（Subsumption Architecture）。包容体系结构是一种自下而上的组织架构，在这种架构中,基于行为的机器人依赖于一组独立的简单行为。行为的定义包括触发它们的条件(常常是一个传感器读数)和采取的动作(常常涉及一个受动器)。一个行为建立在其他行为之上,当两个行为发生冲突时,中央仲裁器决定哪个行为应该优先执行。上层的行为协调和包容下层的行为。

4.1.2　人工智能的发展历程

根据大部分学者的文献和资料,我们将人工智能的发展分为四个阶段,下面对这四个发展阶段做个简单的介绍。

4.1.2.1　第一阶段:孕育形成期

孕育期可以追溯到公元前 300 多年,亚里士多德(Aristotle,公元前 384—322,古希腊伟大的哲学家和思想家)创立了演绎法,他提出的三段论至今仍然是演绎推理的最基本出发点。莱布尼茨(G.W. Leibnitz,1646—1716,德国数学家和哲学家)把形式逻辑符号化,奠定了数理逻辑的基础。数理逻辑又称符号逻辑、理论逻辑,它既是数学的一个分支,也是逻辑学的一个分支,其研究对象是对证明和计算这两个直观概念进行符号化以后的形式系统。数理逻辑是第一次人工智能高潮的数学基础。

1936 年,英国数学家图灵(A. M. Turing,1912—1954)创立了自动机理论,自动机理论也称图灵机,是一个理论计算机模型。基于图灵的自动机理论,美国数学家莫克利(J. W. Mauchly,1907—1980)与他的研究生埃克特(J.P. Eckert)合作,于 1946 年成功研制了世界上第一台通用电子计算机 ENIAC。

美国神经生理学家麦克洛奇(W. McCulloch)和皮兹(W. Pitts)于 1943 年建成了第一个神经网络模型(MP 模型)。在今天流行的机器学习方法中,基于神经元网络的方法是取得成功应用最多的方法。

美国著名数学家、控制论创始人维纳(N. Wiener,1874—1956)于 1948 年创立了控制论。通过将控制论中误差反馈调节的思想和方法向人工智能渗透,形成了今天以机器学习为代表的行为主义学派。

图灵于 1950 年在其论文 *Computing Machinery and Intelligence* 中提出了"计算机能思维"的想法。

1956 年 8 月,在美国汉诺斯小镇的达特茅斯学院的夏季研讨会上,学者提出了"Artificial Intelligence(AI)"一词,标志着人工智能学科的正式形成。

4.1.2.2　第二阶段:第一次高潮期

1956—1970 年是人工智能的第一次高潮期,主要是以数理逻辑为基础的符号推理系统的发展为主要动力。AI 起源于数理逻辑,人类认知的基元是符号,认知过程是符号表示上的一种运算。在这个阶段人工智能取得了非常多的成果。

1957 年,纽厄尔、肖(J. Shaw)和西蒙等人的心理学小组研制了一个称为逻辑理论机(Logic Theory Machine,LT)的数学定理证明程序。20 世纪 50 年代,逻辑理论机证明了数学名著《数学原理》中的 38 个定理。经改进后,1962 年又证明了该书中全部的 52 个定理。因此,逻辑理论机被认为是用计算机探讨人类智力活动的第一个真正的成果。

吴文俊先生(1919—2017 年)于 1997 年首次发表定理的机械化证明的论文,由此开辟全新的方向,创立了定理机器证明的"吴方法"。吴文俊先生于 2001 年获得我国首届国家最高科学技术奖。

1959 年,美国心理学家 A.纽厄尔、H.A.西蒙、J.C.肖联合研制了通用问题求解程序(General Problem Solving)。该程序当时可以解决 11 种不同类型的问题,如不定积分、三角函数、代数方程、猴子摘香蕉、汉诺塔、人-羊过河等。

我们简单介绍一下汉诺塔问题。一位法国数学家曾编写过一个印度的古老传说:在世界中心贝拿勒斯(在印度北部)的圣庙里,一块黄铜板上插着三根宝石针。印度教的主神梵天在创造世界时,用其中一根针上从下到上地穿好了由大到小的 64 片金片,这就是所谓的汉诺塔。不论白天黑夜,总有一个僧侣在按照下面的法则移动这些金片:一次只移动一片,不管在哪根针上,小片必须在大片上面。僧侣们预言,当所有的金片都从梵天穿好的那根针上移到另外一根针上时,世界就将在一声霹雳中消灭,而梵塔、庙宇和众生也都将同归于尽。图 4-2 是汉诺塔的玩具模型,现在市场上也有这个玩具游戏模型在销售,这是一个典型的智力游戏,一般人搬不了几次,就发现无法继续往下搬了,必须把以前搬过来的盘片再往回搬,然后才能继续,所以通常人们只能玩包含非常少的盘片的汉诺塔游戏。而用人工智能语言 Lisp 可以很简单地实现汉诺塔游戏的完整解决方案,实现程序可参见网站 https://www.cnblogs.com/chongyb/archive/2012/12/21/2827839.html。

图 4-2 汉诺塔的玩具模型

1956 年,塞缪尔在 IBM704 计算机上研制成功了具有自学习、自组织和自适应能力的西洋跳棋程序。这个程序可以从棋谱中学习,也可以在下棋过程中积累经验、提高棋艺。通过不断学习,该程序于 1959 年击败了塞缪尔本人,1962 年又击败了某个州的冠军。

1958 年,麦卡锡建立了行动规划咨询系统。1960 年,麦卡锡研制了人工智能语言LISP。1961 年,马文·明斯基发表了《走向人工智能的步骤》的论文,推动了人工智能的发展。1965 年,鲁宾逊(J. A. Robinson)提出了定理证明的归结(消解)原理,用于将复杂的问题逐步化简为简单问题,从而完成定理证明。

20 世纪 60 年代初,西蒙预言:10 年内计算机将成为下棋的世界冠军、将证明一个未发现的数学定理、将能谱写出具有优秀作曲家水平的乐曲、大多数心理学理论将在计算机上形成。至今人工智能已经做到了成为下棋的世界冠军,也证明一个未发现的数学定理(四色定理),也能谱写出具有优秀作曲家水平的乐曲。但是由于当时的计算机计算速度太慢,西蒙的预言一个也没有实现,所以这是一个失败的预言。

在博弈方面,塞缪尔编制的下棋程序在与世界冠军对弈时,5 局中败了 4 局。在定理证明方面,鲁宾逊提出的归结法的能力有限,当用归结原理证明两个连续函数之和还是连续函数时,推了 10 万步也没证出结果。在问题求解方面,对于不良结构,会产生组合爆炸问题,比如汉诺塔问题就是一个典型的组合爆炸问题。

如果考虑一下把 64 片金片,由一根针上移到另一根针上,并且始终保持上小下大的顺序,这需要多少次移动呢? 这里需要用到递归的方法。假设有 n 片金片,移动次数是 $f(n)$。显然 $f(1)=1, f(2)=3, f(3)=7 \cdots f(k+1)=2f(k)+1$,此后不难证明 $f(n)=2^n-1$。当 $n=64$ 时,移动次数 $f(64)=2^{64}-1=18446744073709551615$。

假如每秒钟移动一次,共需多长时间呢? 大致计算得到总共需要移动 584554049253.855 年。

在机器翻译方面,翻译程序甚至会闹出笑话。例如,把"心有余而力不足"的英语原文"The spirit is willing but the flesh is weak"翻译成俄语,再翻译回来竟变成了"酒是好的,肉变质了"(The wine is good but the meat is spoiled)。在神经生理学方面,研究发现人脑一般有 $10^{11} \sim 10^{12}$ 个神经元,在现有技术条件下用机器从结构上模拟人脑是根本不可能的。

在其他方面,人工智能也遇到了不少问题。在英国,剑桥大学的詹姆教授指责:"人工智能研究不是骗局,也是庸人自扰。"从此,形势急转直下,在全世界范围内人工智能研究陷入困境、落入低谷,人工智能研究进入第一次低潮期。

4.1.2.3　第三阶段:第二次高潮期

1971—1990 年是人工智能第二次高潮期。在这个阶段,专家系统等得到了迅速的发展。专家系统是一种基于知识的智能系统,它将领域专家的经验用知识表示方法表示出来,并放入知识库中,供推理机使用。专家系统实现了人工智能从理论研究走向实际应用、从一般思维规律探讨走向专门知识运用的重大突破,是人工智能发展史上的一次重要转折。

第一个开发成功的专家系统是 MYCIN 系统,一种帮助医生对住院的血液感染患者进行诊断和用抗生素类药物进行治疗的专家系统。MYCIN 系统是 20 世纪 70 年代初由美国斯坦福大学研制,主要编制人是 Edward Shortlife、Bruce Buchanan、Stanley N. Cohen,用 LISP 语言写成。在控制结构上可分成两部分:①以患者的病史、症状和化验结果等为原始数据,运用医疗专家的知识进行推理,找出导致感染的细菌。若是找出多种细菌,则用 0 到 1 的数字给出每种细菌感染的可能性。②在上述基础上,给出针对这些可能的细菌的药方。

在 MYCIN 系统中,推理所用的知识是用相互独立的产生式方法表示的,其知识表达方式和控制结构基本上与应用领域是不相关的,这导致了后来作为建造专家系统工具的 EMYCIN 的出现。它应用了独特的非精确推理技术,还具有向用户解释推理过程的能力。从应用角度看,它能协助内科医生诊断细菌感染疾病,并提供最佳处方。从技术角度看,他解决了知识表示、不精确推理、搜索策略、人机联系、知识获取及专家系统基本结构等一系列重大技术问题。

图 4-3 是专家系统的原理框架图。

其中,知识库中存储专家知识,知识表达的基本特征就是要定义清楚它的含义或语

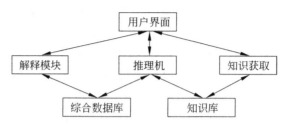

图 4-3　专家系统的原理框架图

义。知识表达的一般特征主要包括 4 方面：

（1）表达的充分性：用于描述领域知识的表达方法是否能够充分地表达问题域中所有需要的知识类型。

（2）推理的充分性：用于描述领域知识的表达方法是否能够充分地表达问题域中所有需要的推理过程和步骤。推理过程通过对表达数据结构进行推理以产生新的数据结构，这对应于问题域中的从旧的知识产生新的知识。推理过程在问题解决和知识学习过程中都要用到。

（3）问题解决的有效性：问题解决的有效性是指用来描述表达有效问题解决步骤的能力。例如，在知识结构中引入附加信息是否能够将推理过程引向最有利的方向。

（4）知识学习的有效性：用于描述代理学习的能力，包括学习新的信息的能力、将学习得到的新信息集成到代理的现有知识结构中的能力，以及修改现有的知识结构来更好地表达问题域的能力。

知识表达的形式化方法有谓词演算（Predicate Calculus）、产生式规则（Production Rule）和语义网框架（Semantic Networks and Frames）方法等。这几种形式化知识表示方法可以利用上面介绍的有关知识表达的 4 个特征进行比较。以下是对这 3 个表示方法的综合评价：

（1）谓词演算具有较高的表达和推理能力，但是问题解决的有效性较差。复杂的一阶谓词演算表达方式很难实现学习方法，而且学习效率不高，因此大多数现有的学习方法都是基于有限的一阶谓词逻辑形式。不过由于谓词演算具有的模块化表达方式可以方便地将新的知识的集成到现有的知识中，因此总体上来说，谓词演算在知识学习的效率方面还算是比较好的。

（2）产生式规则具有与谓词演算相类似的特点。它们尤其适合在预先设定好的环境中表达知识，因此许多代理采用这种表达方式。不过，它们不适合于表达关于对象的知识。

（3）语义网络框架从广义上讲是对产生式系统的补充。它们尤其适合于表达对象和状态，但是在表达过程方面有些困难。与产生式系统相比，它们的推理效率特别高，因为用于表达知识的结构本身就是对知识提取的一种引导。不过其学习效率比较低，因为对知识的添加和删除会影响其他的知识。因此新的知识必须十分谨慎地集成到现有的知识系统之中。

综合数据库存储来自不同渠道的各种数据。用户界面负责与用户或者其他系统进行交互,接收输入数据和发布展示输出结果。推理模块根据综合数据和知识库中的知识,按照预先设定好的规则进行推理和判断,得出有价值的结论和建议。解释模块对推理机得出的结论和建议进行解释,以便人们理解,提高系统推理得出结论的可信程度。知识获取模块则负责增加知识库的知识,早期的知识主要是专家提供的,而在今天,则可以通过大数据分析从数据中找到各种知识,比如分类知识、关联知识。

1976 年,斯坦福大学的杜达(R. D. Duda)等人开始研制地质勘探专家系统 PROSPECTOR。随着计算网络、多代理(Agent)、计算智能等技术的发展,出现了模糊专家系统、神经网络专家系统、基于 Web 的专家系统、协同式专家系统和分布式专家系统等。

这一时期,与专家系统同时发展的重要领域还有计算机视觉和机器人,自然语言理解与机器翻译等。

虽然专家系统在许多特定领域取得了成功的应用,但是在推广应用过程中也遇到了很多问题。比如专家系统本身所存在的应用领域狭窄、缺乏常识性知识、知识获取困难、推理方法单一、没有分布式功能、不能访问现存数据库等问题。从 20 世纪 80 年代末期开始,以专家系统应用为主要特征的人工智能研究进入第二次低潮期。

4.1.2.4 第四阶段:第三次高潮期

虽然从 20 世纪 80 年代末期开始,人工智能研究进入第二次低潮期。但是,人工智能的研究和应用依然在进步。在第三次高潮到来之前,人工智能研究也取得了许多令人激动的成功应用。

从 1852 年发现四色问题开始,世界上有很多著名的科学家试图证明该定理,一直未能完成。1976 年 6 月,哈肯在美国伊利诺伊大学的两台电子计算机上,用了 1200 个小时,作了 100 亿次判断,终于完成了四色定理的证明,从而解决了一个历时 100 多年的问题,轰动了世界。

1989 年,在美国匹兹堡,一辆翻新的陆军救护车——ALVINN(Autonomous Land Vehicle In A Neural Network)在卡内基-梅隆大学(Carnegie Mellon University,CMU)校园中独自行驶着,没有任何人工干预,这得益于自动驾驶技术的发展。使用计算机控制汽车的研究在 1984 年于 CMU 开幕,1986 年制造出一款产品——NavLab 1 机器人,具有完成图像处理、图像理解、传感器信息的融合以及路径规划和本体控制等功能。NavLab 1 系传感器主要包括彩色摄像机、陀螺、ERIM 激光雷达、超声传感器、光电编码器和 GPS 等,在 CMU 校园网道路运行速度为 12km/h,当使用神经网络控制器(ALVINN)控制本体时的最高速度可以达到 88km/h。

ALVINN 是首辆运用神经网络(Neural Network)控制的陆地自动驾驶汽车,20 世纪 90 年代开始用于测试。测试道路全程 2850 英里(约 4586.5 公里),其中 98% 的时间由这个系统掌握方向盘,2% 的时间由人驾驶(几乎都在高速公路出入口处)。图 4-4 是 ALVINN 在实际路上行驶的照片。

1997 年,IBM 的"深蓝"(Deep Blue)成为第一个在国际象棋比赛中战胜世界冠军的计算机程序。1997 年的一次公开赛中"深蓝"以 3.5/2.5 比分战胜国际象棋大师卡斯帕罗

图 4-4　ALVINN 在实际路上行驶的照片

夫。卡斯帕罗夫说从棋盘对面感到了"一种新智能"。但是,连"深蓝"的设计者也不认为用了什么人工智能技术。

1991 年,海湾战争中的美国军队配备了一个动态分析和重规划工具 DART,用于自动完成后勤规划与运输调度。该系统同时涉及 50000 个车辆、货物和人,而且要考虑起点、目的地、路径,解决所有参数之间的冲突。使用 AI 技术使规划在几小时内完成,而传统方法需要几个星期。DARPA(美国国防高级研究计划局)称,就此一项投资足以补偿DARPA 在 AI 方面 30 年的投资。

从 2010 年开始,人工智能的发展进入了爆发式增长的第三次高潮期。代表性的事件有 IBM 的"沃森"(Watson)在智力大赛中战胜人类冠军。

2011 年 2 月 14 日到 2 月 16 日,在美国智力问答节目《危险边缘》连续三天的比赛中,IBM 公司研制的超级计算机"沃森"以分数超出第二名两倍多的绝对优势,击败两名大赛的前冠军,夺得了 100 万美元的奖金。图 4-5 是"沃森"在智力大赛中现场照片。

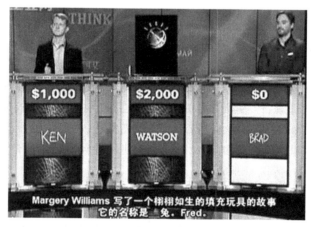

图 4-5　"沃森"在智力大赛中现场照片

《危险边缘》是一个涵盖时事、历史、文学、艺术、流行文化、科学、体育、地理、文字游戏等多方面知识的智力问答电视秀节目。在该节目的独特问答形式中,选手必须根据以回答形式给出的线索提示找出答案,并且以提问的方式回答。举个例子,当节目主持给出提示信息:"这是一种冷血的无足的冬眠动物",选手应该回答"什么是蛇?"而不是简单的回答"蛇"。《危险边缘》对于计算系统是一个巨大的挑战,因为它涉及广泛的学科和主题,选手们要在很短时间内提供正确答案。

超级计算机"沃森"由 90 台 IBM 服务器、360 个计算机芯片驱动组成,是一个有 10 台普通冰箱那么大的计算机系统。它拥有 15TB 内存、2880 个处理器,每秒可进行 80 万亿次运算。IBM 公司内部将其称为认知计算(Cognitive computing),这代表着真正的人工智能时代的到来,IBM 公司在介绍"沃森"时说:"它是一个集高级自然语言处理、信息检索、知识表示、自动推理、机器学习等开放式问答技术的应用",并且"基于为假设认知和大规模的证据搜集、分析、评价而开发的深度问答技术"。在比赛过程中,"沃森"不连接互联网,依赖从书本学习到的知识和从大量自然语言文本中收集到的知识来回答问题。

在人机智力大战中,超级计算机"沃森"表现出以下的智能特征。

(1)感知能力:"沃森"能听得懂人的自然语言,能够看懂显示屏幕上的题目,并且用自然语言选择题目和回答问题。

(2)学习能力:"沃森"使用了机器学习的技术,已经具有一定的学习能力,"沃森"可以通过阅读资料获得知识,也可以通过问答的方式来不断完善自己的知识。不过这个学习过程还是需要指导的,完全的自学习能力还有待进一步研究和开发。

(3)超级分析和推理能力:根据屏幕上给出的问题,"沃森"使用问答技术分析问题的措辞结构,并且在几秒内给出一个具有最高的准确性"可信度"的答案。"沃森"可以回答"自然语言"类的问题,可以包含双关语、俚语、术语和缩写词,而"沃森"在返回可信答案时必须对这些进行评估。

(4)超快的回忆速度:"沃森"具有超快的回忆速度,它可以在 1 秒钟内回忆 600 万页书记录的内容。

"沃森"支持自然语言提问和非结构化数据分析,存储了 2 亿页的资料,包括整个维基百科,应用了自然语言处理、信息检索、知识表示、自动推理、机器学习等技术。下面对"沃森"的工作原理做个简单介绍。

"沃森"基于 DeepQA(深度问答)系统开发。在介绍深度问答系统的工作原理前,先介绍一下问答系统的工作流程。问答系统接收用户以自然语言形式描述的提问,从大量数据中查找出准确、简洁的答案。一般包含问题理解、信息检索、答案抽取三大模块。图 4-6 是问答系统的分类,图 4-7 是问答系统的一般工作流程。

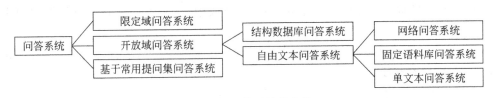

图 4-6 问答系统的分类

图 4-8 给出的是开放域问答系统基本架构图,包括问题处理模块、信息检索模块和答

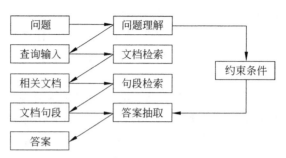

图 4-7　问答系统的工作流程

案抽取模块。下面对每个模块进行介绍。

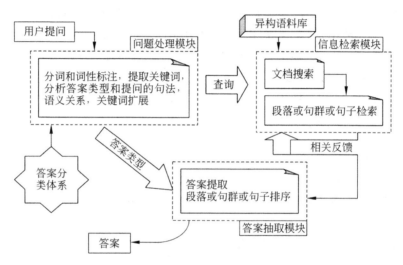

图 4-8　开放域问答系统基本架构图

（1）问题处理模块。应用自然语言处理方面的多种技术对问题进行预处理，主要包括以下两方面的工作。

- 问句分类：根据问句答案类型对问句进行分类，分类方法主要有模式匹配方法和机器学习方法两类。模式匹配法为每一种问题类型建立一个模式集合，将问句与其中的模式匹配；机器学习方法定义问题的特征集合，通过训练数据得到分类器后，对新的问句分类。
- 问句主题提取：对问题进行句法分析，获取中心词，选取中心词及其修饰词作为主题。

（2）信息检索模块。通过信息检索技术缩小答案的范围，提高答案抽取的效率和精度，包括文档检索和段落检索。

- 文档检索：给定一个由问题产生的查询，通过检索模型获取相关文档。常用的检索模型有布尔模型、向量空间模型、语言模型、概率模型等。
- 段落检索：从候选文档集合中检索出最可能含有答案的段落，效果较好的段落检索算法有：MultiText 算法、IBM 算法和 SiteQ 算法。

（3）答案抽取模块。从答案的段落集合中获取正确答案，满足用户需求，包括以下两方面的工作。

- 生成候选答案集合：根据问题分析获取到问句类别，利用自然语言处理中命名实体的识别技术生成候选答案；另外可以生成具体的名词列表，若段落中含有列表中的名词则作为候选答案返回。
- 提取答案：主要有 4 种方法，分别是基于表层特征的答案提取、通过关系抽取答案、通过模式匹配抽取答案、利用统计模型抽取答案。

图 4-9 给出了"沃森"深度问答系统架构，其工作原理和过程如下。

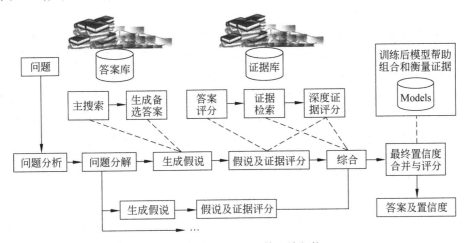

图 4-9　"沃森"深度问答系统架构

（1）问题分析。

① 问题分类：提取问题中需要特殊处理的部分，包括一词多义、从句句法、修辞手法；判断问题的类型，例如谜题、定义题、数学题等；识别双关语、限制性成分、定义性成分等内容。

② 焦点词与 LAT（Lexical Answer Type）定型词检测：定型词指标识了答案类型的词；焦点词一般可以用备选答案替换，使问题成为一个陈述句，常常是线索中某个主语或者宾语。

③ 关系检测：检测题目中要素之间的关系，有效减少答案的搜索空间，有利于在语义网中检索。

（2）问题分解。

利用规则或者统计学习的方法，将子问题作为单独回答对象，获取候选答案，在最终答案合并阶段进行合并处理。实验表明，即使问题不需要分解，分解之后也能从整体上提高答案置信度。

（3）生成假说。

① 主搜索：主搜索指搜索包含答案的相关内容，同时平衡速度、精确度、召回率等多个方面。"沃森"可以做到对于 85% 的问题，在前 250 个备选答案中选出正确答案。

② 生成备选答案：对主搜索结果进一步分析，例如，根据标题以及篇章内容进行关

系检测、通过语义网检索返回结果等生成大量备选答案。

（4）假说及证据评分。

① 答案评分：通过轻量级的评分算法，将生成的大量备选答案缩减至合理的数量。

② 证据检索：查找支持当前备选答案的证据，常用的方式是检索备选答案在主搜索中被找到的段落，并查找其上下文；支持证据也有可能在语义网中的三元组中存储。

③ 深度证据评分：根据检索到的证据采用大量的组件和评分器对其评分，全面考察证据不同方面，给出当前备选答案的置信度。"沃森"采用了五十多种评分机制，包括文章可靠程度、时空关系、分类关系、语义关系等。

（5）最终置信度合并与评分。

对于问题的不同备选答案，有的内部含义可能相同（例如孙悟空和齐天大圣），对于等价和相关的备选答案可以将其进行合并得到融合后的置信度。"沃森"采用了机器学习的方式得到排序模型，对所有备选答案排序后得出最终答案及其置信度。

IBM 公司目前正在尝试"沃森"在医疗领域的应用，从 2012 年 4 月开始，"沃森"在进行医学实习，通过 IBM 公司设计的一个模拟应用来学习怎样为癌症患者诊断配药。接下来，这台超级计算机将会开始接触真正的病人，"沃森"将会从病人的谈话中抓取数据，按照一定的规律原则提出一些治疗方案。例如，"沃森"可能会建议进行两个化疗疗程，同时也会指出只有 90% 的把握性，但是其他方法只有 75% 的把握性。然后，真正的医生会做出最终的决定。

IBM 公司研究人员曾教导"沃森"理解人类语言，尤其是口语，它的学习能力虽然很强，但是却无法区分灌输给它的词语中哪些是礼貌用语，哪些是脏话，在测试中，它甚至会用"bullshit"（胡说，废话）来回答研究人员的提问，研究人员不得已要对它进行洗脑。目前，IBM 公司宣布送"沃森"到伦斯勒理工学院（Rensselaer Polytechnic Institute）深造，并缴纳了"沃森"学习费用，让它在那里接受三年的教育，学习数学和语言交流，从而提高其认知能力。伦斯勒理工大学的研究人员将帮助"沃森"提高数学能力以及迅速理解新词或合成词意思的能力，提高它的文明用语水平。

2018 年 6 月 18 日，在旧金山，IBM 开发的辩论机器人 Project Debater 与 2016 年的以色列国家辩论冠军 Noa Ovadia、以色列国际辩论协会主席 Dan Zafrir 分别进行了辩论比赛。在比赛中，Project Debater 参与了两个辩论主题，即"政府是否应该资助太空探索"和"远程医疗是否应该在医疗保健中发挥更大作用"。Project Debater 在辩论前并不知道论题。此次辩论有四十名成员参与投票，Project Debater 比 Dan Zafrir 多得 9 票，成功赢得比赛。图 4-10 是辩论现场的照片。

人工智能的发展及应用还包括以下 4 方面。

（1）谷歌智能汽车。

谷歌早在 2009 年就开始研发自动驾驶汽车，于 2016 年底把自动驾驶汽车业务拆分出去，成立新公司 Waymo。2016 年，该公司在亚利桑那州的 Chandler 开设了运营和测试中心。此后，该公司开展了在当地和凤凰城其他郊区的测试计划、招募了早期测试者并逐步开始商业化部署。2017 年 4 月启动了早期测试志愿者项目，申请者需要被审查并签署保密协议，才能够参与其中。2017 年 11 月，Waymo 宣布该公司开始在驾驶座上不配置

图 4-10　辩论机器人 Project Debater 辩论现场照片

安全驾驶员的情况下测试自动驾驶汽车。

2018 年 12 月 5 日，Waymo 公司推出首个"商业自动驾驶出租车"服务平台 Waymo one，在美国凤凰城地区小范围运营。在 Waymo 凤凰城运营中心，你会看到一间普通仓库，那里有一个车队，由 400 多辆无人驾驶汽车组成，其中几十辆汽车排成整齐的两行。图 4-11 是 Waymo one 车队的照片。

图 4-11　Waymo one 车队的照片

谷歌无人驾驶汽车通过摄像机、雷达传感器和激光测距仪来观测其他车辆，并使用详细的地图来进行导航。图 4-12 是 Waymo one 车在路上的照片。

无人驾驶汽车的观测过程为：车顶上的扫描器发射 64 束激光射线，然后激光碰到车辆周围的物体又反射回来，这样就计算出了物体的距离。另一套在底部的系统测量出车辆在三个方向上的加速度、角速度等数据，然后再结合 GPS 数据计算出车辆的位置，所有这些数据与车载摄像机捕获的图像一起输入计算机，软件以极高的速度处理这些数据。这样，系统就可以非常迅速地作出判断。

据 cnet 报道（https://www.chinaz.com/sees/2020/0107/1090793.shtml），在 CES2020 展会上，谷歌母公司 Alphabet 旗下的自动驾驶汽车公司 Waymo 宣布其无人驾驶车队达到一个新的里程碑——在公共道路上行驶了 2000 多万英里。

据 2018 年加州机动车辆管理局（DMV）发布的自动驾驶接管报告显示，Waymo 无人车平均每跑 17846.8 千米需要人工干预一次，百度的无人车平均每跑 329 千米需要人工

图 4-12　Waymo one 无人车

干预一次。

（2）AlphaGo 战胜人类围棋高手。

2016 年 3 月，阿尔法围棋（AlphaGo）与围棋世界冠军、职业九段棋手李世石进行围棋人机大战，以 4 比 1 的总比分获胜；2016 年末至 2017 年初，该程序在中国棋类网站上以"大师"（Master）为注册账号与中日韩数十位围棋高手进行快棋对决，连续 60 局无一败绩；2017 年 5 月，在中国乌镇围棋峰会上，它与排名世界第一的世界围棋冠军柯洁对战，以 3 比 0 的总比分获胜。围棋界公认 AlphaGo 的棋力已经超过人类职业围棋顶尖水平，在 GoRatings 网站公布的世界职业围棋排名中，其等级分曾超过排名人类第一的棋手柯洁。图 4-13 是 AlphaGo 与李世石对局的照片。

图 4-13　AlphaGo 与李世石对局的照片

AlphaGo 是一款围棋人工智能程序，由 176 个 GPU 和 1202 个 CPU 组成，其主要工作原理是深度学习。深度学习是指多层的人工神经网络和训练它的方法。一层神经网络会把大量矩阵数字作为输入，通过非线性激活方法取权重，再产生另一个数据集合作为输出。这就像生物神经大脑的工作机理一样，通过合适的矩阵数量，多层组织链接在一起，形成神经网络"大脑"进行精准复杂的处理。

AlphaGo 用到了很多新技术,如神经网络、深度学习、蒙特卡洛树搜索法等,使其实力有了实质性飞跃。美国脸书公司"黑暗森林"围棋软件的开发者田渊栋在网上发表分析文章(https://zhuanlan.zhihu.com/p/20607684),指出 AlphaGo 系统主要由几部分组成:

① 策略网络:给定当前局面,预测下一步的走棋位置,给棋盘上所有可能的下一步棋一个分数,总共有 $19 \times 19 = 361$ 个可能的动作(每个动作有一个概率)。

对"棋感"、大局观进行建模。利用人类高手对局数据,采用深度卷积神经网络(DCNN)进行监督学习。

增强学习(Reinforcement Learning):AlphaGo 基于监督学习获得的策略网络和自己对弈。将策略 P0 参数进行微调形成一个新的策略 P1。让 P0 和 P1 多次对弈,胜率低的那个策略将再次微调自己的参数,形成新的策略,再与获胜的策略对弈,如此反复,不断选择更优的策略。

AlphaGo 在面对当前棋局时,它会模拟(推演棋局)N 次,选取模拟次数最多的走法,这就是 AlphaGo 认为的最优走法。例如,图 4-14 中,所有没有落子的地方都是可能下子的位置,但在模拟中,右下那步走了 79% 次,因此选择该走法。

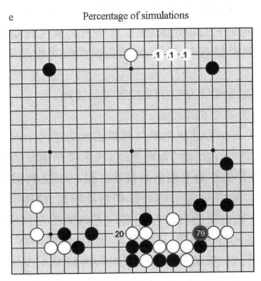

图 4-14　AlphaGo 走棋网络示意图

每次模拟中,AlphaGo 自己和自己下棋,由一个函数决定该下哪一步。函数包括了以下几个内容:这个局面大概该怎么下(选点,采用策略网络 Policy Network),下这步会导致什么样的局面,赢的概率是多少(形势判断采用价值网络 Value Network 和快速走子 Fast Rollout),鼓励探索没模拟过的招法。

模拟完一次后,AlphaGo 会记住模拟的棋局,通常是几步以后的棋局,并且计算这时的新策略和价值。因为这时已经更接近终局了,值会更加准确,AlphaGo 会用这些更准的值更新这个函数,函数值就越来越准了,所以模拟的每一步越来越接近正解(最优的下法),整个模拟越来越接近黑白双方的最优下法(主变化,principle variation),就像围棋书上的正解图一样。

② 快速走子（Fast Rollout）：迷你版本的策略网络。

采用浅层网络训练，准确率降低，速度大幅提升，将每次下一个子的时间的从 3 毫秒降低到 2 纳秒，下棋速度提高了 100 倍。

快速走子用于从当前局面进行快速模拟到终局，多次模拟得到平均胜率，以此作为对盘面的估计。

③ 估值网络（Value Network）。

给定当前盘面，估算是白胜还是黑胜。基于学习好的走棋网络，模拟多次对弈，计算平均胜率，以此为监督信息训练深度卷积神经网络。估值范围为 $[0,1]$，接近于 1 为黑胜，接近于 0 为白胜。

④ 蒙特卡洛搜索树（MCST）。

综合考虑走棋网络和估值网络，模拟"算棋"，计算各种走法的胜率。共分为选择、扩展、模拟、反向传播四个步骤迭代进行。

- 选择：从当前盘面出发，根据递归选择最优子节点，直到到达叶子节点。
- 扩展：根据落子位置，扩展形成新盘面。
- 模拟：采用快速走子和价值网络，评估新扩展盘面的胜率。
- 反向传播：从新扩展的盘面出发，依次更新其父节点的 Q 值（平均胜率）。

利用蒙特卡洛搜索树模拟 N 次走棋，最后选取模拟次数最多的走法（统计上的最优走法）。

AlphaGo 总体上包含离线学习和在线对弈两个过程。

① 离线学习过程分为 3 个训练阶段。

第一阶段：利用 3 万多幅专业棋手对局的棋谱来训练两个网络。一个是基于全局特征和深度卷积网络（CNN）训练出来的策略网络，其主要作用是给定当前盘面状态作为输入，输出下一步棋在棋盘其他空地上的落子概率。另一个是利用局部特征和线性模型训练出来的快速走棋策略。策略网络速度较慢，但精度较高；快速走棋策略反之。

第二阶段：利用第 t 轮的策略网络与先前训练好的策略网络互相对弈，利用增强式学习来修正第 t 轮的策略网络的参数，最终得到增强的策略网络。

第三阶段：先利用普通的策略网络来生成棋局的前 U-1 步（U 是一个属于 $[1,450]$ 的随机变量），然后利用随机采样来决定第 U 步的位置（这是为了增加棋的多样性，防止过拟合）。随后，利用增强的策略网络来完成后面的自我对弈过程，直至棋局结束分出胜负。此后，将第 U 步的盘面作为特征输入，胜负作为 label，学习一个价值网络，用于判断结果的输赢概率。价值网络是 AlphaGo 的一大创新，因为围棋最困难的地方在于很难根据当前的局势来判断最后的结果，这点职业棋手也很难掌握。而 AlphaGo 通过大量的自我对弈，产生了 3000 万盘棋局，用来训练价值网络。

② 在线对弈。

在线对弈的核心思想是在蒙特卡罗搜索树（MCTS）中嵌入深度神经网络来减少搜索空间，包括以下 5 个关键步骤。

a. 根据当前盘面已经落子的情况提取相应特征；

b. 利用策略网络估计出棋盘其他空地的落子概率；

c. 根据落子概率来计算此处往下发展的权重,初始值为落子概率本身(如 0.18)。实际情况可能是一个以概率值为输入的函数。

d. 利用价值网络和快速走棋网络分别判断局势,两个局势得分相加为此处最后走棋获胜的得分。这里使用快速走棋策略是一个用速度来换取量的方法,从被判断的位置出发,快速行棋至最后,每一次行棋结束后都会有个输赢结果,然后综合统计这个节点对应的胜率。而价值网络只要根据当前的状态便可直接评估出最后的结果。两者各有优缺点,可以互补。

e. 利用第 d 步计算的得分来更新之前那个走棋位置的权重(如从 0.18 变成了 0.12),此后,从权重最大的那条边开始继续搜索和更新。这些权重的更新过程是可以并行的。当某个节点的被访问次数超过了一定的门限值,则在蒙特卡罗树上进一步展开下一级别的搜索。

(3) AlphaGo Zero 自学成才。

2017 年 10 月 19 日,谷歌下属公司 Deepmind 在国际学术期刊《自然》上发表了一篇研究论文,报告新版程序 AlphaGo Zero。所谓 Zero 就是它除了掌握围棋最基本规则(棋盘的几何学定义、轮流落子规则、终局输赢计算、打劫等)外,放弃参考任何人类棋谱,完全从空白状态开始自我学习。在无任何人类输入的条件下,它迅速自学围棋,经过 3 天的训练便以 100∶0 的战绩击败了他的哥哥 AlphaGo Lee,经过 40 天的训练便击败了它的另一个哥哥 AlphaGo Master。

"抛弃人类经验"和"自我训练"并非 AlphaGo Zero 最大的亮点,AlphaGo Zero 的关键在于采用了新的强化学习算法,并给该算法带来了新的发展。

AlphaGo Zero 仅拥有 4 个 TPU(Tensor Processing Unit,张量处理单元,是 Google 公司专为机器学习而定制的一款芯片),无人类经验,其自我训练的时间仅为 3 天,自我对弈的棋局数量为 490 万盘。

AlphaGo Zero 的出现给人类思维带来巨大冲击,人类开始思考机器人(人工智能)最终是否会超越人类智能,过去科幻电影中的机器人统治世界的场景又称为人们热议的话题。既然 AlphaGo Zero 自学围棋仅用了 3 天的时间,其进化水平就超过了人类研究围棋三千年的进化水平,那么还要多久,人工智能就会超越人类智能?

(4) 波士顿动力机器人。

波士顿动力(Boston Dynamics)公司是一家美国的工程与机器人设计公司,此公司的著名产品包含在美国国防高等研究计划署(DARPA)出资下替美国军方开发的四足机器人-波士顿机械狗,以及 DI-Guy,一套用于写实人类模拟的现成软件(COTS)。2013 年 12 月 13 日,波士顿动力公司被 Google 收购。2017 年 6 月 9 日,软银以不公开的条款收购谷歌母公司 Alphabet 旗下的波士顿动力公司。

2005 年,波士顿动力公司的专家创造了四腿机器人"大狗"。这个项目是由美国国防高级研究计划局资助的,源自国防部为军队开发新技术的任务。2012 年,大狗机器人升级,可跟随主人行进 20 英里。2015 年,美军开始测试这种具有高机动能力的四足仿生机器人的试验场以及这款机器人与士兵协同作战的性能。

大狗机器人的体型与大型犬相当,能够在战场上发挥非常重要的作用:在交通不便的地区为士兵运送弹药、食物和其他物品。它不但能够行走和奔跑,而且还可跨越一定高度的障碍物。该机器人的动力来自一部带有液压系统的汽油发动机。

大狗的四条腿完全模仿动物的四肢设计,内部安装有特制的减震装置。机器人的长度为 1 米,高 70 厘米,重量为 75 千克,从外形上看,它基本上相当于一条真正的大狗。大狗机器人的内部安装有一台计算机,可根据环境的变化调整行进姿态。而大量的传感器则能够保障操作人员实时地跟踪大狗的位置并监测其系统状况。这种机器人的行进速度可达到 7 千米/小时,能够攀越 35°的斜坡,可携带重量超过 150 千克的武器和其他物资。大狗既可以自行沿着预先设定的简单路线行进,也可以进行远程控制。图 4-15 是波士顿动力的大狗机器人在野外行走的照片。

图 4-15　波士顿动力的大狗机器人在野外行走

2017 年,波士顿动力又展示了其开发的两足机器人 Atlas。通过机器学习,Atlas 可以在不同的场景下完成复杂的动作。比如爬墙、后空翻、越障碍(图 4-16～图 4-18)。

(a) 起跑　　　　　　　　　　　　(b) 第一级

(c) 第二级　　　　　　　　　　　(d) 第三级

图 4-16　Atlas 爬墙过程

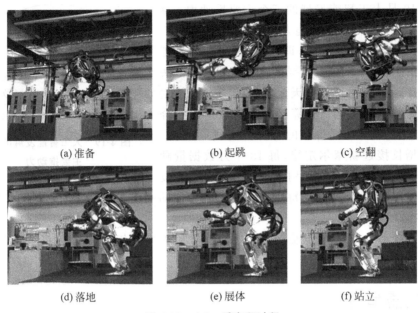

(a) 准备　　　　　　　　　(b) 起跳　　　　　　　　　(c) 空翻

(d) 落地　　　　　　　　　(e) 展体　　　　　　　　　(f) 站立

图 4-17　Atlas 后空翻过程

(a) 准备　　　　　(b) 发力　　　　　(c) 越过　　　　　(d) 落地

图 4-18　Atlas 越障碍过程

除了上面介绍的这几方面的进展外,人工智能在语言识别、人脸识别、图像处理等技术上都取得了令人瞩目的成就,在金融、交通、教育、医疗、零售、工业、旅游、安防、智慧城市建设等许多领域取得了重大应用成果。人工智能进入第三个高潮。

目前,一个以人工智能为核心,以自然智能、人工智能、集成智能为一体的新的智能科学技术学科正在逐步兴起,并引起了人们的极大关注。

今天人工智能研究的主要特征包括以下几方面。

(1) 由对人工智能的单一研究走向以自然智能、人工智能为一体的集成智能研究;

(2) 由人工智能学科的独立研究走向重视与脑科学、认知科学等学科的交叉研究,从过去单纯的计算智能向认知智能方向发展;

(3) 由对个体、集中智能的研究走向对群体、分布智能的研究。

机器学习成为当前人工智能研究成果最显著的方向。

图 4-19 是人工智能发展的三个主要推动力：算法（理论与方法）、算力（计算能力）、算例（数据）。

过去由于计算机速度慢，训练用的数据少，人工智能发展的主要推动力是理论与方法，而理论与方法的增长速度是线性增长。今天人工智能的发展的主要推动力是算力和算例。计算能力的增长速度符合摩尔定律，每 18 个月同价格的计算能力提高 4 倍。数据量的增长接近新摩尔定律，每 18 个月数据量翻一番。所以人工智能的能力呈指数级的速度增长，按

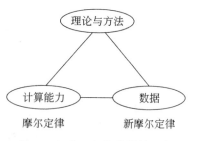

图 4-19　人工智能发展的三个主要推动力

照这样的发展速度预测，大约每 18 个月，人工智能的水平将提高 10 倍，3 年将提高 100 倍，9 年将提高 1 万倍。

雷·库兹韦尔在其《奇点临近》书中预测，大约到 2045 年，人工智能将超越人类智能，人类历史将彻底改变。

4.2　机器学习

机器学习是人工智能研究和应用的一个重要方法。简单地说，机器学习就是让机器（计算机）来模拟和实现人类的学习功能，使得计算机具备和人类一样的学习能力。机器学习理论主要是设计和分析一些让计算机可以自动学习的算法，即从数据中自动分析获得规律，并利用规律对未知数据进行预测的算法。

机器学习大致可以分为两类：监督学习和无监督学习。监督学习是指有指导的学习，既有输入数据，还有每个输入数据实例对应的输出结果数据。这样就可以把机器学习模型和算法计算得到的结果数据和实际的输出数据进行比较，从而知道机器学习模型和算法是否能够准确地反映实际情况。如果计算得到的数据与实际输出数据有差别，这个差别就可以用来作为误差去调整机器学习模型的参数，最终得到一个比较满意的算法。本书第 3 章中介绍的分类和回归都算作监督学习的范畴。无监督学习则没有明确输入数据和输出数据，这样的数据集是无法用作分类和回归学习的。对于没有指定输出结果的数据，可以进行聚类分析和关联分析，即通过数据找出其中的规律，如图 4-20 所示。

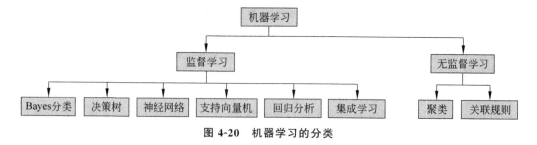

图 4-20　机器学习的分类

本章仅介绍一下机器学习中决策树的分类方法和神经网络学习方法，因为决策树的分类方法是机器学习中最基本的方法，而神经网络学习方法是目前机器学习中成果最丰

富的机器学习方法。

4.2.1　决策树

4.2.1.1　分类的基本原理和模型

下面以一个客户分类为例介绍决策树学习算法。

假设保险公司 A 有以下的客户属性数据 X 和是否高价值客户的标签数据 Y。客户属性数据包括：

```
年龄(老人,中年人,年轻人)
性别(男,女)
婚姻状况(已婚,未婚,离异)
就业情况(读书,就业,无业)
受教育情况(无,小学,中学,大专,大学,研究生)
是否拥有住房(有,无)
是否有车(有,无)
有无出国经历(有,无)
职业类型(政府、金融、制造、教育、农业、交通、商业、自主经营、其他)
有无子女(无,一个子女,一个以上子女)
是否有贷款(有,无)
是否有长期保险(有,无)
是否有单位电子邮件地址(有,无)
月收入(5000 元以下,5000 元到 1 万元,1 万元到 3 万元,3 万元到 10 万元,10 万元以上)
...
```

客户的标签数据分为两种,高价值客户和低价值客户。现在要建立一个机器学习模型,在一个新的客户到来时,判断他是高价值客户还是低价值客户。

根据以上的基本信息,保险公司 A 在其数据库中按照表 4-1 的形式记录了过去 100 万个客户的信息(表中数据纯属虚构)。

表 4-1　客户记录

编号	客户属性 X									类标签 Y
	年龄	性别	婚姻状况	就业情况	受教育情况	是否拥有住房	是否有车	...	月收入	是否高价值客户
1	31	女	已婚	就业	大学	有	有		1 万元	是
2	47	男	已婚	就业	研究生	有	无		3 万元	是
3	22	男	未婚	无业	大专	无	无		3000 元	否
4	52	男	离异	就业	大学	有	有		1.5 万元	是
5	61	女	已婚	就业	中学	有	无		8000 元	是
6	65	男	离异	无业	中学	无	无		4000 元	否
...										

这是一个典型的客户分类问题,可以采用分类学习的方法进行决策,比如采用决策树

的方法。

分类任务就是通过学习得到一个目标函数 f，把每个属性集 x 映射到一个预先定义的类标号 y。目标函数 f 也称为分类模型。

分类任务的输入数据是记录的集合，每条记录也称为实例或样例，用元组 (x, y) 表示，其中，x 是属性的集合，而 y 是一个特殊的属性，指样例的类标号（也称为分类属性或目标属性）。

分类模型的目的有两个：

- 描述性建模：分类模型可以作为解释性的工具，用于区分不同类中的对象。
- 预测性建模：分类模型还可以用于预测未知记录的类标号。可以把分类模型看作是一个黑箱，当给定未知记录的属性集上的值时，它自动赋予未知样本类标号。

图 4-21 是分类方法（决策树）的基本过程。从数据样例中选择 70% 左右的样本数据作为训练数据，学习得到一个分类模型，再用剩余的样例数据来检验学习得到的分类模型是否准确。

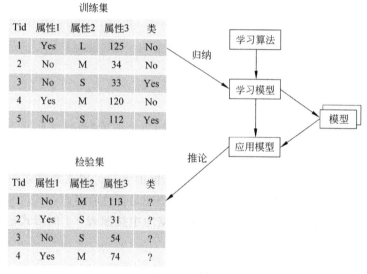

图 4-21　分类方法的基本过程

分类模型的性能评估采用混淆矩阵来进行。表 4-2 是一个二分类的混淆矩阵，有两个类 1 和 0。f_{11} 记录的是实际类是 1 且分类模型预测也是类 1 的实例数目；f_{00} 记录的是实际类是 0 且分类模型预测也是类 0 的实例数目；f_{10} 记录的是实际类是 1 而分类模型预测是类 0 的实例数目；f_{01} 记录的是实际类是 0 而分类模型预测是类 1 的实例数目；f_{11} 和 f_{00} 是正确的分类，f_{10} 和 f_{01} 是错误的分类。

表 4-2　混淆矩阵

		预测的类	
		类＝1	类＝0
实际的类	类＝1	f_{11}	f_{10}
	类＝0	f_{01}	f_{00}

式(4-1)给出了模型预测正确率的计算方法,式(4-2)给出了模型预测错误率的计算方法。一般情况下,正确率越高(错误率越低),模型预测效果越好。

$$准确率 = \frac{正确的预测数}{预测总数} = \frac{f_{11} + f_{00}}{f_{11} + f_{10} + f_{00} + f_{01}} \tag{4-1}$$

$$错误率 = \frac{错误的预测数}{预测总数} = \frac{f_{10} + f_{01}}{f_{11} + f_{10} + f_{00} + f_{01}} \tag{4-2}$$

有些情况下,人们会采用其他的一些评价指标,例如查准率和查全率。

$$查准率 = \frac{f_{11}}{f_{11} + f_{01}} \tag{4-3}$$

$$查全率 = \frac{f_{11}}{f_{11} + f_{10}} \tag{4-4}$$

查准率的意义是在预测出来的类 1 中,要尽量减少误样本 f_{01},避免把错的当成对的。这种情况对应于在医院手术前,判断一个人是否确实需要手术,我们应该尽可能地提高查准率,避免将不需要手术的人也当成要做手术的人。为了提高查准率,我们会提高将某个类判定为类 1 的标准,提高门槛,宁缺毋滥。

查全率是指对于所有的类 1 的实例,要尽可能地减少将其预测为类 0 的情况,避免把对的当成错的。这种情况对应于在医院体检,判断一个人是否存在可能疾病,我们应该尽可能地提高查全率,避免将可能需要手术的人当成不需要做手术的人。为了提高查全率,我们会降低将某个类判定为类 1 的标准,降低门槛,不放过任何可能的疑点。

4.2.1.2　决策树算法

(1) 决策树的结构和基本过程。

决策树是一种由结点和有向边组成的层次结构。根结点:它没有入边,但有零条或多条出边。内部结点:恰有一条入边和两条或多条出边。叶结点或终结点:恰有一条入边,但没有出边。

在决策树中,每个叶结点都被赋予一个分类标号,非终结点包含属性测试条件,用于区分具有不同特性的记录。图 4-22 显示的是一个简单的决策树,目的是要区分一个动物是否为哺乳动物。第一个选择的属性是体温,根据是否恒温将动物分为恒温动物和冷血动物,冷血动物直接被排除。在恒温动物中,再根据是否胎生这个属性进行分类,非胎生的直接排除,而恒温的胎生动物一定是哺乳动物。

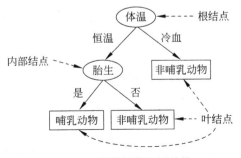

图 4-22　决策树的示例结构

决策树的基本过程就是从最初没有分类的样本开始,对样本(x,y)中输入属性x的每一个属性进行一次分类,然后计算每个属性分类后的结点纯度,选择结点纯度最高的那个属性作为分类属性。然后再对这次分类后得到的子结点继续进行分类,直至最后分类完成。下面对决策树的算法和计算过程进行介绍。

(2)结点的纯度计算方法。

什么是结点的纯度?假设在一个结点中有 N 个实例,在二分类的情况下,即假设结点中的实例只有两种类型,其类分布的概率为(p_1,p_2),其中 p_1 为第一类实例的占比,p_2 为第二类实例的占比。则类分布为$\{0,1\}$的结点具有零不纯性,而均衡分布$\{0.5,0.5\}$的结点具有最高的不纯性。

对于多分类的情况,计算方法类似。假设结点 t 中有 n 类实例,第 i 类实例的比例记为 $p(i|t)$,计算公式如式(4-5)所示。

$$p(i \mid t) = \frac{\text{结点 } t \text{ 中类 } i \text{ 的实例个数}}{\text{结点 } t \text{ 中所有实例数}} \tag{4-5}$$

则结点的不纯度可以用熵公式(4-6)来计算,熵越大,不纯度越高。

$$\text{entropy}(t) = -\sum_{i=1}^{n} p(i \mid t) \log_2 p(i \mid t) \tag{4-6}$$

(3)分类属性的选择。

不同的属性可以产生多种不同的分类结果,而且对于同一个分类属性,不同的人也有不同的分类方法,但是不管采用什么样的属性分类方法,只要是正确的分类,都能够通过决策树计算得到正确的结果。

对于二元属性,划分方法比较简单。比如,对于表 4-1 中的性别属性,可以直接划分为男、女两种分类。

而对于多元属性,划分方法就复杂一些,比如,对于表 4-1 中受教育情况可以包括六种,分别是无、小学、中学、大专、大学和研究生,所以对于这个属性可以直接按照六类进行划分。但是有时分六类太多了,那就可以采用组分类,将六类教育情况分成三组,$\{无\}$、$\{小学,中学\}$、$\{大专,大学,研究生\}$,当然也可以分成其他的组织方式。需要注意的是,采用分组的分类方法不能违反属性的序数次序。比如,将六类教育情况分成$\{无,大专\}$、$\{小学,中学\}$、$\{大学,研究生\}$就是错误的分法。

另外一种就是连续属性的划分,比如表 4-1 中月收入情况,可以按照区间划分为:5000 元以下,5000 元到 1 万元,1 万元到 3 万元,3 万元到 10 万元,10 万元以上。

(4)决策树属性选择评价方法。

决策树从上到下分为多个层次,在每个层次中选择一个属性作为下一层分类的鉴别器。选择哪一个属性作为鉴别器的标准就是熵减最大化原则或者叫信息增益最大化原则。

为了确定属性选择的效果,我们需要比较父结点(划分前)的不纯程度和子结点(划分后)的不纯程度,它们的差越大,测试条件的效果就越好。信息增益 Δ 是一种可以用来确定划分效果的标准,其计算方法如式(4-7)所示。

$$\Delta = \text{entropy}(\text{parent}) - \sum_{i=0}^{n} \frac{N(v_i)}{N} \text{entropy}(v_i) \tag{4-7}$$

其中, n 表示有 n 个类别;entropy(parent)是父结点的熵;N 是父结点的实例数;$N(v_i)$ 是第 v_i 个子结点中的实例数;entropy(v_i)是第 v_i 个子结点的熵。因为 entropy(parent)是不变的值,所以最大化 Δ 等于最小化子结点的不纯性度量的加权平均值。

（5）决策树的算法。

决策树常用的一个算法是 Hunt 算法,算法过程如下:

① 通过将训练记录相继划分成较纯的子集,以递归方式建立决策树。

② 设 D_t 是与结点 t 相关联的训练记录集,而 $y = \{y_1, y_2, \cdots, y_n\}$ 是类标号,Hunt 算法的递归定义如下:

- 如果 D_t 中所有记录都属于同一个类 y_t,则 t 是叶结点,用 y_t 标记;
- 如果 D_t 中包含属于多个类的记录,则选择一个属性进行计算,将记录划分成较小的子集。对于该属性的每个属性值,创建一个子结点,并根据测试结果将 D_t 中的记录分布到子结点中。然后对于每个子结点,递归地调用该算法。

图 4-23 是一个决策树的示例,其中的纯度按照百分比计算。假设有 100 个顾客,其中 50 个购买过本公司产品,50 个没有购买过。第一次选择性别进行分类,发现 80% 的女性都购买了。然后再对女性顾客进行分类,发现年轻女性购买的比例更高。最后,再对年轻女性是否就业进行分类,发现 100% 的就业年轻女性都购买了本公司的产品。那么以后只要有年轻的职业女性上门咨询,公司都会最热情地进行服务。

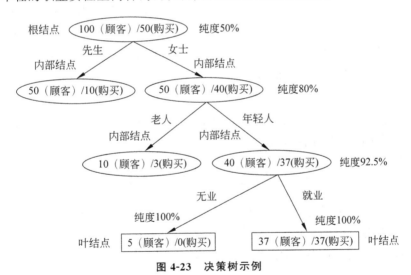

图 4-23　决策树示例

4.2.2　人工神经元模型

1943 年,美国心理学家 McCulloch 和数学家 W. Pitts 在分析总结神经元基本特性的基础上,首次提出了人工神经元网络的一个模型,简称 M-P 模型。这是目前应用最广泛的形式神经元模型。该模型是在基于以下 6 方面假定的基础上建立的:

（1）每个神经元都是一个多输入、单输出的信息处理单元;

（2）神经元输入分兴奋性输入和抑制性输入两种类型;

（3）神经元具有空间整合特性和阈值特性；

（4）神经元输入与输出间有固定的时滞，主要取决于突触时延；

（5）忽略时间整合作用和不应期（不应期指，在生物对某一刺激发生反应后，在一定时间内，即使再给予刺激也不发生反应）；

（6）神经元本身是非时变的，即其突触时延和突触强度均为常数。

图 4-24 是神经元模型的示意图。

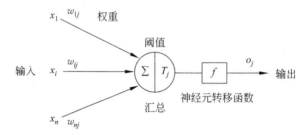

图 4-24　神经元模型的示意图

图中圆圈代表第 j 个神经元，$x_1, x_2, \cdots, x_j, x_n$ 代表第 1 到第 n 个神经元的输出信号（是第 j 个神经元的第 1 到第 n 个输入信号）。$w_{1j}, w_{2j}, \cdots, w_{ij}, w_{nj}$ 是神经元 1，神经元 2，$\cdots$，神经元 n 到神经元 j 的突触连接系数或称权重。Σ 是加权后得到的总输入信号，T_j 是神经元 j 的阈值，当加权后的总输入信号 Σ 小于 T_j 时，神经元 j 未被激活，没有信号输出。当加权后的总输入信号 Σ 大于 T_j 时，神经元 j 被激活，信号 $(\Sigma - T_j)$ 被输入到转移函数 f，最终产生输出信号 o_j。

下面对神经元的工作过程进行数学表示。

令 $x_i(t)$ 表示 t 时刻神经元 j 的第 i 个输入的信号值。$o_j(t)$ 表示 t 时刻神经元 j 的输出，则神经元 j 的状态可表达为

$$o_j(t) = f\left\{ \left[\sum_{i=1}^{n} (w_{ij} x_i(t - \tau_{ij})) \right] - T_j \right\} \qquad (4\text{-}8)$$

τ_{ij} 是第 i 个神经元信号的突触时延，即从第 i 个神经元产生输出信号到第 j 个神经元接收到输入信号的时间延迟。

将突触延时取为单位时间，则式（4-8）变为

$$o_j(t+1) = f\left\{ \left[\sum_{i=1}^{n} w_{ij} x_i(t) \right] - T_j \right\} \qquad (4\text{-}9)$$

令 $\mathrm{net}'_j(t) = \sum_{i=1}^{n} w_{ij} x_i(t)$ 代表神经元的输入信号总和。

由于所有神经元之间的单位时差都是相同的，所以在式中将时间 t 省略，将权重和输入采用向量表示，得到：

$$\boldsymbol{W}_j = (w_{1j}, w_{2j}, \cdots, w_{nj})^\mathrm{T} \qquad (4\text{-}10)$$

$$\boldsymbol{X} = (x_1, x_2, \cdots, x_n)^\mathrm{T} \qquad (4\text{-}11)$$

这样式(4-1)变为

$$\text{net}'_j = \boldsymbol{W}_j^{\mathrm{T}} \boldsymbol{X} \tag{4-12}$$

令 $x_0 = -1, w_{0j} = T_j$，则有$-T_j = x_0 w_{0j}$，则有

$$\text{net}'_j - T_j = \text{net}_j = \sum_{i=0}^{n} w_{ij} x_i = \boldsymbol{W}_j^{\mathrm{T}} \boldsymbol{X} \tag{4-13}$$

神经元模型简化为

$$o_j = f(\text{net}_j) = f(\boldsymbol{W}_j^{\mathrm{T}} \boldsymbol{X}) \tag{4-14}$$

神经元的转移函数 f 可以根据需要采用不同的函数形式。下面给出 4 种比较常用的转移函数。

（1）单位阶跃函数：

$$f(x) = \begin{cases} 1, & x \geqslant 0 \\ 0, & x < 0 \end{cases} \tag{4-15}$$

（2）符号函数：

$$\text{sgn}(x) = \begin{cases} 1, & x \geqslant 0 \\ -1, & x < 0 \end{cases} \tag{4-16}$$

（3）单极性 S 函数：

$$f(x) = \frac{1}{1 + e^{-x}} \tag{4-17}$$

（4）双极性 S 函数：

$$f(x) = \frac{2}{1 + e^{-x}} - 1 = \frac{1 - e^{-x}}{1 + e^{-x}} \tag{4-18}$$

图 4-25 给出了单极性 S 函数和双极性 S 函数的图形。

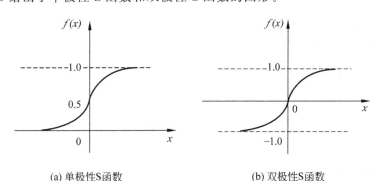

(a) 单极性S函数   (b) 双极性S函数

图 4-25　单极性 S 函数和双极性 S 函数

4.2.3　单个感知器学习算法

单个感知器是神经网络和支持向量机的基础，它是一个二值分类的线性模型，通过引入基于误分类的损失函数，利用学习算法不断优化感知器的参数，最终学习得到一个良好的分类模型。下面以 4.2.1.1 节保险公司 A 的例子来介绍感知器模型、感知器学习策略

和感知器学习算法。

1. 单个感知器模型

图 4-26 给出了单个感知器的基本模型,为了避免数字 0 和字母 o 不容易区分的问题,这里把输出改为 y,神经元转移函数选择为符号函数。

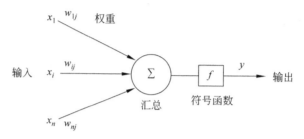

图 4-26　单个感知器模型

- 输入空间：X 为 n 维实向量 R^n；输出空间：$y = \{+1, -1\}$，表示类别。
- 感知器模型：$y = \text{sign}(W \cdot X + b)$，其中 $\text{sign}()$ 为符号函数，W 和 b 为模型参数。

要采用感知器的方法进行客户分类,必须将客户数据转化为一个数值,这样每个客户实例就变成了空间的一个点。

下面给出客户属性数据的数值化的一个示例,每个属性中的数字代表我们赋予这个属性的值,比如老人(60 岁以上)就赋值 1,中年人(40~60 岁)赋值 2,年轻人(40 岁以下)赋予数值 3。

年龄(老人-1,中年人-2,年轻人-3)
性别(男-1,女-2)
婚姻状况(已婚-1,未婚-2,离异-3)
就业情况(读书-1,就业-2,无业-3)
受教育情况(无-0,小学-1,中学-2,大专-3,大学-4,研究生-5)
是否拥有住房(有-1,无-0)
是否有车(有-1,无-0)
有无出国经历(有-1,无-0)
职业类型(政府-1、金融-2、制造-3、教育-4、农业-5、交通-6、商业-7、自主经营-8、其他-9)
有无子女(无-0,一个子女-1,一个以上子女-2)
是否有贷款(有-1,无-0)
是否有长期保险(有-1,无-0)
是否有单位电子邮件地址(有-1,无-0)
月收入(5000 元以下-1,5000 元到 1 万元-2,1 万元到 3 万元-3,3 万元到 10 万元-4,10 万元以上-5)
高价值客户 $y = 1$,低价值客户 $y = -1$。

这样表 4-1 的客户记录就转化为表 4-3 的数值记录。

表 4-3　客户记录的数值化

编号	客户属性 X									类标签 Y
	年龄	性别	婚姻状况	就业情况	受教育情况	是否拥有住房	是否有车	…	月收入	是否高价值客户
1	3	2	1	1	4	1	1		2	1
2	2	1	1	1	5	1	0		3	1
3	3	1	2	0	3	0	0		1	−1
4	2	1	3	1	4	1	1		2	1
5	1	2	2	1	2	1	0		2	1
6	1	1	3	0	2	0	0		1	−1
…										

这样,客户分类的问题在几何上就是寻找图 4-27 中 $\boldsymbol{R}^n$ 空间的一个超平面 $\boldsymbol{W} \cdot \boldsymbol{X} + b = 0$, $\boldsymbol{W}$ 为超平面的法向量,b 为超平面的截距。这个超平面把样本点分成两类,$\boldsymbol{W} \cdot \boldsymbol{X} + b \geqslant 0$ 是正样本,对应 $y = 1$,$\boldsymbol{W} \cdot \boldsymbol{X} + b < 0$ 是负样本,对应 $y = -1$。

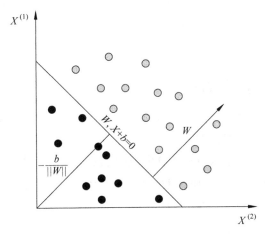

图 4-27　感知器学习的几何含义

2. 单个感知器学习策略和算法

感知器学习策略就是选择合适的 W 和 b 使得,对于所有正例有 $\boldsymbol{W} \cdot \boldsymbol{X} + b \geqslant 0$;同时对于所有负例有 $\boldsymbol{W} \cdot \boldsymbol{X} + b < 0$。

没有正确分类的点称为误分类点,因此对于任何一个样本 $(\boldsymbol{X}_i, y_i)$

如果 $y_i(\boldsymbol{W} \cdot \boldsymbol{X}_i + b) \geqslant 0$,分类正确;如果 $y_i(\boldsymbol{W} \cdot \boldsymbol{X}_i + b) < 0$,分类错误,$(\boldsymbol{X}_i, y_i)$ 是误分类点。定义损失函数为所有误分类点到超平面的距离之和。损失函数表示形式如下。

$$L(\boldsymbol{W}, b) = -\sum_{\boldsymbol{X}_i \in M} y_i(\boldsymbol{W} \cdot \boldsymbol{X}_i + b) \tag{4-19}$$

其中,M 是误分类点的集合。

分类问题转化为求解优化问题:

$$\min_{W,b} L(\boldsymbol{W},b) = -\sum_{\boldsymbol{X}_i \in M} y_i(\boldsymbol{W} \cdot \boldsymbol{X}_i + b) \tag{4-20}$$

采用随机梯度下降法对式(4-20)求解,对于一个误分类点$(\boldsymbol{X}_i,y_i)$,对$\boldsymbol{W}$、b 做如下更新:

$$\boldsymbol{W} \leftarrow \boldsymbol{W} + \eta y_i \boldsymbol{X}_i \tag{4-21}$$

$$b \leftarrow b + \eta y_i \tag{4-22}$$

其中,η 为学习率,取值范围为$(0,1)$,在实际应用过程中可以先从 $\eta=0.5$ 开始试验,选择不同的学习率 η 进行对比,找到一个最佳学习率 η。

感知器学习算法流程如下:

(1) 选取初值 W_0, b_0;

(2) 在训练集中随机选取数据$(\boldsymbol{X}_i, y_i)$;

(3) 如果 $y_i(\boldsymbol{W} \cdot \boldsymbol{X}_i + b) < 0$,(误分类点),采用式(4-21)和式(4-22)更新参数$\boldsymbol{W}$ 和 b;

(4) 转到(2)继续执行,直到无误分类点。

可以证明,对于线性可分数据集,算法经过有限次学习可以找到完全分离的超平面。但是现实应用中许多问题不是线性可分的,总是会存在一些误分类点。对于不是线性可分的问题,一般确定一个可以接受的误分类点比例,比如0.5%,一旦达到这个水平就停止计算,避免算法无穷无止的计算。

4.2.4 单层感知器学习方法

对单个感知器模型和学习方法进行扩展,就可以得到单层感知器模型和相应的学习算法。图 4-28 是单层感知器模型。

单层感知器具有 n 个输入,m 个输出,连接权重 W。输入 $\boldsymbol{X}=(x_1,x_2,\cdots,x_n)^{\mathrm{T}}$,输出 $\boldsymbol{O}=(o_1,o_2,\cdots,o_m)^{\mathrm{T}}$,权重 $\boldsymbol{W}_j=(w_{1j},w_{2j},\cdots,w_{nj})^{\mathrm{T}}$,$j=1,2,\cdots,m$。

定义 $\mathrm{net}'_j = \sum_{i=1}^{n} w_{ij}x_i$,则 $o_j = \mathrm{sgn}(\mathrm{net}'_j - T_j) =$
$\mathrm{sgn}\left(\sum_{i=o}^{n} w_{ij}x_i\right) = \mathrm{sgn}(\boldsymbol{W}_j^{\mathrm{T}}\boldsymbol{X})$

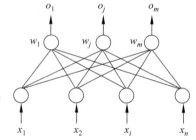

图 4-28 单层感知器模型

单层感知器学习算法如下:

(1) 对权值 $w_{oj}(0),w_{1j}(0),\cdots,w_{nj}(0),j=1,2,\cdots,m(m$ 为输出结点数)赋予较小的非零随机数;

(2) 输入样本对$\{\boldsymbol{X}^p,\boldsymbol{d}^p\}$,其中 $\boldsymbol{X}^p=(-1,x_1^p,x_2^p,\cdots,x_n^p)$,$\boldsymbol{d}^p=(d_1^p,d_2^p,\cdots,d_m^p)$ 为期望的输入输出向量,上标 p 代表样本对的模式序号,样本总数为 P,$p=1,2,\cdots,P$;

(3) 计算各结点的实际输出 $o_j^p(t)=\mathrm{sgn}[\boldsymbol{W}_j^{\mathrm{T}}(t)\boldsymbol{X}^p],j=1,2,\cdots,m$;

(4) 按照计算得到的输出 o_j^p 和实际的输出 d_j^p 的差,调整各结点对应的权重,$\boldsymbol{W}_j(t+1)=\boldsymbol{W}_j(t)+\eta[d_j^p-o_j^p]\boldsymbol{X}^p,j=1,2,\cdots,m$;

（5）返回到步骤（2），输入下一对样本。

以上步骤周而复始，直到感知器对所有样本的实际输出与期望输出一样，或者总体的误差小于预定的值。

4.2.5 基于误差反传的多层感知器-BP 神经网络

BP(Back Propagation)神经网络是 1986 年由以 Rumelhart 和 McClelland 为首的科学家提出的概念，是一种按照误差逆向传播算法训练的多层前馈神经网络，是应用最广泛的神经网络。BP 神经网络是一种按误差反向传播（简称误差反传）训练的多层前馈网络，其算法称为 BP 算法，它的基本思想是梯度下降法，利用梯度搜索技术，以期使网络的实际输出值和期望输出值的误差均方差为最小。

基本 BP 算法包括信号的前向传播和误差的反向传播两个过程，即计算误差输出时按从输入到输出的方向进行，而调整权值和阈值则从输出到输入的方向进行。正向传播时，输入信号通过隐含层作用于输出结点，经过非线性变换，产生输出信号，若实际输出与期望输出不相符，则转入误差的反向传播过程。误差反传是将输出误差通过隐含层向输入层逐层反传，并将误差分摊给各层所有单元，以从各层获得的误差信号作为调整各单元权值的依据。

通过调整输入结点与隐层结点的连接强度和隐层结点与输出结点的连接强度以及阈值，使误差沿梯度方向下降，经过反复学习训练，确定与最小误差相对应的网络参数（权值和阈值），训练即停止。此时经过训练的神经网络能对类似样本的输入信息，自行处理输出误差最小的经过非线性转换的信息。图 4-29 是 BP 神经网络模型示意图。

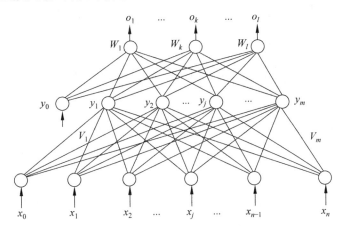

图 4-29 BP 神经网络模型示意图

BP 神经网络的信号间关系和学习算法如下：

记输入向量 $X=(x_1,x_2,\cdots,x_n)^T$，$x_0=-1$ 是为隐层神经元引入阈值而设置的；隐层输出向量 $Y=(y_1,y_2,\cdots,y_m)^T$，$y_0=-1$ 是为输出层神经元引入阈值而设置的；输出向量 $O=(o_1,o_2,\cdots,o_l)^T$；期望输出向量 $d=(d_1,d_2,\cdots,d_l)^T$。

输入层到输出层之间的权值矩阵用 V 表示，$V=(V_1,V_2,\cdots,V_j,\cdots,V_m)$，其中，$V_j$ 为

隐层第 j 个神经元对应的权向量;$\boldsymbol{W} = (W_1, W_2, \cdots, W_k, \cdots, W_l)$,其中,$\boldsymbol{W}_k$ 为输出层第 k 个神经元对应的权向量。

各层信号之间的关系如下:

(1) 输出层:

$$o_k = f(\text{net}_k) \quad k = 1, 2, \cdots, l \tag{4-23}$$

$$\text{net}_k = \sum_{j=0}^{m} w_{jk} y_j \quad k = 1, 2, \cdots, l \tag{4-24}$$

(2) 隐层:

$$y_j = f(\text{net}_j) \quad j = 1, 2, \cdots, m \tag{4-25}$$

$$\text{net}_j = \sum_{i=0}^{n} v_{ij} x_i \quad j = 1, 2, \cdots, n \tag{4-26}$$

(3) 转移函数:

转移函数 f 均为单极性 Sigmoid 函数:$f(x) = \dfrac{1}{1 + e^{-x}}$ （4-27）

$f(x)$ 连续可导 $f'(x) = f(x)[1 - f(x)]$ （4-28）

1. BP 神经网络的误差定义和权值调整思路

当网络输出与期望输出不等时,存在输出误差 E。

$$E = \frac{1}{2}(\boldsymbol{d} - \boldsymbol{O})^2 = \frac{1}{2}\sum_{k=1}^{l}(d_k - o_k)^2 \tag{4-29}$$

将以上误差定义式展开至隐层,有

$$E = \frac{1}{2}\sum_{k=1}^{l}(\boldsymbol{d}_k - f(\text{net}_k))^2 = \frac{1}{2}\sum_{k=1}^{l}\left[\boldsymbol{d}_k - f\left(\sum_{j=0}^{m} w_{jk} y_j\right)\right]^2 \tag{4-30}$$

进一步展开至输入层,有

$$E = \frac{1}{2}\sum_{k=1}^{l}\left\{d_k - f\left[\sum_{j=0}^{m} w_{jk} f(\text{net}_j)\right]\right\}^2 = \frac{1}{2}\sum_{k=1}^{l}\left\{d_k - f\left[\sum_{j=0}^{m} w_{jk} f\left(\sum_{i=0}^{n} v_{ij} x_i\right)\right]\right\}^2 \tag{4-31}$$

从上式可以看出,网络误差是各层权值 w_{jk} 和 $v_{ij} x_i$ 的函数,因此调整权值可改变误差 E,调整权值的原则是使误差不断减少,因此应使权值的调整量与误差的梯度下降成正比,即:

$$\Delta w_{jk} = -\eta \frac{\partial E}{\partial w_{jk}} \quad j = 0, 1, 2, \cdots, m; \ k = 1, 2, \cdots, l \tag{4-32}$$

$$\Delta v_{ij} = -\eta \frac{\partial E}{\partial v_{ij}} \quad i = 0, 1, 2, \cdots, n, j = 1, 2, \cdots, m \tag{4-33}$$

其中,负号表示梯度下降,η 是 0 到 1 之间的学习率。

2. BP 算法的权值调整量计算方法

这里先约定,在全部推导过程中,对输出层均有 $j = 0, 1, 2, \cdots, m; k = 1, 2, \cdots, l$;对隐层均有 $i = 0, 1, 2, \cdots, n; j = 1, 2, \cdots, m$。

对于输出层,式(4-32)可写为

$$\Delta w_{jk} = -\eta \frac{\partial E}{\partial w_{jk}} = -\eta \frac{\partial E}{\partial \mathrm{net}_k} \frac{\partial \mathrm{net}_k}{\partial w_{jk}} \tag{4-34}$$

从式(4-24)可以得到，$\dfrac{\partial \mathrm{net}_k}{\partial w_{jk}} = y_j$。 $\tag{4-35}$

对于隐层，式(4-33)可写为

$$\Delta v_{ij} = -\eta \frac{\partial E}{\partial v_{ij}} = -\eta \frac{\partial E}{\partial \mathrm{net}_j} \frac{\partial \mathrm{net}_j}{\partial v_{ij}} \tag{4-36}$$

从式(4-26)可以得到，$\dfrac{\partial \mathrm{net}_j}{\partial v_{ij}} = x_i$。 $\tag{4-37}$

对输出层和隐层各定义一个误差信号，令

$$\delta_k^o = -\frac{\partial E}{\partial \mathrm{net}_k} \tag{4-38}$$

$$\delta_j^y = -\frac{\partial E}{\partial \mathrm{net}_j} \tag{4-39}$$

应用式(4-35)和式(4-38)，可以将式(4-34)改写为

$$\Delta w_{jk} = \eta \delta_k^o y_j \tag{4-40}$$

应用式(4-37)和式(4-39)，可以将式(4-36)改写为

$$\Delta v_{ij} = \eta \delta_j^y x_i \tag{4-41}$$

从式(4-40)和式(4-41)看出，只要计算出 δ_k^o，δ_j^y，就可以计算出权值调整量。

3. 误差量 $\boldsymbol{\delta_k^o}$，$\boldsymbol{\delta_j^y}$ 的计算方法

对于输出层，δ_k^o 可展开为

$$\delta_k^o = -\frac{\partial E}{\partial \mathrm{net}_k} = -\frac{\partial E}{\partial o_k} \frac{\partial o_k}{\partial \mathrm{net}_k} = -\frac{\partial E}{\partial o_k} f'(\mathrm{net}_k) \tag{4-42}$$

对于隐层，δ_j^y 可展开为

$$\delta_j^y = -\frac{\partial E}{\partial \mathrm{net}_j} = -\frac{\partial E}{\partial y_j} \frac{\partial y_j}{\partial \mathrm{net}_j} = -\frac{\partial E}{\partial y_j} f'(\mathrm{net}_j) \tag{4-43}$$

对于输出层，利用式(4-29)，可得到：

$$\frac{\partial E}{\partial o_k} = -(d_k - o_k) \tag{4-44}$$

利用式(4-23)和式(4-28)，可得到：

$$f'(\mathrm{net}_k) = f(\mathrm{net}_k)(1 - f(\mathrm{net}_k)) = o_k(1 - o_k) \tag{4-45}$$

所以，$\delta_k^o = (d_k - o_k)o_k(1 - o_k)$。 $\tag{4-46}$

$$\Delta w_{jk} = \eta \delta_k^o y_j = \eta (d_k - o_k)o_k(1 - o_k)y_j \tag{4-47}$$

式(4-47)就是根据输出误差调整输出层权值的计算公式。

下面介绍隐层的权重调整量计算方法。

对于隐层，利用式(4-30)、式(4-23)可得：

$$\frac{\partial E}{\partial y_j} = -\sum_{k=1}^{l}(d_k - f(\mathrm{net}_k))f'(\mathrm{net}_k)w_{jk} = -\sum_{k=1}^{l}(d_k - o_k)f'(\mathrm{net}_k)w_{jk} \tag{4-48}$$

利用式(4-26)、式(4-28)可得：

$$f'(\mathrm{net}_j) = f(\mathrm{net}_j)(1 - f(\mathrm{net}_j)) = y_j(1 - y_j) \tag{4-49}$$

将式(4-48)和式(4-49)代入式(4-43),可得到

$$\delta_j^y = -\frac{\partial E}{\partial y_j} f'(\mathrm{net}_j) = \Big[\sum_{k=1}^{l}(d_k - o_k)f'(\mathrm{net}_k)w_{jk}\Big]y_j(1 - y_j) \tag{4-50}$$

从式(4-46)可得到,$(d_k - o_k)f'(\mathrm{net}_k) = (d_k - o_k)o_k(1 - o_k) = \delta_k^o$,所以,式(4-50)变为

$$\delta_j^y = \Big[\sum_{k=1}^{l}\delta_k^o w_{jk}\Big]y_j(1 - y_j) \tag{4-51}$$

最终得到隐层误差调整权值 Δv_{ij} 为

$$\Delta v_{ij} = \eta\delta_j^y x_i = \eta\Big(\sum_{k=1}^{l}\delta_k^o w_{jk}\Big)y_j(1 - y_j)x_i \tag{4-52}$$

利用式(4-47)和式(4-52)就可以完成 BP 神经网络的学习过程中的权重调整量的计算。

4. BP 算法的信号流向

图 4-30 给出了 BP 算法的信号流向。其特点是正向进行输出量计算,输入 X 进入后,通过隐层各结点的权重向量 V 和转移函数 f 得到隐层输出 Y。隐层输出信号 Y 成为输出层的输入信号,经过权重向量 W 和转移函数 f 得到输出信息 O。

反向进行误差回传,在输出层计算得到输出 O 和实际的输出 d 相比较得到误差信号 δ^o,由此可计算出输出层权值的调整量;误差信号 δ^o 反传至隐层结点,得到隐层的误差信号 δ^y,由此可计算出隐层权值的调整量。

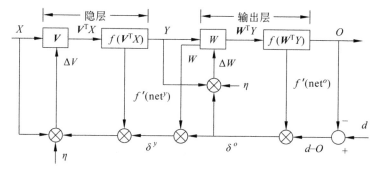

图 4-30　BP 算法的信号流向

5. BP 算法流程

BP 算法的实现流程如下:

(1) 初始化:对权重矩阵 $\boldsymbol{W}$、$\boldsymbol{V}$ 赋随机数,将样本计数器 p 置为1(样本总数为 P),训练轮数计数器 q 置为1,误差 E 置 0,学习率 η 选择一个(0,1]区间的小数,网络训练后达到的精度 $E_{\min}$ 设为一个正的小数,设置 Q 作为训练轮数的上限(Q 选一个比较大的数,比如 1000);

(2) 输入训练样本对(X^p,d^p)。计算各层输出,用式(4-25)和式(4-26)计算隐层输出 y_j。用式(4-23)和式(4-24)计算输出层输出 o_k;

（3）计算输出误差 $E^p = \sqrt{\sum_{k=1}^{l}(d_k^p - o_k^p)^2}$，计算累计误差 $E = E + E^{p^2}$；

（4）利用式（4-46）和式（4-51）计算各层误差信号 δ_k^o, δ_j^y；

（5）利用式（4-47）和式（4-52）完成权值调整量 Δw_{jk} 和 Δv_{ij} 的计算。令 $w_{jk} = w_{jk} + \Delta w_{jk}$，$v_{ij} = v_{ij} + \Delta v_{ij}$，得到新的权值；

（6）检查是否对所有样本完成一次训练，若 $p < P$，令 $p = p + 1$，返回步骤（2），否则转步骤（7）；

（7）至此，已完成一轮样本（用 P 个样本调整完权值后）训练后，计算总误差 $E_{RME} = \sqrt{\frac{1}{P}E} = \sqrt{\frac{1}{P}\sum_{1}^{P}(E^p)^2}$，如果总误差 $E_{RME} < E_{min}$，训练终止，学习成功。否则检查 $q < Q$ 是否成立，如果不成立，将误差 E 置 0，p 置 1，q 增加 1 回到步骤（2）进行新一轮的学习。否则训练以失败终止。

图 4-31 给出了 BP 算法流程框图。

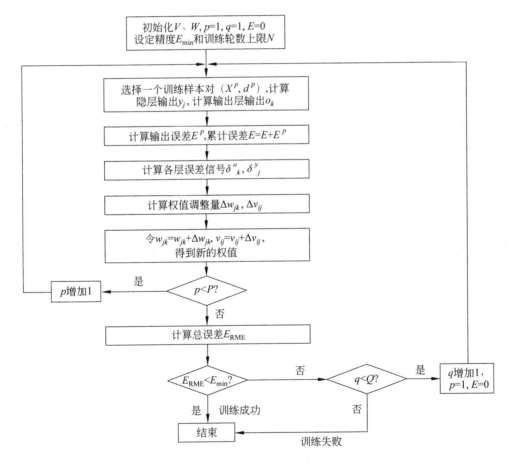

图 4-31　BP 算法流程框图

6. 多层感知器网络

对于一般的多层感知器网络,可以类似地推导出 BP 训练算法。

设有 h 个隐层,从输入到输出顺序,各隐层结点数为 $m_1,m_2,\cdots,m_h$,各隐层输出为 $y^1,y^2,\cdots,y^h$,各层权值矩阵为 $\boldsymbol{W}^1,\boldsymbol{W}^2,\cdots,\boldsymbol{W}^h,\boldsymbol{W}^{h+1}$,可以求得各层权重调整计算公式如下:

输出层:

$$\Delta w_{jk}^{h+1}=\eta\delta_k^{h+1}y_j^h=\eta(d_k-o_k)o_k(1-o_k)y_j^h \quad j=0,1,2,\cdots,m;k=1,2,\cdots,l \tag{4-53}$$

第 h 隐层:

$$\Delta w_{ij}^h=\eta\delta_k^h y_j^{h-1}=\eta\Big(\sum_{k=1}^l \delta_k^o w_{jk}^{h+1}\Big)y_j^h(1-y_j^h)y_j^{h-1} \tag{4-54}$$

其中,$i=0,1,2,\cdots,m_{h-1};j=1,2,\cdots,m_h$。

递推得第 1 隐层权值调整计算公式为

$$\Delta w_{pq}^1=\eta\delta_q^1 x_p=\eta\Big(\sum_{r=1}^{m_2}\delta_r^o w_{qr}^2\Big)y_q^1(1-y_q^1)x_p \tag{4-55}$$

其中,$p=0,1,2,\cdots,n;j=1,2,\cdots,m_1$。

4.2.6 深度学习

近些年来,由于 AlphaGo、翻译软件等的成果应用,深度学习成为一个非常热门的话题。那么什么是深度学习?

深度学习概念是从学习人脑视觉机理中来的。研究发现,人的视觉系统的信息处理是分级的,高层的特征是低层特征的组合,从低层到高层的特征表示越来越抽象,越来越能表现语义或者意图。抽象层面越高,存在的可能猜测就越少,就越利于分类。

人脑视觉机理对机器学习模型的启发是,通过多个层次的网络结构来学习复杂、抽象的概念表达,每一层的任务相对得以大幅简化,从而提升了处理复杂、抽象概念的性能。所以深度学习模型本质上是一个多层感知机,可以用 BP 方法训练权重。

由于人脑的皮层有 6 层,所以把多于 6 层的人工神经元网络模型称为深度学习模型。比如,AlphaGo 的网络有 13 层,微软做语音识别的神经网络有 207 层。商汤公司的团队在 2016 年 ImageNet 图片分类大赛中做出性能最佳的 1207 层深度神经网络,获得了大赛第一名。

深度学习的难题主要是随着网络层数增加,需要训练的参数(神经元之间的突触连接权值)就越多,训练模型的计算量会迅速增加,相应地用来训练这个模型的数据实例就需要的越多。

除了前面介绍过的 BP 神经网络模型外,在深度学习中应用得非常多的还有卷积神经网络(Convolutional Neural Networks,CNN)模型。卷积神经网络是一类包含卷积计算且具有深度结构的前馈神经网络(Feedforward Neural Networks),是深度学习的代表算法之一。

4.3 新一代人工智能发展战略

经过 60 多年的演进,在移动互联网、大数据、超级计算、传感网、脑科学等新理论新技术以及经济社会发展强烈需求的共同驱动下,人工智能加速发展,呈现出深度学习、跨界融合、人机协同、群智开放、自主操控等新特征。大数据驱动知识学习、跨媒体协同处理、人机协同增强智能、群体集成智能、自主智能系统成为人工智能的发展重点,受脑科学研究成果启发的类脑智能蓄势待发,芯片化、硬件化、平台化趋势更加明显,人工智能发展进入新阶段。当前,新一代人工智能相关学科发展、理论建模、技术创新、软硬件升级等整体推进,正在引发链式突破,推动经济社会各领域从数字化、网络化向智能化加速跃升。

人工智能成为国际竞争的新焦点。人工智能是引领未来的战略性技术,世界主要发达国家把发展人工智能作为提升国家竞争力、维护国家安全的重大战略,加紧出台规划和政策,围绕核心技术、顶尖人才、标准规范等强化部署,力图在新一轮国际科技竞争中掌握主导权。当前,我国国家安全和国际竞争形势更加复杂,必须放眼全球,把人工智能发展放在国家战略层面系统布局、主动谋划,牢牢把握人工智能发展新阶段中国际竞争的战略主动,打造竞争新优势、开拓发展新空间,有效保障国家安全。

人工智能成为经济发展的新引擎。人工智能作为新一轮产业变革的核心驱动力,将进一步释放历次科技革命和产业变革积蓄的巨大能量,并创造新的强大引擎,重构生产、分配、交换、消费等经济活动各环节,形成从宏观到微观各领域的智能化新需求,催生新技术、新产品、新产业、新业态、新模式,引发经济结构重大变革,深刻改变人类生产生活方式和思维模式,实现社会生产力的整体跃升。我国经济发展进入新常态,深化供给侧结构性改革任务非常艰巨,必须加快人工智能深度应用,培育壮大人工智能产业,为我国经济发展注入新动能。

人工智能带来社会建设的新机遇。我国人口老龄化、资源环境约束等挑战依然严峻,人工智能在教育、医疗、养老、环境保护、城市运行、司法服务等领域广泛应用,将极大提高公共服务精准化水平,全面提升人民生活品质。人工智能技术可准确感知、预测、预警基础设施和社会安全运行的重大态势,及时把握群体认知及心理变化,主动决策反应,将显著提高社会治理的能力和水平,对有效维护社会稳定具有不可替代的作用。

人工智能发展的不确定性带来新挑战。人工智能是影响面广的颠覆性技术,可能带来改变就业结构、冲击法律与社会伦理、侵犯个人隐私、挑战国际关系准则等问题,将对政府管理、经济安全和社会稳定乃至全球治理产生深远影响。在大力发展人工智能的同时,必须高度重视可能带来的安全风险挑战,加强前瞻预防与约束引导,最大限度降低风险,确保人工智能安全、可靠、可控发展。

在以上背景下,2017 年 7 月 20 日,中国国务院印发了《新一代人工智能发展规划》,规划了我国在今后一段时期,人工智能理论研究、技术攻关和产业应用的方向与目标。《新一代人工智能发展规划》对我国人工智能的研究发展具有极其重要的意义,下面对规划的内容做个简单介绍。

4.3.1　目标

我国人工智能研究发展目标为三步走战略。

第一步,到 2020 年人工智能总体技术和应用与世界先进水平同步,人工智能产业成为新的重要经济增长点,人工智能技术应用成为改善民生的新途径,有力支撑进入创新型国家行列和实现全面建成小康社会的奋斗目标。

(1)理论技术:新一代人工智能理论和技术取得重要进展。大数据智能、跨媒体智能、群体智能、混合增强智能、自主智能系统等基础理论和核心技术实现重要进展,人工智能模型方法、核心器件、高端设备和基础软件等方面取得标志性成果。

(2)产业:人工智能产业竞争力进入国际第一方阵。初步建成人工智能技术标准、服务体系和产业生态链,培育若干全球领先的人工智能骨干企业,人工智能核心产业规模超过 1500 亿元,带动相关产业规模超过 1 万亿元。

(3)人才法规:人工智能发展环境进一步优化,在重点领域全面展开创新应用,聚集起一批高水平的人才队伍和创新团队,部分领域的人工智能伦理规范和政策法规初步建立。

第二步,到 2025 年人工智能基础理论实现重大突破,部分技术与应用达到世界领先水平,人工智能成为带动我国产业升级和经济转型的主要动力,智能社会建设取得积极进展。

(1)理论技术:新一代人工智能理论与技术体系初步建立,具有自主学习能力的人工智能取得突破,在多领域取得引领性研究成果。

(2)产业:人工智能产业进入全球价值链高端。新一代人工智能在智能制造、智能医疗、智慧城市、智能农业、国防建设等领域得到广泛应用,人工智能核心产业规模超过 4000 亿元,带动相关产业规模超过 5 万亿元。

(3)人才法规:初步建立人工智能法律法规、伦理规范和政策体系,形成人工智能安全评估和管控能力。

第三步,到 2030 年人工智能理论、技术与应用总体达到世界领先水平,成为世界主要人工智能创新中心,智能经济、智能社会取得明显成效,为跻身创新型国家前列和经济强国奠定重要基础。

(1)理论技术:形成较为成熟的新一代人工智能理论与技术体系。在类脑智能、自主智能、混合智能和群体智能等领域取得重大突破,在国际人工智能研究领域具有重要影响,占据人工智能科技制高点。

(2)产业:人工智能产业竞争力达到国际领先水平。人工智能在生产生活、社会治理、国防建设各方面应用的广度深度极大拓展,形成涵盖核心技术、关键系统、支撑平台和智能应用的完备产业链和高端产业群,人工智能核心产业规模超过 1 万亿元,带动相关产业规模超过 10 万亿元。

(3)人才法规:形成一批全球领先的人工智能科技创新和人才培养基地,建成更加完善的人工智能法律法规、伦理规范和政策体系。

4.3.2 重点任务

我国人工智能发展规划的六大重点任务是：

(1) 构建开放协同的人工智能科技创新体系；

(2) 培育高端高效的智能经济；

(3) 建设安全便捷的智能社会；

(4) 加强人工智能领域军民融合；

(5) 构建泛在安全高效的智能化基础设施体系；

(6) 前瞻布局新一代人工智能重大科技项目。

1. 构建开放协同的人工智能科技创新体系

围绕增加人工智能创新的源头供给，从前沿基础理论、关键共性技术、基础平台、人才队伍等方面强化部署，促进开源共享，系统提升持续创新能力，确保我国人工智能科技水平跻身世界前列，为世界人工智能发展作出更多贡献。

在这部分任务中包含以下 4 方面的内容：

(1) 建立新一代人工智能基础理论体系。

聚焦人工智能重大科学前沿问题，兼顾当前需求与长远发展，以突破人工智能应用基础理论瓶颈为重点，超前布局可能引发人工智能范式变革的基础研究，促进学科交叉融合，为人工智能持续发展与深度应用提供强大科学储备。

具体的任务包括：加强大数据智能、跨媒体感知计算、人机混合智能、群体智能、自主协同与决策等基础理论研究。布局高级机器学习、类脑智能计算、量子智能计算等跨领域基础理论研究。开展跨学科探索性研究，推动人工智能与神经科学、认知科学、量子科学、心理学、数学、经济学、社会学等相关基础学科的交叉融合，加强引领人工智能算法、模型发展的数学基础理论研究，重视人工智能法律伦理的基础理论问题研究。

(2) 建立新一代人工智能关键共性技术体系。

围绕提升我国人工智能国际竞争力的迫切需求，新一代人工智能关键共性技术的研发部署要以算法为核心，以数据和硬件为基础，以提升感知识别、知识计算、认知推理、运动执行、人机交互能力为重点，形成开放兼容、稳定成熟的技术体系。

重点在以下技术方面取得突破：知识计算引擎与知识服务技术；跨媒体分析推理技术；群体智能关键技术；混合增强智能新架构与新技术；自主无人系统的智能技术；虚拟现实智能建模技术；智能计算芯片与系统；自然语言处理技术。

(3) 统筹布局人工智能创新平台。

建设布局人工智能创新平台，强化对人工智能研发应用的基础支撑。人工智能开源软硬件基础平台重点建设支持知识推理、概率统计、深度学习等人工智能范式的统一计算框架平台，形成促进人工智能软件、硬件和智能云之间相互协同的生态链。群体智能服务平台重点建设基于互联网大规模协作的知识资源管理与开放式共享工具，形成面向产学研用创新环节的群智众创平台和服务环境。混合增强智能支撑平台重点建设支持大规模训练的异构实时计算引擎和新型计算集群，为复杂智能计算提供服务化、系统化平台和解决方案。自主无人系统支撑平台重点建设面向自主无人系统复杂环境下环境感知、自主协同控制、智能决策等人工智能共性核心技术的支撑系统,形成开放式、模块化、可重构的自主无人系统开发与试验环境。人工智能基础数据与安全检测平台重点建设面向人工智能的公共数据资源库、标准测试数据集、云服务平台等,形成人工智能算法与平台安全性测试评估的方法、技术、规范和工具集。促进各类通用软件和技术平台的开源开放。各类平台要按照军民深度融合的要求和相关规定,推进军民共享共用。

2017 年 11 月,中国国家科技部发布人工智能重大专项启动会,建立 4 个开放平台:依托百度公司建设自动驾驶国家新一代人工智能开放创新平台;依托阿里云公司建设城市大脑国家新一代人工智能开放创新平台;依托腾讯公司建设医疗影像国家新一代人工智能开放创新平台;依托科大讯飞公司建设智能语音国家新一代人工智能开放创新平台。

2019 年 8 月 29 日,中国国家科技部发布了 10 家人工智能开发平台:依托依图公司建设视觉计算人工智能开放创新平台;依托明略科技建设营销智能人工智能开放创新平台;依托华为公司建设基础软硬件人工智能开放创新平台;依托中国平安建设普惠金融人工智能开放创新平台;依托海康威视建设视频感知人工智能开放创新平台;依托京东集团建设智能供应链人工智能开放创新平台;依托旷视科技建设图像感知人工智能开放创新平台;依托 360 公司建设安全大脑人工智能开放创新平台;依托好未来公司建设智慧教育人工智能开放创新平台;依托小米公司建设智能家居人工智能开放创新平台。

(4)加快培养聚集人工智能高端人才。

把高端人才队伍建设作为人工智能发展的重中之重,坚持培养和引进相结合,完善人工智能教育体系,加强人才储备和梯队建设,特别是加快引进全球顶尖人才和青年人才,形成我国人工智能人才高地。

设立人工智能专业,推动人工智能领域一级学科建设,尽快在试点院校建立人工智能学院,增加人工智能相关学科方向的博士、硕士招生名额。鼓励高校在原有基础上拓宽人工智能专业教育内容,形成"人工智能＋X"复合专业培养新模式,重视人工智能与数学、计算机科学、物理学、生物学、心理学、社会学、法学等学科专业教育的交叉融合。

2. 培育高端高效的智能经济

加快培育具有重大引领带动作用的人工智能产业,促进人工智能与各产业领域深度融合,形成数据驱动、人机协同、跨界融合、共创分享的智能经济形态。智能经济形态具有以下特点:数据和知识成为经济增长的第一要素,人机协同成为主流生产和服务方式,跨界融合成为重要经济模式,共创分享成为经济生态基本特征,个性化需求与定制成为消费新潮流。

(1)大力发展人工智能新兴产业。

积极培育人工智能新兴业态,布局产业链高端,发展智能软硬件、智能机器人、智能运载工具、虚拟现实与增强现实、智能终端、物联网基础器件等新兴产业。

(2)加快推进产业智能化升级。

推动人工智能与各行业融合创新,在制造、农业、物流、金融、商务、家居等重点行业和领域开展人工智能应用试点示范,推动人工智能规模化应用,全面提升产业发展智能化水平。

在智能制造领域,围绕制造强国重大需求,推进智能制造关键技术装备、核心支撑软件、工业互联网等系统集成应用,研发智能产品及智能互联产品、智能制造使能工具与系统、智能制造云服务平台,推广流程智能制造、离散智能制造、网络化协同制造、远程诊断与运维服务等新型制造模式,建立智能制造标准体系,推进制造全生命周期活动智能化。

在智能物流领域,加强智能化装卸搬运、分拣包装、加工配送等智能物流装备研发和推广应用,建设深度感知智能仓储系统,提升仓储运营管理水平和效率。完善智能物流公共信息平台和指挥系统、产品质量认证及追溯系统、智能配货调度体系等。

在智能商务领域,鼓励跨媒体分析与推理、知识计算引擎与知识服务等新技术在商务领域应用,推广基于人工智能的新型商务服务与决策系统。建设涵盖地理位置、网络媒体和城市基础数据等跨媒体大数据平台,支撑企业开展智能商务。鼓励围绕个人需求、企业管理提供定制化商务智能决策服务。

(3)大力发展智能企业。

大规模推动企业智能化升级。支持和引导企业在设计、生产、管理、物流和营销等核心业务环节应用人工智能新技术,构建新型企业组织结构和运营方式,形成制造与服务、金融智能化融合的业态模式,发展个性化定制,扩大智能产品供给。鼓励大型互联网企业建设云制造平台和服务平台,面向制造企业在线提供关键工业软件和模型库,开展制造能力外包服务,推动中小企业智能化发展。

推广应用智能工厂。加强智能工厂关键技术和体系方法的应用示范,重点推广生产线重构与动态智能调度、生产装备智能物联与云化数据采集、多维人机物协同与互操作等技术,鼓励和引导企业建设工厂大数据系统、网络化分布式生产设施等,实现生产设备网络化、生产数据可视化、生产过程透明化、生产现场无人化,提升工厂运营管理智能化水平。

推动国内优势企业、行业组织、科研机构、高校等联合组建中国人工智能产业技术创新联盟。支持龙头骨干企业构建开源硬件工厂、开源软件平台,形成集聚各类资源的创新生态,促进人工智能中小微企业发展和各领域应用。支持各类机构和平台面向人工智能企业提供专业化服务。

(4)打造人工智能创新高地。

结合各地区基础和优势,按人工智能应用领域分门别类进行相关产业布局。鼓励地方围绕人工智能产业链和创新链,集聚高端要素、高端企业、高端人才,打造人工智能产业集群和创新高地。

建设国家人工智能产业园。依托国家自主创新示范区和国家高新技术产业开发区等创新载体,加强科技、人才、金融、政策等要素的优化配置和组合,加快培育建设人工智能产业创新集群。

建设国家人工智能众创基地。依托从事人工智能研究的高校、科研院所集中地区,搭建人工智能领域专业化创新平台等新型创业服务机构,建设一批低成本、便利化、全要素、开放式的人工智能众创空间,完善孵化服务体系,推进人工智能科技成果转移转化,支持人工智能创新创业。

3. 建设安全便捷的智能社会

围绕提高人民生活水平和质量的目标,加快人工智能深度应用,形成无时不有、无处不在的智能化环境,全社会的智能化水平大幅提升。越来越多的简单性、重复性、危险性任务由人工智能完成,个体创造力得到极大发挥,形成更多高质量和高舒适度的就业岗位;精准化智能服务更加丰富多样,人们能够最大限度享受高质量服务和便捷生活;社会治理智能化水平大幅提升,社会运行更加安全高效。

智能社会的建设内容如图4-32所示。

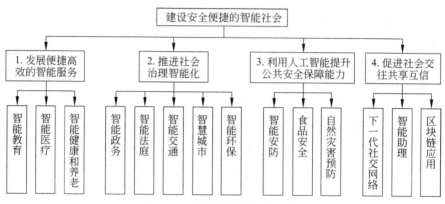

图4-32　智能社会的建设内容

(1)发展便捷高效的智能服务。

围绕教育、医疗、养老等迫切民生需求,加快人工智能创新应用,为公众提供个性化、多元化、高品质服务。

(2)推进社会治理智能化。

围绕行政管理、司法管理、城市管理、环境保护等社会治理的热点难点问题,促进人工智能技术应用,推动社会治理现代化。

(3)利用人工智能提升公共安全保障能力。

促进人工智能在公共安全领域的深度应用,推动构建公共安全智能化监测预警与控制体系。围绕社会综合治理、新型犯罪侦查、反恐等迫切需求,研发集成多种探测传感技术、视频图像信息分析识别技术、生物特征识别技术的智能安防与警用产品,建立智能化监测平台。加强对重点公共区域安防设备的智能化改造升级,支持有条件的社区或城市开展基于人工智能的公共安防区域示范。强化人工智能对食品安全的保障,围绕食品分类、预警等级、食品安全隐患及评估等,建立智能化食品安全预警系统。加强人工智能对自然灾害的有效监测,围绕地震灾害、地质灾害、气象灾害、水旱灾害和海洋灾害等重大自然灾害,构建智能化监测预警与综合应对平台。

(4)促进社会交往共享互信。

充分发挥人工智能技术在增强社会互动、促进可信交流中的作用。加强下一代社交网络研发,加快增强现实、虚拟现实等技术推广应用,促进虚拟环境和实体环境协同融合,满足个人感知、分析、判断与决策等实时信息需求,实现在工作、学习、生活、娱乐等不同场景下的流畅切换。针对改善人际沟通障碍的需求,开发具有情感交互功能、能准确理解人的需求的智能助理产品,实现情感交流和需求满足的良性循环。促进区块链技术与人工智能的融合,建立新型社会信用体系,最大限度降低人际交往成本和风险。

4. 加强人工智能领域军民融合

深入贯彻落实军民融合发展战略,推动形成全要素、多领域、高效益的人工智能军民融合格局。以军民共享共用为导向部署新一代人工智能基础理论和关键共性技术研发,建立科研院所、高校、企业和军工单位的常态化沟通协调机制。促进人工智能技术军民双向转化,强化新一代人工智能技术对指挥决策、军事推演、国防装备等的有力支撑,引导国防领域人工智能科技成果向民用领域转化应用。鼓励优势民营科研力量参与国防领域人工智能重大科技创新任务,推动各类人工智能技术快速嵌入国防创新领域。加强军民人工智能技术通用标准体系建设,推进科技创新平台基地的统筹布局和开放共享。

5. 构建泛在安全高效的智能化基础设施体系

大力推动智能化信息基础设施建设,提升传统基础设施的智能化水平,形成适应智能经济、智能社会和国防建设需要的基础设施体系。加快推动以信息传输为核心的数字化、网络化信息基础设施,向集融合感知、传输、存储、计算、处理于一体的智能化信息基础设施转变。优化升级网络基础设施,研发布局第五代移动通信(5G)系统,完善物联网基础设施,加快天地一体化信息网络建设,提高低时延、高通量的传输能力。统筹利用大数据基础设施,强化数据安全与隐私保护,为人工智能研发和广泛应用提供海量数据支撑。建设高效能计算基础设施,提升超级计算中心对人工智能应用的服务支撑能力。建设分布式高效能源互联网,形成支撑多能源协调互补、及时有效接入的新型能源网络,推广智能储能设施、智能用电设施,实现能源供需信息的实时匹配和智能化响应。

6. 前瞻布局新一代人工智能重大科技项目

针对我国人工智能发展的迫切需求和薄弱环节,设立新一代人工智能重大科技项目。加强整体统筹,明确任务边界和研发重点,形成以新一代人工智能重大科技项目为核心、现有研发布局为支撑的"1+N"人工智能项目群。

"1"是指新一代人工智能重大科技项目,聚焦基础理论和关键共性技术的前瞻布局,包括研究大数据智能、跨媒体感知计算、混合增强智能、群体智能、自主协同控制与决策等理论,研究知识计算引擎与知识服务技术、跨媒体分析推理技术、群体智能关键技术、混合增强智能新架构与新技术、自主无人控制技术等,开源共享人工智能基础理论和共性技术。持续开展人工智能发展的预测和研判,加强人工智能对经济社会综合影响及对策研究。

"N"是指国家相关规划计划中部署的人工智能研发项目,重点是加强与新一代人工智能重大科技项目的衔接,协同推进人工智能的理论研究、技术突破和产品研发应用。加强与国家科技重大专项的衔接,在"核高基"(核心电子器件、高端通用芯片、基础软件)、集成电路装备等国家科技重大专项中支持人工智能软硬件发展。加强与其他"科技创新2030—重大项目"的相互支撑,加快脑科学与类脑计算、量子信息与量子计算、智能制造与机器人、大数据等研究,为人工智能重大技术突破提供支撑。国家重点研发计划继续推进高性能计算等重点专项实施,加大对人工智能相关技术研发和应用的支持;国家自然科学基金加强对人工智能前沿领域交叉学科研究和自由探索的支持。在深海空间站、健康保障等重大项目,以及智慧城市、智能农机装备等国家重点研发计划重点专项部署中,加强人工智能技术的应用示范。其他各类科技计划支持的人工智能相关基础理论和共性技术研究成果应开放共享。

4.4 人工智能的产业链与应用

4.4.1 人工智能产业链

人工智能产业链包括三层:基础层、技术层和应用层。基础层是人工智能产业的基础,主要是研发硬件及软件,如 AI 芯片、数据资源、云计算平台等,为人工智能提供数据及算力支撑;技术层是人工智能产业的核心,以模拟人的智能相关特征为出发点,构建技术路径;应用层是人工智能产业的延伸,集成一类或多类人工智能基础应用技术,面向特定应用场景需求而形成软硬件产品或解决方案。

1. 基础层

基础层包括计算硬件(AI 芯片、传感器)、计算系统技术(大数据、云计算和 5G 通信)和数据分析技术(数据采集、标注和分析)。

AI 芯片主要包括 GPU、FPGA、ASIC 以及类脑芯片。

GPU(Graphics Processing Unit,图形处理器)适合执行复杂的数学和几何计算(尤其是并行运算),这部分刚好与包含大量并行运算的人工智能深度学习算法相匹配,因此成为人工智能硬件首选。由于应用开发周期短、成本相对低、技术体系成熟,成为目前应用范围最广、灵活度最高的 AI 硬件。

FPGA(Field-Programmable Gate Array,现场可编程门阵列)是一种用户可根据自身需求进行重复编程的"万能芯片",其开发时间较短,相比于 GPU 具有低功耗优势,并且可深入到硬件级优化,不过由于其是针对需求定制,所以工作频率一般不会太高,延展性不强。

ASIC(Application Specific Integrated Circuit,专用集成电路)是近些年火起来的专用芯片,从性能、面积、功耗等各方面都优于 GPU 和 FPGA,目前包括微软、谷歌、英特尔等巨头都重金投到 ASIC 领域。例如,TPU(Tensor Processing Unit,张量处理单元,是 Google 专为机器学习而定制的一款芯片)、NPU(Neural-network Processing Units,嵌入式神经网络处理器,采用"数据驱动并行计算"的架构,特别擅长处理视频、图像类的海量多媒体数据)、VPU(Video Processing Unit,视频处理单元,是一种全新的视频处理平台核心引擎,具有硬解码功能以及减少 CPU 负荷的能力,VPU 可以减少服务器负载和网络带宽的消耗)、BPU(Branch Processing Unit,分支处理单元,可支持静态和动态分支预测算法,该单元可以利用分支目标地址缓冲区加快分支处理速度)等芯片,本质上都属于 ASIC 的一种定制方式。

GPU 凭借单指令多线程的并行计算模式带来的高效率和相对的低成本,成为目前人工智能市场中使用的主流芯片;FPGA 和 ASIC 针对各具体场景定制化设计,能够实现更高的计算效率和更低的功耗,但由于成本过高,目前尚未大规模普及,预计未来随着移动端使用芯片场景的增加进一步增长。

表 4-4 给出了几种芯片特性与应用场景的对比情况。

表 4-4　几种芯片特性与应用场景的对比

	芯片类型/特性	成　　本	功　　耗	效　　率	应 用 方 向	现状及潜力评估
GPU	图形处理器,基于冯·诺依曼框架,单指令多线程,并行处理,适合高密度计算	通用处理器,出货量较大,单片成本低	运行过程中有大量的存储单元记录和运算(相对用户的冗余信息)	并行计算,速度较快	可用于服务器,不适用于大部分移动端	目前的主流芯片,占比超过 50%,尤其在服务器端占主导
FPGA	现场可编程门阵列,基于逻辑单元阵列,无指令系统门电路复杂,可重复编程	需要配套硬件语言,导致成本增加,开发周期长,半年到一年	半定制化配置,能耗相对较低,仍存在冗余电路	并行计算,速度快,底层是数字信号	可用于服务器和移动端	适用于大型企业的线上处理中心和军工类企业,下游应用场景的企业定制需求增加导致市场规模和占比扩大
ASIC	专门集成电路,从晶体管级进行精密设计,无指令系统,门电路精简,不可重复编程	定制化生产,规模较小,单片成本高,开发周期长,一到两年	根据具体需求设计,使每一个晶体管的功耗最优	完全定制,底层是模拟信号,效率最高	可用于服务器和移动端	适用于面向消费者的定制化领域,典型代表 TPU、NPU,移动端应用场景的高速扩张带来市场规模的扩大

在芯片市场方面,市场调研机构 Compass Intelligence 2018 年发布的 AIChipset Index TOP24 榜单中,前十依然是欧美韩日企业,国内芯片企业如华为海思、联发科、Imagination、寒武纪、地平线机器人等企业进入该榜单,其中华为海思排 12 位,寒武纪排 23 位,地平线机器人排 24 位。

英特尔和 AMD 凭借指令集的授权垄断了 CPU 在 PC 端的市场,高通和苹果则垄断了 CPU 在移动端的市场。英伟达和 AMD 凭借并行计算架构专利以及针对 AI 方向广泛成熟的开发生态环境垄断了 GPU 的市场。Xilinx 和 Altera(2015 年 6 月 4 日 英特尔宣布以 167 亿美元收购 FPGA 厂商 Altera) 凭借与芯片配套的硬件编程语言、软件设计工具专利和多年电路设计仿真测试经验垄断了 FPGA 的市场。当前只有 ASIC 尚未被头部公司垄断,各企业针对不同的人工智能应用场景开发,其主要壁垒是电路仿真测试经验、先进的工艺及对应用场景的深刻理解。

基于人工智能芯片的云计算平台可以满足用户对海量数据的深度学习计算需求,未来发展潜力巨大。目前除谷歌使用自有 TPU 外,大部分云平台都使用英伟达的芯片GPU 支持深度学习计算需求,国内阿里巴巴、寒武纪等企业开始自主研发 ASIC 芯片。预计未来人工智能芯片设计商和云计算服务供应商将会相互促进,为终端用户提供可靠的人工智能解决方案。

表 4-5 给出了几个芯片厂商的芯片特性与应用场景。

表 4-5　几个芯片厂商的芯片特性与应用场景

	NVIDIA	Google	阿里巴巴	寒　武　纪
核心产品	通用型芯片 GPU,更适用于神经网络的训练阶段	专有芯片 TPU、为谷歌深度学习框架 TensorFlow 设计,应用于神经网络的推理阶段	专有芯片 Ali-NPU,应用于神经网络的推理阶段	专有芯片 MLU100,应用于神经网络的推理阶段
盈利模式	向云计算厂商销售芯片	不对外销售芯片,以 Cloud TPU 方法提供使用	目前尚在研发中,预计未来阿里云自用	销售芯片及相应的板卡产品
应用	微软、阿里巴巴、亚马逊	Google	无	无
领先性能	单片 Telsa V100 每秒 120 万亿浮点运算	单片 TPU 每秒 45 万亿浮点运算	无	理论峰值速度每秒 166.4 万亿定点运算
开发生态	CUDA 并行计算平台已发展到第九代,支持主流框架	2017 年推出 TensorFlow Research Cloud 云开发平台	无	NewWare 软件平台支持主流深度学习框架

2. 技术层

技术层是人工智能产业的核心,以模拟人的智能相关特征为出发点,构建技术路径,主要包括算法理论(机器学习)、开发平台(基础开源框架、技术开放平台)和应用技术(计算机视觉、语音识别、语义识别)。

(1)算法理论与开发平台。

作为人工智能的底层逻辑,算法是产生人工智能的直接工具。机器学习和深度学习依靠算法支撑,算法则依靠数据进行训练和优化。自从深度学习取得突破性进展以来,各种深度学习框架层出不穷。从最开始蒙特利尔大学与伯克利大学提出的 Theano、Caffe 框架,到现在谷歌与 Facebook 维护的 TensorFlow、PyTorch,深度学习框架的主流已经从学术机构转向了科技巨头。当 AI 公司们使用开源平台进行算法的迭代时,开源平台可以获取数据,以及市场对应用场景热度的反馈,加速模型的训练。

在 GitHub 统计结果中,有一个趋势值得关注,即谷歌的 TensorFlow 和 Facebook 的 PyTorch 等由企业支持的研究框架发展迅猛。

Google 的 TensorFlow 是目前的主流框架,Gmail、Uber、Airbnb、NVIDIA 等许多知名品牌都在使用。Google 自开源 TensorFlow 起,大量投入构建 AI 生态,从基础研究、AI 教育再到应用实现,而这个生态的核心就是 TensorFlow。

Facebook 公司开发的 PyTorch 框架则是以简单和灵活的动态设计网络而成为了学术界主流的深度学习框架。除此之外,Amazon 的 MXNet、Apple 的 SWIFT、普飞诺的 Chainer、微软的 CNTK、百度的 Paddle-Paddle,各类不同公司的深度学习框架层出不穷,各具特点,构建起了各自的 AI 生态。

AI 框架之所以从高校转移到企业,是因为它们能用于生产,能作用于各种实际业务。目前国内有很多技术领先的科技企业,它们都有着独特的业务场景与问题,这为研发自主

的深度学习框架,构建更完美的硬件、算法系统提供了契机。百度开源的 PaddlePaddle
在自然语言处理等方面具有优异的积累;华为即将开源的 Mindspore,强调了软硬件协调
及移动端部署的能力。从目前形势来看 PyTorch 和 TensorFlow 无疑是最流行的,但国
内的框架也正在积极发展。

表 4-6 是部分 AI 开源平台的简介。

表 4-6　部分 AI 开源平台的简介

公　　司	开 源 时 间	开源平台名称	简　　　　介
Google	2015.11	TensorFlow	谷歌第二代联机版人工智能深度学习系统,能同时支持多台服务器
Facebook	2015.2	Torchnet	深度学习函数库 Torch 的框架,旨在鼓励程序代码再利用及模块化编程
Microsoft	2015.11	DMTK	一个将机器学习算法应用在大数据上的工具包
IBM	2015.11	SystemML	使用 Java 编写,可实现三大功能:定制算法、多个执行模式、自动优化
Yahoo	2016.02	CaffeOnSpar	结合深度学习框架和大规模数据处理系统,从而更方便地处理多个服务器的内容
Amazon	2016.05	DSSTNE	能同时支持两个图形处理器(GPU)参与运算的深度学习系统
百度	2016.09	Paddle-Paddle	对新手非常友好的并行分布式深度学习平台,可以使用更少的代码实现相同的功能
Tesla	2016.04	Open-AI	一套更专注于开发和对比强化学习算法的深度学习系统

人工智能在最近十年迅速发展,包括机器学习、自然语言处理、计算机视觉、智适应技
术等领域都得到了长足的发展。据清华大学中国科技政策研究中心数据显示,计算机视
觉、语音、自然语言处理是中国市场规模最大的三个应用方向。

(2)计算机视觉。

计算机视觉是计算机代替人眼对目标进行识别、跟踪和测量的机器视觉技术。计算
机视觉的应用场景广泛,在智能家居、语音视觉交互、增强现实技术、虚拟现实技术、电商
搜图购物、标签分类检索、美颜特效、智能安防、直播监管、视频平台营销、三维分析等方面
都有长足的进步。在该领域科技巨头和独角兽聚集,代表性的企业和科研机构包括百度、
腾讯、海康威视、清华大学、中科院等。

百度开发了人脸检测深度学习算法 PyramidBox;海康威视团队提出了以预测人体
中轴线来代替预测人体标注框的方式,来解决弱小目标在行人检测中的问题;腾讯优图和
香港中文大学团队在 CVPR2018 提出了 PANet,在 Mask R-CNN 的基础上进一步聚合
底层和高层特征,对于 ROI(Region of Interest,感兴趣区域)Align 在多个特征层次上采
样候选区域对应的特征网格,通过自适应特征池化做融合操作便于后续预测。此外,上海
云从科技、深兰科技、七牛在内的计算机视觉的创新企业在计算机视觉方面都拥有领先
技术。

计算机视觉在技术流程上，首先要得到实时数据，此步骤可通过一系列传感器获取，少部分数据可直接在具备 MEMS(Micro-Electro-Mechanical System，微电子机械系统)功能的传感器端完成处理，大部分数据会继续传输至大脑平台，大脑由运算单元和算法构成，在此处进行运算并给出决策支持。图 4-33 给出了视觉处理的应用流程。

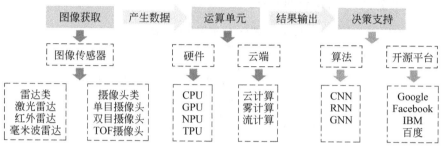

图 4-33　视觉处理的应用流程

其中，TOF 摄像头是原深感镜头，它专门负责 3D 识别。与 3D 结构光不同，TOF 技术通过调制光发射器发的高频光线，碰到物体以后会反射回来，接收器会捕捉来回的时间，通过计算能够得到物体的距离，景深不同的地方光线传播时间不同，借时间差来形成高精度的 3D 立体图，通过比对完成识别目的，比如说在手机中录入自己的面部信息。

雾计算是一种分布式的边缘计算，在获取到信息的前端进行处理，而无须将信息传输到远程的云端去进行集中计算，这样做的好处是提高响应速度，减少网络流量。流计算是一种持续、低时延、事件触发的计算作业。算法中 CNN 为卷积神经网络，RNN 为循环神经网络，GNN 为图神经网络。

计算机视觉应用场景可分为两大类：图像识别和人脸识别，每类又可继续划分为动态、静态，共四个类别，基本覆盖了目前计算机视觉的各项应用场景，如图 4-34 所示。其中动态人脸识别技术是目前创业热度最高的细分领域，尤其在金融和安防场景中是重点布局场景。

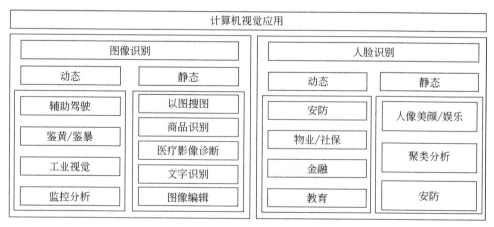

图 4-34　计算机视觉应用场景

对于计算机视觉而言,其主要瓶颈在于受图片质量、光照环境的影响,现有图像识别技术较难解决图像残缺、光线过曝、过暗的图像。此外,受制于被标记数据的体量和数量,若无大量、优质的细分应用场景数据,该特定应用场景的算法迭代很难实现突破。

(3)语音识别。

语音识别通过信号处理和识别技术让机器自动识别和理解人类的语言,并转换成文本和命令。将声音信号转化成数字信号,然后通过特征提取,进行归纳演义,推测出对应的文字。

语音识别的难点主要在两方面:

第一个难点是数据的获取、清洗。语音识别需要大量细分领域的标准化语料数据作为支撑,尤其是各地方言的多样性更是增加了语料搜集的工作量。

第二个难点是语音特征的提取,目前主要通过具备多层神经网络的深度学习来解决,多层的神经网络相当于一个特征提取器,可对信号进行逐层深化地特征描述,最终从部分到整体、从笼统到具象,做到最大限度地还原信号原始特征。

图 4-35 给出了语音识别的主要工作流程。基于语音/语言数据库,利用语音/语言学知识、数据挖掘技术、信号处理技术和统计建模技术,训练出一个语音/语言模型。前台搜集输入的语言信号,进行降噪处理,去除无关噪声信号,并提取出语言特征。后台基于训练得到的语音/语言模型,对提取得到的语言特征进行解码,从而得到识别的结果。

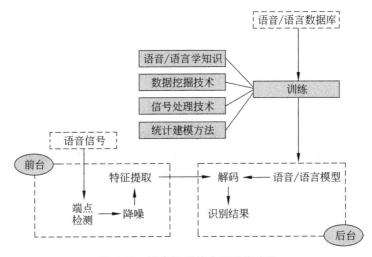

图 4-35 语音识别的主要工作流程

语音识别应用场景涉及智能电视、智能车载、电话呼叫中心、语音助手、智能移动终端、智能家电等。

在语音识别技术方面,百度、科大讯飞、搜狗等主流平台识别准确率均在 97% 以上。科大讯飞拥有深度全序列卷积神经网络语音识别框架,输入法的识别准确率达到了98%。搜狗语音识别支持最快 400 字/每秒的听写。阿里巴巴人工智能实验室通过语音识别技术开发了声纹购物功能的人工智能产品。

语音识别虽市场庞大但已出现寡头,留给创业公司的机会不多。根据 Capvision 报告显示,从语音行业市场份额角度来看,全球范围内由 Nuance 领跑,国内则是科大讯飞占据主导地位。

Nuance 创立于 1992 年,总部设在美国马萨诸塞州伯灵顿市公司,全球 45 个国家设有区域办事处,员工 12000 人,市值 72 亿美元。Nuance 是著名的语音和图像解决方案提供商,解决方案包括拨打查号服务、查询账户信息、医疗诊断记录听写、制作能够共享和检索的数字文档等工作。Nuance 是最大的专门从事语音识别软件、图像处理软件及输入法软件研发、销售的公司。目前世界上最先进的计算机语音识别软件 NaturallySpeaking 就出自 Nuance 公司。用户对着麦克风说话,屏幕上就会显示出说话的内容。T9 智能文字输入法作为旗舰产品,最大优势是支持超过 70 种语言,超过 30 亿部移动设备内置 T9 输入法,已成为业内认同的标准输入法,被众多 OEM 厂商内置,包括诺基亚、索爱、三星、LG、夏普、海尔、华为等。苹果公司 Siri(苹果智能语音助手)的幕后英雄,也是其语音核心技术的提供商正是 Nuance。

科大讯飞开放平台开发者达 51.8 万(同比增长 102%),年增长量超过前五年总和;应用总数达 40 万(同比增长 88%),年增长量超过前五年总和;平台连接终端设备总数累计达 17.6 亿(同比增长 93%)。科大讯飞当前将语音识别很多功能模块 SDK 化,根据开发者终端 App 或者是设备每月的数据并发数来进行收费,语音识别准确率达到 98% 以上,基本能够满足大量的业务场景和需求。

(4) 语义识别。

语音识别解决的是计算机"听不见"的问题,而语义识别解决的是"听不懂"的问题。自然语言处理(NLP)通过建立计算机框架来实现该语言模型,并根据该语言模型来设计各种实用系统,根据统计学原理推算出用户想表达的意思,对用户行为进行预测,然后给出对应的指令或者是反馈。

当前,NLP 技术瓶颈还是在语义的复杂性方面,包含因果关系和逻辑推理的上下文等,解决这些问题的主要思路还是依赖于深度学习和大量的样本训练。

目前在语义识别领域,科技巨头乐衷于收购,而大公司更侧向于做平台方面的通用技术,基于平台实现生态发展,如果有好的项目出现,直接收购。

语义识别领域的创业公司,小而美的企业更偏好细分场景。在特定场景下的语义分析,难度要比通用行业的语义分析难度低,准确率甚至可以达到 85% 以上,原因是特定场景下的语料相对特定,可以在一定程度上提高准确率。图 4-36 是语义识别的框架结构。

语义识别的框架结构从下到上分为五层:

- 基础资源层:包括词典、语料、网页、日志、知识库等。
- 基本方法层:包括基于规则方法、统计与机器学习方法等。
- 知识挖掘层:挖掘文本中的各种知识,比如,基本词频分布、主题、标签、知识图谱、主题的聚类和主题关联关系、主题演化趋势等。
- 文本理解:这是语义分析的主要工作,进行语义分析,从而准确地理解用户说话的真正意思。
- 应用系统层:基于语义识别,开发各种应用系统。比如,智能交互系统、对话聊天系统、深度问答系统、机器翻译系统、机器人系统等。

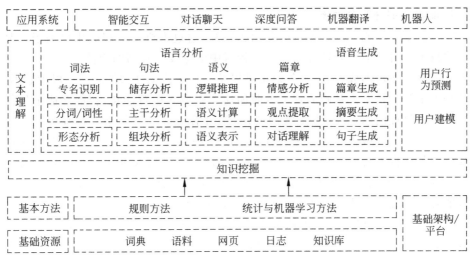

图 4-36　语义识别的框架结构

4.4.2　人工智能应用

人工智能应用是人工智能产业链的第三层,应用层是人工智能产业的延伸,它集成一类或多类人工智能基础应用技术,面向特定应用场景需求而形成软硬件产品或解决方案。人工智能应用领域包括金融、医疗、教育、交通、家居、零售、制造、安防、政务等。

4.4.2.1　金融

金融是人工智能重要的应用场景,人工智能在金融行业的应用改变了金融服务行业的规则。传统金融机构与科技公司共同参与,构建起更大范围的高性能动态生态系统,参与者需要与外部各方广泛互动,获取各自所需要的资源,因此在金融科技生态系统中,金融机构与科技公司之间将形成一种深层次的信任与合作关系,提升金融公司的商业效能。其中,智慧投顾、智慧客服以及智慧风控是人工智能技术应用较为深入的领域。

除此之外,以技术驱动的精准营销和推送使消费者获得定制化的产品和服务,通过技术增强客户黏性,并使小商户融入更大范围的生态圈等也是人工智能给金融行业带来的变化。表 4-7 是金融行业的部分痛点问题和人工智能解决方案。

表 4-7　金融行业的部分痛点问题和人工智能解决方案

痛 点 问 题	部分人工智能解决方案
金融机构面临运用成本压力	利用语音识别、语义理解等技术打造智能客服,解决用户在业务上的问题,降低客服成本
金融机构无法为长尾客户提供定制化产品和服务	利用大数据、人工智能技术开发智能投顾,向更多客户提供个性服务
信贷维度较为单一,存在坏账、交易欺诈等金融风险	人工智能与大数据相结合构建智能风控体系,多维度数据综合评估提升风险管控能力

1. 智能客服提升服务效率

智能客服是指能够为用户进行简单问题答复,通过人机交互解决用户关于产品或服务问题的技术。自然语言处理技术在客服领域中能够发挥较高的价值。

人工客服存在培训成本高、服务效果难以统一以及流动性大的问题。以大数据、云计算特别是人工智能技术为基础的智能客服加速了企业客服智能化,智能客服依靠知识图谱回答简单重复性问题,减少人工客服使用,提升客服效率及效果。客服机器人已替代40%~50%的人工客服工作。2019年7月24日,中国银行业协会在京发布的《中国银行业客服中心与远程银行发展报告(2018)》中称,2018年银行业客服中心的智能技术使用率已达69%,预计到2020年,85%的客服工作已经可以依靠人工智能完成。

智能客服在金融行业的应用主要在银行、保险、互联网金融等细分领域。银行、保险等传统金融机构更加倾向于向IT服务企业购买本地解决方案,以确保数据信息安全性,规避潜在的泄露风险。由于传统金融机构存在多样化的需求,因而需要IT服务企业提供定制化的解决方案。互联网金融领域的智能客服主要以SaaS模式为主,使用企业以大型互联网金融公司为主。以招商银行信用卡公司为例,通过智能客服每天为客户提供200万人次以上的在线人机交互,能够解决99%的用户问题。

2. 智能投顾拓宽长尾客户群体服务范围

智能投顾作为在线工具可以自动分析客户财务状况并利用大数据分析提供量身定制的建议,还可以管理投资组合投资优质产品。目前主要有以下两种模式:

一类是金融机构提供的交易程序。一些机器人顾问只投资被动投资组合(如交易所交易基金),而且不允许客户修改投资策略。其他机器人顾问允许客户参与主动投资(如股票选择)并对投资组合调整以及其他服务收取适当服务费用。如招商银行推出"摩羯智投"可提供投资理财咨询。

另一类是以社交平台为依托,供用户交流投资选项、策略和市场洞察,个人可构建投资组合与其他投资者分享。其中一类是零售算法交易,使只有有限技术知识的投资者获得有效的投资算法并获益,只需从投资收益中分享部分利益给算法作者。例如,于2011年在波士顿成立的Quantopian。根据提交的上千种投资算法,Quantopian依据风险、回报、潜力及其他因素评选出最佳方案。

3. 智能风控降低金融风险

现阶段中国个人消费支出高速增长,已经成为拉动中国经济增长的重要力量,借贷需求增加的同时金融欺诈数量也呈现上升态势。人工智能与大数据技术结合构建智能风控体系,通过对用户交易行为、信用状态、社交关系等多维度数据进行综合评判,从而得出最终评估结果。

采用智慧风控的金融机构可以分为三类:综合类、技术采购类、自主研发类。

综合类一般是指既具有研发能力又开展金融类业务的互联网巨头。例如,蚂蚁金服推出的"蚁盾""芝麻信用",网易金融推出的风控系统"北斗"。这类企业推出智能风控产品的目的在于获取更多用户数据,从而为整体服务。

技术采购类是指向银行、保险机构、互联网金融机构等提供风控解决方案的技术企业。例如,提供反欺诈、信贷风控、信息核验等服务的同盾科技。

自主研发类是指通过组建公司内部的科技团队研发智能风控产品,为自身业务提供支持的金融机构。例如,融 360 开发的"天机"大数据风控系统通过智慧风控,金融企业可以以更加高效的手段明显降低交易欺诈、信贷风险管理、信用违约等传统金融行业的难题。资损率是衡量金融企业风控能力的重要指标,通过智慧风控,支付宝平均资损率为十万分之一,在全球都具备高竞争力。

4.4.2.2 医疗

在人口老龄化、慢性病患者群体增加、优质医疗资源紧缺、公共医疗费用攀升的社会环境下,医疗人工智能的应用为当下的医疗领域带来了新的发展方向和动力。随着人工智能技术在医疗领域的持续发展和应用落地,这个行业将极大简化当前烦琐的看病流程,并在优化医疗资源、改善医疗技术等多个方面为人类提供更好的解决方案。

据德勤 2019 年 9 月发布的《全球人工智能发展白皮书》预测,医疗人工智能行业将占人工智能总体市场规模的五分之一。2016 年,中国医疗人工智能的市场规模达到 96.61 亿元,增长 37.9%,数据显示,2017 年中国人工智能医疗市场规模超过 130 亿元人民币,增长 40.7%。

由于中国医疗资源的短缺和分配不均,更加开放和高效的医疗解决方案成为了市场急迫的要求。国内医疗人工智能公司虽起步较晚,但增长迅速。据北京人工智能专利产业创新中心统计,目前我国共有 144 家智慧医疗公司,广泛分布于疾病筛查和预测、医学影像诊断、病历与文献信息分析、新药发现等细分领域,其中 2018 年获融资企业最多的领域为疾病筛查和预测。在资金来源方面,大型国资企业纷纷入股,百度、阿里、腾讯、科大讯飞等互联网巨头也根据自身优势积极布局。

截至目前,医疗人工智能技术已基本覆盖医疗、医药、医保、医院这四大医疗产业链环节。从应用场景来看,智能诊疗、医院管理、健康管理是三个率先尝试产品落地的领域。

1. 智慧健康管理

智能健康管理是人工智能技术应用到健康管理的具体场景中,利用医疗传感器监测个人健康状况。目前主要集中在风险识别、虚拟护士、精神健康、在线问诊、健康干预以及基于精准医学的健康管理。

随着人工智能的发展,大数据从个人病历、POCT 设备、各类健康智慧设备、手机App 中大量涌现。健康管理行业因其预防、调养的基调和个体化管理的特性,正在成为预防医学的主流。如杭州认识科技,产品设计方向聚焦在通过医疗信息学、临床医学知识及虚拟人技术的应用,为医疗行业提供虚拟医生院后随访服务。

2. 智能医学影像

智能医学影像是将人工智能技术应用在医学影像的诊断上。人工智能在医学影像应用中主要分为两部分:一是图像识别,应用于感知环节,其主要目的是对影像进行分析,获取一些有意义的信息;二是深度学习,应用于学习和分析环节,通过大量的影像数据和诊断数据,不断对神经元网络进行深度学习训练,促使其掌握诊断能力。

目前包括科大讯飞、腾讯均已进军智能医学影像领域。腾讯觅影利用图像识别和深度学习等技术,辅助医生对食管癌进行早期筛查,发现准确率高达90%,帮助患者更早发现病灶。除此之外,还有健培科技、医渡云、智影医疗、睿佳医影 RayPlus、迪英加等公司都在智能医学影像领域有所发展。

3. 智能诊疗

智能诊疗就是将人工智能技术用于辅助诊疗中,让计算机学习专家医生的医疗知识,仿真医生的思维和诊断推理,从而给出可靠诊断和治疗方案。智能诊疗场景是人工智能在医疗领域最重要、最核心的应用场景。

截至目前,智慧诊疗已经在中国落地了多个项目,最具典型性的是 IBM 沃森智慧诊疗平台等解决方案。沃森肿瘤专家(Watson for Oncology)是 IBM 研发的认知计算系统,应用于肿瘤医学领域并辅助肿瘤治疗。沃森智能诊疗系统结合医惠多学科会诊云平台,综合辅诊、会诊等多种诊疗协作方式,以沃森认知运算技术作为核心能力,为医生讨论提供充分的临床实证支持,并协助病患数据传输、知识库建立、出院后随访功能,形成全程死循环管理。

"腾讯觅影"作为国内"AI+医学领域"的标杆,也是腾讯医疗影像国家新一代人工智能开放创新平台的中坚力量。目前,"腾讯觅影"AI影像已实现了单一病种到多病种的应用扩张,从早期食管癌筛查拓展至肺癌、糖尿病视网膜病变、乳腺癌、结直肠癌、宫颈癌等疾病筛查。其中,最新发布的结直肠肿瘤筛查 AI 系统实现了全球唯一的腺瘤、非腺瘤和腺癌的三分类识别和行业首个肠镜实时视频 AI 检测,实时鉴别腺癌准确率达97.2%。"腾讯觅影"AI辅诊平台能够辅助医生诊断、预测700多种疾病,涵盖了医院门诊90%的高频诊断。辅诊引擎已储备约50万医学术语库,超过20万医学标注数据库,超过100万术语关系规则库,超过1000万健康知识库,超过8000万高质量医疗知识库以及超过1亿的开放医疗百科数据。

4.4.2.3 制造业

根据德勤咨询发布的《2019 年人工智能制造业应用调查报告》,人工智能在中国制造业的市场规模有望在 2025 年超过 20 亿美元(图 4-37),从 2019 年开始每年保持 40%以

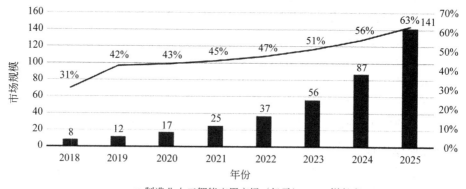

图 4-37 人工智能在中国制造业应用市场规模

上的增长率。人工智能在制造业应用的快速发展主要是受益于 5 个驱动因素:(1)新基建等政策支持;(2)人、机、物互联产生海量数据;(3)云计算、边缘计算、专用芯片技术加速演进,实现算力提升;(4)算法模型持续优化;(5)资本与技术深度耦合助推行业应用。

人工智能在制造业的应用场景众多,大致可以分成智能生产、产品和服务、企业运营管理、供应链以及业务模式决策五个领域。智能生产相关场景应用是目前制造企业部署人工智能的首要选择,占比 51%;其次为产品和服务相关场景,占比 25%。但这个比例可能将在两年内发生明显变化——人工智能在工业领域的热点应用从智能生产领域向更加注重产品服务和供应链管理转变。

德勤调查表示,83% 的企业认为人工智能已经或将在未来五年内对企业产生实际可见的影响,其中 27% 的受访者认为人工智能项目已经为企业带来价值,56% 的受访者认为人工智能将在未来 2~5 年为企业带来回报。同时,不同行业应用人工智能的预备度有所不同,从资产、技术、标准法规以及生态系统 4 方面衡量(图 4-38),电子及通信设备、家用电器制造、汽车制造、电力及电气行业的预备度较高(图 4-39)。

	资产	技术	标准法规	生态系统
电子及通信设备	★★★★	★★★★	★★★☆	★★★★
家用电器制造	★★★☆	★★★★	★★★☆	★★★☆
汽车制造	★★★★	★★★★	★★☆☆	★★☆☆
电力及电气	★★★☆	★★★★	★★☆☆	★★☆☆
机械设备制造	★★☆☆	★★★☆	★☆☆☆	★☆☆☆
化工	★★☆☆	★★☆☆	★☆☆☆	★☆☆☆
石油及炼焦	★★☆☆	★☆☆☆	☆☆☆☆	☆☆☆☆
冶金及金属加工	★☆☆☆	★★☆☆	☆☆☆☆	☆☆☆☆

图 4-38　人工智能在中国制造业不同行业的预备度衡量指标

各行业应用人工智能的预备度(分数越高预备度越高)

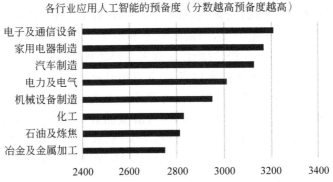

图 4-39　人工智能在中国制造业不同行业的预备度

随着工业软件的普及和升级,感知元件的换代,新传输技术以及高端数控机床、机器人等智能设备的使用,智能制造的基础元素已经逐步构建。而工业大数据、工业互联网、人工智能的运用,使得大量工业数据被不断连接、运算、迭代,最终形成能够自感知、自决策、自执行、自学习、自进化的高度协同制造模式。

根据中国经济信息社的数据,中国智能制造发展情况在全世界范围内属于第二梯队:中国相对于其他21个国家来说属于第二梯队先进型国家,强于南非、巴西、印度等新兴制造业国家,但距离美国、日本、德国还有较大差距,总体水平偏低(图4-40)。当前中国制造企业总体处于"电气自动化+数字化"阶段,随着智能制造推进,有望在2025年实现总体进入"数字化+网络化"阶段。亿欧智库调研显示,当前90%的制造业企业配有数控设备,但仅有40%实现数字化管理,5%打通工厂数据,1%使用智能化技术,而预计2025年数字化、网络化、智能化制造企业占比将达到70%、30%、10%。

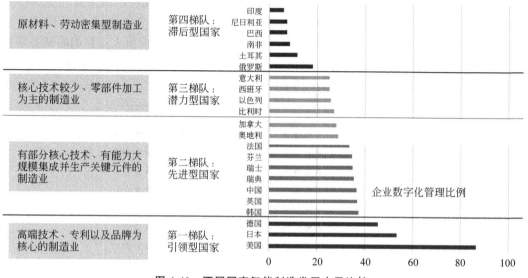

图4-40 不同国家智能制造发展水平比较

工业智能主要应用于视觉检测和预防性维修、生产优化、机器人视觉等方向。经亿欧智库调研分析,工业视觉是当前工业领域应用较多的AI技术,其用途主要有质量检测、尺寸测量、缺陷检查、识别和定位等,当前在汽车和电子3C制造业中应用最广泛。伴随着中国制造业转型升级,精密检测、智能控制等工业智能将迎接更大的市场。

创新奇智公司聚焦工业视觉技术和算法,开发出具有创新的深度神经网络视觉模型,应用创新性亚像素算法,重复测量精度可达2微米。以成衣检测系统为例,创新奇智的工业视觉技术可大幅提高检测效率和准确率,当前检测效率提高7倍以上,误报率小于1%,漏检率小于十万分之一。以OCR识别系统为例,通过内置机器视觉和深度学习的OCR手持设备识别铸造件钢印标识字符,来进行产品统一登记和追溯,识别速度在0.3秒之内,准确率在99.9%以上。

4.4.2.4 其他应用

通过实现沉浸式虚拟现实环境,一些AI应用程序声称可以测试尚未投放市场的产品或零售创意,将它们放在虚拟货架上以研究消费者对实时商品的反应和行为。这些公司声称,通过将眼动仪与头戴式显示器集成在一起,可以监控消费者对某些产品的凝视和行为。

迄今为止,全球十大技术公司中有八家已经投资了 VR,包括苹果、谷歌、微软、Facebook、三星和 IBM 等。

在零售业中,一些较大的连锁超市已经建立了自己的技术实验室,以探索 VR 和其他新技术如何为企业带来收益,其中包括劳氏(Lowe)的创新实验室和沃尔玛(Walmart)的 8 号商店。采用虚拟现实技术的优点包括:

(1)店内互动:帮助客户在商店中导航和查找产品,在他们移动时获得商店奖励。

(2)产品定制:允许零售商和品牌在投资执行前将想法可视化。

(3)体验式广告系列:通过游戏,讲故事和品牌体验吸引客户。

1. VR 家居装修

Aria 是一款 VR 应用程序,可以跟踪眼睛和头部的运动完成操作,可应用于手机、计算机和 VR 设备。施华洛世奇和万事达为 Atelier Swarovski 家居装饰系列推出了虚拟现实购物应用程序,通过使用 Aria,购物者可以使用万事达卡的 Masterpass 浏览和购买商品,通过左右移动头或上下移动来浏览房屋的不同房间并查看集合,将视线固定在某个对象上会显示产品信息、价格以及有关设计灵感和制造过程的视频。眼动追踪技术可以告知设备个人注视的确切位置,然后,对这些数据进行分析,以确定该人的存在、注意力、嗜睡、意识以及其他精神状态或意图。

2. 营销虚拟现实

Shopper MX 可让零售和品牌团队在实际环境中创建任何东西之前先模拟新的零售概念,例如,新产品展示、包装、店铺布局。除了测试新的商店概念外,Shopper MX 还可以进行 A/B 测试,即零售商店和品牌可以创建不同版本的概念,以查看购物者偏好哪个版本。其软件可以通过收集有关注视、存储流量或过道变化的数据来识别购物者的行为模式。软件可在 PC、移动端、全屏和 VR 耳机上运行。Shopper MX 的客户包括凯洛格(Kellogg)、三星、温迪、强生和可口可乐。

3. 试穿和化妆的 VR

移动应用 Makeup Genius 可以提供化妆品虚拟试用服务。产品使用了计算机视觉技术,通过实时映射面部标志的 64 个数据点来确定图像和视频数据,以确定头部姿势、面部表情和不同的肤色。在欧莱雅商店中,购物者可以选择扫描实际物品进行虚拟尝试,还可以利用客户的实时数据为其精准推荐。例如,如果客户一直在研究烟熏眼妆,则该应用程序将显示更多烟熏眼妆产品。该应用程序已被下载 3500 万次。

移动应用 Snapfeet 可以让购物者根据双脚的 3D 生物特征扫描来虚拟地穿鞋,在扫描购物者的脚后,应用会推荐最适合客户的鞋子尺寸和型号。产品使用生物特征识别技术创建脚的 3D 图像。该公司网站报告说,其鞋类零售客户之一是 Spider Shoes。

4. 机器学习的应用

试想,一个私人机器人每天早上为你准备早餐,那将会是怎样的情形。现在,机器人不需要任何帮助就知道如何做出完美的煎蛋卷,因为它可以通过观看 YouTube 上的视频学会所有必要的步骤。

马里兰大学高级计算机研究所与澳大利亚国家信息通信技术研究中心的科学家合作开发机器人自主学习。具体地说，这些机器人通过观看在线烹饪视频能够学习烹调所需的复杂的要领和操作。关键的突破是，机器人可以自己"思考"，确定观察到的动作的最佳组合，使它们能够有效地完成给定的任务。该研究结果于2015年1月29日在得克萨斯州奥斯丁人工智能会议促进协会上展出。

"有人试图模仿动作，相反，我们努力模仿目标，这就是突破。"马里兰大学高级计算机研究所实验室主任阿伦莫多解释。这种方法使机器人能够自己决定如何最好地结合各种动作，而不是再现一系列预定动作。

第 5 章
智能制造的主要战略

当前制造业的智能创新升级,为全球制造业变革带来了历史机遇。全球各国也纷纷将智能制造提升至国家战略层面,以期在新的工业革命中占据主导地位。2012 年,美国出台了"先进制造业国家战略计划",大力推动以"工业互联网"和"新一代机器人"为重点的智能制造战略布局。2013 年,德国正式实施以智能制造为主题的"工业 4.0"战略,巩固其制造业领先地位;法国公布"工业新法国"计划;英国政府推出《英国工业 2050 战略》,致力于敏捷响应消费需求,把握市场机遇,提升可持续发展能力和提升高素质劳动力。2015 年,我国出台了旨在推动我国制造业升级的强国战略规划《中国制造 2025》,加快我国从制造大国向制造强国转变。2016 年,日本工业价值链参考框架 IVRA 的正式发布,标志着日本智能制造策略正式完成里程碑的落地。

首先,本章将围绕"中国制造 2025""工业 4.0""工业互联网"的背景、意义、战略方针展开论述,并给出实施解决方案。其次,本章还描述了日本、法国和英国应对第四次工业革命的相关方针政策。

5.1 中国制造 2025

随着新一轮工业技术革命到来,全球主要发达国家加紧谋篇布局,纷纷推出新的引领制造业国家战略,支持和推动智能制造发展,逐步对工业技术及其发展模式进行升级转型。为跻身制造强国行列,立足增强我国综合国力、提升国际竞争力、保障国家安全,2015 年 5 月 8 日,经国务院总理李克强签批,由我国国务院印发的《中国制造 2025》政策,是我国实施制造强国战略的第一个十年行动纲领,其核心是加快推进制造业创新发展、提质增效,实现从制造大国向制造强国转变。

《中国制造 2025》明确了中国特色的智能制造,有效解决我国制造业的资金、技术、人才等阻碍,是我国制造业转型升级的关键所在。该政策以实现制造强国为总体目标,围绕九大战略任务,提出八项战略对策,重点攻关十大重点领域和五项重点工程,以支撑国家智能制造战略发展目标,如图 5-1 所示。

5.1.1 中国制造 2025 背景与意义

自新中国成立到现在,中国制造业得到了举世瞩目的发展,现在已成为制造业第一大

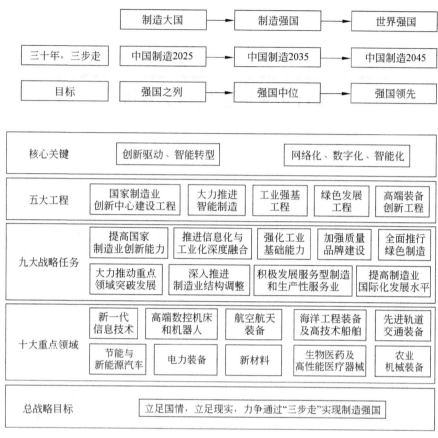

图 5-1 《中国制造 2025》概述

国、世界第二大经济体。回顾我们制造业发展历程,大致分为四个阶段:第一阶段是 20 世纪 80 年代,起步阶段;第二阶段是 20 世纪 90 年代,成长阶段;第三阶段是 21 世纪初到 21 世纪 10 年代,崛起阶段;第四阶段是 21 世纪 10 年代之后,智能制造阶段,如图 5-2 所示。

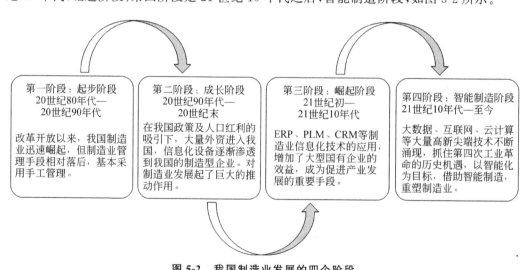

图 5-2 我国制造业发展的四个阶段

第一阶段：20 世纪 80 年代到 20 世纪 90 年代，起步阶段。改革开放以来，我国制造业迅速崛起。我国地大物博、劳动力丰富、劳动力成本相对较低，很多国外企业迅速占领中国市场，注入大量的设备和资金。同时，我国各省份也为了经济的发展，建设了众多工业园区，吸引外资、合资等。随着改革开放的号角，国家政策不断放开，中小企业复苏，先驱企业家个人打拼，沿海地区涌现了大批民营企业，成为中国制造的雏形。但此时制造业管理手段相对落后，基本采用手工管理。

第二阶段：20 世纪 90 年代，成长阶段。发达国家劳动力成本攀升，工业污染不断加剧，去工业化和产业转移逐步成为发达国家主流。此时，我国又恰逢改革开放第二个十年，具有先天的低成本优势，民营企业崛起、外资企业进入我国，合资企业逐步壮大，承包了全球大量的代工订单。"Made in China"（中国制造）也由此闻名全球，尤其沿海地区的制造业得到了飞速发展。部分软件开始逐步渗透到制造型企业，为制造业的管理手段和制造能力提供了巨大的推动作用。

第三阶段：20 世纪末到 21 世纪 10 年代，崛起阶段。中国制造业进入了新一轮迅速发展期，船舶机床、汽车、工程机械、电子与通信等产业的产品创新尤为迅速，进而拉动了重型机械、模具、钢铁等原材料的需求大幅增长。大型国有企业的效益显著提升，烟草、钢铁等行业开始进行迅速整合，ERP（企业资源管理系统）、PLM（产品生命周期管理系统）、CRM（客户关系管理系统）等制造业信息化技术的应用，也开始成为促进产业发展的重要手段。

第四阶段：21 世纪 10 年代，智能制造阶段。大数据、互联网、云计算等大量高新尖端技术不断涌现，全球主要国家推出符合自身国情的制造业发展计划，抓住第四次工业革命的历史机遇，以智能化为目标，着重打造智能制造，重塑制造业。据工业和信息化部网站数据显示，2014 年，我国工业增加值达到 22.8 万亿元，占 GDP 的比重达到 35.85%。2013 年，我国制造业产出占世界的比重达到 20.8%，连续 4 年保持世界第一制造业大国，中国的经济发展已由高速增长转入高质量发展阶段。

但我国还处于工业化进程中，与全球先进水平相比，中国制造业还处在大而不强的阶段，在质量效益、产业结构水平、资源利用率、行业信息化水平、劳动力成本、自主创新能力等方面差距明显，智能制造升级转型任务紧迫且艰巨。2020 年新冠肺炎疫情之后，华为芯片、5G 技术与美国战略对抗，进一步体现我们要积极抓住当前机会，做大做强，实现中国装备、中国品牌，实现中国制造向中国创造转变、中国速度向中国质量转变、中国产品向中国品牌转变，实现中国制造由大变强的战略任务。

在新一轮的工业技术革命中，国际产业分工格局正在重塑。作为制造大国，全面部署新一轮的工业技术革命升级，建设智能制造强国是实现中华民族伟大复兴的坚实基础。从 2014 年 12 月"中国制造 2025"这一概念被初次提出，到 2015 年 5 月 8 日正式印发《中国制造 2025》战略文件，这一战略部署逐步在推进。

5.1.2　国家战略目标与九大战略任务

《中国制造 2025》提出，要坚持"创新驱动、质量为先、绿色发展、结构优化、人才为本"的基本方针，坚持"市场主导、政府引导；立足当前，着眼长远；整体推进，重点突破；自主发展,开放合作"的基本原则。立足国情,立足现实,通过三个十年规划实现制造强国的战略目标,依托改革创新,着力提升核心竞争力和品牌塑造能力。

第一个十年规划,2015—2025 年,我国制造业迈入制造强国行列。2020 年基本实现工业化,制造业大国地位进一步巩固,制造业信息化水平大幅提升。2025 年制造业整体素质大幅提升,创新能力显著增强,全员劳动生产率明显提高,两化(工业化和信息化)融合迈上新台阶,形成一批具有较强国际竞争力的跨国公司和产业集群,在全球产业分工和价值链中的地位明显提升,如表 5-1 所示。

表 5-1　2025 年制造业主要指标

类　别	指　　标	2025 年
创新能力	规模以上制造业研发经费内部支出占主营业务收入比重(%)	提高到 1.68
	规模以上制造业每亿元主营业务收入有效发明专利数[1](件)	提高到 1.10
质量效益	制造业质量竞争力指数[2]	提高到 85.5
	制造业增加值率提高	比 2015 年提高 4 个百分点
	制造业全员劳动生产率增速(%)	年均增速 6.5 左右
两化融合	宽带普及率[3](%)	提高到 82
	数字化研发设计工具普及率[4](%)	提高到 84
	关键工序数控化率[5](%)	提高到 64
绿色发展	规模以上单位工业增加值能耗下降幅度	比 2015 年下降 34%
	单位工业增加值二氧化碳排放量下降幅度	比 2015 年下降 40%
	单位工业增加值用水量下降幅度	比 2015 年下降 41%
	工业固体废物综合利用率(%)	提高到 79

注:

(1) 规模以上制造业每亿元主营业务收入有效发明专利数＝规模以上制造企业有效发明专利数/规模以上制造企业主营业务收入。

(2) 制造业质量竞争力指数是反映我国制造业质量整体水平的经济技术综合指标,由质量水平和发展能力两个方面共计 12 项具体指标计算得出。

(3) 宽带普及率用固定宽带家庭普及率代表,固定宽带家庭普及率＝固定宽带家庭用户数/家庭户数。

(4) 数字化研发设计工具普及率＝应用数字化研发设计工具的规模以上企业数量/规模以上企业总数量(相关数据来源于 3 万家样本企业,下同)。

(5) 关键工序数控化率为规模以上工业企业关键工序数控化率的平均值。

第二个十年规划,2025—2035 年,我国制造业整体达到世界制造强国阵营中等水平。创新能力大幅提升,重点领域发展取得重大突破,整体竞争力明显增强,优势行业形成全球创新引领能力,全面实现工业化。

第三个十年规划,2035—2045 年,新中国成立 100 周年时,我国制造业大国地位更加巩固,综合实力进入世界制造强国前列。制造业主要领域具有创新引领能力和明显竞争优势,建成全球领先的技术体系和产业体系。

基于此,《中国制造 2025》提出总战略任务:实现制造强国的战略目标,必须坚持问题导向,统筹谋划,突出重点;必须凝聚全社会共识,加快制造业转型升级,全面提高发展质量和核心竞争力。具体表现为九大战略:提高国家制造业创新能力、推进信息化与工业化深度融合、强化工业基础能力、加强质量品牌建设、全面推行绿色制造、大力推动重点领域突破发展、深入推进制造业结构调整、积极发展服务型制造和生产性服务业、提高制造业国际化发展水平。

5.1.3　八项战略对策

为进一步推动《中国制造 2025》落地生根,有效完善各项战略任务,坚定不移发展智能制造,《中国制造 2025》提出八项战略对策,以支撑国家智能制造战略发展目标。八项战略对策具体包括:深化体制机制改革、营造公平竞争市场环境、完善金融扶持政策、加大财税政策支持力度、健全多层次人才培养体系、完善中小微企业政策、进一步扩大制造业对外开放、健全组织实施机制。

1. 深化体制机制改革

全面推进依法行政,加快转变政府职能,创新政府管理方式,加强制造业发展战略、规划、政策、标准等制定和实施,强化行业自律和公共服务能力建设,提高产业治理水平。简政放权,深化行政审批制度改革,规范审批事项,简化程序,明确时限;适时修订政府核准的投资项目目录,落实企业投资主体地位。完善政产学研用协同创新机制,改革技术创新管理体制机制和项目经费分配、成果评价和转化机制,促进科技成果资本化、产业化,激发制造业创新活力。加快生产要素价格市场化改革,完善主要由市场决定价格的机制,合理配置公共资源;推行节能量、碳排放权、排污权、水权交易制度改革,加快资源税从价计征,推动环境保护费改税。深化国有企业改革,完善公司治理结构,有序发展混合所有制经济,进一步破除各种形式的行业垄断,取消对非公有制经济的不合理限制。稳步推进国防科技工业改革,推动军民融合深度发展。健全产业安全审查机制和法规体系,加强关系国民经济命脉和国家安全的制造业重要领域投融资、并购重组、招标采购等方面的安全审查。

2. 营造公平竞争市场环境

深化市场准入制度改革,实施负面清单管理,加强事中事后监管,全面清理和废止不利于全国统一市场建设的政策措施。实施科学规范的行业准入制度,制定和完善制造业节能节地节水、环保、技术、安全等准入标准,加强对国家强制性标准实施的监督检查,统一执法,以市场化手段引导企业进行结构调整和转型升级。切实加强监管,打击制售假冒伪劣行为,严厉惩处市场垄断和不正当竞争行为,为企业创造良好生产经营环境。加快发展技术市场,健全知识产权创造、运用、管理、保护机制。完善淘汰落后产能工作涉及的职工安置、债务清偿、企业转产等政策措施,健全市场退出机制。进一步减轻企业负担,实施涉企收费清单制度,建立全国涉企收费项目库,取缔各种不合理收费和摊派,加强监督检查和问责。推进制造业企业信用体系建设,建设中国制造信用数据库,建立健全企业信用动态评价、守信激励和失信惩戒机制。强化企业社会责任建设,推行企业产品标准、质量、安全自我声明和监督制度。

3. 完善金融扶持政策

深化金融领域改革,拓宽制造业融资渠道,降低融资成本。积极发挥政策性金融、开发性金融和商业金融的优势,加大对新一代信息技术、高端装备、新材料等重点领域的支持力度。支持中国进出口银行在业务范围内加大对制造业走出去的服务力度,鼓励国家开发银行增加对制造业企业的贷款投放,引导金融机构创新符合制造业企业特点的产品和业务。健全多层次资本市场,推动区域性股权市场规范发展,支持符合条件的制造业企业在境内外上市融资、发行各类债务融资工具。引导风险投资、私募股权投资等支持制造业企业创新发展。鼓励符合条件的制造业贷款和租赁资产开展证券化试点。支持重点领域大型制造业企业集团开展产融结合试点,通过融资租赁方式促进制造业转型升级。探索开发适合制造业发展的保险产品和服务,鼓励发展贷款保证保险和信用保险业务。在风险可控和商业可持续的前提下,通过内保外贷、外汇及人民币贷款、债权融资、股权融资等方式,加大对制造业企业在境外开展资源勘探开发、设立研发中心和高技术企业以及收购兼并等的支持力度。

4. 加大财税政策支持力度

充分利用现有渠道,加强财政资金对制造业的支持,重点投向智能制造、"四基"发展、高端装备等制造业转型升级的关键领域,为制造业发展创造良好政策环境。运用政府和社会资本合作(PPP)模式,引导社会资本参与制造业重大项目建设、企业技术改造和关键基础设施建设。创新财政资金支持方式,逐步从"补建设"向"补运营"转变,提高财政资金使用效益。深化科技计划(专项、基金等)管理改革,支持制造业重点领域科技研发和示范应用,促进制造业技术创新、转型升级和结构布局调整。完善和落实支持创新的政府采购政策,推动制造业创新产品的研发和规模化应用。落实和完善使用首台(套)重大技术装备等鼓励政策,健全研制、使用单位在产品创新、增值服务和示范应用等环节的激励约束机制。实施有利于制造业转型升级的税收政策,推进增值税改革,完善企业研发费用计核方法,切实减轻制造业企业税收负担。

5. 健全多层次人才培养体系

加强制造业人才发展统筹规划和分类指导,组织实施制造业人才培养计划,加大专业技术人才、经营管理人才和技能人才的培养力度,完善从研发、转化、生产到管理的人才培养体系。以提高现代经营管理水平和企业竞争力为核心,实施企业经营管理人才素质提升工程和国家中小企业银河培训工程,培养造就一批优秀企业家和高水平经营管理人才。以高层次、急需紧缺专业技术人才和创新型人才为重点,实施专业技术人才知识更新工程和先进制造卓越工程师培养计划,在高等学校建设一批工程创新训练中心,打造高素质专业技术人才队伍。强化职业教育和技能培训,引导一批普通本科高等学校向应用技术类高等学校转型,建立一批实训基地,开展现代学徒制试点示范,形成一支门类齐全、技艺精湛的技术技能人才队伍。鼓励企业与学校合作,培养制造业急需的科研人员、技术技能人才与复合型人才,深化相关领域工程博士、硕士专业学位研究生招生和培养模式改革,积极推进产学研结合。加强产业人才需求预测,完善各类人才信息库,构建产业人才水平评价制度和信息发布平台。建立人才激励机制,加大对优秀人才的表彰和奖励力度。建立完善制造业人才服务机构,健全人才流动和使用的体制机制。采取多种形式选拔各类优秀人才,重点是专业技术人才,到国外学习培训,探索建立国际培训基地。加大制造业引智力度,引进领军人才和紧缺人才。

6. 完善中小微企业政策

落实和完善支持小微企业发展的财税优惠政策,优化中小企业发展专项资金使用重点和方式。发挥财政资金杠杆撬动作用,吸引社会资本,加快设立国家中小企业发展基金。支持符合条件的民营资本依法设立中小型银行等金融机构,鼓励商业银行加大小微企业金融服务专营机构建设力度,建立完善小微企业融资担保体系,创新产品和服务。加快构建中小微企业征信体系,积极发展面向小微企业的融资租赁、知识产权质押贷款、信用保险保单质押贷款等。建设完善中小企业创业基地,引导各类创业投资基金投资小微企业。鼓励大学、科研院所、工程中心等对中小企业开放共享各种实(试)验设施。加强中小微企业综合服务体系建设,完善中小微企业公共服务平台网络,建立信息互联互通机制,为中小微企业提供创业、创新、融资、咨询、培训、人才等专业化服务。

7. 进一步扩大制造业对外开放

深化外商投资管理体制改革,建立外商投资准入前国民待遇加负面清单管理机制,落实备案为主、核准为辅的管理模式,营造稳定、透明、可预期的营商环境。全面深化外汇管理、海关监管、检验检疫管理改革,提高贸易投资便利化水平。进一步放宽市场准入,修订钢铁、化工、船舶等产业政策,支持制造业企业通过委托开发、专利授权、众包众创等方式引进先进技术和高端人才,推动利用外资由重点引进技术、资金、设备向合资合作开发、对外并购及引进领军人才转变。加强对外投资立法,强化制造业企业走出去法律保障,规范企业境外经营行为,维护企业合法权益。探索利用产业基金、国有资本收益等渠道支持高铁、电力装备、汽车、工程施工等装备和优势产能走出去,实施海外投资并购。加快制造业走出去支撑服务机构建设和水平提升,建立制造业对外投资公共服务平台和出口产品技术性贸易服务平台,完善应对贸易摩擦和境外投资重大事项预警协调机制。

8. 健全组织实施机制

成立国家制造强国建设领导小组,由国务院领导同志担任组长,成员由国务院相关部门和单位负责同志担任。领导小组主要职责是:统筹协调制造强国建设全局性工作,审议重大规划、重大政策、重大工程专项、重大问题和重要工作安排,加强战略谋划,指导部门、地方开展工作。领导小组办公室设在工业和信息化部,承担领导小组日常工作。设立制造强国建设战略咨询委员会,研究制造业发展的前瞻性、战略性重大问题,对制造业重大决策提供咨询评估。支持包括社会智库、企业智库在内的多层次、多领域、多形态的中国特色新型智库建设,为制造强国建设提供强大智力支持。

各地区、各部门要充分认识建设制造强国的重大意义,加强组织领导,健全工作机制,强化部门协同和上下联动。各地区要结合当地实际,研究制定具体实施方案,细化政策措施,确保各项任务落实到位。工业和信息化部要会同相关部门加强跟踪分析和督促指导,重大事项及时向国务院报告。

5.1.4　十大重点领域

　　智能制造发展涉及面很广,为了确保我国在 2025 年迈入制造强国行列,必须做到有的放矢,重点突破十大专业领域,实现《中国制造 2025》三步走战略目标。为指明十大重点领域发展趋势和重点,国家制造强国建设战略咨询委员会特别组织编制了"《中国制造 2025》重点领域技术路线图",也被称为"《中国制造 2025》重点领域技术创新绿皮书",该技术路线图的编制动员了 48 名院士、400 多位专家及相关企业高层管理人员参与,广泛征集了来自企业、高校、科研机构、专业学会协会的意见,具体涉及的十大重点领域是:新一代信息技术产业、高档数控机床和机器人、航空航天装备、海洋工程装备及高技术船舶、先进轨道交通装备、节能与新能源汽车、电力装备、新材料、生物医药及高性能医疗器械、农业机械装备。

1. 新一代信息技术产业

　　随着我国经济的高速发展,物联网技术迅猛普及,我国对集成电路及专用设备需求不断暴增。2000 年我国集成电路市场消费规模仅为 945 亿元人民币,2015 年已增至 11024 亿元人民币,占全球市场 50% 以上,我国已成为全球集成电路的主要消费市场。满足国内市场需求,提升集成电路产品自给率,同时满足国家安全需要、占领战略性产品市场,始终是集成电路产业发展的最大需求和动力。面向国家战略和产业发展两个需求,着力发展集成电路设计,加速发展集成电路制造业,提升先进封装测试业发展水平,突破集成电路关键装备和材料。到 2020 年,集成电路产业与国际先进水平的差距逐步缩小,全行业销售收入年均增速超过 20%,企业可持续发展能力大幅增强。到 2030 年,集成电路产业链主要环节达到国际先进水平,一批企业进入国际第一梯队,实现跨越发展。发展重点为集成电路设计、集成电路制造、集成电路封装。

2. 高档数控机床和机器人

　　到 2025 年,高档数控机场与基础制造装备国内市场占有率超过 80%,其中用于汽车行业的机场装备平均无故障时间达到 2000 小时,精度保持时间达到 5 年;数控系统标准型、智能型国内市场占有率分别达到 80%、30%;主轴、丝杠、导轨等中高档功能部件国内市场占有率达到 80%,高档数控机床与基础制造装备总体进入世界强国行列。其次,形成完善的机器人产业体系,机器人研发、制造及系统集成能力力争达到世界先进水平。自主品牌工业机器人国内市场占有率达到 70% 以上,国产关键零部件国内市场占有率达到 70%,产品主要技术指标达到国外同类水平,平均无故障时间达到国际先进水平,服务机器人实现大批量规模生产,在人民生活、社会服务和国防建设中开始普及应用,部分产品实现出口,新一代机器人样机研制成功,并实现一定规模的示范应用,有 1～2 家企业进入世界前五名。

3. 航空航天装备

　　到 2025 年,民用飞机产业年营业收入超过 2000 亿元;280 座级双通道干线飞机完成研制、生产和交付;干线飞机交付量占国内市场份额 10% 以上,涡桨支线飞机交付量占全球市场份额 10%～20%,通用飞机和直升机交付量占全球市场份额分别达到 40% 和

15%。到 2025 年,航空发动机 CJ-1000A 商业服役;1000kgf 级涡扇、1000kW 级涡轴等重点产品完成适航取证;5000kW 级涡桨等完成型号研制。实现自主研制的首个先进大型民用涡扇发动机在国内商业服役,使中国航空发动机产业进入世界第一梯队。

到 2025 年,航空机载设备与系统及配套实现国内干、支线飞机机载产品市场占有率 30%;通用飞机机载产品市场占有率 50%;在关键航空机载设备与系统领域培养若干个系统级供应商;实现航空材料和元器件自主保障。航天装备建成高效、安全、适应性强的航天运输体系,布局合理、全球覆盖、高效运行的国家民用空间基础设施,形成长期稳定高效的空间应用服务体系,具备行星际探测能力,空间信息应用自主保障率达到 80%,产业化发展达到国际先进水平。

4. 海洋工程装备及高技术船舶

到 2025 年,成为具有一定影响力的海洋工程装备及高技术船舶制造强国:形成完善的海洋工程装备及高技术船舶设计、总装建造、设备供应、技术服务产业体系和标准规范体系;拥有五家以上国际知名制造企业,部分领域设计制造技术国际领先;自主研发设计、建造的主要海洋工程装备、高技术船舶的国际市场份额分别达到 40% 和 50%;关键系统和设备自主配套率分别达到 50% 和 80%;全面实现海洋装备自主配套水面上核心设备、1500 米级水下生产系统与专用系统能力,突破 3000 米水深水下生产系统设计、制造、测试和安装等关键技术;具备海洋矿产资源、天然气水合物等开采装备、波浪能/潮汐能等海洋可再生资源开发装备、海水淡化等新型海洋资源开发装备研制能力,并开展部分装置的试点应用;全面建成数字化、网络化、智能化、绿色化设计制造体系。

5. 先进轨道交通装备

加快新材料、新技术和新工艺的应用,重点突破体系化安全保障、节能环保、数字化智能化网络化技术,研制先进可靠适用的产品和轻量化、模块化、谱系化产品。研发新一代绿色智能、高速重载轨道交通装备系统,围绕系统全寿命周期,向用户提供整体解决方案,建立世界领先的现代轨道交通产业体系。2025 年,预计境外业务比重超过 40%,服务比重超过 20%,主导国际标准修订,建成全球领先的现代化轨道交通装备产业体系,占据全球产业链的高端。

6. 节能与新能源汽车

到 2025 年,与国际先进水平同步的新能源汽车年销量 300 万辆,在国内市场占 80% 以上,两家整车企业销量进入世界前 10,海外销售占总销量的 10%。动力电池、驱动电机等关键系统实现批量出口,智能网联汽车实现区域试点。高品质关键材料、零部件实现国产化和批量供应,燃料电池堆系统可靠性和经济性大幅提高,和传统汽车、电动汽车相比具有一定的市场竞争力,实现批量生产和市场化推广,制氢、加氢等配套基础设施基本完善,燃料电池汽车实现区域小规模运行。在节能汽车领域,油耗量降至 4 升/100 公里左右。到 2025 年,商用车新车油耗达到国际先进水平。在智能网联汽车领域,掌握自动驾驶总体技术及各项关键技术,建立较完善的智能网联汽车自主研发体系、生产配套体系及产业群,基本完成汽车产业转型升级。

7. 电力装备

电力装备是实现能源安全稳定供给和国民经济持续健康发展的基础,包括发电设备、输变电设备、配电设备等。到2025年,具备持续创新能力,完善产业配套,形成完整的研发、设计、制造、试验检测和认证体系。大型火电、水电、核电等成套装备达到国际领先水平,新能源和可再生能源装备及储能装置市场占有率超过80%。输变电成套装备100%实现智能化,传感器等关键零部件自主化率达到85%。以火电装备、核电装备、可再生能源装备和输变电成套装备为重点。

8. 新材料

以特种金属功能材料、高性能结构材料、功能性高分子材料、特种无机非金属材料和先进复合材料为发展重点,加快研发先进熔炼、凝固成型、气相沉积、型材加工、高效合成等新材料制备关键技术和装备,加强基础研究和体系建设,突破产业化制备瓶颈。积极发展军民共用特种新材料,加快技术双向转移转化,促进新材料产业军民融合发展。高度关注颠覆性新材料对传统材料的影响,做好超导材料、纳米材料、石墨烯、生物基材料等战略前沿材料提前布局和研制。加快基础材料升级换代。到2025年,产业结构调整显著,基础材料产品结构实现升级换代,国内市场占有率超过90%。

9. 生物医药及高性能医疗器械

到2025年,基本实现药品质量标准和体系与国际接轨,建立完善和支持对外服务的国家药物创新体系,形成国际视野的高水平创新团队,推动我国医药国际化发展战略。针对生物医药,重点产品是面向重大疾病的化学药、中药、生物技术药物新产品,重点包括新机制和新靶点分子靶向药物、抗体药物及抗体偶联药物(ADC)、蛋白及多肽药物、新型疫苗、新型细胞治疗制剂、临床优势突出的创新中药及个性化治疗药物。针对生物医药应用示范工程,2025年,发展到5~10个,其中3~5个协同体的技术创新能力、重大创新产品和制药工业体系达到国际先进水平,年主营销售收入超过500亿元,成为具有较强国际竞争力的大型生物医药骨干企业。

10. 农业机械装备

农业机械装备是提高农业生产效率、实现资源有效利用、推动农业可持续发展的不可或缺工具,对保障国家粮食安全、促进农业增产增效、改变农民增收方式和推动农村发展起着非常重要的作用。到2025年,大宗粮食和战略性经济作物生产全程机械品种齐全,国产农机产品市场占有率稳定并高于95%;200马力以上大型拖拉机和采棉机等高端产品市场占有率达60%。重点发展粮、棉、油、糖等大宗粮食和战略性经济作物育、耕、种、管、收、运、贮等主要生产过程使用的先进农机装备,加快发展大型拖拉机及其复式作业机具、大型高效联合收割机等高端农业装备及关键核心零部件。提高农机装备信息收集、智能决策和精准作业能力,推进形成面向农业生产的信息化整体解决方案。

5.1.5 五项重点工程

《中国制造2025》提出,将通过政府引导、整合资源,实施国家制造业创新中心建设等五项重点工程,实现长期制约制造业发展的关键共性技术突破,提升我国制造业的整体竞争力,五项重点工程包括国家制造业创新中心建设工程、智能制造工程、工业强基工程、绿色制造工程、高端装备创新工程。其中,最核心的是实施智能制造工程。

1. 国家制造业创新中心建设工程

围绕重点行业转型升级和新一代信息技术、智能制造、增材制造、新材料、生物医药等领域创新发展的重大共性需求,形成一批制造业创新中心(工业技术研究基地),重点开展行业基础和共性关键技术研发、成果产业化、人才培训等工作。制定完善制造业创新中心遴选、考核、管理的标准和程序。力争到 2025 年形成 40 家左右制造业创新中心(工业技术研究基地)。

2016—2020 年,围绕信息光电子、高性能医疗器械等重点领域,我国已论证通过和启动建设 16 家国家制造业创新中心,如表 5-2 所示,以共建联合实验室、成立创新联合体等方式,打造高水平的创新合作模式。已有 24 省区市开展了省级制造业创新中心的认定和培育工作,覆盖了全国 60% 以上,共认定 132 家省级制造业创新中心。国家制造业创新中心已达到建设 15 家的阶段目标。

表 5-2　2016—2020 年 16 家国家制造业创新中心

序号	年份	名　称	单　位
1	2016	国家动力电池创新中心	国联汽车动力电池研究院有限公司
2	2017	国家增材制造创新中心	西安增材制造国家研究院有限公司
3	2018	国家印刷及柔性显示创新中心	广东聚华印刷显示技术有限公司
4	2018	国家信息光电子创新中心	武汉光谷信息光电子创新中心有限公司
5	2018	国家机器人创新中心	沈阳智能机器人研究院有限公司
6	2018	国家智能传感器创新中心	上海芯物科技有限公司
7	2018	国家集成电路创新中心	上海集成电路制造创新中心有限公司
8	2018	国家数字化设计与制造创新中心	武汉数字化设计与制造创新中心有限公司
9	2018	国家轻量化材料成形技术及装备创新中心	北京机科国创轻量化科学研究院有限公司
10	2019	国家先进轨道交通装备创新中心	株洲国创轨道科技有限公司
11	2019	国家农机装备创新中心	洛阳智能农业装备研究院有限公司
12	2019	国家智能网联汽车创新中心	国汽(北京)智能网联汽车研究院有限公司
13	2019	国家先进功能纤维创新中心	江苏新视界先进功能纤维创新中心有限公司
14	2020	国家稀土功能材料创新中心	国瑞科创稀土功能材料有限公司
15	2020	国家集成电路特色工艺及封装测试创新中心	华进半导体封装先导技术研发中心有限公司
16	2020	国家高性能医疗器械创新中心	深圳高性能医疗器械国家研究院有限公司

2. 智能制造工程

紧密围绕重点制造领域关键环节,开展新一代信息技术与制造装备融合的集成创新和工程应用。支持政产学研用联合攻关,开发智能产品和自主可控的智能装置并实现产业化。依托优势企业,紧扣关键工序智能化、关键岗位机器人替代、生产过程智能优化控制、供应链优化,建设重点领域智能工厂/数字化车间。在基础条件好、需求迫切的重点地区、行业和企业中,分类实施流程制造、离散制造、智能装备和产品、新业态新模式、智能化管理、智能化服务等试点示范及应用推广。建立智能制造标准体系和信息安全保障系统,搭建智能制造网络系统平台。到 2025 年,制造业重点领域全面实现智能化,试点示范项目运营成本降低 50%,产品生产周期缩短 50%,不良品率降低 50%。

截至 2020 年,智能制造工程试点示范项目运营已初见成效。2015 年,中国智能制造产业产值接近 1000 亿元,2016 年,中国智能制造产业产值约 1200 亿元,2017 年达到 1500 亿元,2018 年约 1700 亿元,2020 年将超 2700 亿元(数据来源:《2020 年中国智能制造行业投资前景研究报告》)。2015 年,工信部宣布了首批 46 项智能制造试点示范项目。2018 年,工信部批复了 99 项智能制造试点示范项目。

3. 工业强基工程

开展示范应用,建立奖励和风险补偿机制,支持核心基础零部件(元器件)、先进基础工艺、关键基础材料的首批次或跨领域应用。组织重点突破,针对重大工程和重点装备的关键技术和产品急需,支持优势企业开展政产学研用联合攻关,突破关键基础材料、核心基础零部件的工程化、产业化瓶颈。强化平台支撑,布局和组建一批"四基"研究中心,创建一批公共服务平台,完善重点产业技术基础体系。

到 2025 年,70% 的核心基础零部件、关键基础材料实现自主保障,80 种标志性先进工艺得到推广应用,部分达到国际领先水平,建成较为完善的产业技术基础服务体系,逐步形成整机牵引和基础支撑协调互动的产业创新发展格局。

以 2019 年为例,为强化工业基础能力,切实解决工业基础产品和工艺应用难题,工业强基工程重点领域包括:传感器、控制系统、超低损耗通信光纤预制棒及光纤、航空发动机和燃气轮机耐高温叶片、高性能难熔难加工合金大型复杂构件增材制造(3D 打印)和石墨烯。传感器"一条龙"应用计划将整个产业链环节遴选出 36 个示范企业和 27 个示范项目;控制系统"一条龙"应用计划包含 32 个示范企业和 37 个示范项目;超低损耗通信光纤预制棒及光纤"一条龙"应用计划遴选出 34 个企业和 18 个示范项目;航空发动机和燃气轮机耐高温叶片"一条龙"应用计划包含 10 个应用环节,遴选出 20 个企业和 17 个项目;高性能难熔难加工合金大型复杂构件增材制造(3D 打印)"一条龙"应用计划包含 30 个示范企业和 28 个示范项目;石墨烯"一条龙"应用计划遴选出 40 个企业和 22 个项目。

4. 绿色制造工程

组织实施传统制造业能效提升、清洁生产、节水治污、循环利用等专项技术改造。开展重大节能环保、资源综合利用、再制造、低碳技术产业化示范。实施重点区域、流域、行业清洁生产水平提升计划,扎实推进大气、水、土壤污染源头防治专项。制定绿色产品、绿色工厂、绿色园区、绿色企业标准体系,开展绿色评价。到 2025 年,制造业绿色发展和主要产品单耗达到世界先进水平,绿色制造体系基本建立。

自 2016 年《工业绿色发展规划(2016—2020 年)》发布以来,工业和信息化部节能与综合利用司全面推行绿色制造,积极推进实施绿色制造工程。2016—2019 年共开展四批次示范遴选,整体建设成效突出,支持 360 余个重点项目,制定 160 余项绿色标准,能效、水效提升超过 10%,已打造绿色工厂 1402 家,覆盖 31 省份,涉及电子、纺织、钢铁、化工、机械、建材、矿山、汽车、轻工、石化、食品、水泥、冶金、有色、造纸和制药等行业;绿色园区 118 家,分布于全国 27 个省市;绿色设计产品 1097 种,分布于全国 23 个省市,涉及产品 58 大类,包括陶瓷砖、砌砖、木塑型材、无机轻质板材、水性建筑材料、家用电冰箱、房间空气调节器等;绿色供应链管理示范企业 90 家,分布于全国 27 个省市,涉及电子、汽车、机械、钢铁、纺织、水泥、轻工、冶金和建材 9 大行业。

5. 高端装备创新工程

组织实施大型飞机、航空发动机及燃气轮机、民用航天、智能绿色列车、节能与新能源汽车、海洋工程装备及高技术船舶、智能电网成套装备、高档数控机床、核电装备、高端诊疗设备等一批创新和产业化专项、重大工程。开发一批标志性、带动性强的重点产品和重大装备,提升自主设计水平和系统集成能力,突破共性关键技术与工程化、产业化瓶颈,组织开展应用试点和示范,提高创新发展能力和国际竞争力,抢占竞争制高点。到 2025 年,自主知识产权高端装备市场占有率大幅提升,核心技术对外依存度明显下降,基础配套能力显著增强,重要领域装备达到国际领先水平。

在五大工程中,智能制造工程成效显著,智能转型已成为各行业尤其是骨干企业的实际行动。首批 109 个智能制造试点示范项目智能化改造后生产效率提高 30% 以上,最高达到 2 倍以上;运营成本降低 20% 以上,最高降低 60%,探索形成了一批较成熟、可复制、可推广的智能制造新模式,在技术标准方面研究制定了数字化工厂参考模型等一批关键的标准,初步建立了智能制造标准体系的架构。同时,首家国家制造业创新中心——动力电池创新中心已挂牌成立,增材制造、工业机器人创新中心进入创建阶段,各地区相继培育建立了 35 家省级制造业创新中心。制造业与互联网融合不断深化,制造业重点行业骨干企业互联网"双创"平台普及率达到 59.6%。企业创新主体地位更加突出,国家技术创新示范企业和企业国家重点实验室分别达到 425 家和 171 家。

总体来看,实施《中国制造 2025》两年以来取得了积极成效,为支撑制造业企稳回升、提升制造业能力水平发挥了积极作用,为实现经济发展新旧动能转换做出了重要贡献。从目前的综合数据统计分析来看,中国与美、德、日等处于第一和第二方阵的制造强国的差距在缩小,但主要是规模扩张带来的效果。虽然中国制造业扩张速度在降低,反映创新和绿色制造水平的持续发展指数增长可喜,但质量效益和结构优化的指数增长缓慢。要彻底改变我国制造业的发展方式,还需继续努力。由中国速度向中国质量转变的步伐在加快,但从中国制造向中国创造转变、中国产品向中国品牌转变这两方面不是两三年就能全面实现的,还需要体制机制的创新,需要从需求出发的技术创新,需要标准和客户认可度的提升,更需要付出长久的努力。

5.1.6 中国制造 2025 对烟草行业的影响

新形势下,为贯彻落实《中国制造 2025》及"互联网＋"战略,各烟草企业纷纷行动起来,在烟机产品智能化、生产过程智能化等方面开展积极探索。国家烟草专卖局作为国务院部委(工信部)管理的国家局,业务主要分工业和商业两部分,智能制造主要涉及工业企业,从烟机设备的制造到烟叶的种植、烟叶的复烤、烟丝的加工、烟支的卷制等,这些流程均涉及智能制造的技术。比如,智能制造系统架构中的仪器仪表、物资溯源、可编程控制器(PLC)、现场总线控制系统(FCS)、MES 系统、ERP 系统等,都在烟草行业里广泛应用。可以说中国智能制造里涵盖的内容在烟草行业都会涉及。

从 2015 年至今,烟草行业的硬件条件和技术储备、人才培养在全国制造业中处于领先水平,在自动化、信息化系统运用方面也有很多成熟的实践项目和经验,特别是烟草行业全国一体化的整体架构,顺畅有效的指令和信息传递系统等,都构成了智能化工厂建设的坚实基础。烟草企业在整个卷烟供应链的角度上,积极打造"智慧工厂",在实现人、机、产品之间无障碍交流的基础上,不断优化企业价值链,朝着"资源最优利用、产品依客户需求生产、效益最大化"的目标稳步迈进,近年来取得了如下所述的成果。

(1)烟草行业专注智能制丝生产线的研究,建成了一批集低碳环保节能、食品安全标准、数字化可追溯、全程主动防御及欧盟安全标准于一身的烟丝智能生产线,这种智能生产线加工精细、流程简捷、工艺独特,实现了卷烟生产的系统化、柔性化和智能化。烟丝智能生产线具体体现在如下五方面:一是基于智能多线加工技术的智能多线加工;二是基于多工序添加、国际物流标准识别系统、双系统加香加料设备的智能加香加料;三是基于激光选叶技术的智能激光选叶;四是智能多模式烘丝;五是基于全过程恒温恒湿控制的智能分贮醇化。

(2)烟草行业深入研究数据挖掘技术,鼓励企业利用大数据实现对企业的智能管控,打造"智慧工厂",持续提升决策能力,管理水平从粗放走向精益。在卷烟生产过程中,构建了基于数据仓库技术的生产绩效测量分析平台,通过对设备综合效率、质量指数、库存周转次数、生产物耗指数四大指标进行多层级、多维度分析,对涉及生产运营管理的海量数据进行梳理,从中分析出生产短板,并以此为依据实现对生产短板的快速、精确定位,促进企业实现优质基础上的低耗。

(3)烟草行业在流通领域积极采用物联网技术,初步实现了可知、可控,物流管理更精准、更高效、更科学,各级安全管控能力更强,大大提高了卷烟物流配送服务质量水平。建立了关键节点可控、运作协同、质量可溯的行业电子商务服务网络,实现供应链管理的精益化,提高行业资源的最优配置、降低行业的经济成本和时间成本,大幅度提高物流系统运作效率,提升经营效益。

烟草行业在智能制造领域已取得显著成效,包括生产自动化、管理信息化、物流自动化、决策智能化等。但随着全球经济的迅猛发展以及中国制造 2025 战略的进一步推广,烟草行业发展模式将会不断革新,智能升级将是烟草行业发展的必然选择。

5.2　工业 4.0

2011 年德国汉诺威工业博览会上,德国相关协会提出工业 4.0 的初步概念。此后,由德国联邦教研部与联邦经济和能源部联手支持,来自企业、政府、研究机构的专家成立了"工业 4.0 工作组"进一步加强工业 4.0 的研究并向德国政府进行报告,2013 年 4 月的汉诺威工业博览会上正式推出并逐步上升为国家战略,并发表了工业 4.0 标准化路线图,组建了由协会和企业参与的工业 4.0 平台(Platform-i4.0),德国政府也将工业 4.0 纳入《高技术战略 2020》中。

工业 4.0 可概述为一个核心,两重战略,三大集成,八项举措,如图 5-3 所示。一个核心是指"智能＋网络化",即通过信息物理系统,构建智能工厂,实现智能制造的目的。两重战略是指双重战略,一是领先的供应商战略,二是领先的市场战略。前者注重吸引中小企业参与,使其成为智能生产的使用者,也是智能生产设备的供应者,后者强调整个德国国内制造业市场的有效整合。三大集成是指价值网络下的横向集成、柔性与可重构系统的纵向集成和全价值链的端到端数字集成。八项举措是指实现技术标准化和开放标准的参考体系、建立模型来管理复杂的系统、提供一套综合的工业宽带基础设施、建立安全保障机制、创新工作的组织和设计方式、注重培训和持续的职业发展、健全规章制度和提升资源效率。

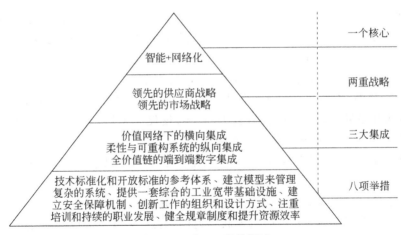

图 5-3　工业 4.0 架构概述

5.2.1　工业 4.0 的背景与意义

工业 4.0 描绘了制造业的未来愿景,提出继蒸汽机的应用、规模化生产和电子信息技术等三次工业革命后,人类将迎来以信息物理系统为基础,以生产高度数字化、网络化、机器自组织为标志的第四次工业革命。四次工业革命是全球工业发展的里程碑,图 5-4 简述了四次工业革命的发展。

第一次工业革命,机械化时代。18 世纪 60 年代到 19 世纪中叶,从英国发起的技术

图 5-4　四次工业革命发展

革命,工业生产中机器大量代替人工,开创了以机器代替手工工具的时代。1765 年,织工哈格里夫斯发明"珍妮纺织机",揭开了工业革命的序幕。1785 年瓦特制成的改良型蒸汽机投入使用,提供了更加便利的动力,推动了机器的普及和发展,人类社会由此进入了"蒸汽时代"。1807 年,美国人富尔顿制成以蒸汽为动力的汽船并试航成功。1814 年,英国人史蒂芬发明了"蒸汽机车"。1825 年,史蒂芬亲自驾驶着一列拖有 34 节小车厢的火车试车成功,从此人类的交通运输业进入一个以蒸汽为动力的时代。该阶段被定义为第一次工业革命,也是电气的基本雏形。

第二次工业革命,电气化时代。19 世纪 70 年代到 20 世纪中期,电力的高度发展将科技创新推向了新高度。1866 年德国西门子研发出的发电机将机械能转化为电能,到 70 年代,实际可用的发电机问世,电动机将电能转化为机械能,形成了机械与自动化的高度统一。与此同时,自动电报记录机、三轮汽车、四轮汽车、电灯、电话、电影放映机等都产生于这个时代。此外,内燃机的发明,推动了石油开采业的发展和石油化工工业的生产,1870 年,石油开采量仅为 80 万吨,但到 1900 年,仅仅三十年,石油开采高达 2000 万吨。这一历史性变革被定义为第二次工业革命。

第三次工业革命,自动化时代。从 20 世纪四五十年代以来,在原子能、电子计算机、微电子技术、航天技术、分子生物学和遗传工程等领域取得重大突破。在空间技术方面,1957 年,苏联发射了世界上第一颗人造地球卫星,开创了空间技术发展新纪元。1958 年,美国发射了人造地球卫星。1959 年,苏联发射的"月球"2 号卫星成为最先把物体送上月球的卫星。1961 年,苏联宇航员加加林乘坐飞船进入太空。1969 年,美国人尼尔·阿姆斯特朗实现了人类登月的梦想。1981 年,美国第一个可以连续使用的哥伦比亚航天飞机试飞成功,并于 2 天后安全降落。1970 年,中国发射第一颗人造卫星。在原子能技术方面,1945 年,美国成功试制原子弹。1954 年苏联建成第一个原子能电站。1977 年,世界上有 22 个国家和地区拥有核电站反应堆 229 座。在电子计算机技术方面,1946 年,第一代计算机——电子管计算机问世。1959 年,第二代计算机——晶体管计算机出现。1964 年,第三代计算机——集成电路计算机出现。1970 年,第四代计算机——大规模集成电路机出现。这一阶段被定义为第三次工业革命,是继蒸汽机和电气的发展后工业生产的又一次里程碑,它产生了一大批新型工业,开辟了高速信息时代。

不管是英国,还是德国、美国、日本都是工业革命的受益者,全球发达国家均希望利用转型的机会迅速崛起并领先。2000 年前后,全球爆发了多次金融危机,高科技产业遭受重创,工业和制造业表现出良好的抗打击能力。于是,再次站在新的历史转折点——第四次工业革命,各国开始重视工业和制造业。德国作为欧洲老牌工业强国,一直都以发达的工业科技和完备的工业体系著称于世。于是,在第四次工业革命关口,德国提出国家级工业革命战略规划,即工业 4.0,如图 5-5 所示。

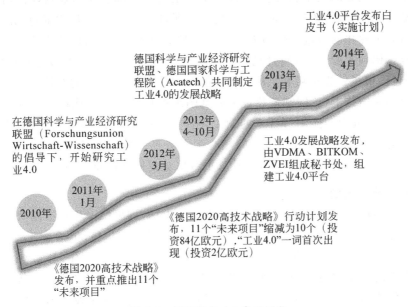

图 5-5　德国工业 4.0 发展历程

2010 年,德国发布了《德国 2020 高技术战略》,战略汇集了德国联邦政府各部门的研究和创新举措,重点关注能源、营养、交通、安全和通信 5 个领域,并重点推出 11 个"未来项目"。2011 年 1 月,在德国科学与产业经济研究联盟的倡导下,开始研究工业 4.0。2012 年 3 月,《德国 2020 高技术战略》行动计划发布,11 个"未来项目"缩减为 10 个(投资 84 亿欧元),"工业 4.0"一词首次出现(投资 2 亿欧元)。2012 年 4 月至 10 月,德国科学与产业经济研究联盟、德国国家科学与工程院共同制定工业 4.0 的发展战略。2013 年 4 月,工业 4.0 发展战略发布,由 VDMA、BITKOM、ZVEI 组成秘书处,组建工业 4.0 平台。

2013 年 9 月,德国发布的《实施"工业 4.0"战略建议》中识别出了实现工业 4.0 的八大优先行动领域,第一个就是开展标准化工作。2013 年 12 月,德国电气电子和信息技术协会与德国电工委员会联合发布《德国"工业 4.0"标准化路线图》,明确了参考架构模型、用例、基础、非功能属性、技术系统和流程的参考模型、仪器和控制功能的参考模型、技术和组织流程的参考模型、人类在工业 4.0 中的功能和角色的参考模型、开发流程和指标、工程、标准库、技术和解决方案等 12 个重点方向,并提出了具体标准化建议。2014 年 4 月,工业 4.0 平台发布白皮书(实施计划)。

2015 年 4 月,德国在汉诺威工业博览会上宣布启动升级版的"工业 4.0 平台",也启动了《德国"工业 4.0"标准化路线图》2.0 版的研究。2015 年 12 月,德国电气电子和信息技术协会(VDE)发布了德国首个工业4.0标准化路线图,意味着工业4.0战略建议方案中的标准化行动方案开始进入实践阶段,也标志着整个德国工业4.0战略开始落地实施。与此同时,德国西门子等公司也同步开展了数字化工厂的全球布局和实验性建设。

5.2.2 双重战略:市场和供应商领先策略

随着全球制造业的竞争愈演愈烈,德国不再是公认的部署制造业物联网与服务的唯一国家。除此之外,威胁德国工业的不仅包括亚洲,还有美国。美国也通过"先进制造"等措施去抗击去工业化的痕迹。德国为了改变其对工业生产的影响,保持其在工业生产中的领先地位,《德国工业4.0战略计划实施建议》中,德国工业4.0初步设想双重战略(Dual Strategy),包括市场领先策略和供应商领先策略,是工业4.0发展的有效支撑。通过一贯的信息集成和通信技术,德国制造装备工业试图维持传统高科技战略的全球市场领先地位,以保证其可以成为智能制造技术的领先供应商。同时,创造和服务CPS技术和产品的新领先市场也是德国实施工业4.0的核心。本节我们将重点了解什么是双重战略,双重战略是如何支撑工业4.0的发展,以及双重策略对我们制造业发展的影响。

1. 双重战略的内涵

双重战略的核心是CPS技术与产品的发展与市场,如果德国想在第四次工业革命中仍旧保持长盛不衰,首先需要梳理其工业与研究团体的传统优势,包括:领先的制造设备及装备市场、全球重大的IT集群、嵌入式系统与自动化工程的领先创新者、具有高技能且富有积极性的员工、多数情况下供应商与用户紧密协作、杰出的研究和训练设施。这些显著的传统优势为德国工业4.0提供了无穷的潜力。德国实施工业4.0,供应商领先战略和市场领先战略是相互配合的双重战略,他们都是从改善德国制造业生产效率,做强德国制造业的角度考虑和设计的。CPS的迅猛发展有效改善了德国制造业的生产效率,为出口技术和产品提供了重要机遇,是做强德国制造业的有力支撑。因此,双重战略一方面是关注CPS在制造业的应用,另一方面是关注提升德国制造装备的CPS技术与产品的市场。

供应商领先策略主要是围绕德国制造装备供应商的领先地位,它是从设备供应商的角度来挖掘工业4.0的潜力。如果德国制造装备供应商继续具有全球领先的技术方案,必须成为工业4.0产品的开发、生产及全球销售的全球引领者。为了实现德国制造装备供应商的全球引领者目标,德国把目标转向顶尖的技术解决方案以及信息技术的巨大潜力。通过融合传统高科技策略、信息与通信技术,以期实现德国制造装备量级创新,从而应对瞬息万变和日益复杂的全球市场,提升德国制造装备供应商的领先地位。

市场领先战略主要是设计并实施一套全面的知识和技术转化方案,是将中小型企业融入全球经济价值链的一个关键策略。德国制造业的传统优势在于保持了工业系统中大批中小企业和少数大型企业的结构平衡。在工业4.0时代,根据企业所处的价值链阶段、产品生命周期阶段、产品类型、制造系统间的逻辑、端到端的数字化集成,中小企业和大企业紧密结合,并集成到新的价值链网络中。

因此,作为工业4.0的双重战略,供应商领先战略和市场领先战略交互协调,互为补充,其本质是德国产业界期望强化其传统竞争优势,仍旧处于制造业领先主导地位,为未来制造业的竞争优势打下基础。

2. 双重战略的三大关键特征

所谓知己知彼方能百战不殆,德国在充分分析自我优势的基础上,提出了双重战略,并明确指出双重战略具有三大关键特征,即:一是价值网络下的横向集成;二是柔性与可重组制造系统的纵向集成、发展与实施;三是全价值链的端到端数字集成工程。

为了解释双重战略,德国工业 4.0 工作组在《德国工业 4.0 战略计划实施建议》中总结了三大关键特征,这三大关键特征揭露了德国工业 4.0 战略的基本思路和实现路径,值得中国制造业同行关注。

(1)价值网络下的横向集成。

对工业 4.0 有基本理解的行为人士应该认识到,信息物理融合系统是德国工业 4.0 的关键技术概念。CPS 这一概念最初由美国提出,2006 年 2 月发布的《美国竞争力计划》更是将其列为重要的研究项目。此后,开始为我国业内同行所关注,但由于当时国内的主流更注重于传感网及物联网的推动和发展,因此,对于 CPS 的研究,基本上处于不温不火的境地。

从现在工业 4.0 的技术架构上来看,CPS 是深刻理解工业 4.0 的关键点。CPS 要求从价值创造网络的视角去理解未来的制造业,未来大部分企业将在统一的标准及利益驱动下,建立一个网络化的价值创造体系,这实际上拓展了企业的边界,提升了整个价值链的竞争能力。

(2)柔性与可重组制造系统的纵向集成、发展与实施。

在工业 4.0 的纵向集成方面,其核心仍然是 CPS 的概念。不过,CPS 需要跟企业的信息技术系统进行整合。例如,智能制造的不同层次的制动器和传感器的信号需要传输到 ERP 层面实现智能生产管理,这就是纵向集成的一个重要工作。

从德国工业 4.0 工作组列出的关键技术问题清单来看,纵向集成所面对的挑战还有很多。要实现对如此复杂关联的 IT 系统、物联网、自动化系统等的纵向集成,难度可想而知。正如工信部电子信息司副司长安筱鹏对于工业 4.0 的理解一样,这将会是一个庞大的"系统的系统",它涉及系统工程、工业工程、软件工程等多个学科的综合运用。显然,目前还缺乏能够自如应对如此众多问题的复杂学科及相应的解决方案。

(3)全价值链的端到端数字集成工程。

端到端集成也是基于 CPS 产生的,这个特征主要是从业务流程来考虑的,它的难点在于工业流程跟商业流程的整合。端到端集成需要在现实世界(物理世界)和数字世界、在产品的全价值链和不同公司之间实现整合,同时还需充分满足客户的需求。

可以用电子商务来理解端到端集成。电子商务很好地衔接了用户的需求(购买行为)跟物流配送的物流过程。基于这样的集成,阿里巴巴和小米等公司取得了喜人的业绩,进一步昭示了端到端集成特征所带来的突出价值。

CPS 的成熟必将进一步推动高度的端到端集成,电子商务不能实现的生产环节,也将实现数字化。为实现真正的个性化制造提供了可能,也是对商业社会的根本性颠覆。

5.2.3　激励措施与技术支柱

2020年,工业4.0在意大利、法国、荷兰和德国的激励措施,尤其在税收优惠方面都有重要倾斜。首先,意大利认为制造企业是其国家经济发展与经济增长的永动机,制造企业可创造财富与就业,助推相关工业与服务活动,也有贡献于金融、社会与经济稳定。对于所有有意愿参与第四次工业革命的企业,工业4.0为他们提供了很好的机会,目的是激励创新投资,提升竞争力。2020年,超级摊销不再是简单的延期,而是通过预算法实现税收抵免,尤其适用于中小型企业。在工业4.0转化功能中,税收抵免是一种公认的技术先进性资本货物和无形资本货物的投资。

其次,法国与意大利相同,作为欧洲较大国家之一,同样提出了切实可行的、具有个性化措施与清晰规则的税收策略,用以支持工业4.0。事实上,针对技术研究与高度专业化成本,法国拥有良好的征税管理体制和税收抵免制度。此外,小型企业在购买用于工业4.0的设备时可获得140%的摊销。针对智慧工业,荷兰为研究与开发活动、新兴公司提供税收抵免,但荷兰没有较好的摊销措施。

德国是工业4.0的引导者,但目前来看,德国没有相关的工业4.0激励措施,而是更喜欢直接使用国债或联邦基金。新型欧洲研究与创新项目HorizonEuropean是horizon2020(2014—2020)的延伸,是2021—2027年的欧洲研究与创新项目。HorizonEuropean提供1000亿欧元,是研究与创新项目中最大的欧洲项目。

德国"工业4.0"战略是由德国科学顾问委员会制定的,德国工业4.0平台科学顾问委员会主席、德国技术科学院院士艾纳·安德尔表示,在未来的10～20年的时间里,工业4.0路线图是基于五大技术支柱而形成的,如图5-6所示。

第一大支柱是"水平融合",通过价值创造网络来实现这样的融合,实现机器间的沟通,还有企业间的通信。第二大支柱是整个生命周期的无缝集成。企业的产品信息,在全产品生命周期无缝地进行流动,甚至能够融入到客户产品那里,从而有利于企业持续改进产品。第三大支柱是"垂直融合"和互联生产系统,这种方式使得企业能够使用设计信息推动制造流程,这个过程应该是无缝的信息流动。第四大支柱是新的社会基础设施,行业需要新的资格认

图5-6　工业4.0的五大技术支柱

证和新的组织方式。第五大支柱是混合技术的持续发展。例如,工厂的有线和无线通信,还要考虑账户安全、隐私保护和知识保护等,数据的安全、隐私保护、知识保护和账户安全等,因此,参考架构非常重要,未来的目标是建立一个分散化、以服务为导向的结构。

为了更好地实现工业4.0路线图,德国工业4.0平台的科学顾问委员会艾纳·安德尔表示2014年通过了17个纲要,从人类、技术、组织三大方面来进行。

第一类是以人类为中心的问题,包含四点纲要。第一点纲要,以人类为导向的"工作

组织"方案设计,工业 4.0 的发展存在越来越多的可能性,组织者面对的可能性也越来越多,针对不同年龄层工作者的机遇不断出现,希望在老龄化社会,使工业 4.0 发展能更有优势。第二点纲要,工业 4.0 应该被理解为社会技术系统,可以为人们提供机遇,可以扩展业务范围、资格和员工的行动范围,丰富知识的获取渠道。第三点纲要,就是工作设备,特别是那些有助于学习和沟通的设备,它们能够提升教育和学习效率。第四点纲要,是指学习工具,它能自动为用户提供所要的功能。

第二类是技术的问题,包含九点纲要。第一点纲要,以技术为导向的工作组织方案设计。第二点纲要,对于用户而言,工业 4.0 系统要易于理解、操作和学习。第三点纲要,企业流程和产品网络化、个性化后的复杂性。这种复杂性可以通过一些手段来管理,如三维建模、仿真分析和自我组织等。第四点纲要,对资源的有效性和资源效率进行规划、实施、检测和持续自我优化。第五点纲要,智能产品,它们是可获取和可发现的信息载体,贯穿于整个生命周期。第六点纲要,系统组件和组成部分,存在于生产方式和支持生产系统和生产流程的虚拟规划。第七点纲要,是指发展新的系统组成部分和新的功能。第八点纲要,是指系统的组成部分,提供一些辅助服务功能。第九点纲要,是指新的安全要求,创造一种可信、有弹性且被社会所接受的工业 4.0 安全系统环境。

第三类是组织的问题,包含四点纲要。第一点纲要,能实现不同的分工,且拥有一体化增值产品和服务的新增值网络。第二点纲要,合作与竞争,简称为竞合,从经济和法律上创造新的架构。第三点纲要,系统结构和业务流程,在适用的法律结构体系内实现,且让新的商业模型实现。第四点纲要,创造区域的价值和机会,建立定制化系统满足不同市场需求。

5.2.4　九项核心技术

工业 4.0 不仅是德国工业的发展趋势,在一定范围内也被认为是全球制造业和工业革命。通过分析近些年工业 4.0 领域的核心技术,本章总结了九大核心技术,包括信息物理系统、大数据分析、机器人/协作机器人、物联网、增强现实、增材制造/3D 打印、数字孪生体、云计算和 IT 系统安全。

1. 信息物理系统

信息物理系统(CPS)是工业 4.0 的核心技术,该词起源于 2006 年 2 月美国发布的《美国竞争力计划》,火爆于德国。信息物理系统被定义为一个综合计算、网络和物理环境的多维复杂系统,通过 3C(计算、通信、控制)技术的有机融合与深度协作,实现大型工程系统的实时感知、动态控制和信息服务,如图 5-7 所示。

2. 大数据分析

21 世纪是数据信息大发展的时代,移动互联、社交网络、电子商务等极大拓展了物联网的边界和应用范围,各种数据正在迅速膨胀。大数据是一种规模大到在获取、管理、分析方面大大超出传统数据库软件工具能力范围的数据集合,具有海量的数据规模、快速的数据流转、多样的数据类型和价值密度低四大特征。如果将大数据比作一个产业,那么这种产业实现盈利的关键在于提高对数据的"加工能力",通过"加工"实现数据的"增值"。

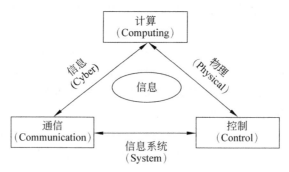

图 5-7　信息物理系统

工业大数据主要来自于制造全生命周期数据、企业经营管理数据和技术/产品/设备数据，如图 5-8 所示。

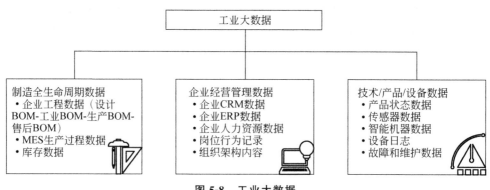

图 5-8　工业大数据

随着近些年国家工业信息化进程脚步的不断加快，以及国际社会在工业现代化、工业4.0 等方面的不断演进，使得大数据技术在工业行业以及制造业方面也进行了比较深度的技术融合和应用融合，工业 4.0 本质上是通过信息物理系统实现工厂的设备传感和控制层的数据与企业信息系统融合，使得工业大数据传到云计算数据中心进行存储、分析，形成决策并反过来指导生产。大数据的作用不仅局限于此，它可以渗透到制造业的各个环节发挥作用，如产品设计、原料采购、产品制造、仓储运输、订单处理、批发经营和终端零售。

3. 机器人/协作机器人

传统的机器人大多是为对应制造业设计的重型、昂贵且笨拙的机器人，但是，在实践应用中，并非所有的工业流程都需要大型机器人来提取较重的负载，取而代之的是轻便、敏捷的机械臂越来越多地承担了组装和提取工作，如图 5-9 所示。更加灵活的机械臂于是成为一种承担每天工作的可行性方案，小型的、低噪声的、低功耗的机器人是应对工业企业自动化和合理化需求最简单、最合理的解决方案。

随着工业 4.0 时代的来临，全世界的制造企业也即将面对各种新的挑战。有些挑战已经通过日益成熟的自动化及自动化解决方案中机器人的使用得到了应对。在过去的生

图 5-9　协作机器人

产线和组装线等工作流程中,人和机器人是隔离的,这一格局将有所改变。协作型机器人将会变得越来越重要。虽然有些领域和生产线还是需要人力操作,但有些可以使用机器人实现局部自动化以优化生产线。引进协作型机器人会为生产线和组装线应对挑战开拓新的机遇,找到更好的解决方案,把人和机器人各自的优势发挥到极致。

4. 物联网

物联网(Internet of Things,IoT)即"万物相连的互联网",是在互联网基础上的延伸和扩展的网络,将各种信息传感设备与互联网结合起来而形成的一个巨大网络,实现在任何时间、任何地点(时间与空间),人、机、物的互联互通,如图 5-10 所示。

图 5-10　物联网示意图

物联网是工业 4.0 实现的具体方式,要想实现智能制造,达到工业生产的个性化与定制化,需借助于万物互联的物联网。物联网将生产过程的每一个环节、设备变成数据终端,全方位采集底层基础数据,并进行更深层面的数据分析与挖掘,从而提高效率、优化运营。

5. 增强现实

增强现实（AR）是一种将真实世界信息和虚拟世界信息"无缝"集成的技术，它将现实世界中的一定时间空间范围内很难体验到的实体信息，通过计算机等科学技术，模拟仿真后再叠加，将虚拟的信息应用到真实世界，被人类感官所感知，从而达到超越现实的感官体验，如图 5-11 所示。

图 5-11　增强现实

2022 年的 IDC《全球增强与虚拟现实支出指南》（IDC Worldwide Augmented and Virtual Reality Spending Guide）指出，2021 年全球虚拟现实与增强现实总投资规模接近146.7 亿美元，并有望在 2026 年增至 747.3 亿美元，五年复合增长率将达 38.5%。其中，中国市场五年复合增长率预计将达 43.8%，增速位列全球第一。随着增强现实技术硬件和软件的进步，以及数据处理能力的大幅提升，越来越多的制造公司已经开始使用该技术，以提升生产与管理效率。作为下一个重要的计算平台，从设计到生产，到质量控制，再到后期维护和员工培训，增强现实技术正在有力推动现代制造业的变革，并为工业 4.0 的实现增添动力。

6. 增材制造/3D 打印

增材制造（Additive Manufacturing，AM），俗称 3D 打印，融合了计算机辅助设计、材料加工与成型技术，以数字模型文件为基础，通过软件与数控系统将专用的金属材料、非金属材料以及医用生物材料，按照挤压、烧结、熔融、光固化、喷射等方式逐层堆积，制造出实体物品。

3D 打印可以为快速精确的个性化制造提供高效的解决方案，相比于传统制造方式，在设计、制造、物流以及供应链管理等方面具有很大的优势。3D 打印正在迅速成为智能生产的关键方式和重要工具，在一定程度上改变了传统制造业的发展模式，并推动着传统制造业加快向着智能化方向转变。

7. 数字孪生体

数字孪生体（Digital Twin）是物理实体在数字虚体中的精确映射，在工业 4.0 体系中扮演着关键的角色。作为物理实体的虚拟模型,数字孪生体使用物理性能数据预测行为,一直被视为诊断、维护和产品创新的关键。

利用数字孪生,企业能够自设计和开发阶段起,以数字化的形式完整记录整个产品生命周期,企业不仅可以了解产品设计,还可以了解产品的生产和实际应用,有助于企业加快新品上市速度,优化运营,改善不足,开发新的经营模式,进而提高收益。数字孪生能够让企业更加快捷地检测和解决实际问题,提高预测精准度,设计和生产出更加优质的产品,最终更好地服务客户,使用这种智能架构设计,企业能够以更快的速度不断创造价值和收益。

8. 云计算

云计算是一个提供便捷的、通过网络访问一个可定制的 IT 资源共享池能力的、按使用量付费的模式(IT 资源包括网络、服务器、存储、应用、服务),这些资源能够快速部署,并且只需要很少的管理工作或很少的与服务供应商的交互。简单来说,云计算是未来信息技术的一种主要架构——"服务云+消费端"。云端通过集中的资源提供各种服务,各种终端通过互联网接入使用,而不是原来各自维护自己的基础架构。因此,云计算具有自助服务型、高层次虚拟化、高可靠性架构、商业实用性和高通用性等特点,如图 5-12 所示。

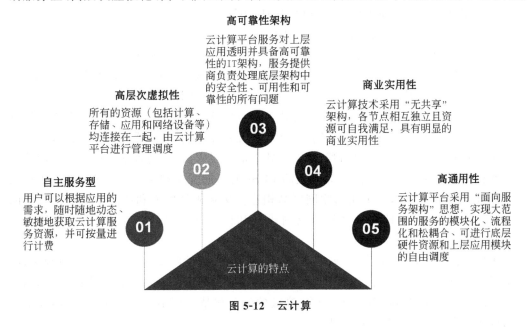

图 5-12　云计算

云计算的模式是业务模式,本质是数据处理技术,数据是资产,云为数据资产提供存储、访问和计算。当前云计算更偏重海量存储和计算以及提供云服务、运行云应用,但是反盘活数据资产的能力,挖掘价值性信息和预测性分析,为国家、企业、个人提供决策和服务,是大数据核心议题,也是云计算的最终方向。

9. IT 系统安全

据英国《金融时报》报道,近一半的英国制造会受到网络攻击,网络安全的威胁也阻碍了制造商对数字技术的投资,三分之一的受访者表示对实施数字改进和改造计划感到紧张,12%的制造商根本没有采取任务措施来减少网络威胁。

工业4.0将无处不在的传感器、嵌入式终端系统、智能控制系统、通信设施通过CPS形成一个智能网络,使人与人、人与机器、机器与机器以及服务与服务之间能够互联,从而实现横向、纵向和端对端的高度集成。

工业4.0以全新的方式整合软硬件资源,各种新技术、新应用、新模式给信息安全产业带来新的挑战,信息安全行业需要进行理念创新、思路创新、价值创新来迎接挑战。工业4.0的逐渐推进使整个系统的信息安全防护将会更加复杂化、多维化、扁平化。

5.2.5 工业4.0对烟草行业的影响

工业4.0概念经过多年的发酵,已经在全球引发了广泛的讨论。工业4.0的实质是信息物联网和服务互联网与制造业的融合创新,通过物联网、信息通信技术与大数据分析,把不同设备通过数据交互连接到一起,让工厂内部甚至工厂之间成为一个整体,形成制造的智能化。这一智能化包括智能工厂与智能生产。智能工厂重点研究智能化生产系统及过程,以及网络化分布式生产设施的实现;智能生产主要涉及整个企业的生产物流管理、人机互动,以及3D技术在工业生产过程中的应用等。

2014年11月,上海举行的第十六届中国国际工业博览会上,工业化和信息化的"两化融合"——中国版工业4.0概念首次被正式提出,人机融合、物联网实际应用及未来工厂等为工业开启一个可视的未来。在这样的背景下,国家烟草专卖局提出了建立数字化、智能化、精益化的现代工厂,其核心战略也是建立现代化智慧工厂。

以工业4.0的理念来看,烟草行业智慧工厂也应建立在物联网和服务网构建的信息技术基础之上。其中,与生产计划、物流、能源和经营相关的ERP系统,以及与产品设计、技术相关的PLM(产品生命周期管理)系统处在最上层,与服务网紧紧相连。而与制造生产设备和生产线控制、调度、排产等相关的PCS(生产过程控制系统)、MES(制造执行系统)功能通过CPS实现,与工业物联网紧紧相连。从制成品形成和产品生命周期服务的维度,智慧工厂还需要具有智慧的原材料供应和售后服务,构成实时互联互通的信息交换。

在智能化方面,中国烟草行业距离工业4.0还有很远的路要走。烟草系统也很重视,未雨绸缪,积极筹划工业4.0时代对烟草行业的影响。随着创新信息化技术的应用,从人操控机器到自动化机械设备转变,安全、高效的烟草智慧工厂不再遥不可及,国内卷烟工厂的智能化水平已经达到较高水平。

5.3 工业互联网

2008年美国金融危机爆发,美国经济一度陷入低迷状态,为了摆脱危机,重振美国经济,"再工业化"战略应运而生。再工业化是西方学者基于工业在各个产业中的地位不断降低、工业品在国际市场上的竞争力相对下降、大量工业性投资转移海外而国内投资相对不足的状况而提出的一种回归战略。2013年6月,通用电气提出了工业互联网的概念,与德国提出的工业 4.0 具有极高的相似性,也被称为美国版工业 4.0。

2014 年 4 月,美国工业互联网联盟成立,联盟作为一个开放性的会员组织,致力于打破技术壁垒,通过促进物理世界和数字世界的融合,实现不同厂商设备之间的数据共享。联盟于 2015 年 6 月发布了《工业互联网参考体系结构》,从商业视角、使用视角、功能视角和技术实现视角对工业互联网进行了定义,助力软硬件厂商开发与工业互联网兼容的产品,实现企业、云计算系统、计算机、网络、仪表、传感器等不同类型的物理实体互联,提升工业生产效率。

5.3.1　工业互联网的背景与意义

金融危机后,全球新一轮产业变革蓬勃兴起,制造业重新成为全球经济发展的焦点。特别是以互联网为代表的信息通信技术的发展极大地改变了人们的生活方式,构筑了新的产业体系,并通过技术和模式创新不断渗透影响实体经济领域,为传统产业变革带来巨大机遇。伴随制造业变革与数字经济浪潮交汇融合,云计算、物联网、大数据等信息技术与制造技术、工业知识的集成创新不断加剧,针对全球工业互联网经济效益分析,假设所有的工业系统能够有 1% 的效率提升,就会带来显著的经济效益。在未来 15 年内,航空业减少 1% 的燃料,将节约超过 300 亿美元;医疗行业效率提高 1%,会节约 630 亿美元;电力效率提升 1%,将节约 660 亿美元;石油天然气资本支出降低 1%,将节约 900 亿美元。工业互联网平台应运而生。

工业互联网源自 GE 航空发动机预测性维护模式。在美国政府及企业的推动下,GE 为航空、医疗、生物制药、半导体芯片、材料等先进制造领域演绎了提高制造业效率、资产和运营优化的各种典型范例。例如,奥巴马政府先后出台的《重振美国制造业框架》、"先进制造伙伴计划(AMP)"、"先进制造国家战略计划"、《国家制造业创新网络(NNMI):初步计划》以及特朗普政府的"美国优先"政策。2014 年,GE、AT&T、思科、IBM、英特尔等信息龙头企业,联手组建了带有鲜明"跨界融合"特色的工业互联网联盟,随后吸引了全球制造、通信、软件等行业的 159 家骨干企业加入。这些企业资源覆盖了电信服务、通信设备、工业制造、数据分析和芯片技术领域的产品和服务。

美国基于其强大的互联网技术以及在消费产业的广泛应用经验,将大数据采集、分析、反馈以及智能化生活的全套数字化运用引入工业领域。在工厂智能化的道路上充分利用数字的价值,用自己所擅长的"软服务"颠覆了传统行业的一切生产、维护方式。在节约成本、提升生产效率的同时,做到通过数据进行智能化管理工厂的一切,包括人、设备等,通过先进的传感器、控制器和软件应用程序将现实世界中的机器、设施、生产线和网络连接起来。工业互联网作为新一代信息技术与制造业深度融合的产物,日益成为新工业革命的关键支撑,对未来工业发展产生全方位、深层次、革命性的影响。

5.3.2　工业互联网的发展前景

在美国,工业互联网概念的提出与推广大致可以分为两个阶段:一是 2012 年以来工业互联网概念的提出与宣传阶段;二是 2014 年以来,工业互联网模式的应用推广阶段。

2012年3月,奥巴马政府提议以开放创新与协同创新理念为指导,由国防部、能源部、商务部、国家航空航天局、国家科学基金会联合投资10亿美元在全美创建美国制造创新网络,集中力量推动数字化制造、新能源以及新材料应用等先进制造业创新发展,打造一批具有先进制造业能力的创新集群。

2012年底,通用电气发布《工业互联网:突破智慧与机器的界限》白皮书,首次提出工业互联网的概念,在全球掀起了工业互联网热潮,美国已经成为工业互联网的引领者,工业互联网也被认为是美国产业界推动先进制造的重要角色。通用电气在三年内投入15亿美元用于工业互联网领域的开发,同时也不遗余力地在美国、中国等市场推广工业互联网理念,期待各界认同并加入这一模式的应用推广中来。

2014年3月底,AT&T、Cisco(思科)、GE、IBM和Intel(英特尔)等5家企业联合宣布成立工业互联网联盟,该联盟汇聚来自33个国家和地区近300家成员单位,包括自动化解决方案企业、制造企业以及信息通信企业。截至2015年6月20日,该联盟的成员从发起时的5家企业扩展到170家,涵盖了大型和小型技术创新者、垂直市场领导者、研究人员、大学和政府部门,以及从事硬件、软件、服务、咨询等业务的跨国企业,如微软、惠普、埃森哲、赛门铁克、美国国家仪器、富士通、日立、华为等。

与此同时,GE基于其在航空、轨道交通、能源、医疗等制造业领域的优势,于2015年推出Predix工业互联网平台,该平台具备连接工业设备、采集和分析工业数据、实现基于数据分析的设备管理、设备预测性维护等功能。Predix平台除了接入GE自有设备之外,还支持第三方设备和开发者接入。到2016年,Predix提供的应用软件为250个,合作伙伴为400多户,软件开发者为2.2万名。美国政府也积极鼓励推广工业互联网,资助建立"数字化制造与创新设计中心",启动"数字制造公共平台"作为数字化制造的开源软件平台,鼓励中小创新机构、创业者和创客等开发面向不同制造业领域的软件解决方案。

2020年10月,在"2020全球工业互联网大会"上,工业互联网作为新一代信息技术与制造业深度融合的关键基础设施,新型利用模式和全新产业生态为数字化、网络化、智能化提供图景,成为第四次工业革命的重要基石。为研判全球工业互联网创新动态及发展态势,中国工业互联网研究院联合东北大学共同开展工业互联网技术创新探索,基于研究成果,发布了2020—2021年全球工业互联网十大最具成长性技术展望。

5.3.3 工业互联网与智能制造的关系

当前,新一轮科技革命和产业变革蓬勃兴起,工业经济数字化、网络化、智能化发展成为第四次工业革命的核心内容。工业互联网利用新一代信息技术,满足制造业发展亟须提升生产效率、优化资产等迫切的需求,整合和优化全产业链、全价值链的资源,改变工业的生产模式,为产品设计、制造、运行等方面提供支持。而智能制造是基于物联网、互联网、大数据、云计算等新一代信息技术,贯穿设计、生产、管理、服务等制造活动的各个环节,具有信息深度自感知、智慧优化自决策、精准控制自执行等功能的先进制造过程、系统与模式的总称,具有以智能工厂为载体、以生产关键制造环节智能化为核心、以端到端数据流为基础、以全面深度互联为支撑的特征。

制造业虽然经过自动化、信息化的长期发展,生产效率已经大幅度提升,但随着需求的发展,制造业仍然面临诸多难题,包括:需求与供给不能实时匹配,从而导致库存、紧急订单的成本增加;需求多样性带来个性化产品的成本增加;社会对制造业环保要求的提升。工业互联网与智能制造有着紧密的联系,工业互联网能为制造业创造两类价值:一是挖掘现有制造的价值潜力以提质增效创造价值;二是开创新的价值空间,数据、信息、知识成为新的价值创造源泉。

从目前工业互联网的产业生态来看,其为传统制造企业发展带来三方面的机遇:一是促进资源整合,工业互联网的应用能够进一步打破企业内部以及行业企业之间的信息孤岛问题,促进行业产业链的细化,同时能够通过云计算、大数据和人工智能等技术来提升企业的资源整合能力。二是提升生产效率,是工业互联网能够带来的最为直接的一个变化。例如,通过物联网技术来提升整个生产过程的自动化程度;通过云计算技术来扩展员工的岗位任务边界,实现一名员工同时胜任多个岗位任务;通过人工智能技术降低岗位工作难度,提升员工的工作效率。三是可持续发展,工业互联网进一步提升企业的可持续发展能力。在产业结构升级的过程中,传统行业的绿色发展和可持续发展是重要的诉求,通过工业互联网的应用能够在很大程度上实现资源的有效利用和充分利用。

工业互联网还将改变智能制造企业的工作模式和企业组织架构,助推企业由数字化向智能化升级转型。首先,越来越多的重复性工作将被自动化取代。其次,人类将不断从事更高价值、更具有创造性的工作,一旦高价值工作具有重复性,就可以转由机器自动完成。最后,工业互联网为人类赋能,提供知识积累,突破人类能力瓶颈,改变人类工作性质。当更多人从事高价值、具有创造性的工作时,传统组织管理形式有可能抑制创新,这必然会促使组织结构产生变化,未来企业必将由传统金字塔的管理形式转变为"平台+小团队"的项目型模式的组织形式。工业互联网驱动的智能制造转型升级是个长期过程,是构建工业生态系统、实现工业智能化发展的必由之路。

5.3.4　工业互联网参考体系架构

2015 年 6 月,美国工业互联网联盟(IIC)发布了《工业互联网参考架构 IIRA》1.0 版本。按照 ISO/IEC/IEEE42010—2011 关于架构描述的标准,参考架构包括商业视角、使用视角、功能视角和实施视角四个层级,并论述了系统安全、信息安全、弹性、互操作性、连接性、数据管理、高级数据分析、智能控制、动态组合九大系统特性。经过几年的改进和修订,目前最新版本为1.9。

2016 年,工业互联网产业联盟发布了工业互联网体系架构1.0 版本。自发布以来,有效指导我国工业互联网技术创新、标准研制、试验验证、应用实践等工作,助推我国工业互联网产业发展。2019 年,工业互联网产业联盟发布了工业互联网体系架构2.0 版本,包括重新定义工业互联网的基本要素、功能体系、技术路线等。该架构有三个特点:一是构建了由业务需求到功能定义再到实施架构的层层深入的完整体系。二是突出数据智能优化闭环的核心驱动作用。三是指导行业应用实践与系统建设。其架构包括业务视图、功能架构、实施框架三大板块,如图 5-13 所示。

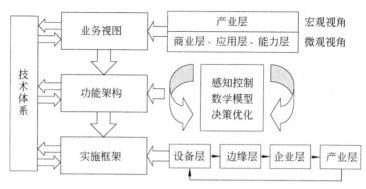

图 5-13　工业互联网体系架构

1. 业务视图

业务视图明确企业应用工业互联网实现数字化转型的目标、方向、业务场景及相应的数字化能力。该视图包括产业层、商业层、应用层、能力层四个层次,其中产业层主要定位于产业整体数字化转型的宏观视角,商业层、应用层和能力层则定位于企业数字化转型的微观视角。四个层次自上而下来看,实质是产业数字化转型大趋势下,企业如何把握发展机遇,实现自身业务的数字化发展并构建起关键数字化能力。自下而上来看,实际也反映了企业不断构建和强化的数字化能力将持续驱动其业务乃至整个企业的转型发展,并最终带来整个产业的数字化转型。

产业层主要阐述了工业互联网在促进产业发展方面的主要目标、实现路径与支撑基础,主要明确了企业应用工业互联网构建数字化转型中的竞争优势。应用层主要明确了工业互联网赋能于企业业务转型的重点领域和具体场景。能力层描述了企业通过工业互联网实现业务发展目标所需构建的核心数字化能力。

2. 功能构架

功能架构明确企业支撑业务实现所需的核心功能、基本原理和关键要素。工业互联网以数据为核心,数据功能体系主要包含感知控制、数学模型、决策优化三个基本层次,以及一个由自下而上的信息流和自上而下的决策流构成的工业数字化应用优化闭环。在工业互联网的数据功能实现中,数字孪生已经成为关键支撑,通过资产的数据采集、集成、分析和优化来满足业务需求,形成物理世界资产对象与数字空间业务应用的虚实映射,最终支撑各类业务应用的开发与实现。

感知控制层构建工业数字化应用的底层"输入-输出"接口,包含感知、识别、控制和执行四类功能。数字模型层包含数据集成与管理、数据模型和工业模型构建、信息交互三类功能。决策优化层主要包括分析、描述、诊断、预测、指导及应用开发。分析功能借助各类模型和算法的支持将数据背后隐藏的规律显性化,为诊断、预测和优化功能的实现提供支撑,常用的数据分析方法包括统计数学、大数据、人工智能等。

3. 实施框架

实施框架描述各项功能在企业落地实施的层级结构、软硬件系统和部署方式。实施框架结合当前制造系统与未来发展趋势,提出了由设备层、边缘层、企业层、产业层四层组成的实施框架层级划分,明确了各层级的网络、标识、平台、安全的系统架构、部署方式以及不同系统之间的关系。实施框架主要为企业提供工业互联网具体落地的统筹规划与建设方案,进一步可用于指导企业技术选型与系统搭建。

设备层对应工业设备、产品的运行和维护功能,关注设备底层的监控优化、故障诊断等应用。边缘层对应车间或产线的运行维护功能,关注工艺配置、物料调度、能效管理、质量管控等应用。企业层对应企业平台、网络等关键能力,关注订单计划、绩效优化等应用。产业层对应跨企业平台、网络和安全系统,关注供应链协同、资源配置等应用。

5.3.5 工业互联网参考技术体系

工业互联网的核心是通过更大范围、更深层次的连接实现对工业系统的全面感知,并通过对获取的海量工业数据建模分析,形成智能化决策。工业互联网的技术体系由制造技术、信息技术以及两大技术交织形成的融合性技术组成,是支撑功能架构实现、实施架构落地的整体技术结构,如图 5-14 所示。

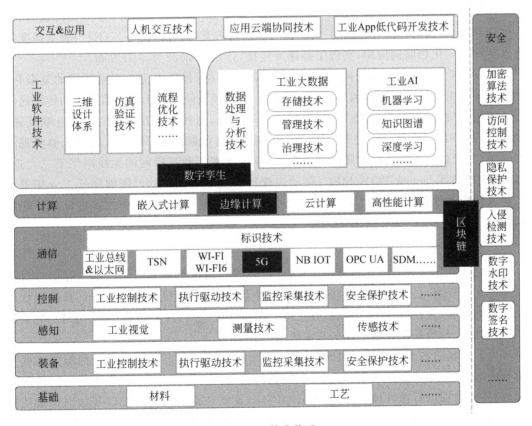

图 5-14 技术体系

制造技术和信息技术的突破是工业互联网发展的基础,例如,增材制造、现代金属、复合材料等新材料和加工技术不断拓展制造能力边界,云计算、大数据、物联网、人工智能等信息技术快速提升人类获取、处理、分析数据的能力。制造技术和信息技术的融合强化了工业互联网的赋能作用,催生工业软件、工业大数据、工业人工智能等融合性技术,使机器、工艺和系统的实时建模和仿真,产品和工艺技术隐性知识的挖掘和提炼等创新应用成为可能。

工业互联网技术体系要支撑实施框架解决"在哪做""做什么""怎么做"的问题,其核心在于推动重点技术率先嵌入到工业互联网实施系统中,进而带动发挥整体技术体系的赋能作用。随着新一代信息技术的自身发展和面向工业场景的二次开发,5G 技术、边缘计算、区块链、数字孪生成为影响工业互联网后续发展的核心重点技术和不可或缺的组成部分。

1. 5G 技术

第五代移动通信技术(5th Generation Mobile Communication Technology,5G)是具有高速率、低时延和大连接的特点的新一代宽带移动通信技术,是实现人机物互联的网络基础设施。2018 年 6 月,3GPP 发布了第一个 5G 标准(Release-15),支持 5G 独立组网,重点满足增强移动宽带业务。2020 年 6 月,Release-16 版本标准发布,重点支持低时延、高可靠业务,实现对 5G 车联网、工业互联网等应用的支持。Release-17(R17)版本标准将重点实现差异化物联网应用,实现中高速大连接,计划于 2022 年 6 月发布。

工业企业 OT 和 IT 底层网络通常是基于有线网络,但随着工业现场环境的复杂化,越来越多的工业场景逐步采取无线传输方式。工业领域使用的无线通信协议和传统通信行业相比,存在协议众多、标准缺失、兼容性差等弊端,制约了工业设备的全面互联互通。基于 5G 网络的工业移动专网具有大带宽、广连接、高可靠、低时延特性,同时能够实现私网部署、生产数据不外流的密闭性和安全性,成为支撑工业互联网的无线网络不二之选。通过将 5G 技术与工业 PON、MEC(移动边缘计算技术)等相结合,能够降低工业场景下的协议转换和设备接入难度,提升工业互联网异构数据接入能力,有效解决设备互联的问题。

2. 边缘计算

边缘计算是一种分散式运算的架构,通过在网络边缘侧汇聚网络、计算、存储、应用、智能等五类资源,提高网络服务性能、开放边缘数据、激发新模式和新业态。其应用程序在边缘侧发起,也在边缘一侧响应,有更快的网络服务响应,满足行业在实时监控、智能调度、数据安全与隐私保护等方面的基本需求。

生产现场的各个工业设备每时每刻都在产生大量数据,若直接将产生的海量数据上传到云端,在云端储存并计算,网络带宽的限制会导致工作效率降低,产生延时。将现场多源、异构数据进行预处理后,再送入云端,将会兼顾计算和网络资源以及数据传输的有效性等,形成云端和边缘计算资源的合理和优化配置,既保留数据的原始属性,又避免无谓的网络与存储和计算资源开销。工业互联网中的边缘计算既解决了工业生产中面临的现实问题,又能够为工业的转型发展提供新能力,是现阶段国内外工业互联网关注的焦点之一。

3. 区块链

区块链技术整合了密码学、点对点网络、共识机制、智能合约等技术元素,形成了一种新的数据记录、传递、存储与呈现的方式,在技术层面上构建了无须信任、多方协作的去中心化基础设施,同时能够有效确立数据主权。在工业互联网中融合区块链技术,可以很好地解决工业互联网中博弈多方的互信协作问题,以及工业企业对自身数据的控制权问题。此外,区块链技术能够为商业活动构建对等、统一的平台,这个平台上的参与者不再是"双边"的、"多级"的,而是"多边"的、"平级"的。商业活动将从传统的"双边平台"走向"多边平台",提高了信任的价值和违规的成本。多边平台从规模效应叠加到网络效应,最后叠加成为生态效应,形成富有生命力的商业业态。

4. 数字孪生

工业生产实时产生着海量工业数据,这些数据具有多维度(外观、工差、定位、物性等)、强关联的特征,然而目前企业缺乏对这些数据整合的手段。数字孪生的数字主线使产品各维度的数据紧密关联,使数据和机理模型相融合,打通了产品设计、制造、销售、运维、报废回收的全生命周期,助力构建工业数字空间。

工业互联网的算法模型建设面临建模难问题,传统的算法模型大多是单独基于物理实体第一性原理构建的机理模型,或者基于大数据分析构建的数据驱动模型,两种算法模型之间存在割裂问题。在数字孪生体中,机理模型与数字驱动模型之间,实时交互,融合统一,催生出"数据+机理"新型算法模型,为解决工业互联网建模难问题,提供了新的方法。

在工业互联网平台中,数字孪生模型位于 PaaS 层,以 API 的形式出现。工业 App 通过直接调用一个或多个数字孪生 API,可以实时获取生产制造全过程、全产业链、产品全生命周期信息,开发描述、诊断、预测、决策类工业 App,实现基于数字孪生的智能化创新应用。

5.3.6　我国工业互联网创新发展行动计划

2018 年,工信部公布了《工业互联网发展行动计划(2018—2020 年)》。其行动目标是,到 2020 年底初步建成工业互联网基础设施和产业体系。在三年内,中国将初步建成适用于工业互联网高可靠、广覆盖、大带宽、可定制的企业外网络基础设施,支持工业企业建设改造工业互联网企业内网。还将初步构建工业互联网标识解析体系,建成 5 个左右标识解析国家顶级节点,标识注册量超过 20 亿。到 2020 年底,中国要初步形成各有侧重、协同集聚发展的工业互联网平台体系,遴选 10 个左右跨行业跨领域平台,培育一批独立经营的企业级平台。还将推动 30 万家以上工业企业上云,培育超过 30 万个工业 App。

为进一步巩固提升发展成效,更好地谋划推进未来一个阶段的发展工作。在 2020 年12 月 22 日,工业和信息化部印发《工业互联网创新发展行动计划(2021—2023 年)》,旨在支持工业互联网实现新技术融合以及产业生态推进等。计划指出,我国工业互联网发展成效显著,2018—2020 年起步期的行动计划全部完成,部分重点任务和工程超预期,网络基础、平台中枢、数据要素、安全保障作用进一步显现。

《工业互联网创新发展行动计划（2021—2023 年）》制定了一系列发展目标，包括新型基础设施进一步完善、融合应用成效进一步彰显、技术创新能力进一步提升、产业发展生态进一步健全和安全保障能力进一步增强。到 2023 年，工业互联网新型基础设施建设量质并进，新模式、新业态大范围推广，产业综合实力显著提升。

（1）针对新型基础设施进一步完善。覆盖各地区、各行业的工业互联网网络基础设施初步建成，在 10 个重点行业打造 30 个 5G 全连接工厂。标识解析体系创新赋能效应凸显，二级节点达到 120 个以上。打造 3～5 个具有国际影响力的综合型工业互联网平台。基本建成国家工业互联网大数据中心体系，建设 20 个区域级分中心和 10 个行业级分中心。

（2）针对融合应用成效进一步彰显。智能化制造、网络化协同、个性化定制、服务化延伸、数字化管理等新模式新业态广泛普及。重点企业生产效率提高 20% 以上，新模式应用普及率达到 30%，制造业数字化、网络化、智能化发展基础更加坚实，提质、增效、降本、绿色、安全的发展成效不断提升。

（3）针对技术创新能力进一步提升。工业互联网基础创新能力显著提升，网络、标识、平台、安全等领域一批关键技术实现产业化突破，工业芯片、工业软件、工业控制系统等供给能力明显增强。基本建立统一、融合、开放的工业互联网标准体系，关键领域标准研制取得突破。

（4）针对产业发展生态进一步健全。培育发展 40 个以上主营业务收入超 10 亿元的创新型领军企业，形成 1～2 家具有国际影响力的龙头企业。培育 5 个国家级工业互联网产业示范基地，促进产业链和供应链现代化水平提升。

（5）针对安全保障能力进一步增强。工业互联网企业网络安全分类分级管理有效实施，聚焦重点工业领域打造 200 家贯标示范企业和 100 个优秀解决方案。培育一批综合实力强的安全服务龙头企业，打造一批工业互联网安全创新示范园区。基本建成覆盖全网、多方联动、运行高效的工业互联网安全技术监测服务体系。

该计划旨在推动工业互联网新型基础设施建设量质并进发展，新模式、新业态的大范围推广，产业综合实力显著提升，如表 5-3 所示。

表 5-3　《工业互联网创新发展行动计划（2021—2023 年）》发展目标

领　　域	目　　标
新型基础设施	在 10 个重点行业打造 30 个 5G 全连接工厂
	标识解析体系创新赋能效应凸显，二级节点达到 120 个以上
	打造 3～5 个具有国际影响力的综合型工业互联网平台
	基本建成国家工业互联网大数据中心体系，建设 20 个区域级分中心和 10 个行业级分中心
融合应用成效	智能化制造、网络化协同等新模式新业态广泛普及
	重点企业生产效率提高 20% 以上
	新模式应用普及率达到 30%

续表

领　　域	目　　标
技术创新能力	网络、标识、平台、安全等领域一批关键技术实现产业化突破
	工业芯片、工业软件、工业控制系统等供给能力明显增强
	基本建立统一、融合、开放的工业互联网标准体系
产业发展生态	培育发展 40 个以上主营业务收入超 10 亿元的创新型领军企业
	形成 1～2 家具有国际影响力的龙头企业
	培育 5 个国家级工业互联网产业示范基地
安全保障能力	聚焦重点工业领域打造 200 家贯标示范企业和 100 个优秀解决方案
	培育一批综合实力强的安全服务龙头企业
	打造一批工业互联网安全创新示范园区
	基本建成覆盖全网、多方联动、运行高效的工业互联网安全技术监测服务体系

5.3.7　工业互联网对烟草行业的影响

工业互联网技术将已成为新一轮工业革命的战略制高点和制造业高质量发展的强力抓手。作为工业互联网的核心载体和关键技术支撑,工业互联网平台是工业互联网创新发展的关键,是未来制造业主导权的战略必争。我国高度重视发展工业互联网,大力推动新一代信息技术与制造业深度融合,加快制造强国和网络强国建设,打造工业互联网平台,拓展"智能＋",为制造业转型升级赋能。烟草行业作为国民经济的一个重要产业,在国民经济中具有相当重要的地位,烟草制造在推动我国信息化和工业化建设的进程中具有不可忽视的作用。伴随着新一轮科技革命和产业变革,以及消费碎片化、个性化需求的显著增加,烟草行业迫切需要进行供给侧结构性改革,加快对市场的快速柔性响应。

为贯彻国家政策、破解行业难题、促进行业转型升级,在工业和信息化部的指导下,国家烟草专卖局开展了烟草行业制造业与互联网融合试点工作,首次探索研究烟草行业基于信息物理系统的卷烟制造工业互联网平台架构及创新应用,通过数采、建模、仿真实现工厂数字化、业务模型化、制造虚拟化,打造生产设备数字化、生产数据可视化、生产过程透明化、生产决策智能化"四化"工厂,探索卷烟智能制造新模式,切实提升卷烟工业快速响应市场、柔性生产制造、稳定产品质量、精益管理增效的能力,形成烟草企业创新发展新优势。该卷烟制造工业互联网平台依托智能设备、传感器、工业控制系统、物联网技术,面向设备、系统、产品、软件等要素数据进行实时采集并上传至云数据仓库,然后进行模型调取与仿真,实现状态感知、实时分析、科学决策、精准执行的闭环,形成平台级 CPS。

卷烟制造工业互联网平台的应用在提质增效和降耗节能方面取得了显著成效。相比应用平台前,应用平台后的万元产值综合能耗降低 30％,平均订单交货周期缩短了 0.12天。卷烟制造工业互联网平台的建设与应用,对推动卷烟制造转型升级、重塑卷烟制造竞争优势具有重要意义。

5.4 其他国家智能制造战略

第四次工业革命是基于前三次工业革命的发展成果,以智能化、网络化、数字化为核心,是第三次工业革命成就的深层次发展,是人类追求可持续发展、追求社会进步的体现,具有博大深远的战略意义。从全球范围来看,德国率先构想并提出了工业4.0这一新理念,其核心关键词是集成和智能化。工业4.0这一概念正式在德国乃至世界传播,成为各国学术界及经济界竞相讨论、研究的焦点话题。与此同时,以美国为首的西方发达国家,在经历国际金融危机后,不约而同地提出"再工业化"的发展目标。显然,"再工业化"不是此前所经历的工业化建设阶段,而是聚焦能源、新材料、新技术等在内的高端装备制造业的提升,以此巩固本国在制造业领域的领先地位,实现产业结构的升级。中国制造业乃至整个中国经济,也与第四次工业革命紧密地捆绑在一起,"中国制造2025"国家战略方针,使得位于全球价值链分工体系中的中国制造业备受关注。

而其他一些欧亚发达国家,如日本、法国、英国等也都非常重视制造业。在结合自身实际工业情况的前提下,提出智能制造战略。日本政府也将国内经济复苏与"日本制造业振兴"牢牢绑定,借用第四次工业革命的重要理念,指明日本制造业结构转型升级的主要方向。为了重塑本国的经济活力,法国政府也提出了一系列锐意进取的经济改革政策,以《新工业法国计划》为代表的纲领性文件的发布,标志着新工业革命成为法国的优先战略,是全面推进法国工业振兴和经济复兴的有利战略计划。作为工业革命的发源地,英国自然不甘落后,英国发布的"英国工业2050"战略,其目的是转变英国高度依赖服务业的失衡状态,提高制造业生产力。本节将围绕日本的工业价值链、法国的工业新法国、英国的"工业2050"战略展开。

5.4.1 日本工业价值链计划

因受到社会内部人口、产业和能源等结构性矛盾的影响,日本学者藤原洋2010年出版了《第四次工业革命》一书,第四次工业革命的新理念很快被日本政府及社会所接受。2012年末,安倍内阁接受了第四次工业革命的理念,将其作为指导经济结构性改革的总体方略。2015年1月,日本政府发布了机器人新战略,巩固其机器人大国地位,以及适应产业变革的需求。2015年6月,日本机械工程学会启动工业价值链计划,在日本经产省支持下该计划已经构建了"官产学研"一体化合作的重要工业创新网络,成为日本工业智能化升级的新生民间力量。2017年3月,日本正式提出实施"互联工业",大力推动日本工业的物联网应用。机器人新战略、工业价值链计划、互联工业均被认为是日本应对第四次工业革命的主要国家战略计划。本节重点介绍工业价值链计划,机器人新战略和互联工业请读者参阅相关文献。

工业价值链计划旨在实现制造企业之间的"互联制造",通过建立制造业顶层的框架体系,以大企业为核心,纳入中小企业,让不同的企业通过接口,能够在一种互联耦合的创新网络中相互连接,让日本工厂形成一个生态格局。2016年12月8日,日本工业价值链参考框架IVRA(Industrial Value Chain Reference Architecture)正式发布,标志着日本智能制造策略完成里程碑的落地。IVRA 是日本智能制造独有的顶层框架,相当于美国工业互联网联盟的参考框架 IIRA 和德国工业 4.0 参考框架 RAMI4.0,编织了日本智能工厂互联互通的基本模式。

2018 年 3 月,工业价值链计划对工业价值链参考架构进行了优化,提出了新一代工业价值链参考架构,如图 5-15 所示。该架构中执行智能制造的基本单元是拥有专业管理人员且具备自主决策能力的企业或更小的单元,强调通过动态循环实现生产现场、组织架构、工作流程等方面的改进,通过一系列的循环往复、迭代升级实现主体、物品、信息、数据等要素在不同单元间准确、安全传递,最终实现并提升智能制造效率。

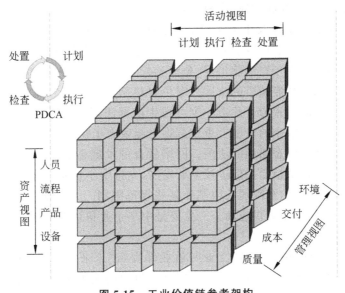

图 5-15　工业价值链参考架构

事实上,工业价值链计划是日本智能制造的核心布局,实施秉承了互联制造、耦合创新和以人才为核心的三大理念,寻求智能制造领域的技术突破,通过"宽松耦合"优化现有的先进制造系统,其基本出发点是为了与其他互联企业协同,需要预先定义若干通信平台、知识共享标准和数据模型。"宽松耦合"为互联会员企业的转型升级提供一个生态协同创新运营平台,减少构建复杂目标模型的时间、人力和资金成本。其中,"宽接口"可保持每一企业竞争优势不受影响,具有合作持续性。日本的工业价值链计划是一盘企业合纵之局,以企业的生态联盟建设为主,是解决智能制造中小企业低端重复性技术开发问题的一种有效策略。

5.4.2　工业新法国

风驰电掣的 TGV 高速列车、翱翔蓝空的"阵风"战斗机、独树一帜的欧洲压水堆技术核电站,还有享誉全球的红酒、香水、时装……毋庸置疑,"法国制造"是全球市场上的一道独特风景线。法国拥有相当数量的世界顶尖制造企业,如空中客车(Airbus)、施耐德电气(Schneider)、达索工业集团、阿尔斯通公司(ALSTOM)、雷诺-日产联盟、标致雪铁龙集团、米其林以及达能等。还有零售帝国家乐福、享誉世界的时尚品牌香奈儿、迪奥、LV、爱马仕、欧莱雅、兰蔻等让人眼花缭乱！

法国作为发达国家，非常重视新工业的发展，尤其第四次工业革命也是积极推动，多项国家战略计划被提升至一定高度。2013年9月12日，法国公布"工业新法国"计划。由政府提供的各项支持措施，如未来投资计划、公共银行投资、信托、创立竞争力中心等，都已在进行中。各个项目的实施与进展情况每六个月确认一次。在计划公布周年之际，奥朗德总统认为法国经济已经摆脱了丧失竞争力的"无穷尽螺旋轨道"。经过一年的建设，法国确认了有能力处于世界领先地位的领域：高速列车、未来汽车、电子飞机、创新纺织、生物燃料、未来工厂、互联物体、木材工业等。

法国新工业计划主要涉及十大关键领域：医疗生物技术、无接触服务、绿色材料循环、可再生能源、纳米电子、重型载物飞艇、生态船舶、网络教育、机器人和大数据。其中，"医疗生物技术计划"致力于在细胞治疗、免疫治疗和疫苗治疗方面增强法国地位。无接触服务致力于建造拥有智能城市的法国。绿色材料循环是环境治理的核心，是增加就业的重中之重。可再生能源致力于建造一个可再生能源法国，更少依赖碳氢化合物。纳米电子致力于建造一个无限小的法国。重型载物飞艇致力于建造一个未来的航空法国。生态船舶致力于建造拥有生态船舶的法国。网络教育的发展是对青少年未来的重要投资。机器人计划旨在使该领域结盟并促进该领域发展，支持中小企业向自动化道路发展，允许当代机器人学的教育发展，解除司法限制和某些规范限制。大数据旨在使法国在大数据领域成为标杆，并使技术服务供应商——主要是中小企业和新兴企业，大型客户群以及高等教育机构联系在一起。

2015年5月18日，法国经济、工业与就业部发布"未来工业"计划，作为"工业新法国"二期计划的核心内容，主要目标是建立更具竞争力的法国工业，旨在使工业工具更加现代化，并通过数字技术实现经济增长模式转变。未来工业计划提倡在一些领域优先发展工业模式，例如新资源、可持续发展城市、未来交通、未来医药、数据经济、智能物体、数字安全和智能电网。

5.4.3　英国工业2050战略

作为工业革命的发生地、现代工业的摇篮，18世纪60年代至19世纪40年代，英国无疑占据着国际制造业的霸主地位。但不可否认，自20世纪六七十年代开始，英国制造业经历了巨大变革，制造业对英国经济产出的贡献从1970年的30%下降到2014年的10%，"去工业化"现象明显。金融危机引发的经济衰退，让英国重新认识到制造业对维护国家经济韧性具有重要战略意义。为了改变这一困境，2008年，英国推出"高价值制造"战略，以振兴原本低迷的制造业。2011年，英国政府确定了制造业的五大竞争策略，即占据全球高端产业价值链、加快技术转化生产力的速度、增加对无形资产的投资、帮助企业加强对人力技能的投资、占领低碳经济发展先机等。2013年10月，英国政府发布《未来制造业：新时代给英国带来的机遇与挑战》(*The future of manufacturing：a new era of opportunity and challenge for the UK*)，即"英国工业2025战略"。

"英国工业2050战略"定位于2050年英国制造业发展的一项长期战略研究，内容涵盖城市建设、人口、环境保护、产业发展及政策选择等诸多方面。它通过分析制造业面临的问题和挑战，提出英国制造业发展与复苏的政策。"英国工业 2050 战略"聚焦 2050 年制造业的发展状况，指出未来制造业的主要趋势是个性化的低成本产品需求增大、生产重新分配和制造价值链的数字化。同时，该策略的核心观念是科技改变生产，信息通信技术、新材料等科技将在未来与产品和生产网络融合，极大改变产品的设计、制造、提供甚至使用方式。因此，这将对制造业的生产过程和技术、制造地点、供应链、人才甚至文化产生重大影响，对英国制造业而言，既是机遇又是挑战。

"英国工业 2050 战略"提出，制造业并不是传统意义上"制造之后进行销售"，而是"服务-再制造（以生产为中心的价值链）"。它提出了未来英国制造业的四个特点：一是快速、敏锐地响应消费者需求；二是把握新的市场机遇；三是可持续发展的制造业；四是未来制造业将更多依赖技术工人，加大力度培养高素质的劳动力。基于此，英国政府的政策倾向以下两方面：一是鼓励制造业回流。为了吸引更多海外的本土生产力回流，英国政府选择帮助制造业企业削减成本，例如税收优惠政策。二是保证制造业发展质量。英国制造业的发展趋势不是量的累积，而是着眼于高价值战略。

由此可见，以"英国工业 2050 战略"为代表的国家战略计划，不是试图将英国带回 20 世纪的那种工业发展模式。英国可能再也不会拥有大的制造业基地，不会成为劳动力的主要雇主，以造船、钢铁、矿业为代表的传统工业终究属于过去的时代。事实上，"英国工业 2050 战略"着眼于制造业未来发展，为英国经济再打造一个引擎。

第 6 章

智能制造的技术框架与制造服务

　　智能制造是制造企业未来的发展方向,也是提升制造企业核心竞争力和经济效益的主要手段,其发展得到了各国政府的重视,德国政府推出的工业4.0规划中,明确指出智能工厂是未来的重要发展方向。中国科技部发布了智能制造科技发展"十二五"专项规划以促进我国智能制造产业的发展。本章重点介绍智能制造的技术框架和制造服务。

6.1　智能制造的技术框架

　　智能制造涉及的内容和技术非常广泛,图6-1给出了智能制造的一个技术框架图。以下对技术框架中涉及的各部分内容进行介绍。

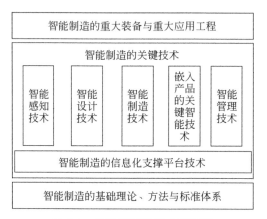

图 6-1　智能制造的技术框架图

6.1.1　智能制造的基础理论、方法与标准体系

　　建立智能制造的基础理论与技术体系,重点突破设计过程智能化、制造过程智能化和制造装备智能化中的基础理论与共性关键技术,完善智能制造基础技术、技术规范与标准制定,为我国制造业实现低碳、高效、安全运行和可持续发展提供基础理论与技术支撑。建设一批高水平的国家重点实验室、工程技术研究中心和示范基地,突破智能制造与设计的重大技术难题,建立系统技术与服务平台,培养造就一支高水平、高素质的科技创新队伍。

开展智能制造战略研究、行业应用发展模式研究,研究制定相关标准、规范,形成智能制造标准体系,开展智能制造指数调查统计与分析、第三方监理服务、绩效评价、技术咨询等服务工作。

智能制造与设计标准化包括接口、评测、流程、安全、产品和部件、材料等六类标准。

1. 接口标准

接口标准包含电子信息和数据标准、通信与语义标准、物理接口标准。具体的标准涉及电子信息与数据标准(格式)、通信与语义标准(内容)、物理接口标准。

2. 评测标准

评测标准包含流程、生产和制造效率评测标准、集成废弃物和排放探测的标准。具体的标准涉及流程效率评测标准、能源效率评测标准、制造效率评测标准、废弃物探测的评测标准、排放探测的评测标准。

3. 流程标准

流程标准包含设计流程、制造流程和商业流程及其集成的标准。未来会增加闭环管理标准。具体的标准涉及设计流程标准、制造流程标准、商业流程标准、闭环管理标准。

4. 安全标准

安全标准涉及制造和产品使用过程中的劳动、环境保护标准,还涉及企业运作和商业环境中涉及的网络安全和数据安全相关标准。

5. 产品和部件标准

产品和部件标准涉及产品和部件相关的技术标准,如标准件库、产品数据交换标准、产品工艺标准、产品包装标准、产品质量标准、产品回收和拆卸标准等。

6. 材料标准

材料标准涉及与材料相关的标准,如各类金属和非金属材料标准、塑料材料标准、磁性材料标准、材料有毒性标准等。

6.1.2 智能制造的关键技术

智能制造与设计的关键共性技术可以分成 6 类:智能感知技术(见 2.4 节,本章不再介绍)、智能设计技术、智能制造技术、智能管理技术、嵌入产品的关键智能技术和信息化支撑平台技术。

1. 智能设计技术

采用信息化和智能化的技术、部件和研发手段,开展智能设计技术研究和应用,以提高产品、服务和企业的智能化水平,以保护自然环境和实现可持续发展为目标,改变传统的、单纯追求产品或企业价值最大化的设计理念,促进环境、社会、企业、个人的和谐发展。

智能设计技术包含的内容有:

(1) 能源自主工厂的设计。发展生产场所能源技术和框架,降低能源消耗和保证可靠的能源供应。根据生产场地的能源需求,依靠自己产生能源,利用可再生能源。

（2）可持续供应链设计。过去许多外包项目失败的原因是忽略了劳动力技能、运输时间和成本、生态问题等因素,现在许多公司开始重新为其生产地选址。发展一个考虑所有这些因素的可持续供应链的整体模型,有助于企业进行可持续性的供应链运作。

（3）绿色产品设计技术。集成化考虑产品设计和制造过程,发展绿色产品的新架构,并据此发展新的能量高效和环境友好的生产系统。

（4）模块化产品设计技术。通过模块化的产品设计,提高产品模块化和可重用水平,提高产品后期制造和维护过程的效率。

（5）开发利用过并已废弃的工厂再造。发展新的商业模型,对工厂进行再造,提升开发利用过并已废弃的工厂的效益。因此,需要发展支撑工具和方法学,如,即插即互操作的装备,互操作接口,快速仿真,再编程工具,改善工厂控制、装配和拆卸特性的方法。

2. 智能制造技术

实施智能制造技术就是要在制造过程控制和管理中充分利用传感器技术、无线通信技术、信息化技术、先进控制技术和现代管理理念,提高制造过程的智能化水平,提高制造效率和产品质量,减少废物排放和能源消耗,实现企业、环境和社会的可持续发展。

智能制造技术的研究内容包括:

（1）高质量嵌入式制造系统。在产品和装备中嵌入智能装置,并通过无线方式接入网络,利用智能控制系统对其进行远程实时监控。实时采集数据、远程监控和分析制造操作,控制制造质量。

（2）材料重用优化技术。研发新的方法和工具,在产品报废后提高其材料重用水平。包括:自拆卸技术、逆向制造方法、复合材料、IT 工具、大公司和中小企业的材料重用的最佳实践。

（3）利用替代燃料和原材料的资源恢复技术。由于在能源密集型工业大量使用废弃材料来代替常规燃料或原材料,从这种材料流中恢复矿物资成为未来制造过程的关键环节。研究重点是发展新的技术解决方法,使恢复矿物质的过程能够以一种经济和生态的方式完成。

（4）预测性维护技术。通过应用嵌入式技术,将用户和操作者的信息集成到 PLM （产品全生命周期管理）中,形成闭环的 PLM 系统,并利用感知到的信息,对设备进行预测性维护。

（5）可持续的包装技术。包装是产生废品的重要来源,为了降低其对环境的影响和减少浪费,需要发展新的包装方法,提高重用水平,采用可生物降解的材料、环境友好或可食用的包装。需要考虑现行的标准和法规,从生态和商业两方面找到最优包装方法。

（6）减排技术。资源和能源密集型企业排放了大量温室气体和其他污染物。减排技术需要在一个行业进行协同规划和开展。预期效益可以在不同的行业中通过开展类似的减排和污染物过滤技术获得。

（7）提高废物利用率的技术。从废物中回收替代能源和原材料,以代替自然资源的使用,达到降低资源密集型企业对环境的影响。而这需要提高预处理和升级方面的技术,对已有的成熟应用经验和处理流程进行跨行业的示范应用也是提高废物利用率的有效途径。

（8）废热的智能利用技术。流程工业是低和中温废热产生的地方,这些废热大部分没有被利用,这对产生环境和经济效益提供了机会。可以预期的成果包括:跨工厂废热利用的分析方法,复原技术和不同温度的废热跨厂利用的合作示范。

3. 智能管理技术

基于智能信息感知和泛在信息服务技术,采用先进的管理模式和决策模型,对产品的全生命周期过程进行智能管理,提高产品整个生命周期的价值,减少产品全生命周期的资源、能源消耗和对环境的不利影响,促进经济、社会和环境的和谐发展。

智能管理技术包含的主要内容有:

(1) 建立可持续评价指标。为产品的过程和可持续性指标(绿色/可持续性标度)建立计分卡。计分卡和指标需要考虑产品全生命周期中可持续性的所有支柱(环境、社会),公司和供应链的信息。计分卡将被决策者用来为公司选择最好的可持续性方案,用户则可以使用指标来理解产品的真实影响,或者用来选择最可持续的产品。

(2) 发展实时生命周期评估技术。发展一套实时生命周期评估方法学和一组工具,用来精确评估产品的生命周期影响(LCA)和生命周期成本(LCC),供设计者在设计过程中实时应用。这组工具通过使用过去产品的生命周期数据和评价情况,在新产品研发阶段和全生命周期中精确评估新产品全生命周期影响和成本。

(3) 发展基于成本的全生命周期管理(PLM)技术。成本是产品相关决策的基本准则,制造商关心降低制造成本、客户希望得到低成本的产品,二手设备基于其预计的成本采用不同的处理方法。目前的应用中每个参与者都没有从全局的视图考虑成本的问题,因此,在产品的整个生命周期采用集成化的成本管理对于最大化产品最终价值非常有益。

(4) 发展电子产品可持续性优化技术。电子产品本可以有更长的工作时间,它们被废弃很可能不是因为坏了,而是因为过时了。废弃的电子材料对环境有非常重大的影响,因此,需要发展一套全生命周期的方法学来优化产品的使用(重用)过程,减少产品废弃对环境的不利影响,使用先进的标签识别,发展废弃产品的回收利用技术。

(5) 可持续维护概念与应用。有效和高效的维护,可以延长机器寿命、提高设备性能和可用性。设备维护是可持续的重要手段。新的维护概念是指通过创新和预测性的方法,来改进制造的可持续性水平。需要将集成了可持续性特性(总体拥有成本计算、能源效率)的新评价方法引入维护管理中,发展新的可持续维护概念并进行广泛应用。

(6) EOL(生命周期终结)管理的支撑技术。许多国家开始加紧解决活动中的环境法规或立法,再制造变得越来越重要,而每个用过的产品的质量是不同的,而且它们在制造过程中可能发生变化。对使用过的产品依据其动态质量进行个性化地处理能够提高整个制造系统的性能。对再制造过程进行优化,可以获得高效的再制造系统,获得成本高效的再制造部件,同时保证所需的质量指标。这对资源使用优化很有帮助,而资源优化利用是可持续制造的主要目的。

4. 嵌入产品的关键智能技术

当今全球市场中,制造企业需要从提供技术先进的产品发展到提供整体解决方案,即"产品＋服务＋流程",提高客户在使用技术产品时感受到的价值。除了聚焦在方案上以外,制造商需要将潜在的客户集成到创新解决方案的制定过程中,以此作为产生新的业务机会和为客户创造更多价值的手段。

为了实现这个目标,制造企业需要发展创新的智能产品和客户服务的概念,使客户获得最大价值。同样需要发展创新的、面向客户的服务和新的知识,并将其嵌入到整体解决方案的产生过程中。在产品开发过程中使用智能材料、传感器和 RFID 技术,将知识和面向客户的功能嵌入到产品中。另外,企业需要在智能化产品的基础上,大力发展价值增值的信息服务和维护功能,并培训客户从这些智能产品及其服务中获得最大价值。

5. 信息化支撑平台技术

信息化支撑平台是实现智能制造的基础环境和使能平台,发展先进的信息化支撑平台可促进企业、社会实现可持续的发展。信息化支撑平台技术涉及以下主要内容。

(1) 先进的集成化供应链和物流管理工具。供应链的局部优化常常导致其外部其他环节的低效率,研发支持整个供应链合作的工具,协调物流并改进供应链整体性能。

(2) 集成的服务-提供商技术。建立生产者和服务商共同工作的网络,形成产品、服务和系统的一体化系统,发展标准方法和工具支持接口定义,实现产品供应商、服务提供商和用户方的集成化运行和协同运作。

(3) 产品-服务工程技术与平台。由于客户需求千差万别,企业需要为客户发展集成产品和服务的个性化解决方案。因此,需要建立集成化产品和服务工程的通用框架,发展一组方法学、工具、商业模型、产品和服务的标准,并定义它们的接口和流程,促进多方协同和协调发展。

(4) 物联网综合应用平台技术。基于物联网技术,实现对产品和制造过程信息的全过程获取和访问,使得产品的价值链更加透明,这种透明性可以允许流程得以改进,并提高整个价值链的性能。

6.1.3 智能制造装备与应用工程

智能制造是面向产品全生命周期,实现泛在感知条件下的信息化和智能化的制造。智能制造技术是在现代传感技术、网络技术、自动化技术、智能技术、系统技术等先进技术的基础上,通过智能化的感知、人机交互、决策和执行技术,实现设计过程、制造过程和制造装备智能化,是信息技术和智能技术与装备制造过程技术的深度融合与集成。

6.1.3.1 智能制造装备和系统

1. 智能制造装备

智能制造装备是将完备的感知系统、执行系统和控制系统与相关机械装备完美结合,将专家的知识不断融入制造装备中,提高装备的智能化水平,实现自动、柔性和敏捷制造,提高产品质量、生产效率,显著减少制造过程物耗、能耗和排放。

智能制造装备包括:数控机床、工程机械、石化装备、复合材料加工装备、新能源装备、工业机器人、自动化柔性生产线和化工成套工艺关键装备等。

2. 智能制造系统

智能制造系统是一种由智能机器和人类专家共同组成的人机一体化系统,它突出了在制造诸环节中,以一种高度柔性与集成的方式,借助计算机模拟的人类专家的智能活动,进行分析、判断、推理、构思和决策,取代或延伸制造环境中人的部分脑力劳动,同时,收集、存储、完善、共享、继承和发展人类专家的制造智能。由于这种制造模式突出了知识在制造活动中的价值地位,而知识经济又是继工业经济后的主体经济形式,所以智能制造就成为影响未来经济发展过程的制造业的重要生产模式。

智能制造系统是智能技术集成应用的环境,也是智能制造模式展现的载体。智能制造系统主要包括柔性制造系统、成本节约的制造系统、能源节约的制造系统。

（1）柔性制造系统。

制造业需要适应快速的市场变化,柔性制造系统可以缓解需求不确定性带来的影响。制造业的最终用户希望在更短的时间内交付客户定制化产品,制造企业需要高产出和可靠的机床和制造系统,这些系统是柔性的和自适应的,可以根据产品数量和变型进行生产。为了实现上述目标,制造业需要多学科的方法来构思和建立自适应制造系统,并且要涵盖制造系统的整个生命周期,从设计、装配到生命周期终结。这些技术需要集成新产品和流程的新知识,包括新架构和新部件。

新的架构的内容包括集成了产品、服务、流程和商业模型的综合模型,使得建造客户化的制造系统成为可能。新的接口、机电部件装配和拆卸概念,方便制造系统适应产品数量和类型变化。基于移动机器人、机床和劳动力形成的社区建立柔性制造工厂的概念,以敏捷的方式对需求波动进行反应。改进生产工厂运作效率的新商业模型,以可重用的机床部件和可再编程的控制系统轻松构建适应性工厂。

新的部件包括采用集成了仿真模型和过程控制系统的微型、小巧和模块化的机电装置,建立能够完成不同的产品和生产流程的柔性制造系统,采用创新技术研发嵌入了传感器和执行器的微型化机床部件,基于累积成型技术建立创新的制造流程,缩短客户化机床的上市时间。

柔性制造系统的短期发展目标是面向制造系统产品全生命周期,发展集成了机床产品、服务和相应商业模型的语义知识模型,以及用于建模和分析制造价值链中价值创造的方法和工具。中长期目标是发展嵌入式智能自适应模块和标准化即插即用接口,发展先进的自适应系统配置建模工具,发展累积成型制造过程,并将其集成到用以机床和部件制造的敏捷和反应性制造环境中。基于能够管理动态和易适应网络（由机床、机器人和人组成）的多级控制器,发展知识型和自学习的控制系统,发展方法学和工具,用于管理可重用的模块化和适应性部件,建立可重构的机床和自适应的生产工厂。

（2）成本节约的制造系统。

降低系统停机时间和最大化效率是实现最小化成本的一种新方法。公司需要从整个生命周期的角度重新考虑其制造系统和流程,以期获得成本高效的、价值增加的和可持续的制造系统,最小化制造系统的全生命周期的成本。需要多学科的方法来实现在降低整体成本的情况下满足用户需求。

采用创新的技术和方法提高劳动力效率,劳动力积极参与到制造过程中,其工作是有效的和安全的。零缺陷制造,研发更高效和高产出的制造系统技术,使其在变化的运行条件下始终保持高的制造水平。发展语义制造系统支持协同工程,增加制造系统的价值并降低成本。基于高精度模型的生产控制和计划,使得公司可以用成本高效的方式安排生产过程。发展先进的 ICT 工具,使公司可以预测风险和机会,发展新的产品、服务和制造过程。

发展新型价值链管理的创新 ICT 工具,用于公司内部和制造网络之间的计划、管理并作为优化生产和物流的创新工具。分布式生产的控制机制,使得制造价值链上的公司能够以成本高效的方式适应生产和能力管理的变化。发展新的生产计划和控制方法,协调生产活动,保证好的流程可靠性、短的交货期和低的生产成本。发展以可视化的方式将知识集成到制造价值链中的虚拟制造技术发展工具、标准和创新合作模型,用来提高跨公司工作流的效率。

（3）能源节约的制造系统。

发展高效的制造系统,利用创新的制造设备,通过新的制造方法,使用精细模型和仿真工具,在设计过程中集成监测和控制技术等手段,实现提高原材料的利用率、生产"零缺陷"部件的目标。发展新型智能自动化和控制系统,发展创新的控制与监控的算法和系统,以自治和智能的方式提高制造过程的在线稳定性,改进制造系统的能源效率。

发展高效的制造过程,利用创新制造过程,包括近净成形技术等先进制造技术,最小化库存和废料,以获得"零排放"制造。使用创新的具有可加工性和摩擦学特性的材料,提高切削过程的效率。采用环境友好的结构性材料,提高材料的再循环特性,降低当前材料密集型制造的材料消耗量。

6.1.3.2　智能制造的重大应用工程

与传统的单纯经济效益驱动的发展策略不同,本报告研究的智能制造与设计的重大应用工程除了促进制造企业取得更好的经济效益外,还要能够促进环境保护和社会和谐发展。实现经济、社会和环境的可持续发展是实施智能制造与设计重大应用工程的首要目标。据此,提出以下两个重大应用工程:可持续制造、产品和服务工程和能量高效的制造工程。

1. 可持续制造、产品和服务工程

可持续发展是指在满足当前人类需求的情况下,不影响未来人类满足需求的能力（UN 1987）。可持续制造是生产系统的一种愿景,它的生产和消费能够支撑个体的和社会的生活,其生产既是经济上成功的,又考虑到环境的制约。知识和技术、资本、资源和需求是得到良好治理的,使得人们可以在消耗更少的材料资源和能源的情况下生活得更好。

在可持续制造、产品和服务工程领域有 5 个主要的研究和行动领域,它们分别是可持续性技术、稀有资源管理、产品和生产系统生命周期的可持续、可持续的产品和生产、可持续的商业。

（1）可持续性技术。

为了实现可持续制造,需要从整个环境、社会、企业、产品和服务的全生命周期的角度看待制造业的发展,首先需要建立制造业产品生命周期的全局性视图,在这个全局性视图的指导下优化制造系统、产品和服务的生命周期。相应地,所研究发展的技术也必须能够支撑可持续发展的要求,除了传统的质量、成本、安全和清洁的需求外,所开发的支持产品

制造的方法、技术和工具也需要面向整个生命周期和面向服务,发展的技术应该能够支持和改善产品/流程/服务系统的经济、生态和社会性能。

可持续性技术关注的主要问题包括:建立高质量嵌入式制造系统,实时采集数据,远程监控和分析制造操作,提高制造质量;发展金属累积性成形技术上,改善制造环境和制造的盈利水平;实现可持续的数据管理,解决企业长期面临的数据不一致和冗余问题;改进供应链的集成化物流工具,协调物流并改进供应链整体性能。

(2) 稀有资源管理。

制造与持续的材料和能量流严格相关,每年制造消耗的工程材料达 100 亿吨(碳氢化合物燃料、金属、聚合物)。其中,碳氢化合物燃料(油、煤)每年消耗 90 亿吨,它们仅仅被当成了能源。全球能源消耗的 86% 来自这些非再生能源(油、天然气、煤)。因此,需要有新的思考方式,不要将产品的"第一次生命"的结束当成一个问题,而是将它看成一种资源。今天许多可重用技术得到了研究,但是迫切需要建立材料可重用优化的参考模型。循环是第二个可行的方法,废弃材料应该返回供应链,用作制造过程的原材料、能源或者取代非再生能源。

稀有资源管理关注的问题包括发展材料重用优化技术和方法以及发展利用替代燃料和原材料的资源恢复技术和方法。

(3) 产品和生产系统生命周期的可持续。

可持续制造越来越受到考虑全生命周期带来的影响(设计、生产、使用、退役、产品的寿命终结)。"绿色机器""环境友好制造"是可持续制造的一个方面的内容。可持续制造不仅仅要包含一定程度的环境参数,它必须在下列方面也要具有可持续性,包括产品(服务)的性能和质量、人员安全(操作工人,其他所有受到制造过程、设施和其产品影响的人)、相关装备和基础设施。制造设备的维护对于制造过程质量和安全的可持续性具有重要作用。

产品和生产系统生命周期的可持续研发内容包括开展实时生命周期评估、发展基于成本的全生命周期管理和可持续维护技术和方法。

(4) 可持续的产品和生产。

可持续的产品和生产系统有助于促进工业的现代化,包括改进产品信息的质量,方便在设计、生产、使用和报废阶段的信息获取。这样的系统有助于建立资源依赖小的社会和更具有竞争力的工业。如果产品"知道"它们包含什么材料、谁制造了它、其他支持材料重用的知识,材料循环利用水平就可以得到显著的提高。更多的知识密集型产品有助于在产品的全生命周期优化资源利用率。提高产品的可追溯性,有助于发现制造缺陷和其他质量相关的问题,提高企业竞争力。物流的可追溯性有助于优化仓库利用,降低材料浪费和运输成本。

可持续的产品和生产研究内容包括:开发机床加工的绿色控制器;建立可持续评价指标;发展可持续的包装技术和方法;对电子产品的全生命周期实施可持续性优化;发展可持续供应链设计和 EOL(生命周期终结)管理的支撑技术。

(5) 可持续的商业。

可持续发展需要从整体角度,综合考虑环境、社会、商业等相互关联的因素,用一种集成的方法,管理商业的可持续性、环境和社会性能。企业希望实现利润增长、环境友好、社会责任这三个目标。因此,企业需要建立新的商业模型,在改善环境性能和业务竞争力之间取得折中。同样,需要发展新的方法学和工具,用来支持管理者进行决策和创新过程,提升企业可持续发展的潜能,包括为残疾人和老年人提供新的工作方法、工作场所或特别的培训。

可持续的商业需要考虑的另外两个重要因素是全球化市场和网络化供应链,需要跨越企业的层次来考虑商业的可持续发展,客户不仅需要产品,还需要相应的服务,需要提供集成化的产品和服务来实现业务增值,需要优化供应链所有参与者的信息流和交互,包括服务提供者和客户,因此,需要新的方法学和工具来管理全球化的供应链,支持同步的决策,并改善可持续发展能力。

可持续的商业涉及的研究和发展的内容包括:发展支持中小企业可持续发展的技术方法和平台;建立集成化的服务提供商和产品-服务工程平台;发展面向可持续发展的颠覆性创新服务业精益管理技术;发展服务业精益管理方法,提高服务业的生产效率和效益。

2. 能量高效的制造工程

制造消耗 33% 能量,产生 38% CO_2 排放,能量高效利用的制造是满足环境和客户要求的有效方法(数据来源:IMS2020 报告)。实施能量高效的制造工程的目的是研究和应用减少资源消耗和碳排放的技术和方法。

能量高效的制造工程包括以下四方面的研究与应用工作:工厂能源、高效生产流程、协作框架下的能源利用、管理和控制能源消费。

(1)工厂能源。

能源稀缺、环境保护、成本控制等方面的问题出现都导致企业需要重新考虑其工厂能源战略。企业需要尽最大可能减少对外部能源的依赖性,用更少的能量驱动设备、传感器和控制器。目前,企业依靠外部集中的能源提供者提供电力,这带来两个方面的问题,一是线路损耗;二是电厂需要产生多余的电力以备峰值需求,这降低了整个能源系统的效率。

通过更好地预测工厂制造过程的能源需求,可以更有效地提高能源供给过程的效率。企业需要充分利用环境中的能源潜能,通过无线的方式进行能源供给,远程实现传感器和控制器的能源供给。

在工厂能源方面需要开展能源自主工厂建立和使用能量捕获技术为制造过程中的传感器和装备供应能源等技术的研究与应用。

(2)高效生产流程。

降低生产流程的能量消耗非常重要,考虑到从发电到最终消费者中间许多环节的损耗(发电厂、线路、变电站),在最终生产流程中节约的能量实际上得到更多节约。降低制造过程中的能量消耗是企业和社会追求的长远战略目标。

制造过程的能量节约可以从以下三个层面的工作获得:

① 制造过程本身的技术进步,导致制造设备更加节能。

② 制造系统和生产流程的改进,按照能源节约方式规划和设计制造流程和制造系统。

③ 制造过程产生的输出,发展减排技术,过滤有污染物质,这会减少为了消除这些问题而产生的能源消耗。

高效生产流程涉及的研究问题包括发展能源高效的加工过程以及实施绿色制造和减排技术应用。

(3) 协作框架下的能源利用。

如今,能量用于单个工厂的制造过程,以热或者副产物的形式浪费能量,这些能量没有被重用。在许多情况下,这些废弃物经常包含其他生产过程或者行业中有用的东西。因此,在未来,公司间需要在跨行业的范围进行协作,以便以共生的方式实现能量和废物利用。这些废弃物通常并不能直接被另外的过程、工厂或者行业使用,而需要对它们进行预处理。这需要研究和发展关键技术,使得对它们的预处理在经济上和环境上是可行的。例如低温热汽的重用、提高跨行业或跨区域的废弃物流的透明性和可用性。

协作框架下的能源利用的研究与应用涉及的方面包括提高废物利用率的技术、废热的智能利用技术以及建立替代能源和原材料市场的国际合作框架。

(4) 管理和控制能源消费。

过去的制造系统设计主要由市场驱动,主要驱动力是质量、快速交货、低成本。今天能源利用率成为越来越重要的驱动力。为了感知制造过程的能源消耗,必须将测量和控制系统集成到制造过程中。新的能源管理系统将是决策和实施能源改进措施的基础。为了发展新的能源管理系统,需要关注传感器、控制器、关键绩效指标、技术-人员交互以及设置制造系统的新概念。

能源效率是制造系统的一个不可分割的有机组成部分,也是信息和通信技术系统要展示的主要部分,提供透明化的能源消耗情况是最终的目标。为了显著提高能源利用率,需要发展整体的视图。基于相关的标准,在供应链某个环节的流程变化需要通知到供应链的其他环节,这不仅可以实现整个供应链的能源节约,同时由于协作水平的提高,还可以达到提高生产率的正向效应。

管理和控制能源消费涉及的研究与应用问题包括:建立能量感知的制造过程-测量与控制;在生产信息系统中集成能源效率指标,开展综合管控;应用产品标签技术改进整体价值链性能。

6.2　制造业的服务化转型

当前,国内外制造业中出现了一种较为普遍的、运用服务增强自身竞争力及向服务转型以获取新的价值来源的现象。国外著名制造企业,如通用电气、通用汽车、福特汽车、波音公司等都出现了非常明显的服务增强趋势,国内企业也逐步开始运用服务增强的方式来提高企业竞争力和盈利能力。服务增强现象的出现表明制造企业已经从过去的产品竞争开始向服务竞争的方式转变,制造企业正在通过服务来增强其竞争力并将其作为价值的新来源。

在这种形势下,越来越多的企业已经把注意力从实物的制造转移到制造与服务相结合上来,经济活动逐渐从以制造为中心转向以服务为中心,越来越多的制造企业正在向着制造服务型企业转变。在制造服务化的大趋势下,产生了一批以服务生产制造过程为目的的制造服务企业,这些企业形成了一个新的产业-制造服务业。

对于制造服务业,学术界一般称为"制造业服务化",最早是由 Vandermerwe 于 1988年提出的概念,是指制造企业由物品提供者转变为"物品—服务包"提供者。完整的"包"包括物品、服务、支持、自我服务和知识,并且服务在整个"包"中居于主导地位,是价值增值的主要来源。Szalavetz 认为:"制造业服务化包括两层含义:一是内部服务的效率对制造业企业竞争力来说日益重要,竞争力不仅来源于传统制造活动的效率,也来源于内部服务的有效组织和提供,并且其重要性和复杂性逐渐提高;二是与物品相关的外部服务对顾客来说复杂性和重要性日益提高。'物品—服务包'不仅包括维护和修理,还包括购买融资运输安装系统集成和技术支持。"

在发达国家,服务业占 GDP 的比重超过 70%,为制造业服务的制造服务占整个服务业的比重也在 70% 以上,增幅是同期服务业增幅的近两倍。对德国 2007 年 200 家装备制造企业的利润分布情况进行调查,结果(图 6-2)表明,200 家机床生产企业的总销售额大约为 434 亿欧元,其中,新产品设计、制造和销售环节的销售额大约占 55%,但是获得的利润却大约只占总利润的 2.3%,其余利润几乎都来自服务环节。类似的情况在约克公司(YORK)、通用汽车公司和奥的斯电梯公司等企业也得到体现。因此,企业要获得新的可持续利润,就必须从销售物理产品转向销售服务。

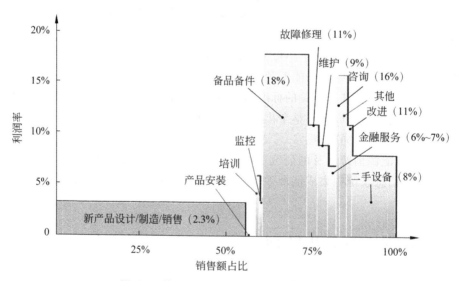

图 6-2　德国装备制造企业的利润分布情况

制造业服务化是生产力发展的必然结果。制造业服务化的发展一方面是用户需求的产物,另一方面也是技术推动的结果。其中,信息技术对制造业服务化的影响最大。信息技术的发展使服务越来越便利,并使过去许多不可能的服务成为可能,如基于网络的各种服务。用户需求的变化需要企业提供更快捷、更方便的个性化服务,而信息技术为企业开展用户服务提供了强大的工具,其优势主要表现在及时、互动和个性化等方面。制造业服务化将信息化作为提供服务的平台和工具,借助于信息化手段把服务向业务链的前端和后端延伸,扩大了服务范围,拓展了服务群体,并且能够快速获得用户的反馈信息,能够不断优化服务内容,持续改进服务质量。

6.3 制造服务的内涵、分类与特征

6.3.1 制造服务的定义和内涵

制造服务是从制造业内部生产服务部门中分离出来的一个新兴的服务产业,它具有高科技含量、高附加值、高人力资本和高成长性的特点,对其他产业具有较强的带动性。制造服务包括为产品制造过程和产品使用过程所提供的各种形式的服务,包括概念设计、研究开发、工程设计、工程和产品维修、运输、金融、保险、法律、会计、管理咨询、房地产、通信、广告、仓储、人事、行政、保安和企业清洁等。

现代制造服务的内涵包含两方面,即"服务企业面向制造企业的服务"和"制造企业面向客户的服务"。前者主要指制造企业为打造核心竞争力,将其不擅长的业务外包,因而需要围绕制造业生产制造过程的各种服务,如技术服务、信息服务、物流服务、管理咨询与商务服务、金融保险服务、人力资源与人才培训等,即需要围绕制造业的生产性服务;后者主要指制造企业对产品售前、售中及售后的安装调试以及维修维护、回收、再制造、客户关系等活动。

在已有文献的基础上,综合专家学者们的论述,笔者认为:制造服务是利用先进信息技术与服务理念建立物理-虚拟制造资源之间的映射关系,将分布在不同企业中的新型和传统的软硬件资源进行服务化封装,并通过制造服务平台发布,面向制造企业产品生产和使用过程以及企业管理过程提供的各种形式的服务。

制造服务的内涵包括面向制造业的生产服务(主要贯穿于产品的规划、设计、制造、装配以及销售阶段,包括技术服务、信息服务、知识服务、物流服务等)、面向制造业的产品服务(主要贯穿于产品的销售、运行和维修阶段,包括回收、处置、再制造服务等)以及面向制造业的管理服务(主要贯穿于产品的全生命周期,包括企业的战略管理、绩效管理、财务管理、ERP、CRM、SCM、PLM 等)。三种服务之集合构成了现代制造服务。

面向制造业的生产服务主要指制造企业为打造核心竞争力,将其不擅长的业务外包,因而需要围绕制造业生产制造过程的各种服务。面向制造企业的生产服务可以从两个方面阐述,即生产性服务与服务性生产。生产性服务在理论内涵上是指市场化的中间投入服务,即可用于商品和服务的进一步生产的非最终消费服务。生产性服务包括科研开发、管理咨询、工程设计、金融、保险、法律、会计、运输、通信等多个方面。生产性服务的融入使得"产品系统"的内涵和覆盖范围不断扩大,企业能够在更宽的范围内实现产品差异化,进行价值的创造,也使得传统的制造价值链的覆盖范围得以拓展和延长。为了获得竞争优势,服务型制造系统中的个体企业通常会将自己不具有竞争优势的环节外包给专业化的企业,通过生产性服务企业和制造企业基于业务流程的合作,实现高效生产。服务性生

产是指企业采用制造外包的方式,进行零部件加工、制造组装等制造业务流程协作,共同完成物理产品的加工和制造。服务型生产活动进一步强化了处在传统制造价值链的中游(零部件制造、加工和组装等制造环节)的企业之间的分工协作,从传统的提供零部件的制造转向更为紧密的制造流程的合作,以更低的成本、更高的柔性、更快的反应速度合作完成产品的制造。

面向制造业的产品服务主要指制造企业对产品售前、售中及售后的安装调试以及维修维护、回收、再制造、客户关系等活动,为完成产品及服务的改进与创新。根据服务企业组织形式划分,产品服务模式分为制造商延伸服务模式、用户自我服务模式、产品服务提供商模式和集成运营模式。制造商延伸服务模式是指制造企业内部设立自己的产品服务职能部门以满足产品服务的需要。采用制造商延伸服务模式的优势在于,它不必考虑制造企业与外部服务提供商之间的沟通、协作、集成等问题,完全依靠企业内部部门就可以实现产品的维护、保养与服务,有助于延长企业产品的价值链,提高产品全生命周期的价值。用户自我服务模式是指用户拥有自己的产品服务部门,负责产品的运行、维护和小故障的维修,保证产品在一般情况下的正常运行。该种模式主要针对技术复杂度和维修复杂度相对较低的产品,并且设备的正常运转对用户的生产非常重要。产品服务提供商模式是指制造企业将自己不擅长的服务外包给其他服务提供商来完成。用户能够低成本、高效率、高稳定地应用这些服务。采用这一模式的优势在于制造企业可以将优势资源集中于提升企业的核心竞争力,并且可以获得外部服务提供商的低成本、高质量的专业化服务。

面向制造业的管理服务主要是指企业利用信息化技术进行从企业内部的产品开发、制造协作扩展到企业外部与客户、供应商的协作等一系列活动的管理。使得企业能够强化项目的计划、执行、跟踪和控制,实现真正意义上的产品全生命周期管理(图 6-3)。

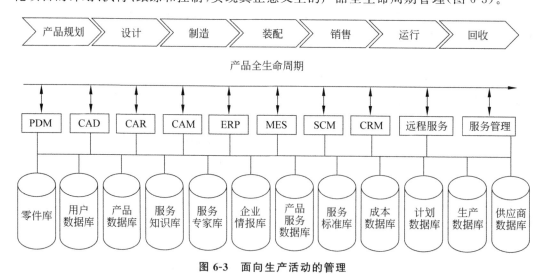

图 6-3 面向生产活动的管理

6.3.2 制造服务的分类

制造服务是一种面向产品全生命周期的、以提供服务为目的的生产模式,按照服务者和服务对象的不同,可将制造服务分为三类,即面向制造业的生产服务(在图 6-4 中用实心箭头部分表示)、面向制造业的产品服务(在图 6-4 中用空心箭头部分表示)以及面向制造业的管理服务。

生产服务的提供者是 IT 公司、物流运输、咨询公司、原辅料供应公司、设备维护公司、保洁公司等服务型企业,对象是制造企业。主要存在于产品全生命周期的前中期部分,包括产品规划、设计、制造、装配、销售等。其作用是通过制造企业的业务外包和产业链的优化摆脱企业的同质化竞争,突出企业的核心竞争力,使得制造企业达到节能减排、降低生产成本、提高企业经济效益的目的,同时企业通过联合设计、制造和服务,可以丰富产品内涵,创造出产品的水平异质性、垂直异质性和技术异质性。产品服务的提供者是最终产品制造企业、产品服务专业提供商或个人,对象是产品用户。主要存在于产品全生命周期的后期阶段,包括产品销售、运行、回收等。其目的是通过制造企业和服务企业针对性的用户服务,满足用户的个性化需求,进行产品和服务的创新与优化,以提高产品的核心竞争力,实现客户锁定。管理服务的提供者是各类第三方服务机构、管理咨询公司、IT管理软件公司等,对象是进行生产活动的制造企业。主要存在于产品的全生命周期中,其作用是使得制造企业在信息技术的支持下,通过规范组织的管理和操作流程、及时的信息提供、可靠的任务分配与执行、高效的科学计算和事务处理、便捷的沟通和协作、快速准确的统计分析、智能化的决策支持,达到提高整个组织运作效率的目的。

按照涉及的产品全生命周期的不同阶段进行分类,可将制造服务分为产品规划服务阶段、产品设计服务阶段、产品制造服务阶段、产品装配服务阶段、产品销售服务阶段、产品运行服务阶段、产品回收服务阶段七大类(见图 6-4)。

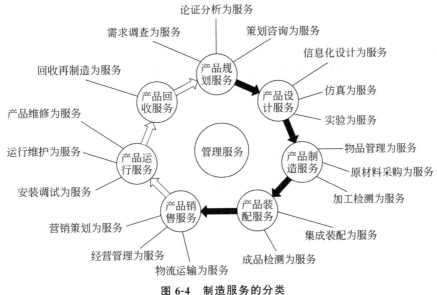

图 6-4 制造服务的分类

在产品规划服务阶段,涉及用户需求调查、策划咨询、论证分析等服务内容,可以利用制造服务平台中用于辅助决策分析的模型库、知识库、数据库作为支持,并将决策分析软件等软制造资源封装为服务,对各种规划方案的可行性与预期效果进行论证分析;在产品设计服务阶段,涉及信息化设计、仿真与实验等服务内容,开发者可以基于制造服务平台提供的虚拟实验室和虚拟协同仿真环境,以 CAX 工具及各种软件资源为辅助手段,开展智能化的协同工作,为产品的设计与改进、性能分析、工艺流程设计等提供支持,与此同时,用户也可通过制造服务平台中的开发环境参与到设计中来;在产品制造服务阶段,涉及物品管理、原材料采购、加工检测等服务内容,整机企业通过采纳配套企业的多类零部件,组合出多类不同核心特质的产品,形成物理产品的垂直差异优势;在产品装配服务阶段,涉及产品的集成装配与成品检测等服务内容,核心企业依据工艺图纸和制造甘特图完成零部件组装并进行检测验收,用户可通过云服务平台提供的可视化界面对产品加工装配过程进行实时监控;在产品销售服务阶段,涉及营销策划、经营管理、物流运输等服务内容,用户可以根据不同的需求进行个性化的咨询体验,实现企业和用户的双方共同利益最大化;在产品运行服务和产品回收服务阶段,涉及产品的安装调试、运行维护、产品维修以及回收再制造等服务内容,企业通过为客户提供的后产品生命周期的安装、调试、维修、保养、客户俱乐部等服务,真正达到制造为服务的理念。

6.3.3 制造服务的特点

上面中给出了制造服务的定义和种类,根据制造服务的思想,未来的用户能够按需获得各种所需的制造服务。因而,制造服务具有以下技术特点。

(1) 面向服务和需求的制造。在制造全过程中,一切能封装成服务的制造资源都作为制造服务提供(包括制造资源作为服务、制造能力作为服务、制造知识作为服务等)。制造服务应用于制造全生命周期,形成了"制造即服务"的模式,包括论证即服务(AaaS)、设计为服务(DaaS)、生产加工即服务(FaaS)、仿真即服务(SimaaS)、集成即服务(InaaS)等。

(2) 主动制造。制造服务中,制造活动具有主动性,即用户根据第三方构建的制造服务平台,在知识、语义、数据挖掘、机器学习、统计推理等技术的支持下,订单可以主动寻找制造方,而制造服务可以主动智能寻租,从而体现一种智能化的主动制造模式。

(3) "多对多"的服务模式。制造服务不仅仅强调"分散资源集中使用"的思想,同时,更体现"集中资源分散服务"的思想,其服务模式不仅有"多对一"的形式,同时更加强调"多对多",即汇聚全局的分布式制造资源服务进行集中管理,为多用户同时提供服务。

(4) 异构性和分散性。制造服务共享的制造资源种类繁多,且分布在不同物理位置的企业组织,具有明显的异构性和分散性。不同企业组织对制造资源还有不同的管理标准和规范,这也增加了实现资源统一管理和调度的难度。

(5) 基于知识的制造。制造服务全生命周期过程中都离不开知识的应用,包括:制造资源和能力的虚拟化封装和接入;制造云服务描述与制造云的构建;制造云服务搜索、匹配、聚合、组合;高效智能云服务的调度与优化配置;容错管理、任务迁移;制造服务企业业务流程管理等。

(6) 基于能力共享与交易的制造。在相应知识库、数据库、模型库等的支持下,实现基于知识的制造资源和能力的封装、描述、发布与调用,真正实现制造资源和能力的全面共享与交易,提高资源利用率。

（7）基于群体创新的制造。制造服务模式下，任何个人、单位或企业都可以向云制造平台贡献其制造资源、能力和知识。与此同时，任何企业都可以基于这些资源、能力、知识来开展本企业的制造活动，制造服务体现的是一种维基百科式的基于群体创新的制造模式。

6.4 制造服务在制造业中的应用现状

西方发达国家服务业起步较早，到 20 世纪 70 年代中期以后，服务业在发达国家迅速地成长，渐渐取代制造业的支柱地位。20 世纪 90 年代以后，由于科学技术的迅猛发展，企业逐渐将重心移到研发与创新环节。与此同时，发达国家的许多产业开始进行制造业向服务业的转型，通过高新信息技术、管理技术、制造技术发展新型技术服务业。这使得制造业与服务业开始融合，促使了制造服务业的产生和发展。

6.4.1 制造服务应用现状

制造服务业在发达国家的发展非常迅速。20 世纪 90 年代以来，制造服务化的理念席卷全球。世界四大会计事务所之一的德勤会计事务所 2006 年发布的一项数据显示："对全球顶级的制造企业的研究中发现，制成品在顶级制造企业销售收入所占的比重仅有 30% 左右，而服务以及零配件业务的比重超过 70%。"这充分说明了制造业已经开始转型，制造业与服务业的融合是制造业发展的重中之重。

卡特彼勒前身是霍尔特机械制造公司和贝斯特拖拉机公司，主要以蒸汽牵引机为主要产品。1995—1999 年，卡特彼勒公司通过大量的并购、合资与独资行为，扩大营业领域和市场范围，通过产业转型，形成了一家集融资服务、再制造服务和物流服务为一体的综合服务供应商。卡特彼勒在全球共有 1600 多个网点租赁店系统，可以为各个市场以及整个建筑行业提供短期和长期的租赁服务；同时，旗下的物流服务公司通过全球 25 个国家或地区的 105 家办事处和工厂为包括汽车、工业、电子产品等企业提供供应链整合解决方案和服务。

我国虽然是制造大国，但由于产业结构不合理，制造服务业的水平仍然比较落后。从国家统计局公布的 2009 年我国国民经济和社会发展统计公报中可以看出，我国服务业占 GDP 的比重仅为 42.6%，同比增长 0.8%，与发达国家仍然有很大差距。

然而，我国非常重视制造服务业的发展。党的十七大明确提出"发展现代产业体系，大力推进信息化与工业化融合，促进工业由大变强，振兴装备制造业，发展现代服务业"。2008 年 11 月，科技部组织召开的全国现代制造服务业专题工作研讨会提出"将发展现代制造服务业作为深入实践科学发展观、以科技引领和支撑经济发展的重大举措"。党中央、国务院对现代制造服务业的一系列重大战略部署，明确了我国制造业的发展方向，促使许多优秀的企业向制造服务业发展。

从 2001 年起，我国大型装备制造企业陕西鼓风机集团（以下简称陕鼓）开始在市场调研、开发设计、生产制造、安装调试、售后服务上为顾客提供综合服务。陕鼓通过现代信息技术，开发了远程故障诊断系统，对用户装置实施实时监测和管理，并以此为顾客提供全面的服务。同时,利用虚拟化技术和制造外包、外购等,实现虚拟制造与产品专业化。通过成功的产业转型,陕鼓集团在 2002—2005 年年利润增长速度达到 89％,成为我国知名制造服务企业。

从 2002 年开始,富士康集团逐渐认识到服务的重要作用,开始大规模发展 EMS 产品的服务,并在 2004 年建立独立的全球售后服务部门,为全球的顾客进行完善的售后服务,从而进一步提升了企业的竞争力。

6.4.2 制造服务平台与系统研发现状

随着制造业与服务业的不断发展,它们之间融合程度也越来越高,形成了现代制造服务。现代制造服务依托于现代高尖端技术,包括信息化制造、云计算、物联网、语义 Web、高性能计算等,将各类制造资源、能力进行统一地管理经营,以云计算平台为载体,将制造服务提供给顾客。由于云制造的理念提出较晚,对于它的研究尚不成熟,国内外的应用也处于初级阶段,下面从两个方面介绍一下国内外的应用现状。

(1)面向集团企业的"私有云"制造服务平台:私有云制造服务平台基于企业网构成,目的主要是强调企业内或集团内制造资源和制造能力的整合与服务,优化企业或集团资源和能力使用率。

波音公司是全球最大的航空航天公司。20 世纪 90 年代末,波音公司开展飞机制造业向飞机制造服务业的转型。通过国际转包生产和全球供应商管理,构建动态企业联盟,实现了企业的进一步发展。步入 21 世纪以来,波音构建了自己维护运行的生产平台。通过这个集成平台,将全球合作供应商、制作伙伴的零部件信息、生产信息、运营信息、绩效信息进行集成管理。同时,利用集成平台进行虚拟装配、实时校验,顺利实现了全球合作伙伴的设计和生产的协同,实现了对于合作伙伴的评审与管理。

(2)面向中小企业的"公有云"制造服务平台:公有云制造平台基于互联网构成,强调企业间制造资源和制造能力整合,提高整个社会制造资源和能力的使用率,实现制造资源和能力交易。

MFG.com 是全球最大的制造业在线采购市场,致力于为全球制造业伙伴提供更加快捷高效的交易平台。通过集聚全球零部件采购的即时定制采购需求,并将其按照行业特性进行标准化处理,MFG.cn 空前简化了制造业询盘、报价及相应管理工作,从而优化了 B2B 市场资源配置、加快制造业的采购进程。图 6-5 为 MFG.com 面向我国的页面。

制造服务网是我国第一家面向制造型企业的专业服务外包平台,其涉及领域包括设备技术与维修、化学品技术与管理、工业软件、刀具技术与管理、物流服务、节能与其他服务等六方面(图 6-6)。

制造业协同服务平台由中国机械工业联合会组织建设,集成了项目组近年来承担的国家科技支撑计划、国家科技基础条件平台项目成果,采用先进的地理信息技术、协同创新技术以及智能化决策技术,致力于推进制造业信息化,加强制造企业间协同服务(图 6-7)。

图 6-5　MFG.com 面向我国的页面

图 6-6　制造服务网

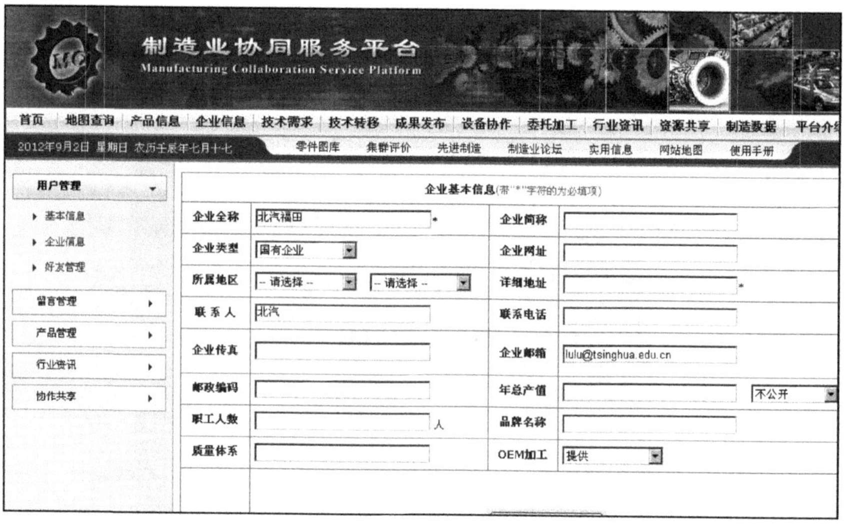

图 6-7　制造业协同服务平台

6.5　制造服务技术要点

制造服务的技术要点主要分为两大类:一是面向具体应用领域的制造服务技术;二是面向制造服务网络的服务组织与管理技术。

6.5.1　面向具体应用领域的制造服务技术

针对制造过程生命周期中不同应用领域的需求,可以建立如下的制造服务技术体系(图 6-8)。

1. 产品设计阶段的制造服务技术

(1)面向服务的产品模块化设计技术。

用户的需求是千差万别的,因此不同用户对于制造服务的要求存在很大差异。但是,绝大多数用户的需求存在一些共同之处,如果能够找到这些共性,然后将它们模块化,并通过选择和组合不同的服务模块,那么就可以在满足灵活性的同时,使模块标准化,最终可以降低成本。

面向服务的产品模块化设计通过对制造服务标准的制定和实施,以达到服务质量目标化、服务方法规范化、服务过程程序化,实现优质制造服务。例如,海尔中央空调的五段全程标准服务、成套家电标准等。

在面向服务的产品模块化设计方面,主要技术要点包括:

① 基于 Web 的三维模块库(又称零件库):模块制造企业将自己的模块(包括零件)三维模型发布到模块库中,整机企业在设计时可以下载感兴趣的模块,利用三维 CAD 系统组装产品。当设计方案确定时,就可以向模块制造企业下达订单。这种基于 Web 的三维模块库在国外发展很快,有的已经储备上亿零件和模块,但国内还在发展过程中。

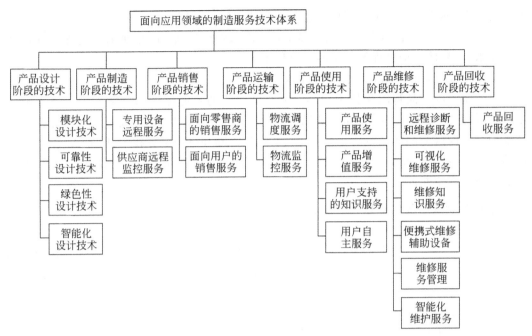

图 6-8 面向应用领域的制造服务技术体系

② 基于 Web2.0 的产品模块化协同系统：传统的产品模块化方法已经不适应当今市场和技术迅速发展的环境，利用 Web2.0 技术，依靠广大同行企业，可以快速、低成本地开展产品模块化。

③ 面向服务的产品模块建模技术：这是一种广义产品模块模型。

（2）面向服务的产品可靠性设计技术。

由于生产企业承担了制造服务的功能，企业将更加关注产品的可靠性。这不仅影响企业的声誉，也直接影响企业的成本和利润。当产品与服务分离时，提高产品可靠性往往意味着要大幅度提高产品成本。面向服务的产品可靠性设计方法则可通过经常的、预防性的服务，在保证产品可靠性的前提下，尽可能降低产品成本。例如，用户由于缺乏经验，使用产品时往往不注意维护或维护水平不高，结果导致其可靠性迅速降低。富有经验的生产企业负责维护，可使产品的可靠性在较长时期内保持较高水平。

在面向服务的产品可靠性设计方面，主要技术要点包括：产品使用全过程的可靠性远程监控系统、产品全生命周期可靠性保障和经济性集成优化技术、产品可靠性快速修复技术。

（3）面向服务的产品绿色性设计技术。

产品绿色性包括：产品本身及制造过程中的绿色性、产品使用过程中的绿色性。

由于在制造服务系统中，企业需要对产品全生命周期负责，因此企业会考虑如何使制造服务费用整体达到最少。认真对待产品的节能、环保等问题，不仅有利于产品的节能和环保，也能为企业带来更多的效益。例如，油漆公司承包汽车厂的汽车喷漆任务后，改进工艺和原料配方，尽可能用较少的油漆用量满足用户的需求。既减少了成本，又减少了污染。而过去,油漆公司总是希望尽可能多地卖油漆给汽车厂。

在面向服务的产品绿色性设计方面,主要技术要点包括:产品使用全过程的绿色性监控技术、产品使用全过程的绿色性评价技术。

(4) 面向服务的产品智能化设计技术。

面向服务的产品智能化技术包括:①产品使用的智能化技术。主要是方便人的使用,保证使用的安全性,降低产品使用的成本;②产品维护的智能化技术。主要是方便产品维护。面向服务的产品智能化技术包括:远程诊断和维护服务技术、服务 Agent 技术、产品自诊断技术、产品自维护技术等。在这方面制造业的服务化和信息化高度融合,有大量的新技术在不断涌现。

2. 产品制造阶段的信息化制造服务技术

(1) 专用设备远程服务技术。

有的企业拥有一些比较少见的、需要专门知识的专用加工和测试设备,如快速原型制作设备等。可以建立专用设备的远程制造和测试服务平台,通过网络提供服务,提高专用设备的利用率。

(2) 供应商远程监控服务技术。

企业将越来越多的零部件加工过程外包,因此对供应商的加工质量的监控变得日益重要。比如,盈飞无限(InfinityQS)推出的 eSPC 工具能够为用户提供对供应商生产过程跨地域的远程实时质量监控服务。

3. 产品销售阶段的信息化制造服务技术

(1) 面向零售商的销售服务。

利用网络技术获取零售商销售数据,并为其店铺提供实时存货和现金流信息的零售连锁系统,帮助零售商提高销售额,进行自动补货,减少零售商的缺货损失,同时还可为他们进一步控制库存,从而达到双赢。

(2) 面向用户的销售服务。

现在越来越多企业开设自己的销售网站,或者到第三方平台(如淘宝网)开展销售服务,既缩短了供应链,减少投资,又可以快速打开市场。

4. 产品运输阶段的信息化制造服务技术

(1) 物流调度服务。

我国企业的物流成本很高,第三方的物流调度服务可以帮助解决这一问题。

(2) 物流监控服务。

现在的物流公司基本上都可以做到利用互联网、无线互联网、短信等方式,帮助用户实时地跟踪自己托运货物的所在位置和到达目的地的时间。

5. 产品使用阶段的信息化制造服务技术

主要是利用信息技术提供产品使用服务、产品增值服务等。其特点是:面向同类产品用户、适应面广、增值大。

(1) 产品使用服务。

主要是方便用户使用,保证使用的安全性,降低产品使用的成本等。例如,沃尔沃卡车公司推出了"全金程全面物流解决方案",包括免费提供给客户的购车前的准确测算、运营线路测评、运营方式评估、司机管理、车辆调度、装卸联接、百公里油耗测算、车辆保养、车辆高出勤率的维护等综合解决方案,其目的是帮助客户寻找行业本身独特的价值链和盈利模式,从而在经营中创造最高的利润价值。

（2）产品增值服务。

主要是在产品基本服务的基础上提供各种增值服务,扩展产品功能,同时使企业获得更大利益。例如,越来越多的手机制造企业将重点转移到手机增值服务上,如依托 GPS 和网络地图的导航类增值服务;微博、播客和音频;新闻阅读和聚合;手机 SNS 社区;多方视频会议等。其特点主要是:利润高;消费群体庞大,重复消费频繁,不必担忧经营状况;低成本投入并可搭配其他项目兼营。

（3）用户支持的知识服务。

这是一种面向用户支持工程师的知识服务平台,能够自动搜集用户支持工程师的服务记录,积累和共享服务知识,丰富知识资源,在此基础上,可以快速向用户支持工程师的服务主动推送相关知识,使他们能够快速有效地定位问题和解决问题,为用户提供及时、优质的服务。

（4）用户自主服务。

主要是针对信息化产品开发的自主服务系统,支持用户自主维修产品、更新产品的功能,甚至根据自己的需求开发新的功能。例如,一些产品的控制软件等。

6. 产品维修阶段的信息服务技术

维修服务是用户最急需的服务内容,难度最大,要求最高。

（1）远程诊断和维修服务。

其功能主要是实时检测、故障诊断、维修指导、视频交互、数据分析、信息管理等。例如,三一重工远程监控平台利用全球卫星定位技术、无线通信技术（GPRS）、地理信息技术（GIS）、数据库技术等信息技术对工程机械的地理位置、运动信息、工作状态和施工进度等进行数据采集、数据分析、远程监测、故障诊断和技术支持。

（2）可视化维修服务。

用户通过观看画面的演示和其他的信息来完成对设备故障的判断和设备的维修工作,同时能实时地进行设备维修评价。例如,交互式电子技术手册（IETM）可用于复杂产品操作、维修、训练和保障,并且能为电子显示系统的终端用户提供精心设计和规格化的交互式视频显示内容的信息包。

（3）维修知识服务。

复杂产品的维修服务需要大量的知识以及不同学科的专家的协同。面向维修服务的知识管理技术提供知识协同完善、知识协同评价、知识主动推送、知识可视化展示等功能。例如,耐克公司的搜索引擎（Nike.com）支持用户搜索公司全面的产品信息,并帮助公司降低了使用业务代表回答咨询电话和电子邮件的内部成本。Eddie Bauer 公司已经将知识库集成到虚拟呼叫中心,为用户提供自助服务选项。

（4）便携式维修辅助设备（PMA）。

PMA 是一种新型现场维修工具,能代替传统的纸型文件,提供维修技术手册、数据、图表、程序、故障诊断和判断依据,还能通过通信网络实现外场维修和维修中心间的交互式远程诊断和维修。

(5) 维修服务管理。

维修服务管理技术主要是利用信息技术,特别是网络技术,对企业分散在全国乃至世界各地的用户处的服务人员进行管理并提供支持。例如,飞机发动机制造企业成为了发动机租赁服务商,这就需要把企业的维修服务人员派到发动机的用户所在的飞机场。信息系统可以为维修服务人员提供任务安排、维修咨询、相互协作等服务。又如,波音提供了一系列自助服务工具:送修服务工具帮助用户输入需要修理的部件号或部件中的子件号,直接从波音公司得到维修服务;技术资料跟踪系统帮助用户查看波音商务飞机技术文件的分发计划和修订计划,确定发送到交付地址的资料数量;数据和服务目录帮助用户浏览、检索并订购运营、维护和修理波音飞机需要的材料、服务和其他项目。

(6) 智能化维护服务。

主要是方便产品维护。面向服务的产品智能化技术包括:远程诊断和维护服务技术、服务 Agent 技术、产品自诊断技术、产品自维护技术等。在这方面有大量的新技术在不断涌现。

7. 产品回收阶段的信息服务技术

欧盟《关于报废电子电气设备指令(2002/96/EC)》(简称 WEEE 指令)要求生产商在2005 年 8 月 13 日以后,在销往欧盟成员国的产品上加贴回收标识;改进产品设计,负有回收、处理进入欧盟市场的废弃电气和电子产品的责任;生产商同时应支付产品的回收、处理、再循环等方面的费用。生产商需要利用信息技术帮助生产商回收、处理未来越来越多的、分布很广的废弃产品。

6.5.2 面向制造服务网络的服务组织与管理技术

面向制造服务网络的服务组织与管理技术包括总体技术、制造资源感知与接入技术、制造资源能力的虚拟化与服务化技术、制造服务环境的构建与运行技术、制造服务的安全与可信技术以及制造服务的普适人机交互技术 6 方面(图 6-9)。

1. 总体技术

(1) 制造服务网络与系统的体系架构。

制造服务系统实现的前提是要在泛在计算环境的支持下,提供一个运行支撑平台,它给各个参与方提供一个环境,使各个参与者通过用户名、密码和角色登录进入云制造系统中。制造服务平台体系架构是从服务实现的角度对平台的层次结构和逻辑关系等进行梳理和规划,构建制造服务平台的架构蓝图。

(2) 制造服务模式、规范和标准技术。

制造服务平台运行需要相关标准和规范,例如,制造服务环境下资源的分类标准、资源接口和数据传感标准和规范,资源信息的发布规范,制造服务平台的交易准则,信用评价体系。制造服务平台向外界提供服务还涉及服务模式的问题,例如,租赁、委托、外包等。这些信息的无序化和异构化都将阻碍资源的有效集成和共享,因此必须建立制造服

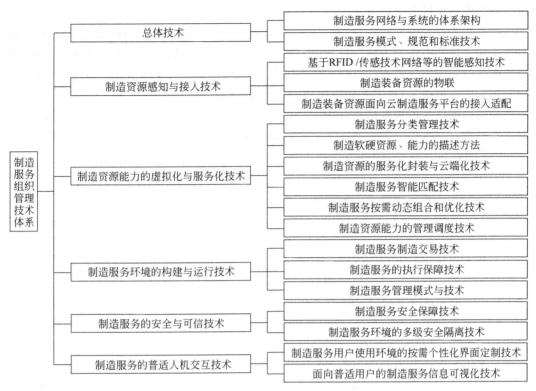

图 6-9　制造服务平台所涉及的关键技术

务平台的相关标准和规范。

2. 制造资源感知与接入技术

制造资源的感知与接入技术是制造资源虚拟化与服务化的前提和基础,制造资源分布广泛、类别多样、感知需求各异,生产过程中高速、大载荷、大位移、高精度的非常规工况,使得云制造资源的感知与接入面临巨大挑战,可采取的关键技术如下:

(1) 基于 RFID/传感技术网络等的智能感知技术。

制造资源的感知可以分为硬制造资源感知、软制造资源感知以及制造能力感知。

对于硬制造资源的感知主要分为三部分:

① 资源识别。主要采用射频识别技术(RFID、CRFID)、传感技术,通过读取设备对云端资源的静态属性、动态属性进行感知,从而获取资源的静态标志信息,如名称、规格、功能等资源的活动状态信息,并通过传感网络将各种数据信息传输到本地数据中心。

② 接口适配。硬件设备资源和传感设备的多样性以及标准的不统一,使得设备的传输接口也有很大的差异,因此,如果需要各种资源无缝透明地接入到制造服务平台中,为最终用户提供交互使用的功能,便需构建支持各种资源接入的适配器,如接口适配器、模型适配器、传感适配器等。

③ 信息处理。这是资源感知系统的关键,主要是实现各种标志信息、传感数据信息的分析、预处理、聚合等操作,并将处理后的数据通过网络实时地接入到制造服务平台中,

为资源的虚拟化接入提供条件。

对于制造资源中的软资源、制造能力及其他资源,其感知过程与硬资源感知过程相比有所不同。这几类资源的感知过程主要集中于对其静态属性进行感知,如资源的名称、功能说明等。对于部分资源(如软件、模型等资源),由于接口标准和格式的不统一,为实现与制造云的虚拟接入,也需要构建适当的适配器,如软件接口适配器、模型适配器等,最终将感知的数据信息汇聚到信息处理中心,并对感知数据进行相关的分析、聚合等处理,为制造服务平台对各类分散资源的有效监控和管理提供支持。

(2) 制造装备资源的物联。

感知制造服务环境下各种制造装备资源的状态信息必然形成具有多种接入方式、提供多种传输速率和多种服务质量要求的异构网络体系。终端设备可以通过有线/无线方式接入各种异构网络(如蓝牙、IEEE 802.15x、IEEE 802.11x、移动蜂窝网络、有线局域网等),不同网络的覆盖范围、带宽及 QoS 保障等属性各异。如何使彼此异构的网络共同协调与协作来以优化的方式实现制造装备资源的广泛有效物联,是制造装备资源感知与接入适配需要解决的另一个关键问题。

(3) 制造装备资源面向云制造服务平台的接入适配。

制造装备资源具有规模大、分布式及可变性等特点,而感知获取的数据则往往表现出多信息源、大信息量和实时动态的特征。制造装备资源面向制造服务平台的接入适配主要研究制造资源感知信息的智能分析与预处理,充分利用各类传感器的感知能力以及系统信息采集能力获取制造资源的多维度状态信息,从数据融合的基本原理从发,探究各类信息的关联性以及各类信息背后所蕴含的复杂关系,从而为用户在制造服务环境中有效使用分散的制造资源提供有效的底层支撑基础。

3. 制造资源能力的虚拟化与服务化技术

在制造服务模式中,虚拟化技术主要是指制造资源和制造能力的虚拟化,通过采用虚拟化技术来实现资源到虚拟资源池中虚拟资源的透明化映射过程,进而弱化软硬件设备、数据、网络等不同层面资源之间的物理依赖,以达到集约化和透明化管理,从而实现虚拟环境下对底层资源的动态调配及按需使用。服务化技术主要指虚拟资源的服务化的封装、发布过程所涉及的相关技术,包括:制造能力的服务化技术、基于语义的虚拟资源描述模型构建技术、制造服务的统一建模、封装、注册与发布技术等。

(1) 制造服务分类管理技术。

制造服务资源可以分为两类:一类是制造资源,是指分布在不同企业中的新型和传统的软硬件资源;另一类是制造能力,是指在制造企业提供制造服务的过程中所涉及的主观条件,使用过程中无形的、动态的服务能力。

为了更好地支持制造服务平台对各类资源的智能接入和高效共享,根据资源的定义及分类,这里将资源属性分为静态属性和动态属性。静态属性是指资源的标志信息,如资源名称、功能、使用情况等静态描述信息;动态属性指资源的活动状态,如资源在运行过程中的安全、可靠性等动态描述信息。

(2) 制造软硬资源、能力的描述方法。

制造服务的描述方法包括本体描述方法和工作流描述方法。本体描述方法包括基于

XML 的标记语言 DAML、Web 本体语言 OWL 以及基于 Web 服务和语义 Web 的本体语言 OWL-S;对服务流程的工作流描述,可采用可扩展标记语言格式的 Petri 网标记语言。其中的重点是云制造服务的本体描述方法。

面向语义的制造服务描述提供了实现制造资源交易、共享、互操作的描述方法。其中,DAML 是美国国防高级设计研究组(DARPA)使用的一种基于 XML 的标记语言,在描述对象和对象之间关系上具有比 XML 更强的能力,可以表达语义并在网络站点之间创建更高的协同级别。OWL 是 W3C 推荐的本体描述语言标准,它将逻辑定义和关系用一组限定的词汇进行表达,同时具备语义描述和推理能力。OWL-S 对 OWL 语言进行了扩展,是基于 Web 服务和语义 Web 的本体语言。综上,使用 OWL-S 来描述本体具备较强的表示能力,同时兼顾推理能力,满足资源搜索与匹配。

（3）制造资源的服务化封装与云端化技术。

在制造服务模式中,服务平台应当将云制造资源能力以一定的标准进行封装,并利用制造资源虚拟化技术构建规模巨大的虚拟制造资源池,其中涉及的技术有物联网技术、云终端服务虚拟化技术和云计算互接入技术等。

要实现对制造资源的服务化封装与云端化,首先需要对各类异构资源进行建模,构建支持语义的资源描述模型;然后根据资源描述模型特点,选取相应服务描述语言(如以 HTML 为基础的知识及本体表示语言、DARPA 代理标记语言、Web 本体描述语言等)实现对资源服务的数字化描述,并对服务描述信息进行有效分类、存储及信息的推理融合,最终实现为制造服务基于知识的优化配置等操作提供支持。

（4）制造服务智能匹配技术。

制造服务智能匹配技术是云制造服务按需动态组合的基础,是实现制造服务的关键技术之一。目前已被提出的技术方法有基于树匹配策略的服务匹配方法、基于 π 演算和描述逻辑的联合形式化表达的服务匹配技术、基于模式匹配的服务匹配实现算法、基于本体和上下文感知的服务发现匹配方法、基于描述逻辑的主体服务匹配算法、基于 Web 服务描述语言的服务匹配模型、基于支持服务接口间依赖关系的服务发现匹配方法、基于模糊积分的制造服务资源匹配方法等。

（5）制造服务按需动态组合和优化技术。

制造服务组合作为提高云制造资源利用率、实现制造资源增值的关键途径之一,对制造服务的实施和开展具有重要作用。此外,制造服务环境下各个参与方(包括制造服务提供者和使用者)之间将形成一个虚拟的供应链。这个大的供应链通常是以服务的使用者为中心形成的,对这个供应链的优化需要对包括采购、销售、物流、生产计划与调度在内的各个环节进行整体优化。

制造服务的按需动态组合和优化的实现可分为三个阶段:设计与部署阶段、组合执行与监控阶段、评估阶段。在设计与部署阶段,涉及的操作有任务分解、功能需求解析、过程需求解析、抽象组合服务构造、相似度计算、接口/功能匹配、过程匹配、语义匹配、服务评估、服务排序、服务选择等;在组合执行与监控阶段,涉及的操作任务有组合服务执行路径生成、组合服务关联关系管理、组合服务聚合 QoS 计算、服务组合优选、服务和流程绑定调用、服务组合执行控制、监控、协调等;在评价阶段,主要涉及用户对执行效果的建议反馈,以便服务提供者进行反思优化。

（6）制造资源能力的管理调度技术。

对于制造服务的能力资源的使用调度是一个关键问题。由于制造环境下涉及的资源种类多、数量多,尤其是不同类型企业之间的交互多,因此需要提高制造资源利用率,对其进行调度是一个重要问题。

在制造服务环境对多主体协同过程中的多任务进行调度时,为优化服务资源利用,首先需要对服务资源所映射的物理资源的当前负荷状态进行评估计算,并根据任务的多目标需求对未来资源利用情况作预测评估;然后,选择能达到全局最优的物理资源作为任务调度备选者,并且动态替换原来虚拟服务资源映射模型中的相应物理资源,以达到闲/忙资源的按需负载平衡与优化利用。在每一个任务的调度中采用递阶层次设计,最终用户通过分销网络-制造网络-供应网络-供应商的层次结构依次交换信息,制造服务平台在其中承担协调者的角色,对各个子系统的控制按照一定的优先和从属关系实现。

4. 制造服务环境的构建与运行技术

在制造服务环境的构建和运行中,会涉及以下几个问题:

（1）制造服务制造交易技术。

制造服务构造出一个巨大的面向制造的服务资源市场,实现了各类制造资源的统一、集中和智能化运营。而现代制造是一个高度市场化的过程,制造服务系统需要支持服务双方基于市场准则的交易需求,需要融合经济学原理,支持制造服务平台中资源和服务供需双方基于市场原则的交易,体现多方共赢、普适化和高效地共享和协同,实现制造服务系统的市场化运行,以满足制造服务平台长期运营的需求。

在制造服务系统中,可以采用定价交易、拍卖、拍买以及自动协商等多种基于市场机制的服务交易方式。在这4种交易方式中,定价交易相对比较简单。拍卖和拍买是实践中比较常用的一种资源交易机制。而自动协商由于其能满足高分布式、自治性和复杂性的需求,已经开始被用于解决大规模分布式系统中的资源分配和交易问题。基于多属性的协商是自动协商领域中的一个重点的研究方向,而制造服务系统中的服务及质量往往由多个维度的属性所决定,因此,基于多属性的自动服务协商,也将成为服务交易的一个重点研究问题。

为此,孟祥旭等人提出一个多模式动态服务交易模型,由多元化动态交易模式、交易流程管理、交易规则配置、基于多属性的双赢的自动服务协商模型等组成,用以支持高自治的、复杂的、动态的服务交易:

① 多元化动态交易模式。需要实现交易模式的多元化,使之支持定价、拍卖、拍买、协商等多种交易模式;制造服务系统提供多种交易模式供服务提供商和使用者选择。采用 XML 文件的形式对交易模式加以描述,提供多个交易方式及合约模板供用户选择及组合,并支持交易模式的动态选择。

② 交易过程模型与交易过程控制。服务交易的流程为一般包括建立服务合约、服务合约执行/执行服务交易、交易后续活动等环节。支持可配置的交易逻辑过程与交易过程控制,以支持服务提供商和使用者灵活配置交易过程,并通过 Web Service 接口来控制、监控服务交易平台、服务提供商和使用者之间的交互,来管理服务交易过程,并完成后期

对服务交易的审计等。

③ 可信赖的服务交易。服务提供商和使用者及服务是自治的、多元的,提供评价机制来建立、维护服务提供商及使用者之间的信任关系。通过服务使用评价、服务提供商与使用者之间相互评价,可以在服务交易市场中建立良好的竞争及监督关系,以促进服务交易的正常运作及制造服务市场的良性发展。

④ 动态交易规则配置和双赢的自动服务协商。很多种模型来源于现实制造过程的服务交易规则,多样化的规则可以实现交易的动态设定能力,满足交易服务的可调整、可配置和可扩展要求;动态交易规则配置基于交易规则库,并提供动态的规则配置。在自动协商过程中,双赢的协商结果能够更大程度上保证交易双方的利益,来吸引他们参与到交易和协商中。提出一个双赢的、基于多属性的自动服务协商模型,采用遗传算法来寻找 Pareto 最优解集合的方法,并给用户提供高可配置的让步策略模型,使协商双方(服务提供商和使用者)能够在保证自己的隐私信息的前提下,根据当前的市场状况来调整自己的让步策略,并最终通过多轮让步协商来达到双赢的协商结果。

(2) 制造服务的执行保障技术。

制造服务的执行过程涉及制造服务的动态监测以及高可靠协同与虚拟资源容错技术来保障服务的执行,制造服务平台需要进行动态监测以保障制造服务安全高效地进行。其主要包括 3 方面:资源的动态监测、协同设计过程监测和平台故障监测。

制造服务环境依赖的物理制造资源难以避免各种故障或运行时错误的发生,例如,计算机的死机或软件运行异常等,对于多主体协同的制造任务而言,需要高效的容错机制以支持高可靠协同运行。在制造服务环境运行过程中,能够通过任务运行环境的动态在线迁移提供容错机制。

首先,通过周期性地采样以及主动通知机制,对虚拟制造资源所关联的物理制造资源的运行状态进行监控,并对状态属性根据各种预警阈值进行分析,以确定或预测是否发生运行错误。在确定了某物理制造资源将要发生或已经发生故障时,将立即根据虚拟资源模板的需求定义,优化选择可替代的物理制造资源,即迁移目标。一旦确定了迁移目标,将启动任务执行环境的在线迁移过程,即任务运行上下文向迁移目标的复制。例如,当产品协同设计过程中某一个计算节点的设计仿真软件即将出现错误中止运行时,将选择另一个功能相似的虚拟机环境,并将仿真计算的内存页面等上下文环境信息在线复制到目标虚拟机中。在任务运行上下文动态迁移完成后,需要与协同流程保持同步并且检查一致性,然后继续制造服务环境的协同运行。

(3) 制造服务管理模式与技术。

在制造服务系统运行过程中,也涉及一些其他的管理技术,其中包括制造服务模式下企业业务流程的动态构造、管理与执行技术,用户管理技术,制造服务的访问控制技术,制造服务的成本控制技术,交易多主体信用综合评估与管理技术,制造服务综合效用评估技术,虚拟资源与物理资源综合评估技术,制造服务的电子支付技术等。

5. 制造服务的安全与可信技术

制造服务环境的攻击者可分为以下 3 种:服务层攻击者、虚拟资源层攻击者以及物理资源层攻击者。在制造服务环境中,服务资源云池作为云制造服务直接打交道的对象,服务所直接操纵的各种虚拟制造单元、计算系统和软件工具等,均是真实物理资源的逻辑映像,能够有效屏蔽真实物理资源的存在,提供了一种安全隔离机制,以抵御服务层攻击者。

对于服务资源层攻击者来说,由于在制造服务运行过程中,虚拟资源所对应的物理制造资源会随着需求变动而动态变化,攻击者难以确定真实的物理制造资源所在。另外,可以进一步通过在物理制造资源与服务资源池之间插入一层安全控制域,对各种风险进行分析和识别,为抵御攻击者设置更为有效的访问控制。

一旦物理资源层攻击者穿透了服务资源池的隔离保护,将入侵真实物理资源并形成安全风险。虚拟化所提供的在线迁移技术能够作为一种补救方法。通过对物理制造资源运行状态的诊断和风险评估,当某资源确定处于非安全可信状态时,将对其进行安全隔离,同时将这一消息反馈至服务资源池,以防止对它的再利用。将受隔离资源的任务的安全可信上下文环境,迁移至其他资源中继续运行,以保证某一物理资源受到攻击并不影响整体任务协同过程。

6. 制造服务的普适人机交互技术

虚拟化有效分离了物理制造资源与制造服务之间的紧耦合关系,同时也实现了用户界面与使用环境之间的有效分离,即打破了用户界面与终端设备、运行环境、界面内容和交互方式等的依赖关系,为制造服务环境实现普适化的高可用人机环境提供了支持。在制造全生命周期过程中,各种用户在论证、设计、生产、实验和管理等不同应用环境中对于用户界面的需求也不同,用户需要普适化的人机交互技术为其提供满足个性化需求的用户界面。例如,在产品概念设计阶段往往需要手写设备、定制操作系统环境以及草图界面技术的支持,生产物流监控往往需要大屏幕、高性能图形计算环境以及多维可视化交互技术的支持,远程交易谈判管理往往需要移动终端、移动操作系统环境以及语音交互技术的支持等。

在制造服务环境中,能够通过物联网和 CPS 基础设施实现各种交互终端设备的普适接入;对于界面所需运行环境的个性化需求,可通过服务资源池中对虚拟机的定制,远程提供所需的运行环境资源组合,例如,对于复杂产品三维样机的可视化运行环境,可以定制包含高性能计算集群与三维图形处理环境的虚拟机;对于界面呈现内容的定制,可以根据不同的业务需求和用户的个性化偏好,定义相应的虚拟资源模板,由于模板的可复用性和可扩展性,能够实现界面内容的灵活组合定制;对于各种交互方式的普适化使用,可将针对 WIMP 和 Post-WIMP(如笔、语音和手势等)各种交互方式的支撑技术封装入虚拟资源模板,供制造服务调用时使用。

6.6 制造服务的作用与案例

6.6.1 制造服务的作用

制造服务在制造业中可能产生的作用有以下几点。

(1)制造服务使制造企业产品价值增值。通过针对顾客的个性化服务,企业能够更好地发现顾客的需求,为产品的研发、设计、制造等生产性服务活动奠定需求基础,有利于企业获取更多的价值。在全生命周期服务中,企业能及时发现并创造客户需求,拓展价值增长空间。在产品的制造环节,协作企业通过制造外包等服务性生产活动,实现更加精细化的专业分工和规模经济,使得协作企业能够分散风险,提高柔性和效率,创造更多的经济价值。在价值链的上游和下游,通过研发、设计、金融、营销、售后服务等生产性服务活动,在同质化产品上附加差异化服务,有利于企业摆脱产品同质化的劣势,实现差异竞争,创造更多价值。

(2)制造服务促进企业创新。在制造产业链的上游和下游,企业间相互提供的生产性服务属于技术密集和知识密集型服务,这使制造服务企业成为将现代资本引入到商品和服务生产过程的飞轮,成为国民经济的黏合剂和润滑剂以及制造业体制创新的源泉。服务内涵的引入,进一步丰富了产品的内涵,增加产品的创新特性。制造服务要求企业进行全业务流程的合作,多企业员工基于协作平台协作互动,相互启发,有助于具有创新理念的新产品、新服务的诞生。

(3)制造服务有利于企业实现价值增长的"软化"。制造服务有利于企业实现价值增长的"软化"(指在价值构成中服务等软件的比重较之设备等硬件的比重不断增加),帮助企业摆脱高能耗、高污染的粗放型增长模式。生产的"软性化"是当代产业结构升级和产业竞争力水平的一个重要标志。企业间的生产性服务是人力资本、知识资本和技术资本进入生产过程的桥梁,通过产品设计、管理咨询等活动,技术和知识在生产过程中被实际地应用,将技术进步转化为生产能力和竞争力。针对顾客的个性化服务,也激发起对人力资本和知识资本的更大需求,为企业产生更高的附加价值。此外,现代产业发展中对信息服务的需求越来越大,信息化已经成为推动生产方式变革的武器,也是参与全球化竞争的关键。企业间的生产型服务和服务性生产活动,以及针对顾客的服务,都需要信息化的支持,这都将促进信息化的推广,也为目前失败甚多的企业信息化找到了用武之地。

(4)制造服务有利于促进国民经济增长方式的转变。中国近 20 年来持续的经济增长主要是以高能耗、高污染、低附加值、低劳动效率的要素投入型的增长方式实现的,中国制造与世界先进水平有着显著的差距。随着经济的发展,中国将逐渐失去赖以发展的劳动力成本和资源优势,在现有的资源和环境约束下,已经无法支撑中国经济延续原有的增长模式,必须寻求可持续发展的道路。制造服务的出现正顺应了中国经济发展模式转变的需要,它通过强化制造价值链中的人力资本、知识资本的价值创造,实现经济增长的软性化,改变国民经济增长方式。

(5)制造服务有助于中国制造业结构升级。实施制造服务,有助于中国制造业结构升级,促进从中国代工向中国制造的转变。中国制造目前多是"中国代工",主要原因在于缺乏自主知识产权、缺乏对整个产业增值链的控制和主导能力。服务型制造是推动"中国代工"向"中国制造"转变的新生产方式。一方面,企业实施制造服务战略,通过向客户提供全生命周期服务,延长了价值链,增强企业的盈利能力;另一方面,通过面向企业的服务,使得服务型制造中的企业向自身核心竞争力回归,在相互协作中增强整体盈利能力,整合创新资源,增强创新能力。企业从单纯的生产加工,转变为向中间客户和最终客户提供全方位和全生命周期的服务,同时向产品研发和营销网络渗透,通过世界范围内的生产性服务和技术、加工、服务渠道的互相融合,将加快"中国代工"向"中国制造"转变的步伐。

(6)制造服务有助于中国区域经济的均衡发展。国内经济区域发展的不均衡,特别是中西部内陆地区与沿海发达地区的巨大经济差距是严重困扰中国经济发展的问题。制造服务的资源整合和价值链的延伸可以有效促进区域不均衡问题的解决。通过实施制造服务,一方面构建跨区域服务增值网络,促进东部地区企业参与国际制造业分包,加速承接国际制造业的转移,依托制造分包向产业链上下游扩展,学习国际制造业先进经验,积累产业升级基础,提升东部的制造竞争力;另一方面,以服务性生产方式整合西部制造资源,带动中西部企业承接东部地区产业转移,促进东部地区制造产业向上游和下游扩展,发展生产性服务业,构建实现产业链的延伸和转移,发挥制造服务整合、增值、创新的特点,带动中小企业的快速发展。构建微观基础上的横跨东西、完整的产业链和服务价值链,实现国内区域经济的均衡发展。

6.6.2 制造服务案例

1. 陕鼓动力制造服务应用案例

陕鼓动力于 1968 年成立陕西鼓风机厂,为冶金、石化、空分、环保和国防等多个产业提供透平机械系统问题解决方案和系统服务。公司的产品有:轴流压缩机、能量回收透平装置、离心压缩机、离心鼓风机、通风机五大类,主导产品轴流压缩机和能量回收透平装置属高效节能环保产品。

2001—2011 年,公司营业收入从 3.12 亿元增长到 51.2 亿元,十年增长了 15 倍,复合增长率为 32%;净利润从 0.22 亿元增长到 6.22 亿元,复合增长率为 41%。

陕鼓动力的管理层将公司规模的增长归因于公司多年来进行的战略转型和变革(图 6-10)。

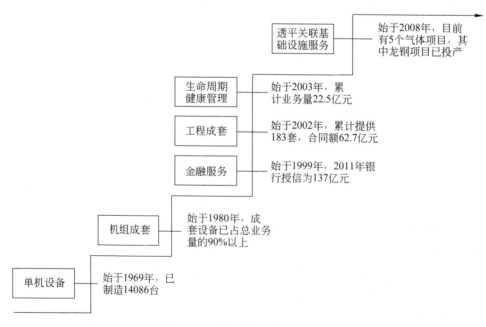

图 6-10 陕鼓动力的服务型转型

(资料来源:陕鼓动力内部资料)

第一次转型：从设备销售转变为系统集成商和服务商。2002 年，公司提出轻资产的运营模式，从机组销售转型成成套设备销售服务商；2006 年，公司提出了以"两个转变"发展战略为方向，逐渐从以风机产品销售为主营的企业逐步转变为透平机械的系统集成商和服务商；

　　第二次转型：由空分用压缩机销售转变为提供工业气体的服务商。2008 年，公司开始进入工业气体服务领域，由提供空分用压缩机的企业转变为提供工业气体的服务商。公司逐渐实现了从单纯的设备制造企业向先进的服务型制造企业的转变。

　　第三次转型：服务型制造企业现雏形。2011 年，公司确定了能量转换设备、能量转换系统服务、能源基础设施运营三大板块。从各板块的收入结构来看，能量转换设备收入占比超过 85%，服务和运营板块收入占比合计 15%。公司规划到 2015 年，服务和运营的收入占比要实现大幅提升，三大业务将基本实现"三足鼎立"的局面。

　　外包型制造模式和服务型制造模式是传统制造业转型的主要方向。陕鼓动力将两种先进制造模式相结合，实施轻资产的运营模式和"制造＋服务"的商业模式。2006 年，公司提出了以"两个转变"发展战略为方向：一是"从单一产品供应商向动力成套装备系统解决方案商和系统服务商转变"；二是"从产品经营向品牌经营转变"，使公司从以风机产品销售为主营的企业逐步转变为透平机械的系统集成商和服务商，由提供空分用压缩机的企业转变为提供工业气体的服务商。

　　在服务型制造战略的指导下，陕鼓开始从需求管理、能力管理、企业网络、风险管理等方面展开企业的服务化历程。

　　陕鼓推行以下服务来满足客户需求、提高客户效用：

　　(1) 提供专业化维修服务。陕鼓依靠其人力资源优势，组建专业的设备维修队伍，为客户提供专业化维修，同时对客户的旧设备进行改造升级。这一服务的推行使客户企业不需要长期雇佣专业维修人员，降低了人员雇佣成本；同时陕鼓的维修队伍素质高，维修速度快、质量高，也降低了故障带来的成本。

　　(2) 提供专业化的备品备件管理服务。单个企业储存备件的成本高，而如果将多个企业的备品备件集中储存则可以以较少的备件数量保障所有企业的正常运行，大大降低备件成本。于是，陕鼓为所有的客户企业提供备品备件管理服务，从而使得客户企业不再需要自己存储备件。当设备出现故障时，客户企业可以从陕鼓租用备件，直至故障件修缮完成，陕鼓备件的及时供应保证了客户企业生产的连续性。

　　(3) 设备远程诊断服务。陕鼓与西安交通大学和深圳创为实技术发展有限公司合作研发了基于因特网的过程监测及故障诊断系统，可以对客户装置进行实时的远程监测，及时掌握设备运行状况及发展趋势，在客户的设备出现问题之前及时安排维修，大大降低了临时停机事件带来的损失。

　　(4) 提供金融服务。经过几年的高速发展，陕鼓的资金充裕，资信状况良好，拥有很高的资信评价(现已有中国银行、中国工商银行等 13 家银行给陕鼓综合授信达 200 多亿元)。利用这一优势资源，陕鼓开始向资金不足的客户提供担保，帮助客户获得发展所需资金。考虑到客户的个性化需求，陕鼓针对不同客户提供不同形式的金融服务，包括"卖方信贷买方付息"融资模式、"陕鼓＋配套企业＋金融企业"委托贷款融资、"预付款＋分期付款＋应收账款保理"融资、网上信用证融资、法人按揭贷款融资、金融企业部分融资等11种融资模式。

此外,陕鼓还借助自己对透平设备的知识,为客户提供成套工程服务。在提供自产主机的基础上,还负责进行设备成套设计(包括系统设计、系统设备提供、系统安装调试)和工程承包(包括基础、厂房、外围设施建设)。在这一过程中,客户控制了投资资金以及项目周期,减少了管理费用,而陕鼓则扩大了市场领域,利润空间增大,同时陕鼓满足市场需求的能力也获得了提升,实现了真正的双赢局面。

综合以上的各种产品服务系统,陕鼓为客户提供的是一种全生命周期的系统服务(图6-11),涵盖了从系统设计方案到设备制造及系统集成、安装调试、系统维护,再到最后的系统升级各个环节。

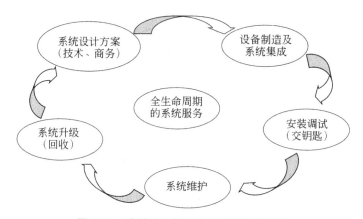

图 6-11　陕鼓动力的全生命周期系统服务

2. IBM 服务转型案例

IBM公司作为从产品制造商转型为服务和软件提供商的成功案例,一直是国内外企业研究的样板,也是众多企业效仿的对象。

IBM早期涉及的业务领域包括芯片设计与制造、硬盘制造、大型计算机、微型计算机、软件等。然而,20世纪90年代初,这些支柱产品逐渐进入衰退期。20世纪90年代中期,IBM先后进行了一系列改革,通过业务结构调整,IBM重新定位于"提供硬件、网络和软件服务的整体解决方案供应商"。它先后剥离了硬盘、PC制造等非核心业务,并加强纵向合作,在生产上采取OEM模式;同时,IBM收购了Lotus软件公司,接替了普华永道咨询等业务,实现了从IT硬件制造商向IT服务商的转型。在此基础上,IBM实施服务创新,其服务内容涵盖了行业战略层面的商务战略咨询和托管服务,企业管理层的电子交易、电子协同、客户关系管理、供应链管理、企业资源规划、商务信息咨询等全方位服务,还包括IT系统的设计、实现和后期的维护服务,建立了全新的服务型制造模式,形成了强大的竞争力。2003财政年度,IBM持续经营净利润增长43%至76亿美元,同时收入攀升918%至89113亿美元,这得益于其全球服务业务收入增长1713%。2005年,IBM公司服务收入占比超过50%,利润连年增长高达10%以上。图6-12给出了IBM的服务转型路线图。

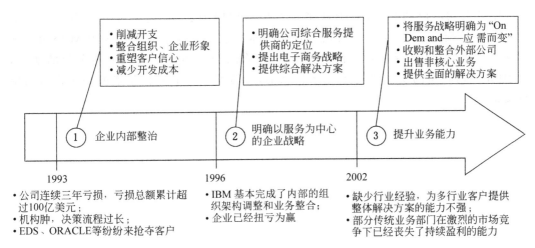

图 6-12　IBM 的服务转型路线图

（IBM 内部资料）

IBM 转型过程中的经验包括：

（1）通盘考虑，整体设计。IBM 转型目标明确——由制造商转型为服务和软件提供商；转型步骤清晰——两步走：第一步是进行商业模式创新，转向服务和整体解决方案提供商，第二步是进行运营模式创新，转向全球整合企业；业务组合精妙——各业务线之间相互借力，产生协同效应；转型关键要素形成合力——同步推进，不留短板。

（2）突出重点，明确方向。IBM 转型重点主攻两个方向：获得高价值业务和为成长投资。IBM 获取高价值业务的举措，一是改变业务组合，将业务组合转向高价值的类型；二是改变研发做法，将专利技术出售给合作伙伴，乃至竞争对手，以不断开放的姿态联合外部资源，为客户、自身的业务发展提供新的增长引擎。关于为成长投资，IBM 首选在高成长地区、高成长市场国家进行投资。

（3）夯实基础，配套到位。企业转型是一个系统工程。有了清晰的整体设计和明确的转型方向后，要实现这个转型设计，除了朝着既定方向坚定不移前进，还需要有一系列的配套措施做支撑。在 IBM 的转型框架中，这些配套措施包括提升领导力以提供转型的内在驱动力，增强创新力以提供转型的利刃，重塑企业文化以突破转型的软壁垒、奠定转型的软基础，加强绩效管理以提供执行力，加强转型驱动的人才培养以提供转型的人才保障。这些配套措施都是企业日常经营管理的基本功，是推动转型实施的重要基础。

（4）利用工具，保持理性。IBM 的转型之所以能健康推进，在于 IBM 在转型的每一个关键节点，都能很好地使用相关决策工具模型，保证每一项决策的科学性、合理性，避免拍脑袋现象发生。例如，在做转型战略规划的阶段，IBM 建立起 BLM 模型；在规划和管理新兴业务时，建立起新兴业务思考框架；在做业务组合管理时，使用业务优势框架 GE 矩阵；在向服务转型过程中，制定服务转型路线图等。通过建立模型，把影响成败的各种因素都考虑进去，这样就保证了理性决策，提高决策成功率。服务转型，也必须引进和使用相关工具模型，把决策建立在理性、科学之上。

IBM 公司的成功转型,对于众多正在思考向服务转型、向服务型制造转型的中国企业,无疑有着重要的参考价值和现实的示范意义。许正先生作为 IBM 公司的前资深经理人,结合自身十多年在 IBM 公司工作的经验和体会以及中国企业的实际,对 IBM 公司转型的实践进行了提炼和总结,对转型中的中国企业来说是非常有借鉴意义的。

第 7 章

制造行业智能制造的探索与实践

制造业是国民经济和国防建设的重要基础,是立国之本、兴国之路、强国之基。自国际金融危机发生以来,随着以物联网、大数据、云计算为代表的新一代信息通信技术的快速发展,以及信息通信技术与先进制造技术的融合创新发展,全球兴起了以智能制造为代表的新一轮产业革命,智能制造正促使我国制造业发生巨大变化。智能制造涉及内容十分丰富,领域非常广泛,目前国内外均处于探索与实践阶段。本章内容将围绕德国博世工厂工业 4.0 应用实践、德国 SEW-传动设备公司智能制造应用实践和我国东莞劲胜 3C 制造智能工厂应用实践进行介绍。

7.1 德国博世工业 4.0 应用实践

博世堪称工业 4.0 的鼻祖。工业 4.0 的概念最早由德国工业科学研究联盟在 2011 年提出,同年 11 月德国政府发布高科技战略 2020 行动计划。2013 年,德国成立了工业 4.0 工作组,博世董事会副主席 Dais 博士和德国国家科学与工程院院长孔翰宁博士任组长,两人于同年 4 月在汉诺威工业博览会上向默克尔总理递交了工业 4.0 研究报告,2014 年初,德国政府发布《保障德国制造业的未来:关于实施工业 4.0 战略的建议》,至此工业 4.0 正式成为德国的国家战略。

德国政府发布上述建议两个月后,博世工业 4.0 战略出台,把自己定位为未来工业 4.0 的实践者和供应商。围绕这一战略,博世建设试点工厂、成立项目组、完善刚建立的工业 4.0 平台。博世是硬件设备制造商出身,其在传感器上的优势是率先打出工业 4.0 旗号的底气所在。博世的传感器技术发端于汽车传感器制造,是业内的绝对老大。工业 4.0 的精髓在于工业的互联化,将来机器和机器、物与物的联通依赖于数据的收集与共享,而无处不在的智能传感器就是数据采集的源头。

7.1.1 德国博世集团概况

博世集团于 1886 年由罗伯特·博世(Robert Bosch)创办,创业十多年间一直跟跄而行,直到博世公司改进电磁点火器和发明了磁发电机,才成为了汽车行业的重要供应商。1900 年,博世建立工厂,成立销售部。之后,博世集团迅速国际化,如今业务遍及世界几乎每一个角落,如图 7-1 所示。博世集团在全球拥有约 39.5 万名员工(截至 2020 年 12 月

31 日),在 2020 年度创造了约 715 亿欧元的销售业绩。

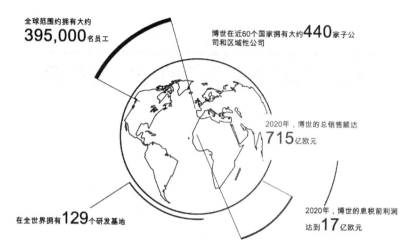

图 7-1　博世集团全球总览示意图

罗伯特·博世奠定了博世的文化基因,就是担责求实,不断通过技术革新改进产品,创造新产品。凭借创新的产品及服务提高客户的生活质量,博世在世界范围内践行"科技成就生活之美"的承诺。作为全球领先的物联网企业,博世为智能家居、互联交通和互联工业提供创新的解决方案。秉持着"可持续发展,安全且愉悦"的移动出行愿景,博世运用自身在传感器技术、软件和服务领域的专业知识,以及自身的物联网云平台,为全球客户提供整合式跨领域的互联解决方案。

目前,博世是德国最大的工业企业之一,以其创新尖端的产品及系统解决方案闻名于世,是全球第一大汽车技术供应商,业务范围涵盖了汽油系统、柴油系统、汽车底盘控制系统、汽车电子驱动、起动机与发电机、电动工具、家用电器、传动与控制技术、热力技术和安防系统等。2019 年,《财富》世界 500 强排行榜发布,博世集团排名第 77 位。与业界同行相比,博世是一个非常独特的企业。首先,它是一棵不折不扣的常青树。在百多年的发展历程中,除了在金融危机的若干年里,其业绩一直都稳步增长。在企业界,能够在多元化的工业技术和高科技领域,如此长久地维持着优良业绩的企业极其罕见。其次,博世虽然业绩出众,实力雄厚,却很低调。虽然名气远不及奔驰、宝马和奥迪等这些家喻户晓的汽车品牌,但博世的产品和技术却是这些德国战车驰骋天下最重要的保证,其创新能力在德国军团中出类拔萃。可以说,博世是德国工业界名副其实的隐形冠军。

7.1.2　博世工业 4.0 发展历程

作为互联制造领域的先驱,博世始终致力于打造未来工厂概念,他们专注于端到端的灵活性工厂解决方案,为工厂、客户和供应商打造兼容且用户友好的开放性架构。近十年以来,博世工业 4.0 经历了以下发展阶段。

2011 年,第四次工业革命来袭。在智能工厂内,以人为中心,机器实现互联、通信及自我组织,完成更高效、更灵活及定制化的生产。这一概念最初被称为信息物理系统,

2011 年收获了更引人注目的名字——工业 4.0。随着德国政府对先导项目的正式批准，这一源于德国的名词——工业 4.0——迅速在全球范围内受到广泛关注。

2012 年，博世接任工业 4.0 小组主席。工业 4.0 从概念到发展均由博世集团前董事会副主席 Siegfried Dais 和德国国家工程院院长 Henning Kagermann 教授担任主席，工业 4.0 小组提出了推动工业 4.0 的初步建议。2012 年 10 月，他们向德国联邦政府发出了相关倡议。

2013 年，从工业 4.0 到"科技成就生活之美"。博世集团首席执行官沃尔克马尔·邓纳尔表示博世必须将数据转化为知识，继而将知识转化为业绩效益。博世启动由达姆施塔特工业大学牵头的"节能工厂"，博世内部生产运营中开始应用互联软件，并着手开发工业流程软件解决方案，旨在充分挖掘 Web3.0 的技术潜力，从中衍生出商业模式，为成就美好生活助力。

2014 年，博世公司推出全球首款协作机器人。博世推出了全球首个经认证无须额外保护、可与人类操作员协同工作的机器人，命名为生产助手（APAS），它可以在短时间内自主接管机器的进料、码垛和装配工作。这不仅是人机协作发展史上所迈出的一大步，也是工业 4.0 领域的关键性突破。

2015 年，博世建立"互联工业"创新集群。通过整合内部互联制造专长，博世进一步奠定了其在互联制造领域领先实践者和卓越供应商的地位，并组建了"互联工业"创新集群。同时，博世还发起了一项为没有相关学位的员工提供的 IT 行业及商业相关培训的教育计划，旨在应对日益增长的软件专业知识需求，为工业 4.0 储备职能需求。

2016 年，博世让旧机器实现工业 4.0。通过结合传感器、软件及支持物联网的控制系统，博世将旧机器互联化，意味着旧机器也迈入工业 4.0 时代。据 2016 年的一项调研显示，全球仍有数以千万计的机器在工厂组装，没能进入工业 4.0 时代。与此同时，博世推出自己的互联网云服务，成为互联互通和物联网的全方位服务提供商，基于物联网云服务，博世为互联交通、互联工业和互联建筑提供多项应用。

2017 年，人类与机器并肩协作。博世创造了首个人类与机器并肩工作的场所——APAS 工作台。在这里，人类依旧是不可或缺的决策者和驱动者，机器充当生产助手给予支持，并具备精确性和耐力。由此，工作场所 4.0 可以满足一切包括工作台高度、速度切换或是为新流程提供指导帮助在内的各种需求。

2018 年，博世成立互联工业事业部。通过整合与工业 4.0 相关的业务，特别是软件与服务相关的活动，博世成立了全新的互联工业事业部，确保公司拥有最佳团队完成工业 4.0 相关工作。该事业部在德国、匈牙利和中国拥有 500 名员工。

2019 年，博世依靠技能培训及智能手机进行生产制造。由博世和工商联合会共同推出的首个针对工业 4.0 的技能培训项目正式启动。目前，该项目也在中国等其他国家开展。同时，博世推出了一款全新软件解决方案：CtrlX AUTOMATION，该解决方案使系统和机器如同智能手机一样灵活。与依赖于应用程序的手机类似，CtrlX AUTOMATION 的功能也能够定制化并进行更新。

2020 年，博世启动首个 5G 园区网络运营。在博世位于德国斯图加特-费尔巴哈的工厂，无线网络成为标准配置，数据传输极其快速可靠，机器几乎实现实时响应，人和机器可以随时安全且无障碍地协同工作。这也是博世工业 4.0 进行实时迭代的开端,公司的目标是将 5G 逐步推广到全球约 240 家工厂。同时,博世在全球的 400 个业务所在地已实现碳中和,互联制造在实现该目标上发挥了至关重要的作用。工业 4.0 解决方案可以检测能耗并提高能效,博世已在全球 100 多个工厂和业务所在地使用自己的能源平台,该平台也是博世工业 4.0 产品组合的一部分。智能算法帮助企业预测能耗,避免峰值负载,并纠正能耗偏差。

2021 年,博世利用人工智能实现"零缺陷"生产。博世人工智能中心(BCAI)开发了一套基于人工智能的系统,可以在早期阶段检测并纠正制造过程中出现的异常和故障。人工智能的使用让制造过程更高效、更环保,同时确保产品的高质量。目前,人工智能解决方案应用于约 50 家工厂及 800 条生产线,最终将推广到博世所有 240 家工厂。自十年前推出工业 4.0 以来,博世在这一领域生产的产品组合已经创造了超过 40 亿欧元的销售额,仅 2020 年一年,制造和物流领域内互联解决方案的销售额就超过了 7 亿欧元。

7.1.3　博世工业 4.0 战略目标

多年来,为了促进工业 4.0 在全球范围内的深度融合,博世专门制定了双元战略:既要做工业 4.0 领先的实践者,也要做工业 4.0 卓越的解决方案供应商。博世在实践工业 4.0 时,关注整个产品生命周期,即从产品设计开始,到制造和售后服务,从供应商到客户,实现人、机、物的全面互联。其次,博世从价值链的角度出发,制定了从"点"到"线"再到"面"的实施路径,旨在持续改进现有的质量、成本和交货期。博世集团不仅注重企业经济发展,更时刻不忘企业的社会责任。博世集团已经明确 2020 年将全面达成二氧化碳零排放,全球 400 个业务所在地以及所有相关工程、制造和管理设施,将不再留下碳足迹,博世将成为全球首家实现这一目标的大型工业企业。截至 2030 年,博世计划每年额外节省约 17 亿度电的能源,约为集团目前年能耗量的五分之一左右。

博世作为生产制造型企业,其核心软实力的生产制造经验,创新软件、传感器、物联设备以及自动化设备,以及载体机械工程师、产线操作员、设备及工厂运营管理人员等人才储备,共同奠定了博世作为工业 4.0 解决方案卓越供应商的基础。基于博世生产系统及丰富生产制造经验的价值流设计及优化能力,可以根据制造商工厂的具体情况和个性化需求,为其设计和优化价值流,这是设计工业 4.0 解决方案的核心能力和精髓所在。应用工业 4.0 是为了实现更高的生产效率、更低的成本,低成本小批量定制化生产以及资源的节约和优化利用,提供能够实现这些目标的解决方案需要丰富的生产制造经验以及成熟的软件、硬件与服务的能力。

7.1.4　建设内容

世界在不断变化,物联网和服务以前所未有的方式加速创新,几年前看似遥远的未来,今天都成为了现实。以博世集团在德国南部边境小镇布莱夏赫(Blaichach)建立的智能工厂为例,概述博世推动工业 4.0 示范工厂的探索与实践。该工厂是博世全球 11 座工厂中的工业 4.0 示范厂,其在实施工业 4.0 的道路上已占得理想先机。

布莱夏赫工厂拥有多元化的产品组合,除了生产电子稳定程序(ESP)、防抱死系统(ABS)、智能助力器(iBooster)和智能集成制动系统(IPB)等电子制动解决方案外,布莱夏赫工厂还生产用于电动和混合动力车辆的系统。此外,该工厂还生产传动系部件,如用于发动机管理的喷射技术,传感器以及多功能摄像头。布莱夏赫工厂把前沿的 IT 技术、机器人技术和自身强大的制造技术相结合,不仅使得生产效率大幅提高,而且也将极大地提升员工的幸福感,打造了真正的示范工厂。该工厂有如下 8 个特点。

1. 能效管理

博世布莱夏赫工厂紧邻 Gunzesrieder Ach 河流,60%的用电需求是通过工厂内的水力发电站来满足的,通过能量和生产数据的结合比对,可有效提高能源利用效率。

2. 互联工厂

欲打造数字化工厂,互联一定是第一步。博世集团用于生产的机器是自建的,称之为"机器生产单元",如图 7-2 所示。正因如此,布莱夏赫工厂内部能够抛弃壁垒,轻松实现设备生产互联。机器之间相互通信的能力,使得员工可以对上游工序的生产参数作出灵活的响应,因此也减轻了最后装配阶段的检查工作。

图 7-2　机器生产单元互联

博世是最早提出自动化、电气化和互联化的汽车零部件企业之一,在互联制造领域积累了十几年的经验,再加上设备都是自建的,实施起来可谓轻车熟路。

3. 人机交流

得益于博世强大的软硬件和交互技术,布莱夏赫工厂内的机器数据和状态都可直接在平板上显示,且用户界面非常友好。操作员和机器的沟通交流简单直观,跟踪进度和发现问题更加高效,如图 7-3 所示。

4. 物流自动化和透明化

通过 RFID 以及 MEMS(微机电系统)等技术的应用,布莱夏赫工厂实现了物料流动的全自动化,使物流过程简单有序且降低了库存,如图 7-4 所示。

布莱夏赫工厂还实现了全价值流的透明可视化,在任何时间,每一个订单的处理状态和进度都一清二楚,这样就形成了一个高度灵活的工作环境。此外,按需求驱动的物料供

图 7-3　人机交互示意图

图 7-4　物流自动化

给也减轻了员工的工作量。在布莱夏赫工厂,通过系统分析和测量,工厂内的工具知道自身使用的最佳寿命,遵循标准化的维护流程,并保证 100% 的可追溯性,如图 7-5 所示。

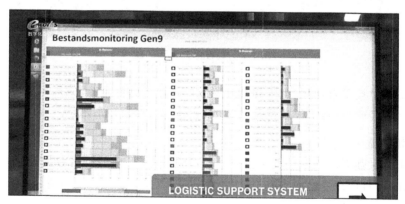

图 7-5　全价值流透明可视化

5. 智能动态生产管理系统

博世力士乐公司的 ActiveCockpit 是其专为工业 4.0 打造的智能工业软件解决方案,该系统荣获 2017 德国设计大奖。

ActiveCockpit 能够实时采集、处理并可视化所有生产数据,包括生产计划、质量数据管理等信息。每一个员工都可以直接在线获取所有与生产有关的信息。此外,用户可根据自身需求,在系统中自定义数据汇总视图,方便展开更有针对性的讨论与分析。实时、持续的数据更新让用户可以根据现场的产线情况优化生产流程,改进规划并提升资源效率。

6. 强大的 Nexeed 生产互联解决方案

智能软件和服务是迈向智能制造极为重要的因素,博世集团将它们汇集在一种综合性产品组合中,并将其命名为 Nexeed。这套系统集成了博世集团内 270 多家工厂的专业知识,在生产和软件专家的通力协作下,开发出一系列产品组合,提供符合生产流程实际需求的解决方案。其中包括 Nexeed 制造执行系统、自动化解决方案、数据分析、设备云接入管理系统、远程车间访问系统、生产绩效管理系统、维护支持系统以及可视化套件等。

Nexeed 生产绩效管理系统可以集成到生产环境和底层信息技术系统中,它提供了实时数据可视化和考核的解决方案,用户能够通过直观可操作的软件管理界面实时监控不同类型的设备生产过程和数据。此外,它支持员工在线操作,并通过生产线管理功能接收选定的信息,因此可以专注于工厂总体生产情况。该系统还支持生产、维护和质量管理的日常工作。

7. 全球知识数据库

博世构建了全球性的知识数据库,工人在机器操作过程中已经积累了很多错误模型(error patterns)和对应的解决方案。在不断努力改进的过程中,系统可以在产量损失发生之前,发现趋势并向操作人员报告关键进展情况。如果机器出现问题,发生的干扰或故障会和已知的错误模型相连接,从这些错误模型中弹出的行动建议可以让工厂的操作员行动起来如经验丰富的老手一般。

倘若出现的是知识库中没有的新问题,那也没关系。博世建立了庞大的线上专家服务团队,员工可以通过实时影像联系服务中心的专家帮其处理棘手问题。而这些新发现的问题又会被添加到错误模型中,供以后出现问题时使用,不仅形成了良性闭环,有利于生产,而且完善了全球知识数据库。通过操作人员的反馈,博世创造了一个控制闭环以及全球性的知识数据库,如图 7-6 所示。

图 7-6　全球知识数据库专家服务

8. 以人为本

博世公司是真正地把人放在最核心的位置,不是说说而已。可以发现,博世所做的一切,都是让工具成为辅助,让员工的工作更简单、安全、高效,而且对员工的专业培训也占了极大的比重。智能制造不是说说而已,以人为本不是表面功夫,从博世布莱夏赫工厂的实践中,可以看到博世不仅拥有强大的历史积淀,而且与时俱进,做了大量数字化工作,如图 7-7 所示。

图 7-7　以人为本

7.1.5　建设成效

博世集团工业 4.0 成绩显著,已经充分融入生产制造的过程中。2017—2021 年,博世集团在工业 4.0 应用领域累计销售突破数十亿欧元,并计划最早于 2022 年实现工业 4.0 相关业务的年销售额突破 10 亿欧元。2021 年汉诺威工业博览会上,博世展示了"未来工厂"的现实画面,自动化运输系统向数字化车间输送零部件,生产协作机器人在产线上提供支持,质检系统在人工智能技术帮助下进行高效运作。博世集团是德国工业 4.0 战略的重要发起者,在工业 4.0 领域有着独特的定位。作为工业 4.0 的领先践行者,博世集团在全球各地工厂积极开展工业 4.0 的探索实践,在全球 270 多家工厂实施了 150 多项创新性项目,成效显著,其中包括在中国的 9 个生产基地开展的十几个工业 4.0 项目,这些城市包含:上海、苏州、无锡、南京、西安、长沙、珠海及常州。

博世位于德国斯图加特-费尔巴哈的工业 4.0 示范工厂在 2020 年底启动了首个 5G 园区网络运营。目前,博世正在全球约 10 家工厂测试 5G 应用,同时也着力推动支持 5G 技术的产品。未来,博世力士乐位于乌尔姆的客户和创新中心将成为与客户及合作伙伴一起共同研究创新途径和商业理念的前沿阵地,该中心的扩建计划也将于 2021 年夏季开展。这些发展表明了"工厂再次成为创新的源泉"。

博世洪堡工厂作为博世公司旗下智能工厂的代表,其生产线的特殊之处在于,所有零件都有一个独特的射频识别码,能同沿途管卡自动"对话"。每经过一个生产环节,读卡器会自动读出相关信息,反馈到控制中心进行响应处理,从而提高整个生产效率。洪堡工厂引入的射频码系统需几十万欧元,但由于库存减少 30%,生产效率提高 10%,由此可节省上千万欧元的成本。独立的射频码给博世公司旗下工厂的 20 多条生产线带来了低成本、高效率的汇报,而这种让每个零件能说话的技术,也是智能工厂的重要体现形式。

博世在苏州的汽车电子工厂试点充分展示了工业 4.0 解决方案对于生产制造的改善和优化。该工厂内的传感器无尘测试车间,自成立之初就是按照工业 4.0 的理念进行设计的。原材料自动供给系统是该无尘测试车间的特色之一,该系统基于实时的物料使用数据,将自动从立式仓储系统上装运物料,并输送至生产车间。所有生产的关键业绩指标都被会系统记录,并且在诸如手机和平板电脑这样的设备上实现可视化。另外,通过博世物联传感器的应用,以及综合来自全球各地的博世生产工厂的大量数据,无尘车间目前正在推行预知性全员生产维护体系。这一体系使得员工可以提前预知机器的工作状态,并且及时对各个设备进行适当的维护。

总而言之,无论何种产业发展战略,最终还是要落脚到企业层面,落脚到能否提高竞争力。费尔巴哈、洪堡工厂、苏州工厂等实践证明,在技术研发、质量控制特别是整体的精益生产达到较高水平后,工业 4.0 解决方案已成为进一步提高竞争力的重要手段,它有利地推动了企业的快速升级转型,是提升企业竞争力的有效手段。

7.2　德国 SEW 精益智能制造应用实践

2013 年德国提出工业 4.0 概念,德国 SEW 集团作为工业 4.0 核心技术和设备提供商开始重视智能制造。SEW 在德国、法国等工厂的很多方面都实现了智能化,例如,在物流方面,拣选完成的货物由感应供电 AGV 配送至工位,AGV 上带有射频技术识读设备,可以自动扫描托盘、拖箱或成品二维码,完全取代人工作业,同时,在 SEW 德国工厂,成品都在成品立体库中存放,发货的时候系统将同一个客户不同型号规格的成品放在一起自动包装好发运给客户。

7.2.1　德国 SEW 概况

德国 SEW 集团成立于 1931 年,最初它只是一家位于巴登的私人作坊。1965 年,一种特殊的模块减速电机组合系统创造性地成功开发,可集中制造所有产品及零部件,并能依照客户需要进行安装组合,由此工厂得以迅速发展。1968 年,SEW 第一次在海外投资建厂,市场开始走向国际。现在,它已经发展成了一家年产值 30 多亿欧元的全球化科技企业,其总部设在德国巴符州的布鲁克赛尔,在全球范围内独资拥有 77 个驱动技术中心、12 个制造厂、63 个组装厂和 260 多个销售服务办事处,遍布世界五大洲和几乎所有的工业国家,在全世界拥有雇员超过 17000 人。

德国 SEW 于 1995 年进入中国市场,如今中国已成为 SEW 全球最大的市场。为了更好地服务于中国市场,SEW 在产能扩大方面进行了持续投入,SEW 公司已在天津建立了中国总部及亚太制造中心,在苏州、广州、沈阳、武汉、西安建有装配中心,在苏州建有电机厂,在太原建有技术服务中心,员工总数 4000 多人,为中国动力传动技术的发展做出了巨大的贡献。在我国重点工程项目中,SEW 的产品有着广泛的应用,如国内各主要港口、国内各大机场、各大污水处理项目、第 29 届北京奥运会开幕式地面舞台驱动系统等。

SEW 是驱动技术的全球领导者,在国际动力传输领域举世闻名,主要生产伺服电机、变频器、分散控制系统和减速电机,其生产技术和市场占有率均居世界领先地位,产品广泛应用于轻工、化工、建筑建材、机械、钢铁冶金、环境保护、煤炭矿业、汽车工业、港口建设等各大工业领域,被誉为“世界传动领域先驱”。它为客户提供的不仅仅是产品,更多的是从机械到电子的全套驱动解决方案。在对于智能工厂的理解和实践方面,SEW 主要聚焦在智能物流方面,代表性产品包括 EMS 空中单轨输送系统,AGV 自动导向小车系统,RGV 轨道穿梭车,SKILLET 升降滑板,蜘蛛机械手等,都广泛应用于各行业。

7.2.2 项目目标

SEW 对"精益智能工厂"的设想是:在"精益工业 4.0"中,工业 4.0 是生产和物流的升级转型,以"单件流"和"小型工厂单元"的价值创造原则为基础,在装配和生产过程,将工业 4.0 概念同精益管理概念相结合,为网络化、模块化、高效的批量生产奠定基础,技术不再作为目的而最大化发展,价值创造和人类成为生产概念的重点,实现人与技术在整个价值创造链上的完美结合。SEW 已在 Graben-Neudorf 工厂实施工业 4.0 的愿景,重新定义了物流、装配和生产任务的概念,以精益改善为基础,导入简易小型自动机设备,将工人和机器智能地连贯起来,展现了精益工业 4.0 的理念。

7.2.3 精益智能工厂规划方案

德国 SEW 集团作为世界传动领域的旗舰企业,为观众呈现了一座真实的数字化工厂模型。这座代表 SEW 最先进驱动技术的未来智能工厂,可以根据客户的需求进行柔性化生产,实现流畅的人机交流,从而完美地诠释了 SEW 对于工业 4.0 的解读以及 SEW 产品在工业 4.0 的角色定位。同时,工程软件、控制器和多轴系统变频器的应用,也都包含在现实装配系统中。本文将从 SEW 集团精益智能工厂的装配和生产两方面介绍。

精益智能工厂的装配架构图如图 7-8 所示,它的关键技术包括精益智能工厂装配、大数据分析、增强现实、虚拟现实、信息物理系统、预测性维护、结果导向的管理、智能物流、基础设施、云计算、智能产品、工厂规划与实现。

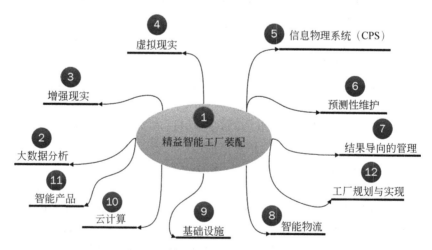

图 7-8 精益智能工厂的装配架构图

精益智能工厂的生产架构图如图 7-9 所示,它的关键技术包括精益智能工厂生产、工厂规划与实现、机器自动化、大数据分析、智能产品、云计算、预测性维护、虚拟现实、智能物流、信息物理系统、增强现实、结果导向的管理。

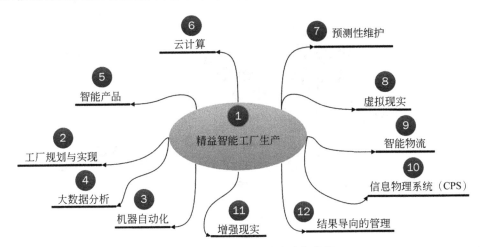

图 7-9　精益智能工厂的生产架构图

我们发现,两者基本一致。智能工厂装配与智能工厂生产唯一的区别在于基础设施和机器自动化。即 SEW 的精益智能工厂不仅专注于单元内的批量装配过程,也同样适用于生产领域。下面详细介绍 SEW 精益智能工厂的关键技术。

1. 智能工厂装配/生产

精益是实现工业 4.0 的基础。SEW 提出了以下几条精益原则:小型工厂单元组织、稳健且零故障流程设计、产品优化流程模块、最佳点原则、人员工作场所设计、面向过程与流程、关注价值创造、需求导向型技术,基于此实现的装配布局如图 7-10 所示,重新定义了的物流概念,移动距离、物流助手(材料供应)、装配助手(生产)、物流助手(成品)和搬运助手(生产)被应用于 SEW 精益智能工厂。通过网络将各个独立的制造步骤完美地与高效生产过程连接,生产阶段相互连接,从而创造出可衡量、具有积极影响的节约潜力。具体来讲,这意味着节约宝贵的生产时间,也意味着减少生产资源的支出,确保人们在整个流程中获得最好的技术支持。

2. 大数据分析与云计算

大数据分析包括制造过程中的数据采集、通过数据挖掘来识别未来趋势以及实时数据处理等。自从互联网在 20 世纪 90 年代早期开始商业推广以来,所提供的信息和服务的数量爆炸式增长,文本内容、视频和软件数据的比例也在迅猛增长。大多数人作为个人消费者知道并使用互联网服务,例如在线银行或社交媒体。但服务互联网主要为公共管理人员或工业企业服务,它与云计算和大数据有着紧密的联系。它的愿景是扩展和开发服务互联网,以便可以专门用于专业应用程序,尤其是基于互联网的软件解决方案和服务。

物联网是将实物连接到互联网上,使它们能够进行交流的一种技术。其背后的原理是这些物体可以自主执行任务,缓解人类的工作压力。这些任务可能仅仅包括提供数据和信息,但自动执行任务或与其他联网对象合作是可能的。在智能工厂中,物联网允许机

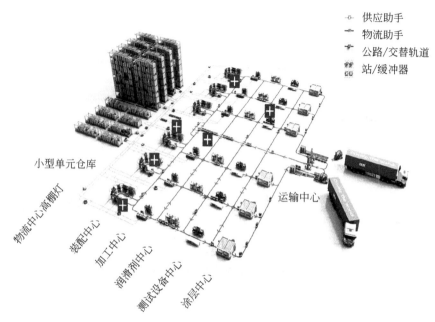

图 7-10　装配布局

器和智能设备交换数据,并基于这些数据自动识别任务并执行它们。

信息物理系统是由移动和固定的物体、设备、机器或物流部件组成的系统。这些组件具有嵌入式技术,允许它们通过网络进行通信并使用网络服务。此外,它们可以彼此建立网络并与人类合作,作出分散的、自主的决策。这些智能系统对工业 4.0 和智能工厂至关重要。传感器、执行器和网络软件解决方案构成了这一基础。

3. 机器自动化

SEW 开发了 MOVI-C®模块化自动化系统,该系统包括四个基本模块:工程软件、控制技术、逆变器技术和驱动技术。该系统可以提供更快、更轻松地规划、启动、运行和诊断,节约时间和成本,具有较高参数化自由和较少编程工作,降低复杂度,还可以控制和监控任何点击命令,具有多种多样的应用选项。针对单轴自动化的物料搬运,MOVIDRIVE® 技术应用型变频器通过现场总线接口直接与上位控制器相连。预定义的 MOVIKIT®应用模块通过图形编辑器快速、可靠地执行驱动功能,各轴单独受控。MOVIDRIVE®应用型变频器中的存储卡用于数据管理。

针对多列升降机、Tripod 机构以及机器人的运动控制,应用型变频器 MOVIDRIVE ®modular 和 MOVIDRIVE®system 通过 EtherCAT®/SBusPLUS 实时连接到 MOVI-C®Controller,MOVI-C® Controller 经由现场总线接收上位控制器发来的设定点控制单轴运动或协调多轴运动。MOVI-C® Controller 决定所连接的应用型变频器的设定点,并以此方式执行任务,例如相位同步运行、电子凸轮功能或运动学功能。预定义的 MOVIKIT® 应用模块通过图形编辑器快速可靠地执行运动控制功能,应用模块有 50 多个运动模型可用,涵盖大量机械结构形式,SEW-EURODRIVE 能够根据要求创建新的运动模型。MOVI-C® Controller 中的一张存储卡用于数据管理。

针对包装机械、加工机械、复杂运输任务的模块自动化,任何 EtherCAT®装置都可以集成进来以实现自动化目的。针对多轴系列设备、上位 PLC(EtherCAT®运动从动装置)中的运动计算,用于控制变频器的 CiA402 配置文件已在工厂中占据一席之地,通过该配置,各轴独自的运动控制功能可以在上位控制器中进行计算。对于经由 CiA402 进行的控制,应用型变频器 MOVIDRIVE®modular 和 MOVIDRIVE®system 可通过集成的 EtherCAT®接口直接与控制器相连。这意味着,应用型变频器可以快速、简便地集成到上位控制器,无须大量的转换工作。

4. 智能产品与虚拟现实

在这一环节,SEW 同样应用 Digital Twin 数字孪生的技术,通过打造虚实融合,智能产品的每一个动作都会重新返回设计师或操作员的桌面,从而实现实时的反馈与革命性的优化策略。同时智能产品也有收集数据以及与其他产品和生产网络进行互联互通的功能。

虚拟现实可通过该技术体验、探索和测试现实的生产制造过程。例如,在真实的解决方案建立之前,可通过虚拟仿真进行测试验证,不断优化每个过程,最终达成完美的真实方案。另外还可通过虚拟现实技术探索未来工厂,在建立真实的生产环境之前就可以通过虚拟现实技术体验未来工厂里发生的一切。

在规划阶段,实施虚拟现实模拟技术,与客户一起检查工厂布局和工作流程,然后进行建设或投入运营。这具有相当大的优势,即任何错误都可以在规划阶段尽早识别并迅速消除,在早期产生定制的解决方案。其次,在虚拟现实中创建数字孪生工厂,基于真实环境、生产、设计数据,准确反映真实的工厂,保证每一个细节都可以访问和测试。同时,还可以将模拟中获得的数据转移到真实系统。这不仅大大减少了启动所需的时间,而且还将风险降至最低。

虚拟工作场所允许精确规划未来的工作场所,基于人机工程学和效率的虚拟环境规划和分析是目前可实现的。同时,虚拟现实已经被用于规划和可视化未来的产品。虚拟现实更适用于教育和培训部门、虚拟产品培训等。未来,有望在销售过程中为销售和市场部门提供视觉支持,人们能够真正沉浸在未来的工厂中并亲自观看和评估。

5. 预测性维护

SEW 已有针对预测性维护的方案,名为 DriveRadar,用于状态监测和预测性维护,它将组件、机器、车间和整个工厂集成到一个数字网络,超越单个公司的边界,旨在提供驱动器组件和系统解决方案的端到端数字地图,以便客户可以详细了解驱动器组件、系统解决方案和流程。

近年来,维护变得更加重要,特别是随着生产过程和技术机会的日益动态化和复杂化。它也是一个重要的但在许多行业仍未得到充分利用的杠杆,可以优化价值创造。维护能够避免计划外的生产停止从而增加可用性,科学界和工业界都在讨论如何做到这一点。作为驱动技术的先驱,SEW-EURODRIVE 已经将愿景变成了现实。SEW-EURODRIVE 公司正在开发 DriveRadar®,实现信息和数据的清晰、友好的可视化,并通过尖端分析工作流进行处理。DriveRadar®让这些系统的运营商有机会解锁附加价值,并挖掘优化的潜力。例如,它可以提供更大的透明度,提高整个系统的可用性,使维护计划工作更容易,减少库存备件的需要,并创造优化流程的机会。

DriveRadar®也将用于未来的许多 SEW 组件和系统解决方案,帮助运营商避免停机并改善工作流程。未来,DriveRadar®概念的关键客户受益将是显著提高生产率。得益于为 SEW 驱动系统和系统解决方案专门定制的集成功能,客户将能够避免计划外停机,从而提高可用性。同时,对特征的持续监控将确保维修工作能够准确规划。

6. 智能物流

智能物流通过各类智能移动小车实现物料的运输供给,通过信息物理系统对物流进行有效控制,让整个物流过程自我调节、自主决策。在物流智能化领域,SEW 走在前沿,中国的 SEW 苏州电机工厂就通过各类智能物流技术大幅提高了生产效率,降低了物流成本,为离散型制造业智能工厂建设提供了新的思路。

MAXOLUTION®系统解决方案可以为托盘输送车(QVW)简单快速地应用通用解决方案,智能解决内部物流任务挑战,通过开槽波导或辐射电缆进行 WLAN 通信,通过 CCU 应用模块(非编程)将搬运车参数化,应对输送线中的特殊任务。该解决方案操作简单、安装简单、集成式功能安全,按需要保护人和机器。

此外,该系统解决方案还包括导轨导向的电感性重负载 AGVS 模块。无人搬运车(AGVS)系统现用于各种行业的组装线中,是实现自动化内部物料流或灵活装配的基础。该模块具有自动、安全、灵活的特点,可有效解决包括单独的搬运车、能量供应、WLAN 通信和导航及搬运车协调在内的问题。其范围包括来自成熟模块化场合的驱动组件,MOVIPRO®分散式驱动、定位和应用控制器,通过电感性导轨引导天线进行导航,通过 RFID 应答器进行定位,MOVITRANS® 非接触式能量传输系统,使用可参数化 MOVIVISION®工厂软件进行规划、模拟和仿真,LSI 操作面板配有集成式触摸屏,实现轨道可视化。

7. 信息物理系统

CPS 是一个综合计算、网络和物理环境的多维复杂系统,通过 3C(Computing、Communication、Control)技术的有机融合与深度协作,实现大型工程系统的实时感知、动态控制和信息服务。SEW 的网络物理系统采用多种辅助系统:物流助手被应用于物料搬运,它们可以承载 1.5 吨,并自动规划生产与物流区域的路径;嵌入式系统,如控制器、激光 SLAM 等,往往扮演导航助手,成功实现指定区域的导航,从而保证生产区域的良好运行。如果存在负载过重或需要快速完成的特定任务,物流助手可形成一个集群。

装配单元配备装配助手,它们协助机械工程师工作。通过自适应调节工作高度、携带信息的重要程度,装配助手在最佳时间将信息提供给机械工程师。在未来,所有工厂的物流均采用物流舱,内部除了组件安装外,还包含交付内容和地点的信息。物流舱可以在工厂内部自动运转,也可以独立装载。

工厂的特定常规任务由自动搬运助手完成,它们在生产和装配区域协助工人或自动执行任务。要做到这一点,它们只需移动到特定的工作站,在那里学习任务,然后准备出发。目前 SEW 采用此类辅助系统进行车床和铣床的装配。例如,自动搬运助手正在装载饲料输送机与轴。一旦完成了这个任务,它就会自动移动到下一个工位并移走加工过的轴,同时,将任意放置的边角料装入盒内,进行组装。当卸载机器时,它将轴定位在固化架上。在这个过程中,根据需要,员工是把控各个独立步骤的关键架构师。然而,减轻员工负担并不意味着人类变得不必要,而是重新定义了具有新任务和能力的操作水平。工业 4.0 正在改变人类在生产中的角色,正在创造一种人与技术的协作。

8. 增强现实

通过该技术帮助员工实现无纸化拣选,也可查看处理过程中的订单信息。技术员通过使用 HoloLens(微软增强现实眼镜)可实现装配过程的可视化,毫无疑问会大大提高装配准确度和效率。数字化对很多事情都产生了影响,例如,越来越多的人预测它会对工厂员工的工作和个人发展产生负面影响,与此同时,它对未来的工作环境有着巨大的积极影响,增强现实就是一个典型的例子,它丰富了未来的工作环境。

通过使用手持和 SmartGlasses 系统,SEW 利用增强现实的功能协助员工,并以适合于待组装设备的方式呈现必要的信息、待安装的对象或工作步骤。基于产品数据的数字集成,生成了数字孪生,该数字孪生由数字部件组成,这些部件按组装顺序组合在一起就形成了成品。通过这种方式,在增强现实环境中可以看到在现实生活中需要安装什么、在哪里安装、如何安装以及产品应该是什么样子,还可以定期在质量控制回路中检查结果。

数字孪生对许多领域都有帮助,例如,增强现实旨在为人们的活动提供长期、智能的帮助。因此,它们将很快成为现代工作环境中不可或缺的一部分。增强现实本身就有许多广泛的应用领域,它最大的好处在于它在组装过程中可提供视觉支持,以及随后在现实世界展示产品时提供支持,从而更容易防止错误,提高产品质量。

9. 结果导向管理与工厂规划/实现

人机协同是这个环节的关键词。每一个运营人员都是小型智能工厂单元的指挥官和总策划,这是一项对认知和社会认识要求极高的任务。它的特点是去中心化,生产日程、顺序被详细规划,资源利用需具备灵活性且以结果为导向,以生产和客户订单为导向的协同、生产绩效和结果实时透明,工作积极主动而不是被动。

作为一家自动化产品和系统供应商,SEW 提供数字化工厂规划和实施的各类解决方案包括:产品及服务、研讨会、分析及复盘、概念和愿景规划、系统计划、订单流程、安装启动、预测性维护等全方位服务。

智能订单结合了生产、组装和物流步骤,并识别生产产品所需的所有选项。它生成产品开发阶段的虚拟副本,如果需要,控制单个产品的工作指令。通过机器对机器通信,它独立地协调完成订单所需的设备和系统。此外,智能订单检查资源可用性,然后将位置和要完成的任务传递给涉及的所有各方。完整的订单流程和步骤的反馈都可以在聊天记录中看到。

智能交互式解决方案在装配过程中为工人提供灵活的协助。例如,增强现实技术可以为工人提供额外的装配信息,从而提高准确性。手势识别为人机协作中的直观操作创造了全新的可能性。因此,任务可以在人和机器之间适当地共享,由人类执行需要认知技能的任务。例如,作为质量控制过程的一部分,机器人可以从不同角度和方向将零件交给工厂操作人员,以确保一个符合人体工程学的最佳过程。

生产和物流管理也是一项新任务。从接收订单到发货,价值创造主管负责管理他们分散的生产区域并牢记结果。他们会为自己的日常生产创造一个详细的计划,而来自虚拟世界的方法会帮助他们完成这个任务。预测顺序模拟像一个游戏一样运行,考虑了灵活和结果导向的可用资源的使用。它的角色是充当客户和产品之间的接口,为客户提供所需的透明度。

7.2.4　建设成效

自 2013 年德国 Graben-Neudorf 工厂推动工业 4.0 以来,SEW 践行了工业 4.0 愿景,逐步开发了物流、安装、制造等解决方案,集中展示一系列新兴技术的应用。这不是实验室,而是真实的工厂环境,多个项目已经在实践中。其工厂内广泛地应用了装配助手,可随意移动,大大提高了装配工艺的灵活性和产线的柔性。装配助手由 AGV 小车改造而来,可将装配台直接送到工人面前,并能通过自动扫描托盘、托箱或成品二维码等为工人提供所需的装配信息(包括操作说明、材料清单等),工人完成装配后,装配助手会自动流转到下一个工序。

另外,Graben-Neudorf 工厂架设了各种助力设备,工人随用、随取、随放,大大减轻了劳动强度,使他们能更轻松、安全地完成产品加工与装配过程。工厂内还应用了亮灯拣选系统,通过电子数字显示牌以及各种指示灯来显示拣选信息,以帮助工人在装配过程中有效地进行物料拣选。生产过程中的检验,每个订单的首检由专门的试验进行,后续的检测过程则在机进行,也会通过辅助检具进行抽检,每小时抽检 3 件,并记录抽检结果,大大提高了产品质量。

为了有效提高产线的柔性,Graben-Neudorf 工厂将传统的自动化产线分解为几段,建立了分布式的智能工厂单元,可根据智能工厂单元的饱负荷量进行灵活排产,即使某条产线出现故障,其他产线也可正常运转。另外,每个单元还配备了一个控制台,通过生产监控系统,可以实时查看与监控生产绩效、生产日程等信息,包括每天计划生产量与实际完成量的对比,客户订单所需工时,以及在岗员工的理论工时和实际完成工时对比等。同时,采用了 U 形装配线,使员工数量可以根据生产节拍灵活调整。

7.3　东莞劲胜智能工厂应用实践

劲胜是 2015 年国家工业和信息化部智能制造首批示范项目的试点企业之一。该公司的"移动终端金属加工智能制造新模式"项目被工信部确定为"移动终端配件智能制造试点示范"项目,也是手机精密组件行业唯一一家试点企业。劲胜作为东莞智能制造的典型代表,公司基于智能制造专项项目的建设经验,继续完善集高端数控机床、国产机器人、自动化设备、国产系统软件等于一体的智能制造产品和服务体系,打造智能工厂系统集成总承包服务和智能工厂整体改造方案的能力。

劲胜在智能制造升级改造过程中获得过辉煌,也经历过挑战,可谓一波三折。现如今,劲胜启动的首个手机金属精密结构件制造车间,实现了自动化流水作业,机械手代替了大量工人,节省数百万费用。自主研发的智能生产远程控制软件系统,可实时监控车间的生产情况,大幅提升产品的一次合格率和生产管理效率。

7.3.1　东莞劲胜公司概况

东莞劲胜精密组件股份有限公司成立于 2003 年 4 月 11 日,于 2010 年 5 月 20 日在深交所创业板挂牌上市,是东莞第一家创业板上市公司。目前公司主营业务包括消费电子产品精密结构件业务、高端装备制造业务、智能制造服务业务三大模块。2011 年,劲胜精密初次尝试用机器替换人,花费 100 万从韩国引进一套自动化生产线,准备在传统制造工厂入手。但设备买回来后发现,物料需要更换,而物料更换后成本显著提高。劲胜精密的技术团队并未放弃智能制造升级改造的步伐,相反,他们以该生产线作为研发项目,开始组建团队从事自动化设备核心技术模块研发工作,并结合企业生产制造工艺的实际。

2014 年,劲胜精密启动建设首个手机金属精密结构件制造车间。2015 年,劲胜精密正式成为国家工业和信息化部智能制造首批示范项目的试点企业之一。同年 8 月,劲胜精密公布募集 15 亿元收购上游数控机床企业创世纪,着力把传统制造工厂转化为智能工厂,逐步从消费电子生产商,向提供设备、系统集成总承包服务和整体智能工厂改造解决方案转变,从生产型制造向服务型制造转变。这些行动恰恰是在国务院发布《中国制造 2025》战略 3 个月之后展开,行动如此之快,说明劲胜精密已经瞄准智能制造领域未来巨大的机遇。

2017 年,劲胜精密国家智能制造试点示范项目通过国家验收。该项目示范车间拥有 10 条高速钻孔机床自动化生产线、180 台华中数控系统的高速钻孔中心、72 台华中数控机器人,还集成了华中数控大数据中心和云服务平台,每一台数控设备和机器人在大数据中心记录了设备工作过程中的实时大数据,成功实现了"四化"和"三国",即装备自动化、工艺数字化、信息集成化、生产柔性化,示范车间全部使用国产制造装备、国产数控系统、国产工业软件。2017 年 6 月,更名为劲胜智能。2018 年 7 月,全国几十家媒体记者报道了东莞劲胜的智能制造车间,劲胜智能制造示范项目成为全国的标杆。

7.3.2　项目目标

针对 3C 制造业基本情况及移动终端产品对智能制造系统的需求,劲胜的项目目标是建立高度自动化的柔性生产模式,推动现有制造业向智能化方向转型。项目预期实现 CNC、机器人及 AGV 的自动化装备,通过设计、管理、制造三方面系统的协同,实现少人化、无人化、智能化生产。采用国产智能设备、国产数控系统、国产工业软件打造一个拥有 200 台 CNC 钻攻中心、81 台工业机器人、自感知、自决策、自执行的国内高端"移动金属加工智能制造新模式"的智能化数字车间,使生产制造过程实现装备自动化、工艺数字化、过程可视化、决策智能化、信息集成化、生产柔性化。

7.3.3　智能工厂规划方案

围绕智能制造强国战略,广东劲胜智能集团有限公司和华中数控联合承担国家首批智能制造试点项目"移动终端金属加工智能制造新模式"。该项目主要面向手机、平板等产品的金属零件加工制造,且现已实施完成,并通过验收,建成了国内首个国产化智能制造示范工厂,可为离散型智能制造领域提供借鉴。华中数控与广东劲胜联合建设的智能工厂技术框架如图 7-11 所示。广东劲胜智能工厂规划方案拟采用国产数控机床、国产机器人、国产工业软件构建自主知识产权的国产化智能工厂。

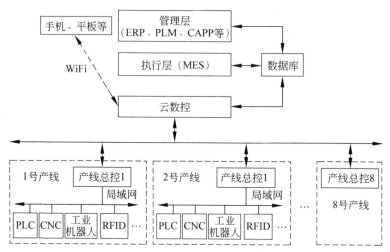

图 7-11　华中数控与广东劲胜联合建设的智能工厂技术框架

该智能工厂规划了十条智能生产线,其中:配置 180 台高速数控加工中心,用于手机复杂金属零件加工;配置 72 台华数机器人,用于配套数控机床自动上下料操作;配置 25 台有轨导航小车、15 台自动导航小车,用于物料自动搬运。将上述设备进行系统集成,基于工业网络技术进行互联,构建基于云数控平台的工厂大数据集成应用,通过核心 MES 软件实现制造执行管控,并提供与上层 PLM 软件连接的交互式接口,提高产品研发、制造的效率。

广东劲胜智能工厂制造执行系统各模块关系图如图 7-12 所示。MES 软件集成了生产订单计划排程,进行生产派工,实现生产调度。通过物料拉动物料管理,结合设备管理、资源管理及数控设备联网(DNC)管理,确保生产顺利实施执行。结合质量管理及质量控制,推进现场管理,并将执行情况反馈至计划排程。各个业务模块间协同作业,实现在 MES 软件控制下的智能化制造执行,并实现与上层级生产运营控制中心(PCT)、数据采集与监视控制系统(SCADA)、企业资源计划以及现场智能化设备集成系统有机集成,最终实现智能协同生产和过程管控一体化,以保证智能工厂的正常运行。

该示范点项目实施完成后将建成基于国产数控装备、国产机器人、国产系统软件的智能车间,并向整个 3C 行业推广应用,主要包括 3C 钻攻中心生产线和云服务展示区两部分。

1. 3C 钻攻中心生产线

3C 生产线作为智能化车间的重要组成部分,通过采用华数 608 系列机器人,实现 4 台钻攻中心之间的上下料工作,加工效果已超过国外知名数控系统水平,加工效率比国外

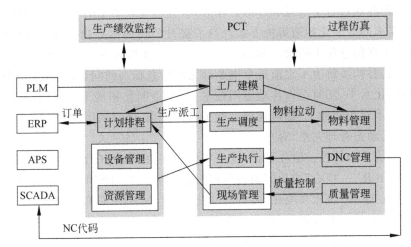

图 7-12　广东劲胜智能工厂制造执行系统各模块关系图

知名数控系统提高了近 20%,实现了国产数控系统在 3C 领域的重大突破,为业界呈现了优质的数控技术、自动化智能工厂技术实践成果和应用解决方案,以智能技术打造智能工厂。

2. 云服务展示区

华中数控"云服务"是利用网络技术将机床系统连在一起,通过大数据、云计算、接口技术和智能应用来实现加工的智能设计、智能计划、智能物流、智能加工、智能检验。新一代云服务平台能体现华中 8 型系统的远程监控和在线诊断功能,展示 8 型系统在数字化车间的应用,是建设数字化、智能化工厂的重要环节。华中数控与东莞劲胜合力打造的3C 智能生产线基于自动化组线集成及智能工厂的概念,将工业 4.0 落地执行,工业 4.0 和中国制造 2025 将中国制造业的转型升级推向高峰,同时也对制造业的水平提出了更高的要求。

7.3.4　建设成效

2015 年申报示范项目时,劲胜仅有 10 台国产数控系统采用智能化,而这一数字在短短一年时间飞跃至 200 多台。现在,劲胜的智能制造车间已经"收获满满",整个车间有10 条线,一楼车间共有 180 台高速钻攻中心(配置华中 8 型高速钻攻中心数控系统),配置了 81 台机器人、10 台 AGV、30 台 RGV、一套自动上下料系统;二楼推广示范区共有 3条线,其中一条教学示范线、一条 mini 型自动化钻攻生产线、一条自动化打磨线。

通过智能制造生产线,良品率从 95% 提升至 98%,产品开发周期从原先的 120 天缩短至 80 天,并且产能提升 15%。在人力成本不断攀升的当下,劲胜的智能制造车间将原来传统车间的 204 人大幅降低至 33 人。通过智能化改造,劲胜在知识产权上的储备也更上一层楼,已产生 7 项软件著作权,申请 2 项发明专利,并形成 6 项行业国家标准。根据计划,劲胜的智能制造车间完成后,每年能够新增 8500 万元的营业收入,为地方政府新增税收 300 万元。

这几年,劲胜通过自主研发和外部合作方式,先后建立了 ERP、PDM、ME 等系统,打造适合自身需求的数字化制造解决方案。为了提升公司的信息化,劲胜专门成立了逾百人的团队,每年在信息化上的投入超过 1000 万元,累计投入占固定资产的 8%。通过信息化的建设,劲胜初步解决了之前每个事业部之间信息孤岛的问题,提高了全公司制造环节的整体协同化水平,同时引入移动应用技术,车间透明化拓展至互联网络。另外,劲胜还通过仿真技术对车间加工、物流规划进行了初步分析,同时利用机器人解决了零部件上下料问题,刀具动态管理完整、合理。

该项目集成华中数控云服务平台,组成完整的移动终端配件智能制造典范工厂,充分体现了"三国、五化、一核心"的智能制造战略思想。所谓"三国"即"国产装备、国产数控、国产软件";"五化"即"机床高端化、装备自动化、工艺数字化、过程可视化、决策智能化";"一核心"即"智能工厂大数据"。该项目实现了高速高精国产钻攻数控设备、数控系统与机器人的协同工作,在业内率先实现了零件装夹环节采用机器人代替人工操作,节省了70%以上的人力,降低了产品不良率,缩短了产品研制周期,提高了设备利用率,提升了车间能源利用率,最终实现了少人化、人机协同化生产。

第 8 章

行业智能制造的探索与实践

智能制造是当前新技术形势下制造业的发展方向,是新时代推动产业经济高质量发展的必然要求,更是推动设备精益化管理与信息化"两化融合"的核心目标。烟草行业也紧跟时代步伐,在 2000 年前后就成为"两化融合"的积极探索者,烟草行业是国有企业的重要组成部分,投入大量资源努力打造数字化、智能化、精益化的智能工厂。本章将围绕烟草行业智能制造建设思路,从工业互联网平台建设实践、智能仓储物流系统的设计与应用、APS 高级排产系统的设计与应用、全过程质量一体化集成系统设计与应用、制造过程工艺控制的数据分析与应用 5 方面展开论述。

8.1 卷烟制造工业互联网平台建设实践

面对新一轮科技革命和产业变革,烟草行业迫切需要进行供给侧结构性改革,加快对市场的快速柔性响应,有效响应消费者显著增加的碎片化、个性化需求;卷烟生产企业迫切需要解决个性化需求与规模化生产之间的矛盾,在机械化、自动化以及初步数字化、网络化基础上,快速提升协同制造、敏捷生产、供应链整合能力,探索个性化生产、网络化协同等卷烟制造与互联网融合新模式。

8.1.1 项目背景

近几年,国家相继出台《中国制造 2025》《国务院关于深化制造业与互联网融合发展的指导意见》《深化"互联网+先进制造业"发展工业互联网的指导意见》等文件,大力推动新一代信息技术与传统制造业深度融合,加快制造强国和网络强国建设。十九大报告也明确提出了"加快建设制造强国,加快发展先进制造业,推动互联网、大数据、人工智能和实体经济深度融合"的要求。

按照十九大精神和国家政策要求,国家烟草专卖局下发了《关于开展烟草行业制造业与互联网融合试点工作的通知》,明确提出探索烟草行业卷烟智能制造新模式、形成烟草行业工业互联网平台、制订烟草行业卷烟智能制造系列标准,推进烟草智能制造,促进卷烟制造企业转型升级的总体要求。

为贯彻国家政策、破解企业难题、促进企业转型升级,福建中烟工业有限责任公司(以下简称福建中烟)下属龙岩烟草工业有限责任公司(以下简称龙烟公司)、厦门烟草工业有限责任公司(以下简称厦烟公司)。以烟草行业卷烟智能工厂试点建设为切入点,推进卷烟生产制造与互联网融合创新,坚持立足实际、问题导向,开展卷烟制造工业互联网平台建设,推进卷烟工厂的生产设备网络化、生产数据可视化、生产过程透明化、生产决策智能化,努力提升企业智能制造水平,形成烟草企业创新发展新优势。

8.1.2　项目目标

通过"建立两个平台、实现五个仿真、推动二级创新",积累平台实施、管理和应用的经验,逐步形成公共服务组件,为探索智能制造新模式,建设安全稳定、可众创的中烟工业互联网平台,形成数字工厂的解决方案。

8.1.2.1　建立两个平台

构建福建中烟基础制造云平台:包括专有云平台、大数据、移动应用管理及安全保障体系。福建中烟基础制造云平台建设将为企业下一步信息化建设提供基于云的计算、存储、网络和数据分析、加工等基础能力,支撑企业智能制造转型升级。本项目云平台作为福建中烟业务云的一个组成部分。

构建福建中烟工业互联网平台:通过构建CPS系统平台、工业物联网平台、生产制造仿真服务平台,汇集数采、建模、仿真等功能,提供数字工厂的规范、规则、标准、方法,形成工业互联网平台的数据采集能力、数据建模能力、虚拟仿真能力、组件管理能力和软件分发能力,形成开放共享的工业互联网平台。

8.1.2.2　实现五个仿真

基于生产制造仿真服务平台,在生产制造过程中进行生产前虚拟仿真、生产中实时仿真、生产后回溯仿真、产品制造生命周期仿真、设备运行生命周期仿真,并将仿真结果作用于物理空间现场,初步实现事前准备到位、事中监视到位,为今后事中管控到位、事后优化到位提供支撑。

8.1.2.3　推动二级创新

一是推动企业智能制造的创新。面向卷烟生产制造过程、产品制造生命周期、设备运行生命周期仿真,形成虚拟化数字工厂,实现生产前虚拟仿真、生产中实时仿真、生产后回溯仿真,推动排产、卷烟产品追溯、数字制造等创新应用;二是推动基于工业互联网平台的创新应用。面向全公司,通过生产数据的实时汇集、指标的实时计算、过程的实时监测,开展数据分析、预警督办,使企业生产运营更具动态性、敏捷性,降低运营成本,提升整体竞争力。

8.1.3　建设原则

建设原则主要包括平台建设原则和项目建设标准。

8.1.3.1　平台建设原则

（1）实用性：方案选择和功能设置应追求实用性，切合企业的实际，技术上要有一定高度，手段强调实用，操作直观简便，便于维护。同时，满足行业规范，符合企业具体的业务模式和管理模式，符合经济实用的原则。

（2）先进性：系统充分体现先进的管理思想和理念，采用先进、成熟且可持续发展的技术方法，并与企业的实际和未来发展方向相结合。

（3）前瞻性和整体性：充分考虑行业信息化的发展趋势和方向，结合企业的实际，对系统的整体架构进行具有前瞻性和整体性的设计。

（4）集成性：系统应符合信息集成和信息共享的原则，具有开放、灵活、符合主流标准的集成架构。

（5）扩展性：使用广泛、先进、成熟的标准和协议，系统具有良好的开放性、扩展性、可移植性和升级前景，系统结构模块化，功能模块可平滑扩充，为可能的增值服务留有空间。支持各种硬件平台、操作系统和数据库管理系统。

（6）经济性：系统总体上具有良好的性价比，适用于企业现有的网络条件，在保证系统能够安全、可靠运行的前提下，充分考虑与现有业务系统的兼容性，最大限度地降低系统造价，充分利用现有资源，保护原有投资。

（7）可管理性和可维护性：提供的系统具有简单、直观、方便的维护和管理手段，减少维护和管理环节，使系统具有良好的可管理性和可维护性。

（8）安全性：保证数据的安全以及交换数据的安全和一致性，采用切实有效的手段保障系统和数据的安全性。

（9）稳定性和可靠性：系统具备必要的冗余备份设计，以保障运行稳定、可靠。保证应用及企业移动管理系统的高可用性，实现集群功能。

（10）可重构性：系统具备可重构性，保证系统在需要重构时，能够顺利实现。

8.1.3.2　项目建设标准

工业互联网平台设计开发与建设，遵循由工业和信息化部、国家标准化管理委员会指导编写的《信息物理系统白皮书》与《工业互联网平台白皮书》，以及中国电子技术标准化研究院编写的《工业互联网平台标准化白皮书（2018）》及软件工程规定的规范和标准。

导入国际先进的管理思想，借鉴国内外成功经验；采用先进软件平台与技术，选用成熟主流产品；符合国际国内行业标准，顺应未来发展潮流；兼顾现实与未来，合理规划，确保企业投资效益最大化；系统稳定、界面友好、操作简单、维护方便、功能强大、结构合理、扩展容易；系统设计依据国家 CIMS 工程设计规范。

8.1.4　技术方案

技术方案主要包括总体架构、技术架构、功能架构、数据架构 4 方面。

8.1.4.1 总体架构

工业互联网平台依托互联网以及面向服务的理念进行构建,通过当前先进的信息化手段打造制造新模式。工业互联网是先进的信息技术、制造技术以及新兴云计算、物联网等技术交汇融合的产物,是面向服务制造理念的具体实现。工业互联网平台从下至上由设备层、边缘计算层、雾计算层、云计算层以及客户端共 5 层构成。总体架构如图 8-1所示。

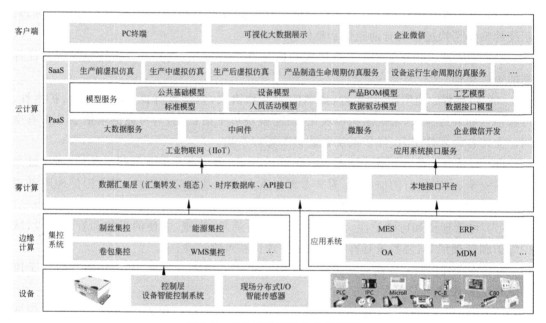

图 8-1 工业互联网平台总体架构

(1)设备层:整个架构的物理实体部分,构成 CPS 数字孪生所描述的物理世界,运行在整个体系的最底层。工业互联网平台设备层可通过机器宝从卷烟工厂集控系统中采集平台应用需要的原始物理实体数据。

(2)边缘计算层:处于物理实体和工业连接之间,提供最近端服务,是设备到云端之间的过渡与补充,可减缓系统带来的分析、传输以及存储压力。

(3)雾计算层:雾计算层包括接口汇聚以及应用接口数据收集能力,能实现数据的高频交互、实时传输,网络延迟时间极低。完成数据的本地存储、计算分析及转发,是设备到云之间的桥梁。

(4)云计算层:云计算是工业互联网平台核心能力层,提供企业生产管理所需要的应用和服务。云计算层包含 PaaS 和 SaaS 两部分,其中 PaaS 服务包括 IIoT 工业物联网平台、数据建模平台、应用服务接口、大数据服务、中间件、微服务平台、企业微信开发平台等;SaaS 服务包括生产前仿真服务、生产中仿真服务、生产后仿真服务、设备运行生命周期以及产品制造生命周期。

(5)客户端:客户端支持 PC、可视化大屏以及企业微信等终端移动解决方案。

8.1.4.2　技术架构

工业互联网平台在架构设计上需充分考虑到福建中烟与工厂各自的定位,还需考虑整个平台的业务连续性、良好扩展性,以及数据上传的时序性和存储的高效性,以便更好地加快福建中烟与工厂的一体化信息系统建设,更快地适应不断发展的智能化生产要求。整体技术架构如图 8-2 所示。

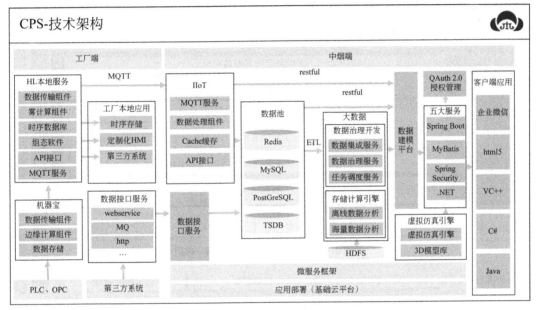

图 8-2　工业互联网平台技术架构

工厂通过建设本地汇聚服务,实现数据的汇聚及转发。本地汇聚服务可实现 MQTT数据收集服务、API 接口开放服务、本地定制化组态服务、工厂及时序数据库存储服务、基于脚本提交的计算服务,以及数据高可用转发服务。本地服务通过 MQTT 将数据转发至 IIoT 工业物联网平台,实现数据的汇聚工作。

福建中烟本地工业互联网应用构建在基础云平台之上,结合微服务框架、系统授权认证框架以及虚拟仿真引擎进行构建。通过 IIoT 工业物联网和数据接口服务实现与工厂数据的互联互通,实现工厂 IT 和 OT 的融合,可完成数据的接收、处理和缓存工作,所有业务数据以及基础数据可将数据存储至数据池,数据池由多类开源数据库构建完成,包括 Redis 内存数据库、MySQL、PostgreSQL 关系数据库和 TSDB 时序数据库。

数据建模平台提供数据建模功能,与 IIoT 工业物联网平台、数据池,大数据套件的数据映射以及模型关联工作,实现数据驱动模型。五大仿真应用通过模型映射,实现模型驱动业务。同时五大仿真应用平台技术采用当前主流的 Spring Boot、MyBatis、Spring Security 框架、.NET 框架完成软件平台构建。

8.1.4.3 功能架构

工业互联网平台功能架构以边缘层设备接入及数据处理为基础,立足于 IaaS 层大数据分析、云平台、移动应用、云安全管理四个基础平台,通过 PaaS 层物联网平台、CPS 平台、虚拟仿真服务平台手段构建 SaaS 开放服务体系,如图 8-3 所示。

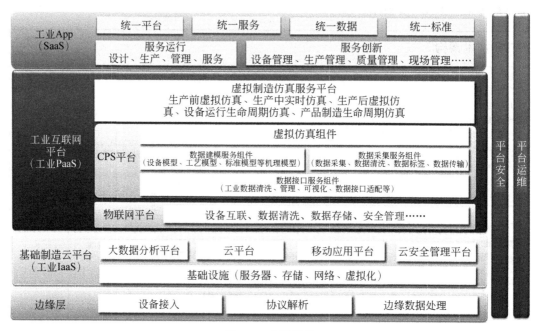

图 8-3　功能架构

8.1.4.4 数据架构

在工业互联网平台数据架构中,核心的模块为数据建模平台。数据建模平台是一个高层的数据、业务算法分析模型抽象,在数据建模平台之上可以进行数据建模以及模型关系操作。所有数据从工厂采集,通过数据建模平台与上层系统进行解耦,实现了数据驱动模型、模型驱动应用的过程。其次为 IIoT 工业物联网平台,通过该平台可连接设备,实现设备与信息系统的集成,IIoT 是实现工业互联网平台的基础保障。整个数据架构整体分为业务数据、大数据、实时数据以及接口数据,如图 8-4 所示。

(1)业务数据:业务数据集中在福建中烟层完成,通过各类业务数据中间件将业务数据存储至数据建模平台中,同时部分业务数据收集可通过 ETL 抽取至大数据平台内部,实现大数据分析预测。

(2)大数据:大数据来源多元化,总体可分为两大来源,即通过 ETL 抽取本地业务数据和通过 ETL 抽取本地时序数据库。

(3)实时数据:实时数据分为工厂级实时数据和福建中烟级实时数据。工厂级实时数据将机器宝数据汇总,然后通过存储转发方式将数据发送至福建中烟云端物联网平台

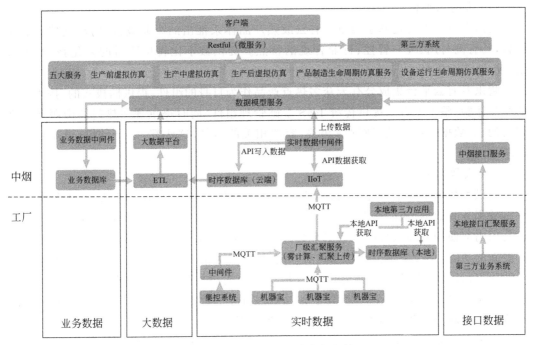

图 8-4　工业互联网平台数据架构

中,福建中烟物联网平台可将数据存储至时序数据库,支持基于时间轴的数据查询。不仅如此,工厂级实时数据提供了存取实时并且应用实时数据的 WebSocket、RESTful 接口,供工厂本地应用调取。

(4)接口数据:接口数据提供了业务系统授权标准,是一个轻量级的 ESB 总线,能够提供标准数据接口,方便将第三方数据接入至工业互联网平台。

8.1.5　建设内容

建设内容将围绕基础制造云平台、工业互联网平台两个平台,五个仿真和二级创新展开说明。

8.1.5.1　平台建设

1. 基础制造云平台

在基础制造云平台硬件设施方面,开展安装环境调研,完成 59 台服务器的上架和操作系统的安装调试工作,完成网络系统配套改造的网络设备到货验收、安装配置,为基础制造云平台的安装部署提供基础支撑。在基础制造云平台方面,已完成云平台的安装部署,上线投入运行,完成计算存储、云管平台、时序数据库、微服务框架、消息服务器、大数据平台、企业微信等产品组件的安装部署,为工业互联网平台运行提供基础支撑环境。

基础制造云平台的功能包括专有云平台、大数据平台、移动服务组件。

285

（1）专有云平台。

腾讯专有云平台是基于腾讯公有云成熟产品体系推出的企业级云平台，支持私有化部署，具有高可用、统一管控、行业合规的特点。提供数字化转型所需的云化技术、大数据、AI 等全面能力。

腾讯专有云平台集成公有云众多热点产品作为自身的组件，提供插拔式的、按需定制的产品体验，整个专有云提供传统 IaaS 基础管理组件，同时提供现在热门的微服务框架相关的、大数据处理相关、数据库相关、容器相关的组件，这些都可以根据自身需要进行增减。

（2）大数据平台。

腾讯大数据系统采用先进的、高性能高可用的架构体系，如图 8-5 所示，不但能够支撑海量服务和数据，还能够做到在较长的生命周期内有持续的可维护性和可扩展性。腾讯公司内部使用时间最长的大数据系统已经在现网服务超过六年，期间通过不断优化和扩展新的功能，系统可维护性越来越高。同时，腾讯大数据系统拥有业界领先的超高可扩展性，平台各类资源能够做到完全平行扩展。功能组件层面，无论是存储系统 HDFS、HBase，还是 Kafka 消息管道，抑或是 Spark、Storm 等数据处理框架，一旦出现资源不足，都能够通过新分配节点实现快速平行扩展；服务器层面，一旦服务器出现资源不足，腾讯大数据平台也能够在保证服务不中断或者短时间中断的前提下，实现平行扩容。

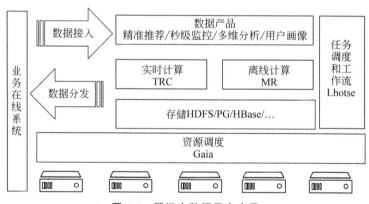

图 8-5　腾讯大数据平台应用

系统架构层面，腾讯大数据系统最高支持底层 20000 台机器的集群资源调度协调；存储性能方面，腾讯大数据系统可支持最高 200PB 超大海量数据的存储；数据处理方面，每天离线处理超过 15PB 数据量，实现万亿条数据级别的数据接入；每天实时处理 PB 级别的数据量，万亿条数级别的实时计算任务。

除了系统技术架构层面的业内领先性，腾讯大数据系统还提供了项目级别、用户组级别、用户级别以及功能组件级别的多人多任务并行处理计算功能，解决多用户同时操作使用系统的需求，也能够实现多项目和多任务高并发处理。通过腾讯大数据平台，用户可以同时互不干扰地处理多个任务，不同项目和不同任务之间从资源层面完全隔离，互不干扰。

腾讯大数据系统对不同用户和用户组做了权限管理和资源隔离，如图 8-6 所示，对不同项目以及不同任务也做了资源隔离。不同任务隶属于不同的项目,每个用户可以对一个或多个项目拥有管理员、开发者、运维者角色,不同角色又拥有不同的操作权限。每个项目有自己独立的资源空间,不同项目内的任务之间是可以完全并行运行的,互不干扰。同一个项目内部的不同任务,在各类资源充足的条件下,也可以完全并行处理,互不干扰。图 8-6 展示了项目资源隔离和管理信息。

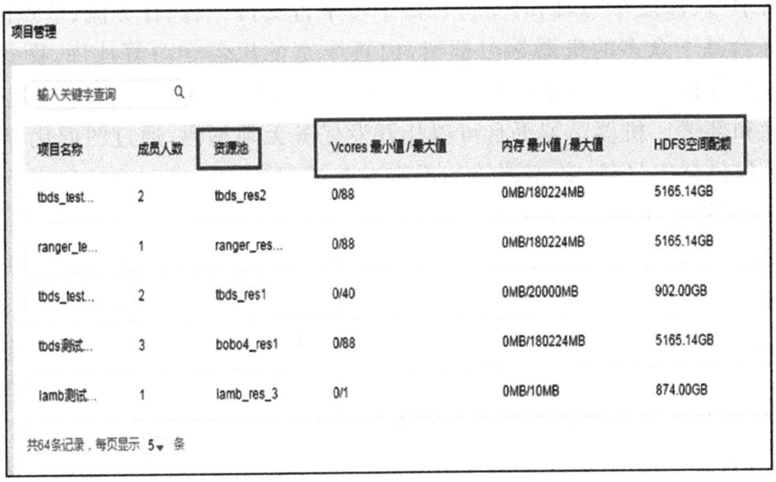

项目名称	成员人数	资源池	Vcores 最小值 / 最大值	内存 最小值/最大值	HDFS空间配额
tbds_test...	2	tbds_res2	0/88	0MB/180224MB	5165.14GB
ranger_te...	1	ranger_res...	0/88	0MB/180224MB	5165.14GB
tbds_test...	2	tbds_res1	0/40	0MB/20000MB	902.00GB
tbds测试...	3	bobo4_res1	0/88	0MB/180224MB	5165.14GB
lamb测试...	1	lamb_res_3	0/1	0MB/10MB	874.00GB

共64条记录,每页显示 5 条

图 8-6　项目资源隔离和管理信息

腾讯大数据系统采用高可用、高稳定、高可靠的任务调度机制,支持高并发执行任务,并发度可支持到万级别。由 16 台服务器搭建的测试系统支持 3000 件并发任务的案例,如图 8-7 所示。

任务ID	任务名称	所属工作流	任务类型	周期	数据时间	状态
0ff9fe7e-55d2-45b2-a1a7-894347f9a9f2	zjdc04_计算结果导出到mysql_不分区		离线导出	分钟	2016-08-08 00:00:00	成功
25c5d8aa-e8cb-47ca-9dd5-1a15491ee94c	zjdc04_result_order_exp		离线导出	分钟	2016-08-08 00:00:00	等待下发
781cb6e6-e58a-4331-8ee9-f8d009337c45	将存储在hdfs的运算结果导出到mysql_hive表有分区		离线导出	分钟	2016-08-08 00:00:00	成功
1a6c5957-0f0d-4f83-b7fc-c83cf3bfc2e3	分钟进度存储在hdfs的计算结果导出到mysql		离线导出	分钟	2016-08-08 00:00:00	成功
7e0e6ea8-6537-4776-b44d-8fdb7933ea13	zjdc04_存储hdfs结果导出mysql_hive_表分区		离线导出	分钟	2016-08-08 00:00:00	等待下发
8bf5e023-750a-4edf-ae10-faffe370c438	hdfs_join_result_imp_mysql		离线导出	分钟	2016-08-08 00:00:00	成功
6976b994-6bb9-4089-bcfe-96cc0bc74bc6	zjdc04_sql_run		SQL	分钟	2016-08-08 00:00:00	成功
cd6e49c6-fa37-496d-8b5b-057f59fb1b42	zjdc04_run_sql_calculate		SQL	分钟	2016-08-08 00:00:00	成功
3d0090dd-7bd9-4486-9de0-fbd05f49d8f0	zjdc04_run_sql_partition_calculate		SQL	分钟	2016-08-08 00:00:00	成功
7c313dbc-ebf1-41c8-ab31-1cbc9f4205d8	分钟进度hdfs导入到hive表_new		SQL	分钟	2016-08-08 00:00:00	成功

共3721条记录,每页显示 10 条

图 8-7　并发任务案例

腾讯大数据平台提供的机器学习 Tesla 平台参考借鉴了目前主流的机器学习服务，包括 Azure、BigML、Amazon Machine Learning 等，吸收其产品理念和界面精髓，支持各种主流的开源机器学习框架，包括 Spark、Python、R、XGBoost，具备数据挖掘和机器学习的功能，能对数据进行深入挖掘；支持交互式机器学习，可以用图形化拖拽方式进行模型建设、训练和预测；支持 R、Python 等一种以上语言进行数据挖掘和建模；支持交互式探索分析、机器学习、深度学习，同时支持机器学习平台支持工程、任务流、节点配置等功能。

Tesla 平台基于众多的机器学习框架，内置丰富的机器学习算法库、图算法库、深度学习库，可以提升模型工程师生产力，让模型工程师无须关心底层细节，快速地完成模型的开发、调优和部署。机器学习平台可以让开发任务无须编码，通过图形化界面拖拽式进行模型搭建，提供样本训练、数据评估和预测以及模型算法输出。

（3）移动服务组件。

基础制造云平台还将提供移动应用管理平台，为福建中烟智能制造应用提供移动展现平台，同时也为福建中烟其他的企业应用提供移动的展现场所。因此，我们推荐的移动服务组件技术平台将采用腾讯云提供的基于微信的同架构的企业微信平台和周边配套工具实现。

企业微信及其工具是腾讯微信团队为企业打造的专业移动应用、办公管理工具。企业微信具有与微信一致的沟通体验、丰富免费的 OA 应用，并与微信消息、小程序、微信支付等互通，助力企业高效办公和管理，为企业的各种移动应用提供展现、管理、运行的场所。移动应用管理平台的业务功能架构如图 8-8 所示。

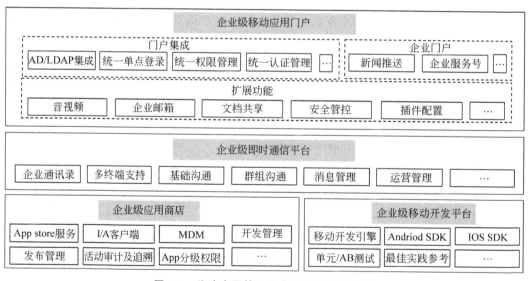

图 8-8　移动应用管理平台的业务功能架构

① 企业级移动应用门户。支持安卓、苹果等主流操作系统，作为福建中烟移动应用的统一入口；移动应用门户的账号权限体系与企业原有账号权限体系集成，统一单点登录、统一权限管理、统一认证管理，并与应用商店对接，实现设备端应用的全生命周期管理。同时提供相关的扩展功能，比如提供企业邮箱服务，支持标准邮件协议 IMAP、

POP3、SMTP 等的对接,支持邮件的收取、发送、回复、转发、抄送等功能。

② 企业级即时通信平台。支持 PC 和安卓、苹果等主流操作系统,支持多终端消息同步,支持同一个账号同时在多台设备上登录。

③ 企业级应用商店。集中管理安卓、苹果等主流操作系统的行业移动应用,实现移动应用的全生命周期管理。

④ 企业级移动开发平台。提供支持安卓、苹果系统的移动应用开发 SDK,统一封装的登录确权、消息推送、即时通信、安全管控等服务的接口,实现基础功能的统一管理。

主机安全是 IaaS 服务的核心内容,基于海量威胁数据,利用机器学习为用户提供黑客入侵检测和漏洞风险预警等安全防护服务,主要包括密码破解拦截、异常登录提醒、木马文件查杀、高危漏洞检测等安全功能,解决当前服务器面临的主要网络安全风险,帮助企业构建服务器安全防护体系,防止数据泄露。

应用安全保障支撑软件具备针对基础制造云上发布的工业互联应用自动形成安全基线分析策略,将云端流量、异常业务行为、安全漏洞和基线变动作为审计要点,通过应用安全保障支撑软件实现制造云平台之上未来工控互联应用的安全管理,能够在统一的支撑平台上开展工控应用的安全监控预警防护工作。

2. 工业互联网平台

在工业互联网平台方面,完成了工业互联网平台中数据建模平台、数据接口组件、数据采集平台、工业物联网平台、汇聚层、微服务管理平台等组件的安装部署工作,为五大仿真服务的部署提供平台支撑。目前已完成生产前仿真服务、生产中仿真服务、生产后仿真服务、设备运行全生命周期仿真服务、产品全生命周期仿真服务的开发、部署、上线试运行。

工业互联网平台功能包含如下。

（1）数据建模平台。

数据建模组件是将卷烟工厂的物理设备、生产工艺、流程逻辑等要素进行数据建模,定义生产过程需遵守的标准,形成数据模型集。基于 CPS 技术,面向制丝、卷包、成型等环节的人员、设备、物料、法则、环境等要素,围绕工厂、车间、生产线、生产设备以及产品构建多时空尺度的物理模型和数字模型。为实现企业的虚拟仿真运行和企业数字化转型提供技术支撑。数据建模组件主要包括人员模型集、生产模型集、工艺模型集、设备模型集、物料模型集、数据驱动模型集、数字孪生模型集、虚拟仿真模型集等。

通过数据建模将卷烟厂制丝、卷包、成型、物流等车间的物理设备、生产工艺、经验、知识及方法,进行模型化、标准化、软件化、复用化,形成可重复使用的工艺模型集、数据驱动模型集等,定义生产过程需遵守的标准;将这些服务封装为可复用和灵活调用的组件,发布至烟草工业互联网平台。

形成的数据模型集发布在烟草工业互联网平台上之后,福建中烟下属卷烟工厂可从工业互联网平台获取数据建模服务,使卷烟厂具备虚实联动、模型驱动生产的能力,为虚拟与现实融合打下基础。同时数据建模服务能对外提供标准的数据接口,以供其他 App 调用,服务需获取调用者信息,将数据反馈至卷烟工厂烟草工业互联网平台中进行数据分析。基于烟草工业互联网平台,调用数据建模提供的数据接口,可利用其所属业务领域的知识经验、创新微服务应用,从而形成多方参与、协同演进的烟草制造生态环境,如图 8-9 所示。

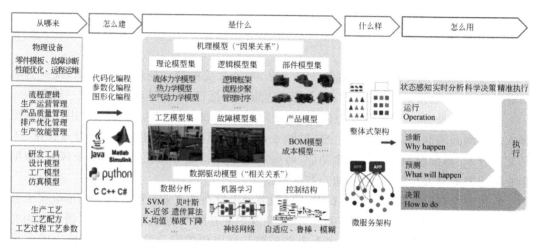

图 8-9　数据建模思路

将卷烟厂的物理设备、生产工艺、流程逻辑和研发工具等,进行规则化、模块化,构建可移植、可复用的物理设备、生产工艺、人员活动、人员活动、数据分析以及产品物流等数字模型,为卷烟厂面向状态感知、优化管理、工艺流程优化、生产制造协同、科学决策、精准执行、资源共享配置等需求服务,平台应用层的烟草工业 App 可以快速、灵活地调用数字化模型中各类模型组件,实现烟草工业 App 快速开发部署和应用。

通过与数据采集服务对接,把海量数据汇入数字化模型中,结合模型集中的各种模型去分析处理,进行反复迭代、学习、分析、计算之后将结果返回调用者,实现数据—信息—知识—决策的迭代,最终把正确的数据、以正确的方式、在正确的时间传递给正确的人和机器,实现生产过程中自诊断、自决策与自适应,提高了优化制造资源配置效率。

数据采集服务采集的实时数据,以及集成的外部应用系统业务数据,一并存储于大数据中心,数据建模服务基于大数据分析服务,构建物理设备、生产工艺、流程逻辑等,使卷烟厂具备虚实联动的能力,并通过微服务中心对外提供标准数据接口供其他 App 调用。

(2) 数据接口组件。

基于 CPS 软件平台,设计并开发符合数字工厂系统技术要求的数据接口组件,形成与生产管理各业务信息系统配套的接口规范,按照工业互联网平台的数据接口标准进行集成,支持福建中烟及龙烟公司、厦烟公司 ERP、MES、主数据系统、制丝集控、能源集控、物流集控等信息系统与工业互联网平台的数据对接。

数据接口服务是在生产制造仿真服务平台的基础上,采用先进、成熟的数据接口标准技术,集成开发符合工业互联网平台的标准接口,构建可复用的数据接口服务。

数据接口服务是在工业互联网平台的基础上,汇集数采、建模、仿真等功能,提供构建数字工厂通用的规范、规则、方法,并形成工业互联网平台的数据接口标准。

（3）数据采集平台。

数据采集服务组件通过采集设备——数据采集组件，实现对卷烟制造设备的数据采集和信息系统的数据采集，按照统一的数据标准实现企业人、机、料、法、环等数据在工业互联网平台上的汇集、分类与共享。在制丝、卷接、包装、成型设备数据采集方面，平台内置标准接口和通信协议，实现数据的采集与传输功能。在信息系统数据采集方面采用标准接口，实现与企业信息系统数据对接。提供的服务包括数据采集软件管理、数据字典表管理、数据编码管理、数据点配置管理、时序数据查询、存量数据导入和标准接口管理。

数据采集服务是烟草企业建立烟草工业互联网平台的基础，是实现制造全生命周期异构数据在云端汇聚的关键，数据采集服务主要基于华龙讯达自主研发的物联网平台，采用工业标准的软硬件技术标准和先进成熟的技术手段，从设备自动化层实时采集设备的所有数据（产量、剔除、设备故障、消耗等），通过对生产、剔除、消耗、故障、质量等数据的分析，寻求改进生产过程、提高生产工艺水平的途径，如图 8-10 所示。

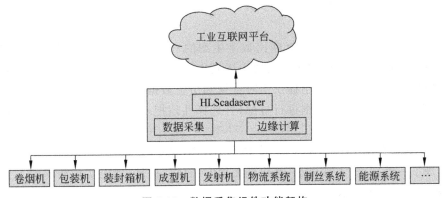

图 8-10　数据采集组件功能架构

数据采集服务处理利用先进的数据采集技术，通过设备底层控制进行数据采集，将采集的毛坯数据通过边缘计算处理，使边缘数据经过数据清洗、数据分类、数据编码、数据标准形成数据标签，数据本地存储将数据标签的数据进行压缩存储；数据在本地储存的同时，数据会通过 4G 网络或者厂级网络利用 MQTT 等协议将数据发送至烟草工业互联网平台。

（4）工业物联网平台。

在福建中烟下属的龙岩、厦门两家工厂的自动化、信息化、可视化建设过程中，构建了一个自下而上的四层系统软件管控体系。第一层是由传感器、控制终端、组态软件、工业网络等构成的分布式控制系统（DCS），主要管控物流自动化系统设备、在线质检设备、离线质检设备；第二层是涵盖制丝、卷包、成型车间制丝设备、卷包设备、成型设备、发射设备和封箱设备的生产集控系统（PLC）；第三层是采用接口标准支持龙烟公司、厦烟公司生产管理全流程的业务管理系统，包含制丝集控系统、生产制造执行系统、主数据管理系统、动力能源管理系统等；第四层面向福建中烟和外部系统，包含一号工程、MES 系统。

随着生产过程向深入化方向和精细化方向管理的推进，现有的四层系统存在如下痛点：一是各层系统在分散的平台上进行构建，不利于上下游贯通；二是各层次系统数据交换基于离散接口展开,不利于数据集中化和实时化管控;三是系统来源于不同的厂商,数据接口时间成本和管理成本阻碍龙岩烟厂、厦门烟厂整体信息管理管控平台的建设。分散化、弱平台化的四层信息系统成为卷烟企业精细化、价值化、高效化管理的瓶颈。

基于龙烟公司、厦烟公司工业化、自动化、信息化建设和使用现状。华龙讯达(MX IIoT)工业物联网平台为龙烟公司、厦烟公司打造智能互联产品解决方案 CPS 生态平台。MX IIoT 工业物联网平台提供 IoT 连接软件和设备进行连接、交互,将机器和传感器数据传送到云上;提供设备和数据管理层来管理设备并安全地处理和收集机器、传感器数据;提供一个平台和工具供企业快速地构建 IoT 应用。

MX IIoT 工业物联网平台是专为构建和部署可同客户业务流程完全集成的互联应用全新设计的可扩展平台,能承受超过一百万台智能设备每天连接到该平台。经过大量验证的成熟平台使用最先进的技术创建,在设计的过程中,融进了华龙讯达数十年数据采集相关领域的经验。这些经验涵盖了所有智能互联产品应用程序相关的关键领域:连接性、用户体验、扩展性和同其他系统集成。

(5)汇聚层。

数据汇聚平台是 CPS 工业互联网数字生态的一部分,它实现工厂级设备端数据采集,并进行预处理和存储,根据实际需要上送到木星云服务器作为本地应用数据源,可通过数据接口 API,向第三方应用提供实时数据和历史数据,实现多种厂级应用,汇聚层可对厂级数据进行缓存,并对数据进行过滤,有选择性地把有用数据上送到木星云服务器,降低木星云服务器的压力。

数据汇聚平台基于 B/S 架构,支持 PC 端 WEB 浏览、手机端 WEB 浏览、手机端 App 应用,实现了一处部署、多端显示,客户端无须安装任何插件,就可实现精美的 UI 界面和数据展示,如图 8-11 所示。

图 8-11　数据汇聚平台

(6)微服务管理平台。

卷烟厂面临统一的、集中式的服务管理机制、数据量大、服务之间高耦合低内聚等带来的问题,基于工业互联网平台的微服务架构将单体系统拆分为一组小的服务,服务之间互相协调、互相配合,每个服务能独立运行,微服务之间是松耦合,微服务内部是高内聚的,易于服务的扩展。数据管理采用分散存储与业务数据自治,倡导多样性持久化,采用不同的存储机制。微服务架构提供独立开发、独立测试、独立部署、独立扩展,提供涵盖服务注册、发现、通信、调用的管理。

8.1.5.2　五大仿真建设

通过实体车间与虚拟车间的双向真实映射与实时交互,实现实体车间、虚拟车间的全要素、全流程、全业务数据的集成和融合。在数据模型的驱动下,实现车间生产要素管理、生产活动计划、生产过程控制等在实体车间、虚拟车间的镜像运行,从而在满足特定目标和约束的前提下达到车间生产和管控最优。虚拟制造服务组件主要包括以下 5 部分。

(1)生产前虚拟仿真:根据订单预演生产,对从原辅料的出入库到成品卷烟产出的制造全过程进行模拟仿真,优化人员、设备、物料、计划等资源的配置,构建一套完整的虚实映射生产数据模型,根据预演结果向各环节下达批次生产工单,组织实际生产,进行生产预演,提升资源配置能力。

(2)生产中实时仿真:在生产过程中,加强对生产调度、工艺质量监控、设备运转、能源供应等方面全方位感知,将实际运行数据与预定义生产数据进行对比,从全要素、全流程、全业务角度对生产过程进行在线诊断,并以实时调控指令的形式作用于实际生产过程,对生产过程进行优化控制。如此反复迭代,直至实现生产过程最优,进行监控诊断,提升制造管控能力。

(3)生产后回溯仿真:基于实际生产过程中所采集的数据,通过生产模型进行回溯仿真,并与生产前仿真预演的结果进行指标比对,对生产各环节进行差异评估,寻求改进方法,优化生产模型,进行评估优化,提升制造创新能力。

(4)产品制造生命周期仿真:实现产品在其生命周期内从投料到成品产出的整个生产过程,通过制造数据的分类收集与数据标识,实现以生产计划为主线,按生产批次、产品牌号、产品路线记录整个生产过程相关信息,最终形成产品跟踪及谱系记录,可以进行正向跟踪及反向追溯。为用户进行生产现场全景还原,追踪历史生产、质量等信息提供数据支持。

(5)设备运行生命周期仿真:设备运行生命周期仿真服务是在生产制造仿真服务平台的基础上,构建可复用的设备运行生命周期仿真服务。基于设备图纸展示设备 BOM 信息,结合设备历史数据和实时数据,实现设备监视和报警,为设备生产过程分析、设备效率分析提供支撑,如图 8-12 所示。

1. 生产前虚拟仿真

以生产制造仿真服务平台为基础,根据企业生产订单、交货期、生产工艺、原材料供应、安全库存、设备产能、物料清单、工作日历等仿真要素,对人员活动、设备计划、物料供应能力、工艺流程走向等进行仿真测算,输出预生产结果。支持企业根据自身业务需求不断迭代优化符合企业生产实际的产前仿真模型。本项目实现卷包车间的生产前仿真功能,并为将来在卷烟工厂全流程实现仿真功能积累经验。

实现从本地部署向烟草工业互联网平台部署的延展,中烟下属公司可从烟草工业互

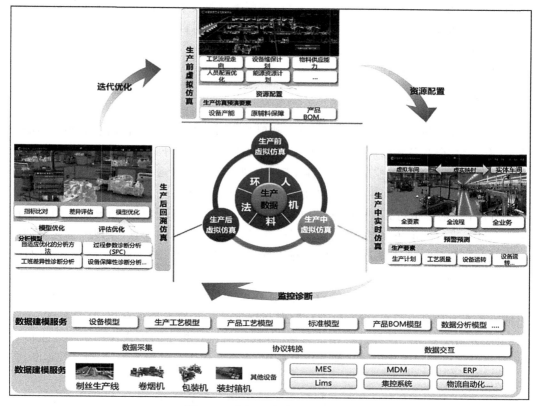

图 8-12　虚拟制造服务总体设计

联网平台获取虚拟制造服务,通过卷烟厂卷包实体车间与卷包虚拟车间的双向真实映射与实时交互,实现卷包实体车间、卷包虚拟车间的生产要素、生产流程、生产数据的集成和融合,并形成相应的服务。同时工厂可调用该服务实现卷包车间生产要素管理、生产活动计划、生产过程控制等在卷包实体车间、卷包虚拟车间的镜像运行。

以优化目标为导向,通过资源调整和虚拟仿真优化,根据生产订单、原辅料保障、工艺质量标准、能源动力、人员安排、设备产能、产品 BOM 清单、工作日历等仿真要素,对人员活动、设备计划、物料供应能力、工艺流程走向、生产运行进行仿真,输出预生产实施方案,解决交货、产能、库存等仿真要素之间的矛盾,通过生产前虚拟仿真,优化工艺流程走向、设备维保计划、物料供应能力、排产计划优化、人员配置优化、能源资源计划等,提升资源配置能力。

主要从仿真要素、仿真测算、仿真结果 3 方面实施生产前虚拟制造,如图 8-13 所示。

（1）仿真要素。

仿真要素包括以下 7 方面。

① 工作日历:工作日历是仿真前的基本要素,是验证生产计划能否有序生产的必要条件。

② 人员模型:将卷烟工业的产品质量、设备维修等、操作工人以班组为单位进行统一划分,形成人员模型仿真管理。

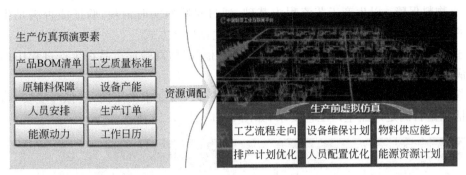

图 8-13 生产前虚拟仿真要素及结果导向

③ 产品 BOM 模型：按照产品 BOM 清单，对生产计划订单所有的 BOM 类型及数据进行仿真，形成生产前所需的 BOM 清单。

④ 设备模型：通过对设备保养时间、停机计划、设备有效产能进行验证，保障产品在生产过程中的顺利进行，预备设备模型基础。

⑤ 工艺模型：连接工艺模型，对产品的生产工艺要求进行验证，保障产品的质量稳步提升。

⑥ 环境模型：通过虚拟制造对环境标准验证，是产品在生产过程中的质量保障。

⑦ 原辅料保障：原辅料是保障生产的基本要求，以产品 BOM 清单为依据，在虚拟制造前通过对库存进行验证，以确定是否能够满足车间生产。

（2）仿真测算。

以产品订单为核心，以生产计划为指导，以仿真预演为支撑，对从辅料出入库、投料到成品卷烟产出的制造过程进行仿真测算，计算出在生产各环节所需的人、机、料、法、环是否满足生产规范要求，发现生产流程和资源组织的不足，优化资源配置，为卷烟的有序生产提供可靠数据支撑。

① 设备模型测算：对设备的保养时间、计划性停机等进行仿真验证，模拟设备有效作业率，合理安排设备保养计划、轮保计划以及停机计划等。

② 产品 BOM 模型测算：以产品 BOM 清单为基础，对辅料、半成品、库存等验证能否满足生产环节的需求，模拟生产过程消耗、损耗等情况，优化生产方式。

③ 工艺模型测算：以生产工艺技术标准为指导，仿真验证产品在生产过程中的工艺能否满足质量要求。

④ 环境模型测算：对生产过程中依据工艺、设备等环境要求不同，模拟环境要素，验证环境情况是否满足产品生产工艺要求。

（3）仿真结果。

以仿真预演为载体，对人、机、料、法、环等仿真结果进行归集。

① 人员保障：通过对质量、生产、物料、设备等相关人员进行仿真，合理安排工作人员时间，规范员工操作，提升员工整体素质水平。

② 设备保障：通过对设备的保养时间、计划性停机等进行仿真验证，模拟设备有效作业率，合理安排设备保养计划、轮保计划以及停机计划等。

③ 物料保障：以生产工艺流程为基础，通过对物料实时消耗，验证能否满足生产各环节的需求，模拟生产过程消耗、损耗等情况，优化生产方式。

④ 生产工艺保障：以生产工艺技术标准为指导，仿真验证产品在生产过程中的工艺能否满足质量要求。

⑤ 环境保障：在生产过程中依据工艺、设备等环境要求的不同，模拟环境要素，验证环境情况是否满足产品生产工艺要求，如图 8-14 与图 8-15 所示。

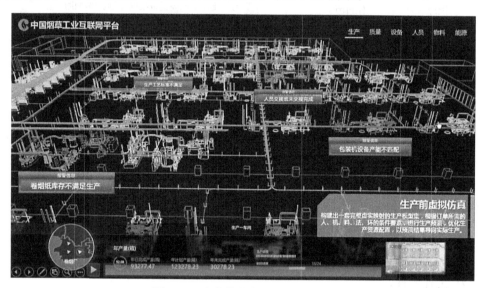

图 8-14　生产前仿真数字化透视图

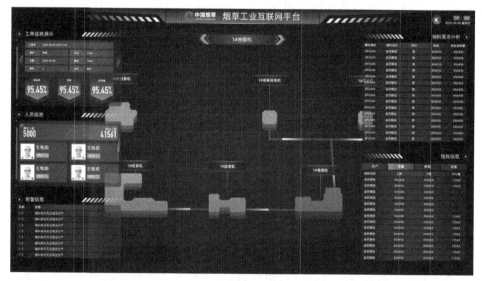

图 8-15　生产后仿真数字化透视图

2. 生产中实时仿真

以生产制造仿真服务平台为基础,通过对生产计划、工艺质量、设备运行状态等方面的数据采集,运用仿真技术对生产过程进行实时地监视和报警,辅助生产过程优化,提升生产制造管控能力。

平台提供的生产中实时仿真服务,运用 LOD 技术,基于数据采集服务采集的实时数据、业务数据、基础数据,结合数据建模服务的产品建模组件、工艺建模组件、标准建模组件、数据分析组件,对卷烟生产调度、工艺质量、设备运转、能源供应等方面进行全方位感知,将生产厂卷包实体车间与卷包虚拟车间进行双向交互联动,并对卷烟生产实际运行数据与预定义生产数据及指标进行对比,从生产要素、生产流程数据实现卷烟生产虚拟仿真,如图 8-16 所示。

图 8-16　生产中实时仿真服务设计思路

基于数据模型构建的生产过程指标管理体系,包括生产指标、质量关键指标、设备指标、物料消耗、能源消耗指标等,以指标数据模型为基础,对数据采集服务采集的实时数据、业务数据进行实时分析,将生产、质量、设备、物耗、能耗按照时间、空间维度进行对比,通过可视化技术将对标结果进行直观展现,利用生产中实时虚拟仿真服务实现中烟、厂级、车间级、岗位级不同管理层的实时对标。通过指标的科学分解及信息展示,为企业的管理决策、工厂生产管理及车间现场管理提供高效的信息支撑,如图 8-17~图 8-20 所示。

① 产品 BOM 对标:与生产前的产品 BOM 模型进行实时对标,反映出生产过程中与模拟生产的产品 BOM 差异,并进行预警。

② 人员对标:与生产前人员模型进行实时对标,反映出生产过程中人员的行为与模拟生产的差异,并进行预警。

③ 设备对标:与生产前设备模型进行实时对标,反映出生产过程中设备相关信息与模拟生产的差异,并进行预警。

④ 工艺对标:与生产前工艺模型进行实时对标,反映出生产过程中工艺信息与模拟生产的差异,并进行预警。

⑤ 环境对标:与生产前环境模型进行实时对标,反映出生产过程中环境信息与模拟生产的差异,并进行预警。

3. 生产后回溯仿真

以生产制造仿真服务平台为基础,利用生产过程中所采集的数据和生产模型来进行

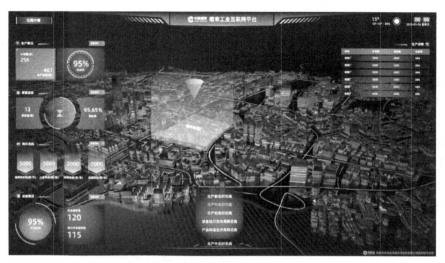

图 8-17　生产中实时仿真

图 8-18　生产中实时仿真（工厂视角）

回溯仿真。采用数据模型,以历史数据为依据,将产前仿真和实际生产运行结果进行比对,形成差异评估,寻找生产异常的根因,为企业寻求改进方法、优化生产模型提供支撑。

　　基于实际生产过程中所采集的历史数据和实时数据,运用平台大数据分析技术,基于生产模型来进行回溯仿真,以历史数据为依据,运用数据分析模型挖掘导致异常的根本原因,并与生产前仿真预演的结果进行指标比对以及过程诊断分析,对生产各环节进行模型对比、差异评估,寻求改进方法,优化生产模型,进行评估和迭代优化,如图 8-21 和图 8-22所示。

　　（1）模型对比。

　　生产结束与完成生产全过程的数据归集,与生产前虚拟制造的模型进行对比。完成产品 BOM 模型、工艺模型、人员模型、设备模型、环境模型的数据差异内容比较,再运用

图 8-19　生产中实时仿真(车间视角)

图 8-20　生产中实时仿真(设备视角)

大数据分析技术,完成后续的要素优化、模型优化。

(2) 生产要素及生产模型评估优化。

基于实际生产过程中所采集的数据与系统集成,与生产前虚拟制造预演的结果进行指标比对,对生产各环节进行差异评估,对工作时间、人员安排、设备作业计划、原辅料供应、工艺标准、环境温湿度进行全方位分析,合理安排人员及其工作时间,优化生产工艺流程,调整设备保养计划,保障原辅料的供应,提高产品质量,打造出"高水准、低物耗"的生产车间。

基于生产历史数据的分析,对产品、工艺、原辅料、设备模型进行对比,以历史数据为基准、实际结果数据为依据,将各生产环节中人、机、料、法、环组合数据标签进行对比,找

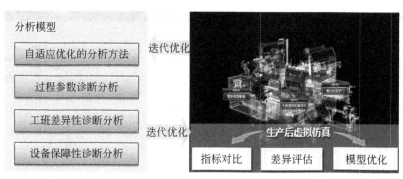

图 8-21 生产后回溯仿真框架

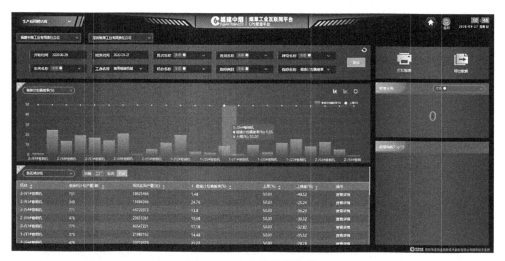

图 8-22 生产后回溯仿真

出差异,对员工操作水准、物料清单、设备实际产能、工艺要求、环境标准测算模型优化调整,以契合实际生产、完善模型内容、优化模型算法。

4. 产品制造生命周期仿真

产品在其生命周期内从投料到成品产出的整个生产过程,通过制造数据的分类收集与数据标识,实现以生产计划为主线,按生产批次、产品牌号、产品路线记录整个生产过程相关信息,最终形成产品跟踪及谱系记录,可以进行正向跟踪及反向追溯。为用户进行生产现场全景还原,追踪历史生产、质量等信息提供数据支持。

产品制造生命周期仿真服务对产品全过程制造数据进行标签化知识梳理,利用标签化知识,根据市场变化实现快速反应,提供产品全过程数据分析服务,在生产过程中更好地指导各质量监控点,为质量分析人员提供手段和方法来追溯产品在生产过程的质量控制情况,实现快速、准确的产品质量分析,解决生产过程中的质量问题、质量隐患,从而提升整个生产过程的质量管理水平和质量管控力度。通过产品制造生命周期仿真服务,各生产企业从根本上强化企业的卷烟生产质量的把控能力,支撑企业做好由计划订单向客户订单生产转型的卷烟制造数据储备,加强烟草行业开发新产品和新市场的灵活性,提升企业品牌及产品终端消费者的依附度,从而为企业创造价值,如图 8-23 所示。

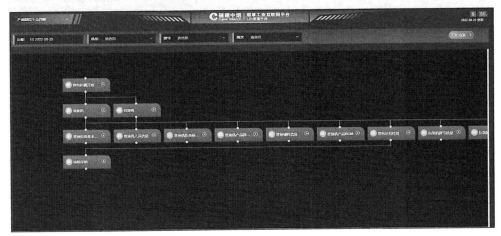

图 8-23　产品制造生命周期仿真

5. 设备运行生命周期仿真

基于生产制造仿真平台,结合龙烟公司、厦烟公司自动化和信息化现状,通过数据孪生模型驱动虚拟设备,全面实现设备运行状态仿真服务,为产品制造生命周期仿真提供基础服务,为未来实时数据采集的模型驱动设备运行生命周期仿真服务积累经验。

设备运行生命周期仿真服务通过设备传感检测技术、设备数据采集技术、边缘计算技术、大数据分析等先进技术,结合设备 BOM 模型,以设备微服务的模式支撑卷烟厂加强对设备服务能力的提升、构造设备能力优化曲线,实现设备运行生命周期仿真服务,指导设备生命周期管理向细度化、深度化、指导化、分析决策化方向引进。

以提升设备生命周期价值为出发点,创新龙烟公司、厦烟公司设备管理服务新模式,在设备运行生命周期中建立设备服务体系,提高设备精益化管理水平,助力设备管理业务模式创新和设备组织管理变革。

设备运行生命周期仿真服务构建于工业互联网平台之上,加强对平台边缘层生产设备、检测设备的有效管控和预测,借助数据集成和大数据分析技术,利用工业互联网平台服务管理窗口理念,结合平台设备历史数据和实时数据,聚合行业生产全过程设备管理方法、机理模型、管理模型,构建设备数据孪生体,支撑设备预警管理、监控管理、生产过程分析、效率分析决策,如图 8-24 所示。

8.1.6　建设成效

福建中烟在卷烟工厂已有的自动化、数字化、网络化基础上,通过数采、建模、仿真,在虚拟空间构造与实体工厂生产要素相互映射、适时交互、高效协同的卷烟数字工厂,实现生产前模拟仿真,进行生产预演,提升资源配置能力;实现生产中实时仿真,进行监控诊断,提升制造管控能力;实现生产后回溯仿真,进行评估优化,提升制造创新能力;实现产

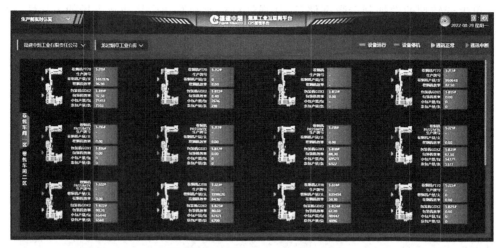

图 8-24　设备运行生命周期仿真

品制造生命周期仿真,进行生产制造过程全链条追溯,提升制造追溯能力;实现设备运行生命周期仿真,进行设备预警,提升制备自学习能力。推进生产设备数字化、生产数据可视化、生产过程透明化、生产决策智能化,切实提升卷烟工业"快、柔、稳、精"的能力,打造基于工业互联网的卷烟智能制造生态体系,建设卷烟智能工厂,推进烟草行业制造业与互联网深度融合,服务于卷烟制造转型升级。一是提升快速响应市场能力,为企业快速适应市场变化、快速响应消费者需求赋能;二是提升柔性生产制造能力,为产品的个性化生产、服务型制造赋能;三是提升稳定产品质量能力,为提高均质生产能力、促进产品质量水平提升赋能;四是提升精益管理能力,通过探索全面感知、物物互联、预测预警、在线优化、精准执行的新一代制造模式,为提质增效赋能。

8.2　卷烟智能仓储物流系统的设计与应用

伴随着物联网、人工智能等各类新型技术在物流领域的深化应用,智能物流作为物流业未来的发展方向受到了政府和企业的高度重视,实现传统物流向智能物流的转型升级已成为物流行业发展的重点。国家对物流行业已经提出了物流需逐步实现信息化向智能化的转变要求,加强智能物流建设,提升交付响应能力,推进"云大物移"与物流业务的深度融合,强化仓储、运输协同建设,持续提升物流柔性化水平,是烟草仓储物流持续发展的动力。

8.2.1　项目背景

龙烟公司是福建中烟下属卷烟工厂,其仓储物流建设主要经过 2000 年易地技改、2008 年精品七匹狼卷烟专用生产线技术改造以及 2011 年一区整体改造三个阶段,包括原料、辅料、滤棒、烟丝、膨丝、成品等 10 个自动化立体高架库,以及东肖、红炭山等多个平库。

自动成品码垛机器人、AGV 导航小车、穿梭车、堆垛机、自动分拣设备、自动清扫机器人等自动化智能设备已经在公司自动化物流系统中成熟应用,实现了片烟、烟丝、辅料、滤棒和成品等的自动化收货、存储、制丝系统和卷包系统的物料供给、成品的自动调拨等功能,并通过条形码、RFID 等载体以及与其他各系统的接口,实现对物料的信息管理和跟踪,提升产品质量和生产管理水平。

总体上,龙烟公司物流系统信息化、自动化基础较好,但也存在一些不足:

(1) 系统间协调性差。目前公司在用的物流系统,因技改的时间不一致,系统单点建设多,没有形成统一的支撑平台。业务功能重复开发和维护造成资源浪费;与外系统的交互成本大;功能无法复用,系统的便捷性与系统间协同性较差,缺乏统一运营与监控,增加运维成本及难度。

(2) 业务管理融合不到位。未能形成业务与数据建模智能管控,迫切需要通过建立各种应用模型,引入相关智能技术,构建物流智能应用,满足智能工厂的配套响应能力需求。

(3) 新的技术应用较少。仓储物流系统现已建设十年以上,但许多设备技术还是使用十年前的产品,对于目前行业内各种新技术、新设备与公司物流的结合应用较少,甚至有许多技术在其他行业已经展开应用,但在物流公司还处于尝试摸索阶段。

(4) 业务软件算法有待进一步升级。公司物流设备虽然已经基本实现自动化,但在出入库货位分配策略、任务调度算法等方面还是停留在比较基础的层面,影响系统的出入库综合效率,需要引入新的智能算法进一步提高系统的生产保障能力。

8.2.2　项目目标

按照模块化、组件化、平台化、移动化建设理念,围绕物流智能仓储、智能调度、智能运维等主题,探索相关智能技术与自动化物流业务深度融合的场景,构建卷烟企业智能仓储物流管控能力,将公司仓储物流系统重塑成智能物流系统,打造卷烟工业企业仓储物流智能化的典范。

8.2.3　技术方案

智能物流仓储系统引入物流可视化开发配置平台,在该平台上统一搭建物流系统。本平台参考烟草行业工业互联网架构标准,采用"开发标准化、系统模块化、操作工具化、运行容器化、应用服务化"设计理念,基于微服务开发框架,开发或整合当前主流技术,通过可视化配置服务实现公司仓储管理、仓储调度、移动应用、数据采集、数据统计分析等功能的快速实现以及迭代升级。该平台以作业过程透明化、业务实时化、调度主动化、任务调度智能化、盘点备货精准化、库存管理可视化来满足物料的全生命周期管理及数据采集,实现质量可追溯。

该平台建立了一个全程可追溯、数据互通共享的智能仓储物流管理体系,沉淀仓储业务和系统基础管理能力,满足仓储业务快速响应和业务模式创新的需求,避免重复功能建设和维护带来的重复性投资,提高或优化企业仓储物流运营效率。未来物流系统均将在本平台基础上开发实施,能有效解决传统应用架构下业务协作效率差、上线周期长、扩展难度大、应用维护成本高等应用与管理难题。

8.2.3.1 系统技术架构

平台系统技术架构如图 8-25 所示。WMS(仓储管理系统)以及 WCS(仓储调度系统)是自动化物流系统的核心功能。WMS 与 WCS 均基于微服务 SaaS 应用架构,利用可视化配置平台,配置云版 WMS 和 WCS 系统,支持私有云、公有云、混合云的部署方式。其中,WMS 分为 UI 展现层和策略层,UI 展现层负责人机交互界面展示,包括任务管理、波次管理、报表管理等;策略层主要包括货位查找、任务执行等。WCS 主要分为数据采集层、调度层、UI 展现层和设备层,其中,数据采集层主要负责与底层设备进行对接,通过配置设备驱动,从而建立与设备通信机制;调度层通过设备规则处理器触发不同设备业务逻辑,任务调度处理器综合底层汇总的设备信息数据结合任务信息,对设备进行调度;UI 展现层主要负责 WCS 人机交互界面展示,包括任务管理、日志管理、报表管理、配置管理、设备监控等。WMS 与 WCS 之间通过微服务实现业务数据对接。

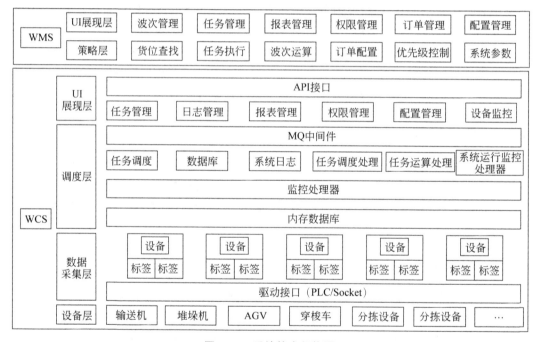

图 8-25 系统技术架构图

WMS 和 WCS 的前端通过 WebSocket 建立连接,当客户端请求查询时,客户端根据查询条件将结果反馈给客户端,当服务端监测到设备数据发生变化时,主动推送给客户端,实现客户端实时监控。后端业务处理流程以设备数据采集为基础,利用内存数据库的特性,WCS 快速监控各个业务规则,一旦满足条件,WCS 就调度相应的业务处理流程。

8.2.3.2　主要智能技术

1. 多次申请模式的物料托盘入库方法

物流自动化立体高架库托盘传统入库过程中只设置了一个入库申请点,托盘从申请入库任务成功到堆垛机接货入库之间,有一定的时间差,在此时间段内,当堆垛机发生故障时,这些托盘还是继续输送,虽然堆垛机的接货站台之前有一定的缓存位置,但数量有限,当这些缓存位置被占满时,就会导致公共的物流通道被占用,从而影响出入库,甚至影响生产。

本方法通过在入库业务过程中的关键位置新增入库申请点,并实时选择最佳路径入库,提高托盘一次性入库的成功率,减少入库堵塞现象。

新的托盘入库流程如图 8-26 所示,系统在第一个入库申请站台之后,进入每个巷道的堆垛机接货缓存站台之前,各增设一个二次入库任务申请点。在第一次入库申请成功后,将货物输送到目标堆垛机接货缓存站台之前的公共站台(即二次入库申请点),增加目标堆垛机是否正常的判断。若此时堆垛机异常,系统将根据优先级向其他巷道再次申请入库;若堆垛机正常,则增加是否有入库缓存位置的判断,若没有缓存位置,系统将根据优先级向其他巷道再次申请入库,若有入库缓存位,系统将货物输送到入库缓存位置,再送到堆垛机接货站台,堆垛机收到指令后到接货站台接货入库,入库流程结束。

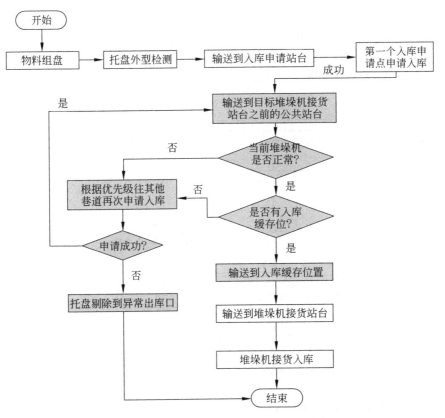

图 8-26　多次申请模式的物料托盘入库流程图

系统在托盘第一次申请入库任务成功后、堆垛机接货入库之前,增设了二次入库任务申请站台,能实时修正入库目标货位信息,提高托盘一次性入库的成功率。系统综合考虑了堆垛机状态以及堆垛机接货缓存站台数量对入库的影响,避免由于设备故障、缓存数量不足等造成的入库堵塞现象,提高入库效率。当前巷道无法入库时,系统自动判断入库巷道优先级,并获取最优巷道再次申请入库。通过物流环形通道,除非所有堆垛机都故障,否则系统都可以找到一个可用巷道,无论该巷道是在当前托盘位置的前端还是后端。即使所有堆垛机都故障,该托盘也能自动剔除到异常出库站台,以减少对出库的影响。

2. 堆垛机出库搬运任务二次分配方法

在传统的物流高架库中,出库时,物流系统会尽可能把出库任务平均分配到各个巷道的堆垛机中去,使每个巷道同时均匀出库,而不是集中在某个别巷道上。但在实际出库过程中,堆垛机如果出现故障,分配到该堆垛机的所有任务就无法执行,影响出库。本方法能迅速准确地将该堆垛机所有未执行的任务重新分配到其他非故障堆垛机上,减小因设备故障对出库效率的影响,保证后续工段执行的连续性,如图 8-27 所示。

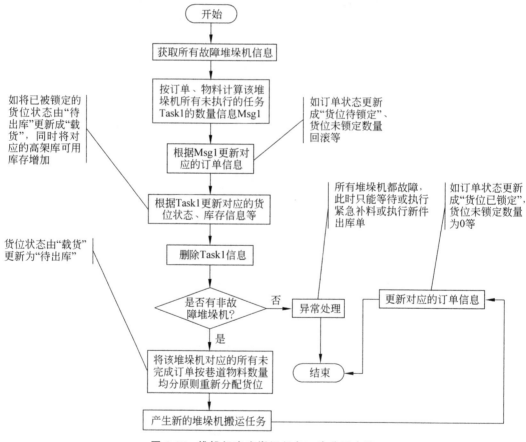

图 8-27　堆垛机出库搬运任务二次分配方法

方法如下：系统找到所有的故障堆垛机；系统根据故障堆垛机的未执行任务信息,按订单、物料分组统计无法执行出库数量信息;根据所得的统计数量信息,更新对应的订单信息,如订单状态、物料未锁定数量信息等;自动回滚故障堆垛机所有未执行任务的来源货位状态信息、高架库可用库存信息等;删除故障堆垛机所有未执行任务信息;将故障堆垛机对应的所有未完成订单按巷道物料数量均分原则在非故障堆垛机所在巷道中重新分配货位,并产生堆垛机搬运任务,同时更新对应订单信息。

由于在实际运用过程中,堆垛机发生故障的时机以及处理时间无法提前确定,为保证该发明能真正改善出库效率,触发堆垛机任务二次分配的事件应为人工触发,即当用户判断堆垛机故障恢复时间较长时,人工调用此流程,否则等待堆垛机故障恢复。该方法使得任务回收过程单据处理由原来的人工处理单据方式转为系统自动处理方式,效率高且准确性高;同时无论何时,只要设备发生故障,可随时通过系统重新分配货位,产生堆垛机搬运任务,系统敏捷度更高。

3. 单元式货架堆垛机巷道智能分配方法

在单元式货架立体高架库中,传统的托盘入库策略没有考虑关键设备实时状态、物料在巷道中的分布状态以及入库策略等对出库效率的影响,造成了物料在高架库各个巷道中分配不均,影响出库。

本方法在确保系统先进先出的大原则下,通过在入库时自动锁定目标堆垛机执行入库任务,出库时在各堆垛机之间均衡分配任务,提高物料的出库效率。

托盘入库巷道分配流程如图 8-28 所示。

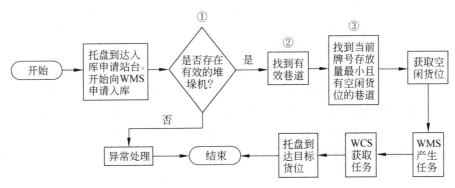

图 8-28 托盘入库巷道分配流程

(1) 如图 8-28 所示步骤①,入库托盘到达入库申请站台,向 WMS 申请入库任务时,新增了判断堆垛机的设备状态,系统只向无故障堆垛机申请入库任务。

(2) 步骤②③,WMS 在获取无故障堆垛机信息后,新增只查找当前牌号存放量最小且有空闲货位的巷道。

以上两项改进措施,尽可能确保物料到达高架库后,同一物料数量巷道均分,同时尽量减少由于设备故障导致的入库堵塞占用出入库公共站台,从而影响出库。

托盘出库巷道分配流程如图 8-29 所示。

(1) 如图 8-29 所示步骤①,新增判断堆垛机状态功能,确保每次只向无故障堆垛机派送出库任务。

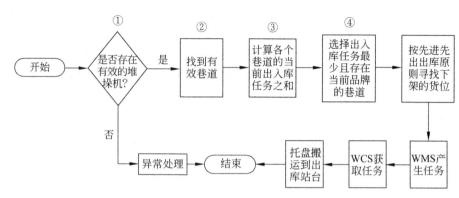

图 8-29　托盘出库巷道分配流程

（2）步骤②③④，新增查找有效巷道，计算各个有效巷道的当前出入库任务之和，并查找到出入库任务之和最少且存在当前牌号的巷道，在该巷道中最终确定需要出库的货位。

以上两项改进措施，一是尽可能确保出库任务产生之后，堆垛机都能顺利执行；二是利用入库物料巷道均分建立的基础条件，尽量保证出库任务是分配给不同的堆垛机执行，同时考虑入库任务对出库的影响，尽量避免出库等待现象。

4. 基于 Deadline（截止期）的非抢占式任务优先级控制

传统的自动化物流系统任务优先级一般都是采用基于排队论的固定优先级策略，该方法易造成高优先级任务长期占用设备资源，导致低优先级任务长期无法得到执行，整个系统的 QoS 下降，特别是低优先级用户的 QoS 显著下降。

基于 Deadline 的调度是一种在固定优先级基础上，让任务尽可能在截止期前完成的动态调度方案。由于设备在执行任务过程中无法放弃当前任务，所以采用非抢占式，即使下发的任务优先级最高也无法打断当前执行任务，需待设备完成当前任务时方能下发该任务。每一业务的任务优先级动态调整具体方法如下：

（1）按业务需求初始化搬运任务 i 的默认优先级为 P_i（P_i 按照 1、2、3……优先级依次降低，其中 1 为最高优先级，优先级数据类型为浮点数）；

（2）按业务需求设定任务 i 的优先级调整周期为 T_i；

（3）按业务需求设定任务 i 的每次优先级调整值为 P_{i0}；

（4）按业务需求设定任务 i 的最长等待执行时间为 D_i。

则等待时间为 t 的任务为 i 的优先级 Q_i 计算公式如下：

$$Q_i = \begin{cases} P_i, & t=0 \\ P_i - \left[\dfrac{t}{T_i}\right] * P_{i0}, & \left\lfloor\dfrac{t}{T_i}\right\rfloor * T_i \leqslant t < \left\lceil\dfrac{t}{T_i}\right\rceil * T_i, t < D_i \\ 1, & t \geqslant D_i \end{cases}$$

其中，$[*]$ 为取整，$\lfloor * \rfloor$ 为向下取整，$\lceil * \rceil$ 为向上取整。

当 $t=0$，即任务刚产生时，任务 i 的优先级 Q_i 为该业务的默认优先级值 P_i，当任务的等待时间超出最长等待期限 D_i 时，优先级直接提高到最高，即 $Q_i = 1$，否则优先级周期

性的按 P_{i0} 递增。

以上方法将优先级与当前任务等待时间相联系,打破静态优先级中高低优先级的壁垒,让低优先级有更大执行机会,提高低优先级任务的 QoS。

在 WCS 中新增一个数据缓冲池,用以存放 WMS 下发的搬运任务,在任务下发给底层控制系统之前,系统周期性地判断未执行任务的等待时间情况并自动调整执行优先级,如图 8-30 所示。

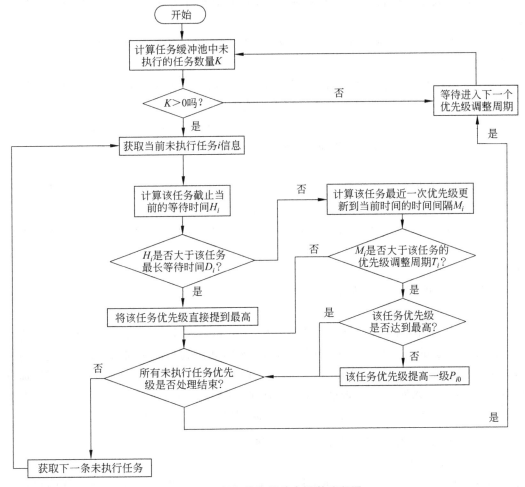

图 8-30 任务优先级动态调整流程图

5. 提高高架库盘点效率方法

自动化立体高架库盘点业务的出入库工艺流程一旦定性,通过优化软件策略来提高盘点效率往往很难取得好的效果,通常只能根据物料、巷道、货位、入库时间等这些组合条件定位货位进行大批量的托盘下架,而结果往往是其中的个别托盘信息出错,这种盘点方式造成盘点时间长、出库量大、工作强度大等问题,势必影响盘点效率。如果是在生产时间盘点,还会影响其他的正常出入库业务。

本方法提供一种物料收发准确性判定方法,判断高架库的出入库信息流与库存信息流是否一致,当需要使用盘点业务时,通过该方法可以准确缩小盘点范围,提高盘点效率。

定义数据域:

(1)期初记账库存:物料在第一个时间点的库存。

(2)期末记账库存:物料在第二个时间点的库存,记账时间点大于期初记账库存的记账时间点。

(3)出库数量:物料在期初记账库存和期末记账库存两个时间点之间的出库总数量。

(4)入库数量:物料在期初记账库存和期末记账库存两个时间点之间的入库总数量。

(5)期末库存:根据公式"期初记账库存+入库数量-出库数量"计算得到的库存。

(6)后入库数量:物料从第二个时间点到当前时间为止的入库总数量。

(7)后出库数量:物料从第二个时间点到当前时间为止的出库总数量。

(8)当前库存:物料在当前时间点的库存数量。

计算公式:

差额=(期初记账库存+入库数量-出库数量)+(后入库数量-后出库数量)-当前库存

期末库存=期初记账库存+入库数量-出库数量

期初记账库存和期末记账库存是系统在第一和第二个记账时间点时对高架库的实时库存记录,这两个库存需要周期性地记录,记录时间点最好选择在出入库停止时,确保记录的库存准确。

入库数量、出库数量、后入库数量和后出库数量,在实际使用时,可以根据不同的高架库细分成不同的业务。

期末库存跟期末记账库存相减,如果差额为0,可以判定两种记录方式相吻合,此时记账的库存信息准确。差额为0,说明从期初记账时间点到当前时间,物流系统记录的出入库信息流与高架库库存信息流变更一致,库存信息准确;否则可以根据各个数据域提供的数据,先排查出入库信息是否准确,如果有误,直接修正,再重新计算判定差额是否为0,如果多次修正之后依然不等于0,只需在该时间段内盘点高架库的货位信息即可。

6. 基于 RFID 的纸滑托盘成品出入库系统设计

传统的成品工商整托盘联运,在卷烟工业企业成品件烟入库环节中,车间生产的成品件烟由人工或者机器人直接码垛在木托盘或者塑料托盘上;出库时,由叉车将连同托盘一起叉到运输车厢内,进行工商整托盘联营,如图 8-31 所示。

考虑到木托盘或塑料托盘为载体的整托盘运输模式带来的空托盘回收费用高、托盘标准难以统一、车载容积率低等问题,在成品高架库中引入带 RFID 芯片的纸滑托盘,在传统木质或塑料托盘上放置一个纸滑托盘进而形成一个新的组合托盘(以下简称带纸托盘),并将带纸托盘作为成品件烟出入高架库的容器介质。纸滑托盘结构如图 8-32 所示,纸滑托盘以纱管纸和高密度牛卡纸为基材,使用烟草行业要求的黏合剂黏合、压制而成,厚度 1.2mm,尺寸为 1250mm×1000mm,采用单边翼板,在长边上设有 10mm 的翼边,RFID 芯片安装在纸滑托盘的中心位置且与翼边垂直,用于存储带纸托盘上每件烟对应

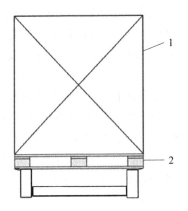
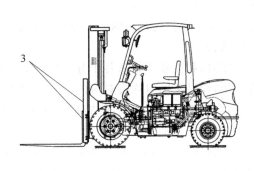

图 8-31　原有的整托盘出库模式

1—码垛在木托盘或塑料托盘上的件烟　2—木托盘或塑料托盘　3—普通叉车

的一号工程条码信息,如图 8-32 和图 8-33 所示。

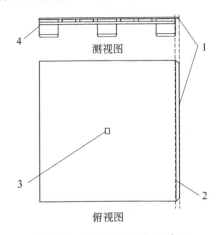

测视图

俯视图

图 8-32　纸滑托盘结构示意图

1—纸滑托盘;2—纸滑托盘翼边;3—RFID 标签;4—木质托盘或塑料托盘

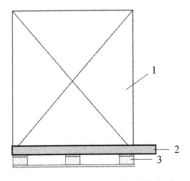

图 8-33　带有纸滑托盘的整托盘

1—码垛在纸滑托盘上的件烟;2—纸滑托盘;3—木质托盘或塑料托盘

传统空托盘回收时,采用人工方式将纸滑托盘与传统托盘按比例1∶1上下叠放,形成带纸空托盘组入库到高架库,带纸滑托盘的空托盘组出库到拆垛站台时,利用空托盘组拆垛设备按一个传统托盘附带一个纸滑托盘方式自动拆分,最后通过输送至各个成品码垛工位站台。

入库时,物流系统将从各个分拣通道上采集的一号工程条码信息,以托盘实际件烟数量为依据,经过条码组垛将对应的一号工程条码信息写入到带纸托盘上的 RFID 芯片中。出库时,当带纸托盘到达出库站台时,通过专用叉车夹住翼板,并根据纸滑托盘正面(与货物接触面)相对粗糙防滑,而反面(与叉车叉架接触面)相对光滑,通过两者的系数差,把纸滑托从木托盘上面抽出,木托盘留在卷烟厂继续使用。被分离的带件烟的纸滑托盘又送到 RFID 标签固定读写器上方,一次性读取、校验标签中存储的条码信息并上报给国家局生产经营决策系统,最后专用叉车将带成品的纸滑托盘送至运输车辆车厢中并实现上下两层纸滑托盘叠放。具体搬运示意图如图 8-34 和图 8-35 所示。

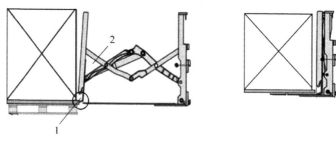

步骤1:叉车推臂力伸出夹紧翼板　步骤2:夹紧后推臂收回

图 8-34　专用叉车取货动作

1—纸滑托盘翼板;2—专用叉车推臂夹紧装置

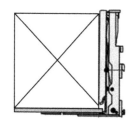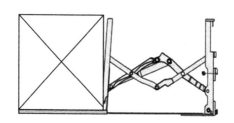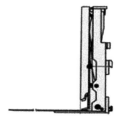

步骤1:叉车行驶至车厢　步骤2:推臂推出同时叉车后退　步骤3:夹紧放松且推臂收回

图 8-35　专用叉车放货动作

纸滑托盘联运是优化卷烟工商一体化供应链、提升客户服务水平的重要举措,有效解决了传统托盘联运方式效率低、成本高等问题,符合烟草行业关于工商物流协同发展的要求。以龙岩公司两个成品高架库为例,与传统整托盘联运方式相比,基于纸滑托盘出入库系统的装卸人数、装卸时间分别降低60%和25%,装载率和单托盘条码上报时间分别提高40%和90%;存储空间仅为传统托盘的1/50,回收成本降低77%以上;出入库能力为120托盘/小时,能够满足企业正常生产和发货需求,基本实现了福建省内以及省外部分纸滑托盘工商联运业务,提升了烟草物流配送自动化水平,推进了工商物流一体化进程。

8.2.4　案例

8.2.4.1　物流可视化开发配置平台实现

该平台系统运行环境采用 Windows 2012 64bit 作为操作系统,整体框架采用 Consul、.NET Core、SpringMVC、Dubbo/Docker 等以支持云架构、分布式部署以及微服务;前端采用 HTML5、JavaScript、EasyUI 等技术以支持各种主流设备及浏览器;后台服务通过.NET CoreEF、MySQL、Redis、Freemarker 提供多数据库支持以及内存数据库和消息中间件集成等;大数据平台使用 Hadoop、Spark、Streaming、Hive、Elasticsearch 等技术实现。系统开发工具采用"Visual Studio＋Vue＋Echarts＋润乾报表 V4.5"及 Tomcat 作为 WEB 服务。

物流业务功能基本都能在该平台上通过页面配置实现,平台提供的服务主要包括以下 5 部分。

(1)事务流服务。事务流设计器实现信息流交互的可视化配置,利用在画布拖拽的方式选择构建业务流,只需通过配置相关的 SQL 语句,就能实现事务逻辑,使用户脱离繁杂的代码编写,专注于客户业务流程与信息流的处理和完善。事务流满足各种应用场景,可在线测试与联调,业务流修改便捷高效,适应不断改变的客户需求。

(2)界面模版配置服务。实现简单录入页模板、主从表录入页模板、简单列表页模板、左侧树右侧列表模板、主从表列表页模板等通用模板,用户可高效配置实现不同要求的页面布局,高效快捷,缩短开发周期,让开发者摆脱烦琐的页面布局设计及增删改等非业务功能的实现,专注于业务流程设计及完善。

(3)自由表单服务。对于超出通用页面模板配置范围之外的页面设计需求,可以通过自由表单模板来满足开发需求;采用可视化界面,设计简单快捷;可根据个性需求进行针对性设计,满足各种业务交互场景需求。

(4)图表设计服务组件。用户在图表设计器绑定相关数据源,选择图表形式即可生成相应的数据图表,并且通过简单的拖拽就可完成用户期望的页面布局。图表设计简单高效,只需做图表属性设置,绑定图表数据,即可生成相应图表类型涵盖线形图、饼状图、散点图、雷达图等,能满足各样的图表显示需求。通过拖拽方式来控制页面布局,操作简单。

(5)其他服务。可视化配置平台具有 Excel 导入导出组件服务、定时计划任务组件服务、流水号配置服务、工作流服务组件等。

利用该平台配置出来的二区片烟高架库 WMS 系统界面图如图 8-36 所示。

WCS 系统界面图如图 8-37 所示。

8.2.4.2　龙烟公司二区成品高架库物流系统实现

龙烟公司二区成品高架库自动化物流系统于 2008 年开始规划设计,2009 年现场实施,2010 年验收,2015 年及 2018 年分别对分拣入库流程以及软件架构进行升级改造,最终形成了较为智能的成品自动化物流系统。该系统分为两层设计,其中一楼主要负责成

物料编码	物料名称	待出库量	待入库量	高架库
110919	云南马站大YELB1Y-2019片烟	0	0	1
110826	云南保山腾阳B12FY-2017片烟	0	0	1
110906	云南玉溪C3FS-2018片烟	0	0	1
100738	福建龙海永定ELC1Y-2018片烟	0	0	1
160463	湖南衡阳C3L-A-2017片烟	0	0	1
170266	津巴布韦L1L/C（CNT）-2017片烟	0	0	1
100775	福建龙岩永定YLC1Y-2019片烟	0	0	1
170291	津巴布韦L1L/C(天藻)-2018片烟	0	0	1
170279	津巴布韦LLJB/17-2018片烟	0	0	2
170260	巴西CMB1O-FJ-2017片烟	0	0	2
100701	福建南平YLC1HDY-2017片烟	0	0	2
170296	津巴布韦L1O/C(CNT)-2018片烟	0	0	2
110849	云南烟叶公司B1F-2018片烟	0	0	2
110910	云南楚雄南华WCCSF-2017片烟	0	0	2
110847	云南烟叶公司C3F-2018片烟	0	0	3
110813	云南曲靖马龙X2FA-2017片烟	0	0	3
100745	福建三明南平SLC4Y-2018片烟	0	0	3

图 8-36　龙烟公司二区片烟高架库 WMS 系统界面图

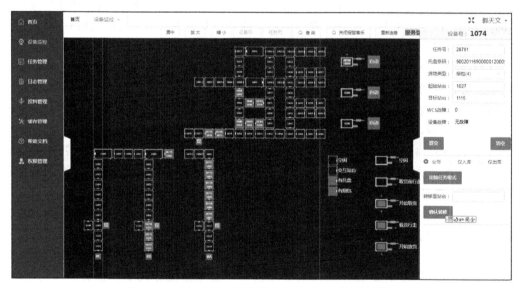

图 8-37　龙烟公司二区片烟高架库 WCS 系统界面图

品调拨出库,二楼主要负责生产入库,工艺布局如图 8-38、图 8-39 所示。系统可满足日产量 3200 大箱,日出库 3000 大箱,最大 6000 大箱,库容不低于 7 天存量设计。该高架库共包括 3264 个货位、9 条入库自动分拣线、3 台自动码垛机器人、一台穿梭车、3 台堆垛机等自动化设备,能够满足二区卷包车间最高产量时的生产需求。

其主要业务流程有:
- 系统初始化空托盘组入库流程;
- 成品入库空托盘供给流程;
- 成品分拣流程;

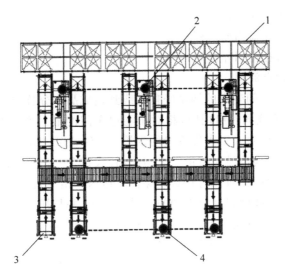

图 8-38 龙烟公司二区成品库一楼工艺布局图

1—双深位货架；2—堆垛机；3—人工入库站台；4—出库站台

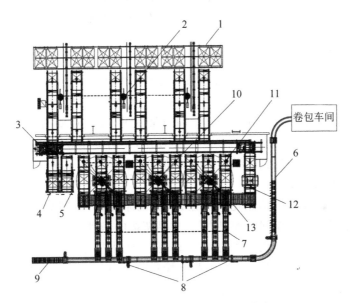

图 8-39 龙烟公司二区成品库二楼工艺布局图

1—双深位货架；2—堆垛机；3—穿梭车；4—人工入库站台（质检、盘点入库站台）；5—人工出库站台（质检、盘点出库站台，机器人入库异常剔除口）；6—入库分拣主通道；7—入库分拣通道件烟条码采集装置；8—件烟识别装置；9—入库异常件烟剔除口；10—自动码垛机器人；11—码垛工位站台（RFID 组垛站台）；12—空托盘组拆垛站台；13—RFID 纸滑托盘初始化站台

- 成品分拣异常流程；
- 成品码垛入库流程；
- 成品入库异常流程；
- 成品散件出库流程；

- 成品整托盘出库流程；
- 成品出库区空托盘回库流程；
- 成品出库余料托盘回库流程；
- 成品质检及盘点流程。

成品入库时，卷包车间生产的烟箱经爬升线到达成品库分拣线，分拣线将不同品牌的烟自动分选。9 条分拣线同时启用时，相对于卷包车间的最大产量在处理能力上仍有较大的富余，且可以同时应对人工密集放置的烟箱。3 台 ABB 机器人的码垛能力均达到了每分钟 18 件，码垛速度满足最大流量需求，且有较大富余。机器人码垛后，成品烟经系统智能货位分配，实现托盘条码自动扫描，经穿梭车运送再由 3 台堆垛机存入高架库。整个入库过程系统能够自动准确记录每件烟的一号工程码，并与托盘条码相对应，同时通过条码组垛，在码垛工位站台将托盘上的件烟条码信息写入到 RFID 标签中，有利于成品烟信息的准确追踪、查询以及出库条码快速采集与上报。

成品出库时，在出库端的 LED 上能够实时且相应地显示各托盘烟的具体信息，便于识别与比对，出库工根据提示信息可以准确判断出库站台及是否需要拣选回库等信息。利用专用叉车设备，可实现纸滑托盘与木托盘的快速分离，并通过地埋 RFID 读写设备，快速读取托盘上的所有件烟条码信息，实现出库信息的快速校验以及上报。

8.2.4.3　建设成效

智能物流仓储系统的构建，使得系统在稳定性、准确性、可靠性以及出入库综合效率等方面明显提高，为一线生产的顺利进行提供进一步保障。同时切合福建中烟发展战略和提升烟草物流建设水平的实际需要，为"高质量发展"提供重要的支撑作用。本系统在技术应用和业务融合上下功夫，更加强调技术使用，突出实际应用，高效率运用、高质量产出，为构建烟草行业上下贯通、横纵连接的物流信息化体系提供进一步保障，逐步实现物流信息化向智能化的转变。

龙烟公司通过持续推进信息化投资建设，实现原辅料、在制品以及成品等物料的收货、存储、制丝车间和卷包车间的物料供给、成品调拨的信息化、自动化、智能化，极大促进了生产资源的优化配置和转化效率的提高，降低卷烟制造成本，提升卷烟产品质量，系统性提升企业整体制造能力和"七匹狼"品牌市场竞争能力。实现卷烟生产全过程物流环节的自动化、智能化，管理全流程的信息化。

贯彻落实国家烟草局"提升信息化支撑、服务、融合水平，全面实现一体化数字烟草"的目标，全面响应行业"数字化、信息化、智能化"烟草企业的发展要求，支撑福建中烟公司"十四五"规划举措的落地，助力行业高质量发展。

8.3　卷烟 APS 高级排产系统的设计与应用

《中国制造 2025》提出，加快推动新一代信息技术与制造技术融合发展，把智能制造作为两化深度融合的主攻方向；着力发展智能装备和智能产品，推进生产过程智能化，培育新型生产方式，全面提升企业研发、生产、管理和服务的智能化水平。龙烟公司积极响应国家战略,提出以实现"智能感知、智能控制、智能指挥、智慧管理"为目标的智能工厂建设构想。其中,智能指挥是以智能感知为基础、智能控制为手段,通过构建生产指挥协同平台实现对生产任务的智能调度,提高资源配置的效率和科学性,在任务管理充分联结的基础上,实现全流程全业务协同机制,提升生产全要素协同效率。在此背景下,2018 年,龙烟公司开展APS 高级排产系统建设项目,推进智能生产模型、智能排程、智能管控系统的构建及应用。

8.3.1 项目背景

龙烟公司是行业内较早开展信息化建设的企业之一,企业现有管理信息系统主要包括企业门户、OA 系统、标准化系统、NC 财务系统、NC 原辅料系统、数据交换平台、网络培训系统、项目全程管理系统、科技项目系统、数据仓库等管理系统。现有的生产运作系统主要包括生产执行系统(MES)、物流自动化管理系统、制丝监控系统、卷包信息管理系统、动力能源集控系统、批次质量管理系统等。

龙烟公司应用信息系统自下而上大致分为三层,分别是制造执行层、管理运作层和决策分析层,如图 8-40 所示。

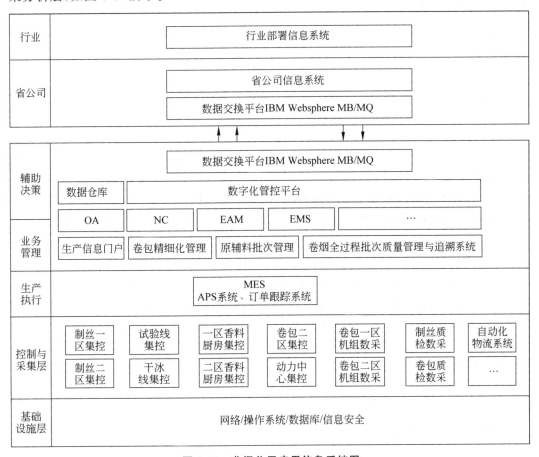

图 8-40 龙烟公司应用信息系统图

虽然龙烟公司的自动化程度和信息化水平较高,随着物联网、大数据等技术的广泛应用,企业对生产过程的实时感知和控制能力获得了进一步的提升,但在全厂的生产指挥协同方面存在一些不足:

(1) 生产管理人员获得生产过程等海量数据后,依然面临如何快速准确地下达生产指令,使得生产效益最大化的问题。这是一个多目标、多约束、多层次的综合优化决策问题,获取更多的要素数据,其处理的难度不但没有降低,反而更加复杂。

(2) 生产计划管理涉及多个部门,需要频繁沟通才能制订方案,而各个环节的考核要求存在一定的差异和矛盾,导致对计划调度方案的合理性评价缺乏统一的标准。

(3) 在卷烟生产管理过程中,涉及的优化调度排程问题包括卷包、制丝和滤棒等辅助生产单元的排产调度,需要综合考虑成品烟的库存容量和交付能力、辅料和库存积压、上下游车间以及供应商配送协同等约束。目前主要依靠个人的经验和离线的手工计算解决排程调度问题,效率低下,阻碍了工厂甚至整个卷烟供应链的生产运作效能和效益的进一步提升。

8.3.2　项目目标

APS 支持面向企业供应链计划和生产计划排程业务需求的系统建模,并通过内置优化引擎对生产执行计划与物料供应计划等进行合理规划与综合优化,实现快速排程并对需求变化做出快速反应。

(1) 生产管理效率提升。针对卷烟生产多任务多约束的生产流程,实现卷包线、制丝线的智能化排产,快速制定最佳的调度排程方案并满足客户需求。快速响应紧急订单及生产突发事件,基于反馈的生产数据,自动计算最佳排程方案,实现生产计划管理决策自动化。通过对产品组合、牌号切换、均衡生产等方面的优化应用,使生产加工成本得到精细化控制。

(2) 计划决策协同优化。通过 APS 系统的实施,建立生产计划协同管理智能化平台,省公司及卷烟厂不同管理部门可以获取对应的业务执行数据反馈,便于自顶向下的延伸管理,提升管理水平。基于产品价值链优化生产运行模式,实现卷烟制造全过程高效协同。产供销整体业务流程串联,消除信息传递不及时、数据传递错误的情况。数字化集团自顶向下管理流程,清晰掌握生产计划的实时进度。针对企业管理模式进行优化改善,以智能排产为抓手,在标准技术、模块化生产理念和先进制造工艺的支持下,提高企业柔性生产和敏捷制造能力,提升企业整体效益。

8.3.3　技术方案

技术方案主要包括业务架构、应用架构、技术架构和数据架构。

8.3.3.1　业务架构

如图 8-41 所示,龙烟公司 APS 系统通过计划排产实现、计划周期管理、场景分析应对、计划滚动管理以及对应的基础数据支撑来完善龙岩公司的 APS 排产需求。

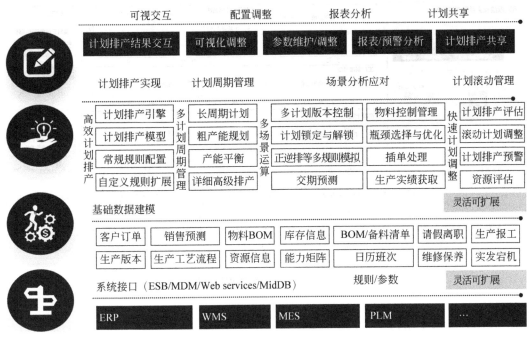

图 8-41　APS 系统业务架构图

APS 系统通过接口获取月度调拨需求作为计划排产源对象,综合考虑产能评估、计划排列组合顺序、计划排产成本计算等相关排产因素,将月度计划分解为日产能需求计划,同时通过需求平衡算法将月度调拨需求拆分为多个批次的日需求计划,同时在 APS 系统中依据订单产能分配情况建立订单关联关系。

APS 将分解后的日产能分配计划依据产品的工艺路线分解为工序计划,并考虑不同工序的排产规则、瓶颈工序产能优化,将工序计划安排到对应的设备上生成工序设备级计划。

APS 确认的车间作业计划下发执行跟踪系统指导车间实际作业执行,在实际执行过程中,当出现异常时,通过异常订单信息反馈,将异常订单进行暂停、取消等相关操作,同时 APS 系统通过系统内部建立的订单上下层关系找到关联日产能计划、月度计划。APS 系统设置了不同的异常触发机制及对应的异常订单调整规则。依据不同的异常情况对车间实际在执行的订单进行计划滚动调整,同时将滚动更新后的计划反向关联对应的日产能计划及月度计划,实现不同层级计划的协同关联反馈。

8.3.3.2　应用架构

如图 8-42 所示,APS 系统与运营管控等核心技术进行集成,可使卷烟生产过程更加透明化、实时化。APS 系统主要负责物料计划、粗能力计划及详细排程等任务;市场与供应链管理模块主要负责需求预测、订单管理等工作;运营管控连接车间物联网进行数据采集与性能计算,对 SQDCP 关键指标进行诊断、优化与展示,通过"生产计划—全要素指标分析—生产约束完善与生产计划优化"这一闭环过程实现基于全要素的生产优化。

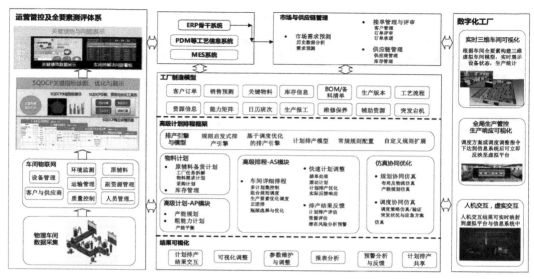

图 8-42　APS 系统应用架构图

8.3.3.3　技术架构

APS 系统技术架构图如图 8-43 所示,采用的技术如下。

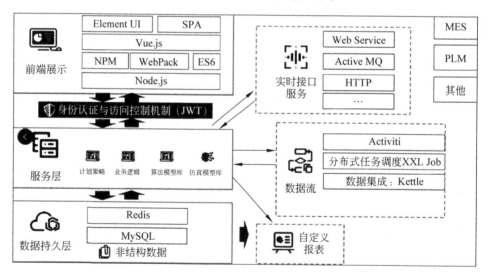

图 8-43　APS 系统技术架构图

（1）UI：Element-UI 减少前端界面的工作量,界面呈现方式更专业；

（2）算法实现层：C/C++ 定制的 APS 算法排程引擎；

（3）应用逻辑层：基于 MVVC 框架,使用经典技术组合 Axios、Vue,将前后端完全分离。轻巧、高性能、可组件化、耦合度低,可快速自定义配置和扩展开发；

（4）业务逻辑层：Spring Framework 5.0 IOC、AOP 实现框架；

（5）数据访问层：MyBatis 3.4. 6Alibaba Druid 1.1,MyBatis 是运行效率高、轻量的

持久层框架,支持定制化 SQL、存储过程以及高级映射;

(6) Cache 缓存机制:Redis,高性能的 key-value 缓存数据库;

(7) 身份认证:Apache Shiro 的 Java 安全框架,执行身份验证、授权、密码和会话管理;

(8) 业务调度机制:Aps_job 4.0 基于 Quartz schedule 2.3 定制适合排程算法和数据集成功能的任务调度;

(9) 远程访问机制:Apache CXF 能很好地支持 HTTP、SOAP、CORBA、RESTful 等通信协议;

(10) 数据集成:Kettle ETL,可以在 Windows、Linux、UNIX 上运行,数据抽取高效稳定;

(11) 消息机制:ActiveMQ,JMS(Java Message Service)规范的一种消息中间件的实现,提供标准的、面向消息的、能够跨越多语言和多系统的应用集成消息通信中间件。

8.3.3.4　数据架构

如图 8-44 所示,APS 数据系统集成参考企业相关的信息化建成项目,和相关的业务需求进行数据串联,产品的系统集成使用的相关技术如下。

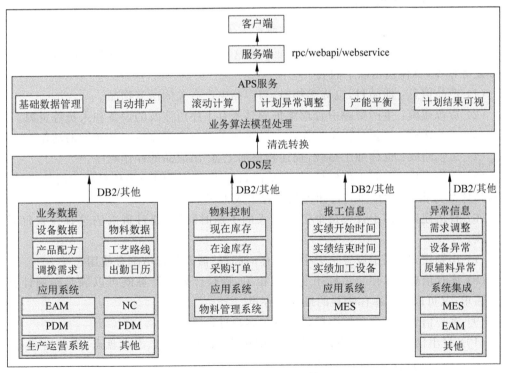

图 8-44　APS 系统数据架构图

(1) 数据集成建模工具,是基于 SWT 技术开发的可视化流程设计器,提供可视化数据模型定义、调试与监控、元数据管理以及数据处理模型部署等功能。

（2）数据集成模型治理，是基于 DI 提供的系统管理监控与任务调度工具，系统管理员可以通过它对数据处理模型及数据处理引擎进行配置和管理。

（3）数据集成组件库，包括了一组与数据集成相关的服务构建，支持在集成开发环境下基于可视化的组件图元快速配置出高效的数据处理模型。

（4）数据集成引擎，基于 Java 构建，是数据集成的核心，负责解析数据集成模型定义、处理 Governor 请求、处理引擎自身的模型调度等。数据集成引擎可以满足大规模数据的并发处理，完成企业级的数据交换场景。

8.3.4　建设内容

卷烟生产是一种混合制造模式，主要包括制丝、卷包等工序，具有多阶段和多产品特点。制丝工艺是流程型制造，卷包工艺是离散型制造，两种不同类型的生产过程通过储丝柜（箱）衔接，此外还涉及包装材料、香液料液等辅料。一般卷烟工厂先接收省公司下达的月度计划，再综合设备维护等厂内因素进行排产，并与省公司进行多次反馈协调。因此针对龙烟公司 APS 系统实施，除了常规的 APS 功能外，还需要考虑供应链协同以及卷包、制丝环节的衔接问题，需要定制专门的算法规则。

8.3.4.1　生产系统建模

生产系统建模根据来自生产运行管理系统的月度生产排产需求数据进行车间基础流程建模，通过业务部门描述生产流程特征。将这些静态数据和动态数据进行抽象，可构建标准业务模型，具体包括以下内容。

（1）产品信息：即品目，也称为物料，与产品生产有关的所有物品。

（2）资源建模：生产资源中管理维护的是所有工序所涉及的设备和人员等资源。

（3）工艺建模：工艺是指生产作业人员或加工设备为了完成产品而做的动作。

（4）工艺路线：也称加工路线，描述物料加工、产出成品的操作顺序。

（5）工序模板：也叫工作模板，是制造品目所需要完成的一些相对独立的加工过程，是与具体品目相关联的，即品目和工艺组合生成工序。

（6）日历建模：用于设置每个资源每天的工作时间段，通过班次的选择设置每天的时间段。

（7）出勤模式：用于设置一天中的工作时间段，需要与日历配合使用。

（8）库存信息：库存与物料计划紧密相关，物料计划的计算既可以满足精确计算物料的需求，又可以降低库存物料的最佳库存点。

（9）客户信息：客户数据维护是对订单客户进行维护。

（10）订单信息：系统中有制造订单、采购订单、销售订单、库存盘点、库存增减、需求订单，系统根据制造订单进行排程。

（11）制造 BOM 建模：物料清单是用来描述产品结构的技术文件。

8.3.4.2　物料齐套分析

龙烟公司的采购计划由省公司物资供应中心通过工序设备级计划制定。车间物料到货计划通过期间作业计划、BOM 和工艺路径，可依据不同的工艺流程需求，通过 APS 系统计算出物料到货需求计划。该功能结合要排产的期间作业计划，通过需求物料对库存及采购在途确定物料齐套时间作为订单排程约束，对缺料信息输出到货计划表。物料齐套属于高级计划范畴，核心是优化采购计划和库存。

8.3.4.3 生产资源智能匹配

生产过程中的资源包括：设备产能、设备状态、操作人员及工厂日历、原辅材料及中间物料等，生产计划排产的关键是合理高效地对生产资源进行合理的分配。龙烟公司的生产计划包括外部需求和内部需求，外部需求包括省公司下达的市场初步需求计划、月度生产计划、试制烟生产计划、临时作业指令等；内部需求是在制品库存计划。APS 系统基于多重资源约束，建立数字化工厂模型，在尽可能满足约束条件（如交货期、工艺路线、设备和人力资源等情况）的前提下，推荐最佳的资源组合对生产资源进行智能分配，安排生产计划的执行资源，以获得产品制造时间或成本的最优化。

8.3.4.4 基于供应链协同的月度主作业计划自动生成

ERP 系统将辅料的预计到货时间、预计到货量、可用量、预计可用时间、实际可用时间等信息反馈给 APS 系统，APS 依据所反馈的信息进行主作业计划的编排。将 ERP 反馈信息动态化，实现月度主作业计划变更时，增量部分与辅料系统集成，辅料系统根据增量部分下订单。APS 系统结合订单优先级、交货期、生产成本、换牌成本、成品库存、调拨需求与物料计划、工厂日历、设备资源等信息，自动生成主作业计划，提高主作业计划的生产效率及可执行率，将生产组织的日常工作简化，实现基于订单式的智能排产，并达到保证交货期要求、降低库存积压、均衡产线和班次、提高设备利用率等多目标要求。

8.3.4.5 卷包、制丝日作业计划自动生成

APS 系统根据月度主作业计划安排，结合设备、人员、工厂日历等信息自动生成卷包机组的作业顺序工单，下达至卷包集控系统执行，同时，系统自动生成换牌计划、换牌通知。根据卷包作业计划，排产引擎结合制丝车间的产能、储柜信息、各线段的平衡生产等因素，自动拉式生成制丝车间烟丝、膨丝的日作业计划。通过卷包、制丝日作业计划自动生成，提高生产计划与制造执行过程的协同能力，如图 8-45 所示。

8.3.4.6 APS 优化算法定制

在项目实现过程中，APS 系统通过一键排程自动生成卷包计划、制丝计划等不同工序的作业计划。计算过程中系统通过工作任务筛选，将符合条件的无序工作任务筛选出来，调用对应的算法规则，通过系统算法进行逻辑处理，将工作任务转换为符合生产需求的计划结果。

APS 的算法实现主要包含产能均衡判定、工作任务换线顺序组合、排产规则条件判定、事件触发、排产变量权重平衡、计划结果优化几大部分。

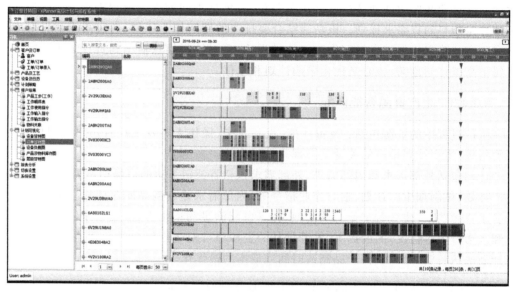

图 8-45　排产结果自动生成

在算法实现过程中,龙烟公司的算法需求区别于传统流程行业和离散制造行业,订单下达没有精确的交期需求,APS 系统需求通过月度产量需求进行产能的整体平衡测算。相关定制算法包含数学规划(较适用于战略计划与网络选址等)、启发式算法(适用于运作计划或生产排程等)、智能算法(较适用于大规模优化)等。APS 提供可配置的算法平台,不仅支持内部算法,同时也可以集成外部算法。内置算法是采用基于规则的启发式算法,通过采用多目标组合优化算法引擎,为大规模高性能运算提供核心动力。同时将数据存储与逻辑运算分离,采用 SQL Server/Oracle 等成熟的关系数据库进行数据存储,排产服务则基于内存高速计算。

通过定义复杂而灵活的产品工艺模型、资源模型等数据,结合多种不同的排产控制参数及规则设置,制定与现场实际相符合的计划结果,并能快速调整重排、对比结果、优化参数,实现基于约束规则的优化排程。启发式排程主要模型、相关约束规则参数及算法流程如下。

考虑月总量约束、产能约束和交期约束,以最快生产速度完成生产,即将生产调度令的最短生产周期作为卷烟厂卷包车间的目标,只需要确定每台卷接机 j 所需要生产的牌号 i 及其数量。由于分配给卷接机台上所有牌号的生产顺序对最短生产周期影响特别小,因此模型先考虑牌号及其数量的分配,再确定卷接机不同牌号的生产顺序和生产时间段。

APS 算法通过人工制定的计划目标及约束条件来将业务需求转换为数据模型,通过数据模型进行计划结果求解。

1. 目标函数

(1)总完成时间最短,即生产天数最少:

$$f_1 = \min_{j \in \{1,2,\cdots,J\},\, K \in Q_j} (\max F_{jk})$$

（2）总换牌次数最少，即各卷接机生产换牌次数的总和最少：

$$f_2 = \min \sum_{j=1}^{J} (Q_j - 1)$$

综合考虑这两个目标，则目标函数为

$$\min a * \min\left(\max_{j \in \{1,2,\cdots,J\}, K \in Q_j} F_{jk}\right) + b * \min \sum_{j=1}^{J} (Q_j - 1)$$

其中，Q_j——卷接机 j 上生产的牌号种类的数量；

F_{jk}——卷接机 j 上生产的第 k 个牌号的结束生产时间；

a，b——权重，a，$b \geq 0$ 且 $a + b = 1$。

2. 约束条件

（1）月总量约束。每个牌号在各台卷接机上生产的数量之和等于该牌号的月计划生产量：

$$\sum_{j=1}^{J} P_{ij} = D_i \quad \forall i = 1, 2, \cdots, I$$

其中，P_{ij}——牌号 i 在卷接机 j 上的生产量；

D_i——各牌号月计划生产量，$D = \{D_1, D_2, \cdots, D_I\}$。

（2）卷接机设备约束。每台卷接机生产第一个牌号的开始时间为非负数：

$$S_{j1} \geq 0 \quad \forall j = 1, 2, \cdots, J$$

其中，$S_{j,k+1}$——卷接机 j 上生产第 k 个牌号的开始时间。

每台卷接机生产各牌号的结束时间不早于开始时间加上该牌号在卷接机上以最快生产速度完成生产所花的时间：

$$F_{jk} \geq S_{jk} + \frac{P_{aj}}{E_{aj}} \quad \forall j = 1, 2, \cdots, J \quad \forall k = 1, 2, \cdots, Q_j \quad \alpha = B_{jk}$$

其中，B_{jk}——卷接机 j 上生产的第 k 个牌号；

E_{ij}——牌号 i 在卷接机 j 上的生产效率。

每台卷接机除生产第一个牌号外，下一个牌号生产时间要不早于上一个牌号生产结束时间加上换牌时间：

$$S_{j,k+1} \geq F_{jk} + C_{B_{jk}}^{B_j, k+1} \quad \forall j = 1, 2, \cdots, J \quad \forall k = 1, 2, \cdots, Q_j - 1$$

其中，$C_{B_{jk}}^{B_j, k+1}$——卷接机 j 上由生产的第 k 个牌号切换成第 $k+1$ 个牌号的换牌时间。

同开同停约束，即由同一台喂丝机 w 喂丝的多台卷接机在生产同一牌号时，同时开始同时结束，数学表达式如下：

$$\begin{cases} S_{ur} = S_{vs} & \forall w = 1, 2, \cdots, W \quad \forall \varphi, \phi = 1, 2, \cdots, A_w \text{ 和 } \varphi = \phi \quad u = R_{w\varphi} \quad v = R_{w\phi} \\ F_{ur} = F_{vs} & \forall r = 1, 2, \cdots, Q_u, s = 1, 2, \cdots, Q_v \text{ 和 } B_{ur} = B_{vs} \end{cases}$$

其中，A_w——每台喂丝机所喂的卷接机数量；

R_{wm}——由喂丝机 w 喂丝的第 m 台卷接机。

（3）喂丝机与卷接机的对应约束关系。由于每台喂丝机只能给固定的几台卷接机喂丝：

$$z_{wj} = \begin{cases} 1 & \text{喂丝机 } w \text{ 可给卷接机 } j \text{ 喂丝} \\ 0 & \text{喂丝机 } w \text{ 不可给卷接机 } j \text{ 喂丝} \end{cases} \quad \forall w = 1, 2, \cdots, W \quad \forall j = 1, 2, \cdots, J$$

采用基于规则的启发式算法,考虑卷烟厂卷包车间人工生产排程中的排产规则,将这些规则嵌入到算法中,提高算法的效率。如图 8-46 所示为基于规则的启发式算法流程图。

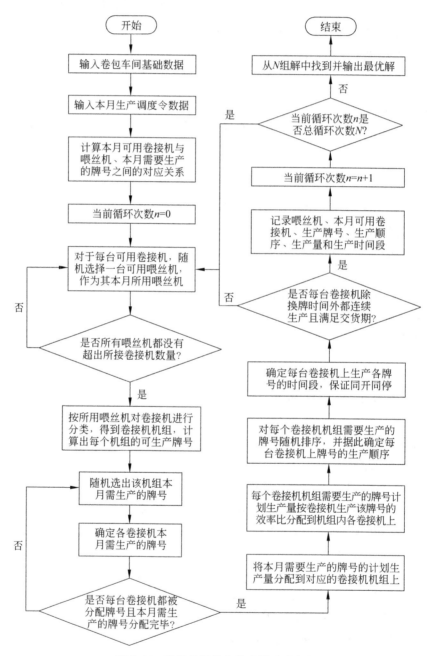

图 8-46 基于规则的启发式算法流程图

8.3.4.7　生产计划实现过程关键节点信息集成

实现生产计划过程关键信息的归集与展现,包括省公司生产计划、月度主作业计划、制丝及卷包生产信息、辅料信息、成品库存、调拨及码段信息,将生产过程可视化。

8.3.4.8　模拟场景 WHAT-IF 分析

龙岩公司 APS 系统实现过程中支持模拟多个场景,例如,改变需求的调拨数量;增加新调拨或删除不需要的调拨需求;改变采购订单的到货日期;增加或减少关键资源能力;实际生产过程中出现的材料异常等相关事件。通过 APS 强大的 what-if 分析功能,能够支持规划者快速地结合生产信息,针对订单、途程、物料、存货、BOM 与产能等动态变化,进行及时的事前分析,科学地做出平衡企业利益与顾客权益的最佳决策。

8.3.4.9　计划可视化及报表分析

多维度可视化甘特图,如图 8-47 所示,包括计划甘特图、资源甘特图、关联甘特图、资源负载图、库存负载图等。

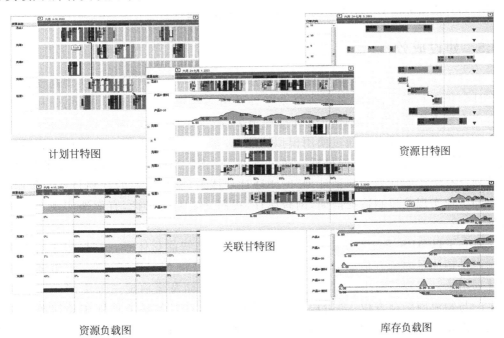

计划甘特图　　　　　资源甘特图

关联甘特图

资源负载图　　　　　库存负载图

图 8-47　多维度可视化甘特图

(1) 月度计划甘特图:龙烟公司需要的资源甘特图展示不同牌号的完成时间,具体工序的时间安排,以订单为纵坐标、时间作为横坐标,中间部分的数据以显示订单的工作安排为主。工作安排通过色块的形式在图上展现,色块颜色由牌号订单管理设置。相应工作安排以工序来划分,同时色块上标识出该工序的名称。资源甘特图只提供用户订单排产展示功能。

（2）月度资源甘特图：月度资源甘特图功能是以资源为纵坐标，具体的时间为横坐标，相应的工作安排为数据，展示资源的安排。同时资源甘特图为用户提供了交互功能：鼠标左键按住时间标尺，左右拖动分别是放大、缩小甘特图。

（3）日计划甘特图：日计划甘特图和月度计划甘特图联动调整，当日计划甘特图所映射的生产任务单发生变更时，相关数据同步到月度计划中，并通过月度计划甘特图展示。

（4）资源负载图：资源负载图可查看资源负荷情况，每个资源的负荷大小用图表和数值进行显示，计算区间可右键进行选择。

（5）延期订单：延期订单报表显示超期（完工余裕时间小于零）的订单队列。

（6）延期工作：延期工作报表显示超期（完工余裕时间小于零）的工作队列。

（7）工序物料汇总：根据排产后的工作输入指令生成的工序物料汇总表。

（8）工序产出汇总：根据排产后的工作输出指令生成的工序产出汇总表。

（9）到货清单：根据期间作业计划计算出不同时间节点的物料需求到货清单。

（10）检验计划：通过计划完成时间向后推算无限产能的检验计划。

（11）库容配盘计划：通过期间作业计划及高架库的库存高低限来计算出库容配盘计划。同时依据配盘 BOM 生成对应的物料配盘组合建议。

8.3.5 建设成效

通过实施 APS 系统，大幅度提升龙烟公司生产效率与管理效率。实现高度智能的生产计划排程与调度，可在多任务复杂条件及诸多约束的生产流程中，充分利用工厂的生产全要素资源，找到最佳的调度排程结果，减少换牌次数，缩短设备切换时间，从而显著地降低生产成本。通过使用模拟功能，对紧急订单及生产突发事件做到更迅速地反应，最终实现降本增效的目标。通过 APS 与 ERP、MES 无缝集成，建立了"无限产能计划→有限产能计划→滚动计划"的闭环计划体系，满足企业的计划目标与策略，从而帮助企业实现缩短制造提前期，削减库存，提高交货期的目标，有效地实现客户的利益增长。

建立了以 APS 系统为核心的生产过程管控决策智能化体系，通过 APS 系统综合考虑产供销体系中所有信息并集成计算，结合多系统的数据进行处理，给出合理有效的计划结果。实现了需求计划、工厂产能与采购、仓储及运输配送等集团化运营多工厂生产与物流网络全方位、多阶段的系统协同平衡，针对各环节计划相关问题提供了相应的优化建议。为卷烟工厂多阶段生产控制协调，实现从工厂车间到供应链生产网络级的同步生产建立了基础，同时将成为数字化工厂车间智能制造顺利推行不可或缺的关键一步。

8.4 卷烟制造全过程质量一体化集成系统设计与应用

自工业 4.0 概念提出后，我国政府在《中国制造 2025》战略规划中，首次强调把智能制造作为我国制造业发展的主攻方向，将智能化生产技术列为重要研究内容。为贯彻落实《中国制造 2025》及"互联网＋"战略,福建中烟在烟机产品智能化、生产过程智能化等方面开展积极探索,着力打造"快、柔、智、稳、精"的高质量生产制造平台。

8.4.1　项目背景

作为福建中烟下属子公司之一,龙烟公司是行业内较早开展信息化建设的企业之一,经过多年潜心发展和迭代升级,有着相对完善的管理信息系统和生产信息系统(如图 8-48 所示),初步实现了生产过程自动化和管理决策信息化。随着"云、大、物、移、智"等技术的普及应用,龙烟公司积极探索引领卷烟生产向数字化、信息化、智能化方向迈进,推进企业高质量发展,对卷烟制造全过程信息化提出迫切需求。现有的质量管理平台集成度低、质量业务信息化缺口大、模块缺失等问题日益突出,难以支撑日渐庞大的数据分析需求,主要存在问题如下。

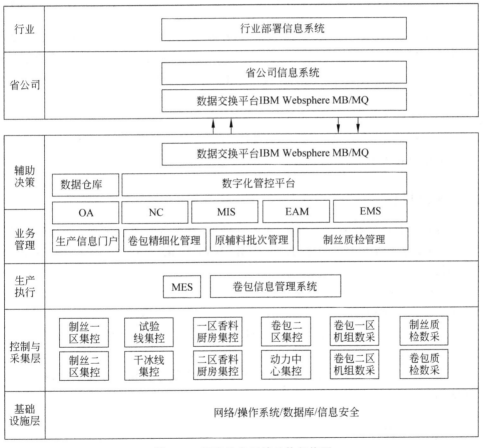

图 8-48　现有信息系统总体架构图

(1) 质量管理平台集成度低。现有质量管理业务、功能、信息分散在各信息化系统,各种业务功能和技术架构并存且差异化较大,区域间系统相对独立分散,缺少全过程的有效关联,不利于全局上的评价、追溯和管理;系统功能与质量管理业务要求存在较大差距,质量统筹运作管理能力较差。

（2）信息化模块缺失。卷烟制造全过程的质量事件管理、质量改进管理、质量风险管理、合作生产管理以及原料、辅料、香料、卷包批次产品质量评价等缺少相应的信息化功能模块支撑。

（3）质量追溯效率低。现有系统主要依靠人工对离散子系统和纸质报表进行统计分析，信息量大、耗时长、效率低、信息不完整，迫切需要构建新的应用模型，实现质量追溯信息化和智能化。

（4）数据缺失。目前龙烟公司能提供原料、辅料、香料、制丝、卷包等生产过程的质量数据缺失较大，难以支撑省公司数据中心对质量主题的数据分析需求。

为此，研究团队提出了"卷烟生产全过程质量一体化集成系统设计"这一课题，期望通过本课题研究来帮助龙烟公司以及更多类似的企业，建立起一个从原辅材料进货，到制丝、卷包、香料厨房等区域生产，到成品入库的卷烟生产全过程批次质量管理系统，推进企业高质量发展。

在研究前期，早在2008年左右，研究团队开展了基于制丝批次的质量评价模型的研究和应用，当时主要以单条制丝生产线为试点，建立了单参数—工序—生产线的质量评价模型和方法。经过几次技改后，质量评价模型的应用已经覆盖了所有制丝生产线，批次质量管理、评价、追溯等思路初具雏形，并以此为基础，在2016—2017年，建立了"卷烟生产全过程质量一体化集成系统"，将批次质量闭环管理、质量评价、质量追溯、计划驱动等思路融入系统建设过程，为公司生产全过程环节各类质量管理活动运作和数据应用分析提供了统一的信息化平台。

8.4.2 项目目标

项目针对现有质量业务过于离散、集成度低、质量业务信息化缺口大、批次质量管理片面、产品质量追溯难度大等问题，按照"摒弃、迁移、优化、新建、集成"原则实施改造，以达到下列目标。

（1）建立一套以 IS-PDCA 方法论为基础的全过程批次质量业务管理集成系统，提升公司质量管控水平和精益化质量管理能力；

（2）建立一套集数据与事件的生产全过程层级式 QI 质量评价模型，实现产品实现过程关键控制指标的科学量化评价；

（3）建立生产全过程质量正反向追溯，配套制定质量追溯相关行业标准，提升产品的可追溯能力。

8.4.3 实施方式

8.4.3.1 构建多专业跨领域项目团队

项目组以主管工艺质量的公司副总经理为负责人，项目组成员由产品工艺、质量管理、信息技术、生产管理、设备仪器、机械电气、物流供应、能源动力、烟草化学等专业领域管理技术骨干和一线操作员工组成，研究范围涉及原料仓储、制丝加工、卷包生产、烟用材料进货与使用、成品仓储等生产制造全过程。在项目实施过程中,项目组成员一方面充分发挥自身专业优势,另一方面互助互补,群策群力,形成了强烈的凝聚力和向心力,为项目的顺利推动和有效实施奠定扎实基础。

8.4.3.2　严格项目管理,提升项目质量

信息化平台建设历来难以短时间满足用户的预期,究其影响因素主要是需求粗放、用户期望与开发者认识脱节、详细调研与开发同步、人员变动等,造成系统建设反复推翻重建,影响开发进程与实际应用。因此,项目团队严格项目实施各项管理,致力于项目工作质量和成果质量的提升。

(1) 现状调研、需求调研、模型设计、功能设计等除了系统开发以外的工作前移,按业务模块细化至各个末端节点,通过可行性论证形成 19 份详细业务需求规格说明书,为项目的全面性和成熟度奠定基础;

(2) 邀请郑州烟草研究院等行业内外技术专家开展实地调研和技术交流,从公司信息化现状、质量业务、批次关联设计、系统规划、存在问题等方面协助项目组进行精心调研与论证,结合自身的优势提出可行的意见和建议,为项目总体规划和分步实施提供科学依据;

(3) 固化业务骨干与开发人员配置,避免过程中主要人员发生变动,按业务模块建立业务人员与开发人员点对点衔接关系,双方共同担起项目的调研、论证、研发与测试工作,使开发人员充分理解用户的期望,提升对质量业务的认知度,并将业务需求翔实无误地转化为信息化设计档案;

(4) 配套实施严格的项目工作制度,项目纳入公司重点工作内容,年度下达总计划,每月按计划再细化为各项措施,各专业组按计划实施项目研发,月例会及时进行阶段总结。季度质量例会汇报项目总体进展情况,分析技术难点,落实责任部门,制定改进措施及下一步计划。在项目进程各关键节点,各专业组及时组织碰头会,分工协作,推动项目有序进行。项目实施过程均有翔实记录,各类会议纪要和实施记录共计 113 份。

8.4.4　技术方案

8.4.4.1　总体思路

PDCA 循环又叫质量环,是管理学中的一个通用模型,P(Plan)计划,D(Do)执行,C(Check)检查,A(Action)处置。PDCA 循环是全面质量管理所应遵循的科学程序。IS-PDCA 是在 PDCA 的基础上融入了信息(Information,I)和战略(Strategy,S)所形成的一种精益管理理念。

卷烟产品批次质量评价和追溯系统在规划、设计和开发整个过程中,用 IS-PDCA 的精益管理理念(图 8-49)贯穿整个系统开发设计过程,通过不断优化、持续改进,从综合管理维度正确引导企业质量发展方向,构筑精益质量管理模式,凸显规范性、高效性、准确性、及时性的管理特点。

质量信息系统应用、制造过程有效质量控制、以 PDCA 为核心的质量高效管理三

个维度互相协同,共同构建了涵盖产品全寿命周期、关键质量管理业务全过程、信息化的精益质量管理战略。形成了以卷烟生产工艺质量为核心的全过程质量评价和追溯系统,以 PDCA 为主线的质量综合管理与持续改进系统,以"知控管谋"为思想的卷烟生产全过程批次质量管理和追溯系统。系统全面贯彻和落实"预防、控制、纠偏"和"审视、评价、改进"的闭环管理模式,逐步形成"系统化、参数化、标准化"的全员、全过程、全方位工艺质量管理体系,持续提升产品的过程质量控制水平和质量保障能力。同时多层次多维度的生产和质量信息的正反向追溯,增强了信息的可靠性和透明度,进一步倒逼企业彻底实施过程质量安全管控和供应链的源头追踪,以保证向消费者提供优质的放心产品。

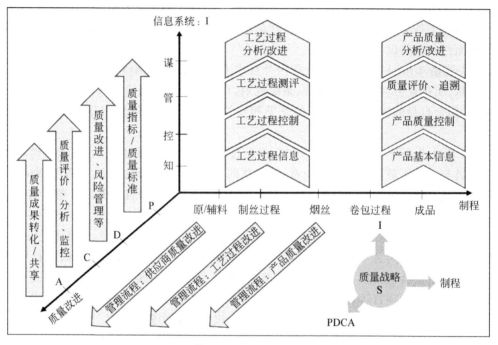

图 8-49　基于 IS-PDCA 的精益管理理念

按照 IS-PDCA 的精益管理理念,建立围绕批次的质量管理与追溯统一平台,实现质量统筹化、系统化、批次化,解决原有质量管理业务多系统并存、平台架构差异大、业务信息化缺口较大、业务操作离散、信息共享程度差、数据利用效能低等问题,通过项目实施重点解决以下研究内容。

(1)质量管理业务的全覆盖,基本实现全面质量管理;

(2)统一应用平台,实现了质量业务系统从离散向高度集成转变;

(3)建立基于"质量策划、质量运行、质量评价分析、质量改进"的闭环管理,实现质量统筹管理,提高质量管理的系统性和整体性;

(4)通过对制丝、卷包、香料、辅料、原料五大主题生产批次的研究,实现了质量管控的批次化;

(5)通过生产计划驱动质检计划快速、有序地执行,提高了批次质量检验的自动化、快速化及规范化；

（6）通过深化研究，较完整地建立公司整体批次产品质量评价体系；

（7）建立质量数据生态圈，为公司质量追溯、质量统计分析、数据驱动管理决策等奠定了重要基础；

（8）建立批次质量追溯应用，大大提高了公司内部批次产品质量的可追溯能力；

（9）建立多维质量数据分析，挖掘数据价值。

系统整体应用效果示意图如图 8-50 所示。

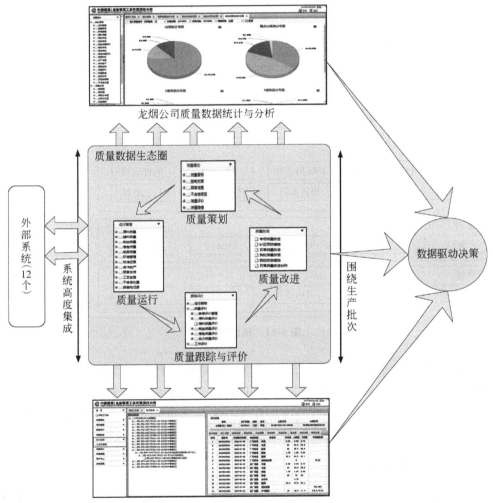

图 8-50　系统整体应用效果示意图

8.4.4.2　技术架构

技术架构图如图 8-51 所示，采用 Java 平台为主，.NET 平台为辅的技术路线。采用 Struts2 技术架构，应用 MVC 三层架构体系，结合 SOA 体系架构，实现工作流管理、内容管理、数据接口管理、报表管理、表单管理等主要核心组件的配置化功能,达到了基于Java 技术的面向 Web 应用架构的应用平台要求,提高系统的开发效率及质量;采用 Web service 接口协议、定制化数据采集接口服务、串口通信协议、OPC 通信协议等接口方式,实现对公司相关业务系统、通用及专用设备无缝集成,业务及服务的整合集中和流程实现;采用三权分立的管理体系,严格定义用户、角色、功能,达到三员管理的目的;基于.NET Framework 3.5 进行系统开发工具的开发,实现数据采集、报表管理、数据接口管理、表单管理等功能,为 Java 应用平台提供基础支持。

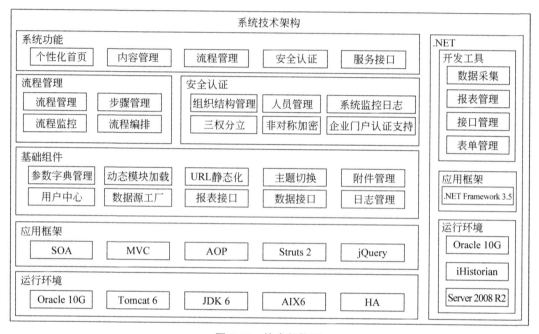

图 8-51 技术架构图

系统支持在 Windows 平台、Linux 平台、UNIX 平台等平台上进行部署,支持 IBM Websphere、Tomcat、JBoss 等主流应用服务,支持能够提供数据库访问驱动的各类数据库(如 Oracle、SQL Server、MySQL 等),支持集群化配置和访问数量控制配置等功能。

8.4.4.3 功能架构

系统功能包括了质量策划、运行管理、跟踪评价、质量改进、批次追溯、质量统计及综合管理七大模块,如图 8-52 所示,覆盖了原料、香料、制丝、辅料、卷包生产环节的各项质量管理业务和质量数据采集处理等内容,实现了"质量策划(P)、质量运行(D)、质量评价分析(C)、质量改进(A)"的 PDCA 闭环质量管理、批次化业务管理、批次质量追溯管理、质量多维分析等,实现了系统从离散向高度集成转变,管控模式向全面批次化质量管理模式转变,为公司两化融合打造生产过程质量追溯能力奠定了扎实的基础,显著提升了公司质量管控水平。

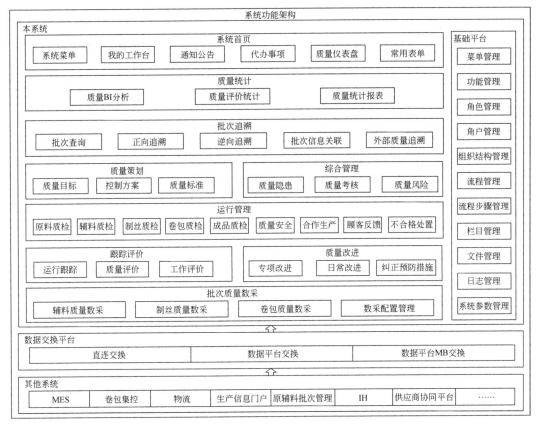

图 8-52　功能架构图

8.4.5　应用场景

8.4.5.1　质量指数(QI)评价体系在卷烟工业中的应用

针对不同生产区域的不同特质,形成了一整套全过程 QI 质量评价模型并进行工业应用,如图 8-53~图 8-56 所示,为全局性的质量把控和改进提升提供了重要的评价依据。

(1)根据原料、制丝、卷包、烟用材料区域独特的生产特性,识别各区域关键参数或指标,辅以科学的数采规则,建立以 Z(偏移度)、P(离散度)为基础的高阶数学拟合 QI 模型或以扣分项为基础的百分制叠加惩罚 QI 模型,将质量数据与工艺行为纳入量化评价,并覆盖生产全过程,实现区域性各层级 QI 质量评价和总体性 QI 质量评价。

(2)优化了以 Z、P 为基础的向上聚合 QI 评价模型,将原有评价模型以参数或指标 QI 按权重向各层级聚合的模式转化为通过 Z、P 按权重分别向上聚合、各层级通过 Z、P 和拟合公式进行稳态 QI 计算的模式。同时,非稳态 QI 按权重模型向各层级进行聚合。新模型的应用,便于工艺点—小批次—大批次—区域—综合各层级均可从偏移、波动、QI 水平多维度进行分析与改进。

图 8-53　制丝、卷包、成品日质量评价示例

生产日期	车间	总QI	工艺参数					物理检验			外观检验	转序得分
			Z	P	稳态	非稳态	得分	Z	P	得分		
	总质量指数	94.5										
20171211	制丝车间	93.23	0.204	0.7733	92.6	94.7	93.23					100
20171211	制丝一区	92.05	0.253	0.8045	91.68	92.9	92.05					100
20171211	制丝二区	96.39	0.0833	0.635	95.48	98.5	96.39					100
20171211	试验区	94.56	0.1594	0.8002	92.23	100	94.56					100
20171211	干冰区	89.94	0.0734	1.0849	85.63	100	89.94					100
20171211	卷包车间	94.7						0.3543	0.7634	91.7	99.2	100
20171211	卷包一区	94.5						0.3531	0.7735	91.5	99	100
20171211	卷包二区	95.03						0.3561	0.7475	91.99	99.6	100
20171210	成品仓库	96.62	1.1167	0.3091			83.66	0.2683	0.6543	94.44	99.9	100
20171210	成品一区	96.48	1.4	0.2881			76.53	0.3193	0.6407	94.27	99.8	100
20171210	成品二区	96.72	0.7625	0.3335			91.47	0.2045	0.6709	94.54	100	100

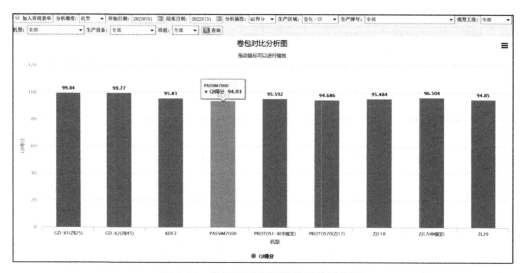

图 8-54　卷包不同机型质量指数对比图

（3）建立了以 CPK 过程能力为理论依据的 Z、P、QI 等级判定规则，按从优到劣划定 A＋、A、B、C、D 五种能力等级区间，系统根据评价结果自动触发 D 级原因分析及整改需求，便于工艺人员及时发现问题，提升质量水平。

（4）将工艺事件纳入转序 QI 量化评价模型，以不合格分级处置管理规定为基准，将各条款转化为工艺事件 QI 评价规则表，对定性的工艺事件按 ABCD 严重程度赋予惩罚值，通过参数数采判定、检验结果判定和工艺巡检不合格判定等方式，触发转序 QI

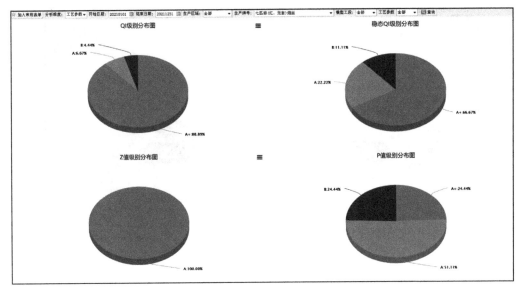

图 8-55　A＋、A、B、C、D 质量指数等级占比图

量化评价及不合格等级判定,同时系统触发不合格处置及纠正预防后续闭环控制程序。

（5）质量指数量化评价实现生产各区域的全覆盖,通过各区域工艺质量状态的持续评价、分析和改进,全过程加工质量的稳定性和控制水平得到明显提升。通过项目实施与应用,制丝一区技改后 QI 水平由从 48 分提升至 91.3 分,制丝二区 QI 水平由 87.6 分提升至 93.5 分,试验线 QI 水平从 83.6 分提升至 88.7 分,1140 膨胀线 QI 水平由 88.6 分提升至 92.3 分,卷包一区 QI 水平由 89.9 分提升至 94.2 分,卷包二区 QI 水平 84.8 分提升至 95.1 分,龙烟公司总体 QI 水平由 87.5 分提升至 93.7 分。

8.4.5.2　质量追溯在卷烟工业中的应用

项目以生产批次为追溯单元,建立了卷烟生产过程的质量追溯管理,实现了正反向的企业内部质量追溯和基于钢印号的外部追溯,达到了卷烟企业质量追溯的基本原则和要求。

通过对制丝、卷包、香料、原料、辅料的生产批次定义研究、批次追溯信息的分类研究、批次间关联设计研究,建立了批次质量追溯模型及管理功能,实现卷烟产品生产链路上追溯单元之间的有机关联、追溯信息的批次归属和分类归集,实现了质量追溯数据生态圈和在产品批次链路上的自动漫游,实现了以钢印号为切入点的卷烟产品外部追溯以及以原料、香料、制丝、辅料、卷包五大主题任意环节生产批次为切入点的正反向追溯,对企业发现的问题易于寻根溯源并找到问题的波及面,提高问题查找的效能,把质量风险尽量控制在企业内部,达到了卷烟企业质量追溯的基本原则和要求。

通过对批次质量追溯的研究和应用,项目组制定了两项行业标准,分别是《YC/T 542—2016 卷烟企业生产过程质量追溯通用原则和基本要求》、《YC/T 542—2016 卷烟企

智能制造技术与应用

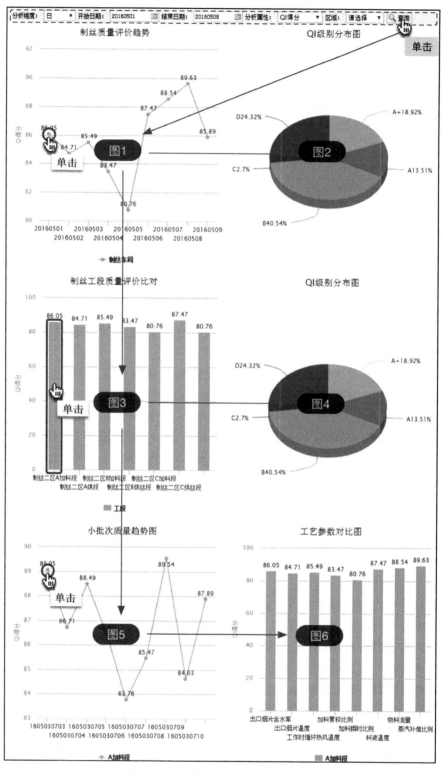

图 8-56　质量指数多维分析示意图

338

业生产过程质量追溯信息分类与要求》,经国家烟草专卖局获批,于 2016 年 1 月 23 日批准发布,2016 年 2 月 15 日正式实施。质量追溯标准的制定及实施为卷烟工业企业卷烟生产过程质量追溯体系的建设提供理论方法和参考依据。

1. 生产批次划分与编码规则设计

根据不同生产区域的特性,按照适度原则划分可评价和追溯的最小颗粒单元作为批次的界定,各批次具有唯一标识,标识是作为上下游批次和批次信息关联的唯一载体,在系统中标识采用数字编码的方式予以体现。批次编码规则由生产区域号、机器编码、日期、班次和序号等字母和数字集合而成,如图 8-57 和图 8-58 所示。

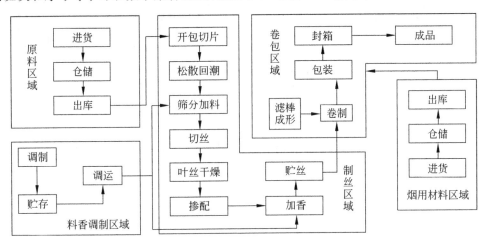

图 8-57　卷烟生产过程流程图

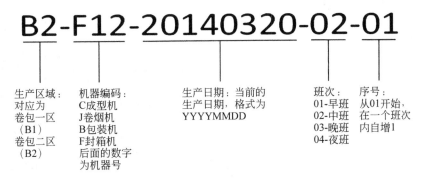

图 8-58　卷包生产批次定义示例

2. 生产批次追溯信息分类设计

按照 5M1E 分析法对制丝、卷包、糖香料、原料及辅料的生产批次追溯信息进行了分类研究,追溯信息细分及其内容基本符合追溯标准要求。如图 8-59 和表 8-1 所示,项目根据线分类法将追溯信息大体分为进货质量、生产过程和产品质量信息三大类,并可再往下细分,如生产过程质量信息从人、机、料、法、环、测和异常事件 7 方面进行细分,划分的目的在于信息的分类归档,便于根据质量问题的类型直接识别和快速定位。

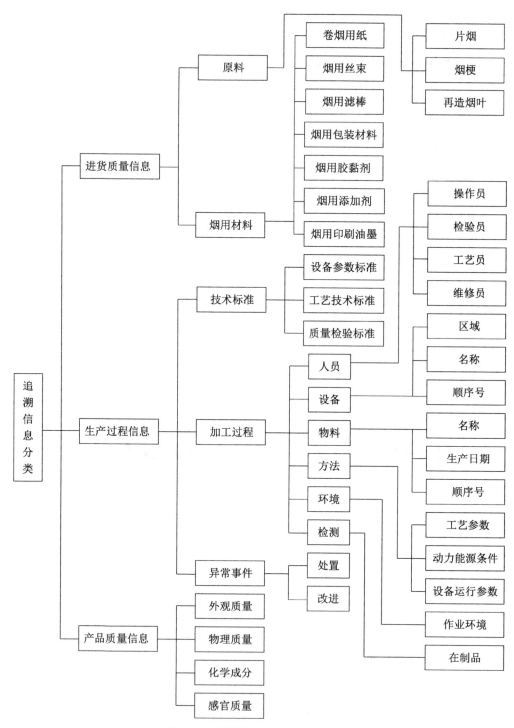

图 8-59　质量追溯信息分类示意图

表 8-1　以制丝为例的质量追溯信息表

序号	追溯信息类别	追溯信息内容示例
1	基本信息	牌号、批次号、班组、产量、生产时间等
2	技术标准	工艺技术标准或检验技术标准等
3	加工过程	人员、设备、物料等
4	物料信息	转入、转出物料的牌号、批次号、数量、时间等
5	质检信息	制丝批次检验结果及其明细数据
6	产品质量	制丝质量指数评价结果及其明细数据
7	异常事件	设备、工艺、操作、系统、能源、物流等引起的生产异常记录;发生不合格处置事件等
8	改进信息	纠正预防措施、专项改进、日常改进等
9	环境温湿度	关键监控点环境温湿度的标准及均值等
10	虫情预警	细分区域虫情预警(高、中、低、数量等)
11	原料信息	原料批次号、条码、名称、重量、生产日期、出入库时间等

3. 生产批次追溯关联设计

通过对基于工艺流程的批次流向进行分析和分解,采用生产排程结果、设备物理连接关系、时间段匹配、条形码扫描、RFID 识别、关联信息补录等手段,以"分段突破"的研究方式实现关键环节批次关联关系和逻辑设计,如图 8-60 所示,包括片烟库原料批次与制丝批次之间的追溯关联设计逻辑、制丝内部生产批次之间的追溯关联设计逻辑、香料批次与制丝批次之间的追溯关联设计逻辑、制丝生产批次与卷包生产批次之间的追溯关联设计逻辑、卷包内部生产批次(卷接、包装、装封箱)之间的追溯关联设计逻辑、发射机生产批次与卷包生产批次之间的追溯关联设计逻辑、成型机批次与发射机批次之间的追溯关联设计逻辑、辅料批次与卷包生产批次的追溯之间的关联设计逻辑,对生产批次产品链按照输入输出进行管理,最终实现卷烟生产全过程的质量追溯与应用。

4. 生产批次追溯应用

建立全流程批次规则设计、批次关联设计、信息档案设计模型,形成了贯穿生产全过程的正反向质量追溯模型和应用平台,如图 8-61 和图 8-62 所示,实现了基于生产批次的企业内部质量追溯和基于钢印号的外部追溯,为公司质量问题的快速定位、分析和处置提供了平台与数据支撑。

8.4.6　建设成效

(1) 创新性研究了原料、制丝、卷包、辅料、成品等质量指数表征方法,构建了公司级全过程质量指数评价体系。研究建立了制丝、卷包、原料、成品等质量指数表征方法,较为系统地构建公司整体质量指数评价体系,实现了卷烟制造全过程批次质量评价,既能从全局掌控、分析、诊断产品的质量加工总况,又能从局部的点线面深入挖掘分析具体环节的

一区制丝生产批次与卷包生产批次关联逻辑

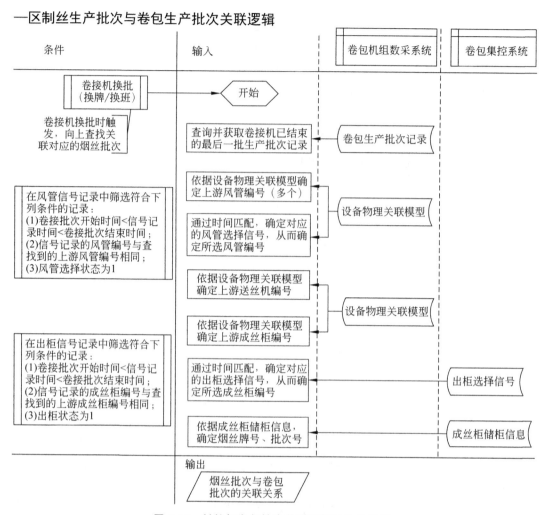

图 8-60　制丝与卷包批次关联逻辑设计示意图

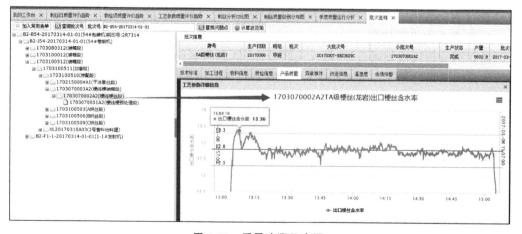

图 8-61　质量追溯示意图

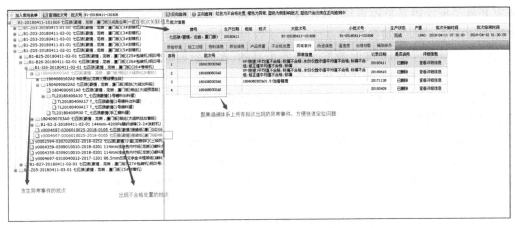

图 8-62 质量异常信息追溯示意图

产品质量加工水平。建立多维质量分析体系,可以从参数(指标)、批次(工段)、牌号、班组、机台、时间(日、月等)多维度多视角进行数据分析、对比、挖掘,在分析过程也可以联动追溯信息,便于问题的查找。通过对质量的持续评价分析改进,显著提升了质量稳定性。

(2)在烟草加工领域,创新性地研究了基于追溯单元的生产全过程精准追踪与模型追溯,制定并发布了《卷烟企业生产过程质量追溯的通用原则和基本要求》和《卷烟企业生产过程质量追溯的信息分类和要求》两项行业标准,对卷烟企业建立质量追溯体系具有重要的指导意义。项目通过对卷烟企业质量追溯方法的研究与应用,建立了以生产批次为追溯单元的质量追溯管理应用,实现了正反向的企业内部质量追溯和基于钢印号的外部追溯,为公司质量问题的快速定位、分析和处置提供技术支持,达到了卷烟企业质量追溯的基本原则和要求。

(3)创新性地研究了系统集成、作业协同、数据融合等技术和方法,实现了卷烟全过程批次质量一体化集成应用。卷烟制造全过程质量一体化集成系统设计项目获得了2020年中质协质量技术奖优秀奖,同时依托项目打造了"卷烟企业生产过程质量追溯能力",公司通过两化融合管理体系评定。

8.5 卷烟制造过程工艺控制的数据分析与应用

龙烟公司坚持"总体规划,分步实施"的建设原则,先后建立起制造执行层、管理运营层和分析决策层三级信息系统,并与上级系统进行无缝集成,全面覆盖生产经营各项业务,有力支撑了企业各个时期战略的落地。其中,制造执行层着眼于服务企业生产需求,提升企业工艺质量,积极探索应用,并持续深化企业数据资源的集中整合与有效利用,将新一代数据分析挖掘技术和设备管理、工艺管理、质量保障等职能业务深度融合,创新研究提供平台服务和数据服务的各类有益场景化应用,以点带面逐步推进智能工厂建设。

8.5.1 项目背景

公司的制造执行系统已覆盖制丝和卷接包全流程,其中制丝环节以批次技术为核心,研究开发了批次谱系追踪系统、智能排产系统和批次动态质量分析与评价系统,建立了集柔性和智能于一体的制丝管控系统。制丝管控系统以频率为 10s 的 IH(iHistorian,GE公司的实时数据库产品)实时数据采集器为基础,在原始数据上经过批次加工生成批次质量数据,为制丝批次质量改进提供宝贵的数据支撑。

在卷烟生产全过程中,含水率是影响成品品质的首要参数,而烘丝机出口叶丝含水率的稳定性是评价生产加工过程质量的关键指标,其稳定性受到各烟草企业广泛关注。现有烘丝机出口叶丝含水率控制的研究主要集中于 PID 控制、智能控制和两者相结合的智能 PID 控制等。各方法均采用烘丝机出口含水率的反馈控制,当烘丝前来料含水率有较大波动时,由于控制效果有一定的滞后性,致烘后叶丝含水率的稳定性下降。因此稳定来料含水率有利于调节烘丝过程参数,保障烘后含水率的稳定性,从而提高烟丝品质。

目前,国内制丝线主要通过调整松散回潮机加水比例实现对烘丝机入口含水率的控制。而加水比例的设置主要由相关技术人员根据个人经验确定,所依赖的计算方法为正比例模型,烘丝机入口含水率变化量为松散回潮机加水比例变化量的固定倍数,不考虑其他因素。该方法计算简单,但容易因环境温湿度等条件变化,导致实际烘丝机入口含水率出现较大偏差。随着精益化生产的要求不断提高,该方法已无法满足需求。因此,制丝生产过程需要寻找一种合适的方法,更加准确地预估松散回潮机的加水比例,从而实现控制烘丝机入口含水率更好地满足工艺需求。

8.5.2　项目目标

在制丝过程中,与烘丝机入口含水率相关因素较多,为细化研究,采用先分段后综合的方法对烘丝机入口含水率相关因素进行分析。首先,考虑以制丝生产线中各水分仪为节点,如图 8-63 所示,将制丝流程进行适当分段,分别建立环境温湿度等影响下,每个分段中烟叶或烟丝的入口与出口含水率关系模型,使得每个分段中影响烟叶或者烟丝含水率的因素较少,从而提高模型精度。然后,综合各分段所建立的模型,建立烘丝机入口含水率的预测模型。最后,通过实际生产数据,适当调整模型阶次等,完善模型、提高模型预测精度。

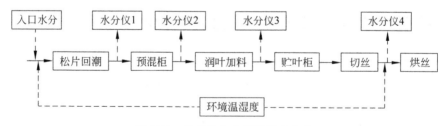

图 8-63　烘丝前含水率监测点分布

制丝过程的每个工段的出口都有水分仪,记录当前工段出口的烟叶或烟丝的含水率。制丝过程中的参数从可控制的角度来看,分为可控的参数和不可控的参数。其中可控的参数包括各工段的设备/工艺参数,如松散回潮中的加水比例、蒸汽施加比例等;不可控的参数为生产的环境温湿度参数。模拟预测模型建立的目标是量化所有参数对质量指标

（烘丝机入口含水率）的影响，找出质量指标与相关工艺参数、过程状态的关系，当不可控参数给定时，建立的模型能评价可控参数的不同参数设置值对质量指标的影响，从而辅助可控参数的参数设置。

最终的预测建模需要达到以下两个目标。

（1）保证建立模型的准确性，使模型能准确量化工艺参数、环境参数和过程状态对质量指标的影响。基于给定的参数设置，准确地预测质量指标，使模拟预测误差小于 10%。

（2）随着数据的累积，在制丝过程不发生改变的情况下，即模型库中模型结构不变，基于新采集的数据，自学习更新模型库中相关模型的参数，以保证模拟预测模型的效果。

最后在完成预测模型的建立之后，基于模型研究制丝烘丝机入口含水率控制策略优化的寻优算法，完成工艺参数控制策略优化的算法，实现当来料、环境等条件变化时，以过程状态和质量指标稳定为优化目标，基于预测模型，输出优化的参数控制策略。

8.5.3　建设原则

建立烘丝机入口含水率预测模型可选用的方法众多，有线性模型、非线性模型、黑盒模型、白盒模型等，为确保生产使用的便捷性、稳定性，在模型的选用上采用以下基本原则。

（1）模型能充分模拟生产实际。所建立的模型要能够真实、系统、完整、形象地反映生产客观实际，要涵盖制丝生产的工艺过程，充分考虑生产过程中的可控参数、可观参数，所选建模参数与烘丝机入口含水率显著相关。

（2）优先选用白盒模型。相较于黑盒模型，白盒模型能够更好地通过模型机进行解释，让模型的物理意义更加明确，有助于相关工艺人员和生产人员对模型进行经验验证，并提出相关优化建议。

（3）所建立的模型要具有外推性。考虑到龙烟公司制丝生产分车间、分产线、分牌号，以某车间、某产线生产的某牌号批次数据建立的模型，需能较普遍地反应制丝常见生产实际，使得模型建模方法，建模过程可快速推广至其他车间类似产品或其他生产牌号，从而降低重复建模的成本。

8.5.4　技术方案

8.5.4.1　业务架构

龙烟公司制丝生产线烘丝前工艺包括叶片预处理、预混留柜、叶片加料、贮叶留柜，如图 8-64 所示。各工艺阶段前后衔接，工段的输出为下个工段的输入，过程产品的含水率主要影响因素除了叶片预处理的加水量外，还有生产环境的环境温湿度，考虑到各工段间环境温湿度存在较大的多重共线性，因此在建模过程中先建立分阶段模型，再利用前向整合方法消除中间变量，建立综合模型。

按照烘丝前 4 个工段的划分，建立 4 个分段的预测模型，其中 $X_1 \sim X_4$ 分别表示松散回潮到贮叶段每个工段需要考虑的工艺/设备参数及环境温湿度参数的集合；y_0 表示松

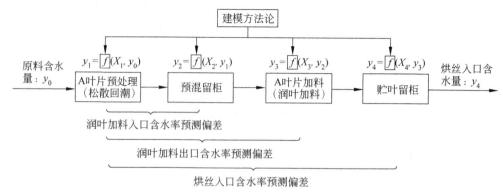

图 8-64　烘丝前的生产工艺

散回潮入口来料的含水率,为固定值;$y_1 \sim y_3$ 表示松散回潮到润叶加料段每个工段的出口含水率;y_4 表示烘丝入口的含水率。

基于获得的数据,选用合适的模型,依次训练得到 4 个工段的预测模型,然后将 4 个模型进行前向整合,建立 y_4 与所有工段参数 $X_1 \sim X_4$ 之间的整合模型,即

$$y_4 = f(X_4, f(X_3, f(X_2, f(X_1, y_0))))$$

基于整合模型完成烘丝入口含水率的预测。分段整合模型的优点是相对于整条生产线来讲,每个工段的参数数量少,容易识别和控制,可以实现每个工段的解耦控制,消除变量之间的多重共线性影响,为每个工段设定控制目标,有利于实现整个生产过程的平稳性控制。其也存在一些不足,工段与工段之间的对冲效果难以识别,且每个工段的出口含水率的测量也存在一些测量误差,测量误差影响训练模型的数据质量,从而对模型的训练参数带来一定的影响。同时每个工段都存在预测的偏差,这种偏差可能会随着工段数量的增加而累积,最终带来较大的预测偏差。

8.5.4.2　实施路径

根据业务架构,采用分段建模及前向整合方法,进行本案例的实施,实施路径如图 8-65 所示。

首先,从原始样本剔除信息不全的取样异常样本和烘丝机入口含水率在 3σ 以外的极限样本,从而形成有效分析样本,为后期数据分析的准确性提供有效保障。然后,通过对烘丝机入口含水率进行正态性分析,保障多元回归分析存在实际意义。最后,对分析样本进行烘丝机入口含水率影响变量提取,以及各影响变量与烘丝机入口含水率的相关性分析,为建立烘丝机入口含水率关系模型提供参数选取依据。

(1) 建立润叶加料出口含水率与烘丝机入口含水率的关系模型。在润叶加料后,烟叶进入贮叶柜贮存,根据工艺要求贮存时间至少为两小时,而某些批次由于留柜待第二天生产,其贮存时间将更长。在这段贮存时间中烟叶水分不可避免地出现部分散失或者被吸收,引起烟叶中含水率的变化。因此可以根据润叶加料出口含水率(水分仪 3)和烘丝机入口含水率(水分仪 4)的监测数据,建立环境温湿度影响下,不同贮叶时间对烟叶水分影响的数学模型。

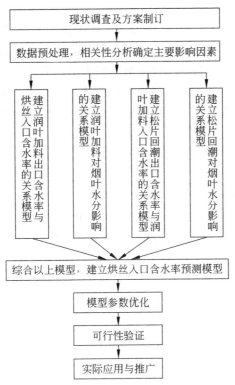

图 8-65　实施路径数据预处理与正态性检验及相关性分析

（2）建立润叶加料对烟叶水分影响的关系模型。在润叶加料过程中,所施加料液与用于增温增湿的蒸汽中均含有较多的水分,必然会对烟叶的含水率造成直接影响。因此可以根据润叶加料的入口含水率(水分仪 2)和润叶加料出口含水率(水分仪 3)的检测数据,建立润叶加料前后烟叶含水率变化的关系模型。

（3）建立松片回潮出口含水率与润叶加料入口含水率的关系模型。在松片回潮之后,烟叶进入预混柜贮存,经预混柜的均衡作用,烟叶水分会有一定的波动,此外环境的温湿度也对烟叶造成一定的影响,所以松片回潮出口含水率与润叶加料入口含水率有较大的差异。可以根据松片回潮出口含水率(水分仪 1)和润叶加料入口含水率(水分仪 2)的监测数据,建立环境温湿度影响下,松片回潮出口含水率与润叶加料入口含水率间的关系模型。

（4）建立松片回潮对烟叶水分影响的关系模型。松片回潮过程中向烟叶施加一定比例的水、蒸气和料液,对烟叶的水分造成最直接的影响。以工艺测试中获取的来料烟叶水分均值为起始条件,根据松片回潮出口含水率(水分仪 1)的监测数据,建立不同加水比例以及不同环境温湿度下,松片回潮出口含水率的预测模型。

（5）建立烘丝机入口含水率的预测模型。综合以上建立的 4 个模型,以松片回潮加水比例、松片回潮加料比例、预混柜环境、润叶加料的加料比例、贮叶柜贮存时间、贮叶柜环境为变量,建立不同车间环境温湿度下,各变量对烘丝入口烟丝水分作用的关系模型,确定各变量的定量关系。并通过实际生产过程中各监测点的实际数据,校正模型阶次,控制模型误差。

（6）模型检验及应用。建立烘丝机入口含水率预测模型后，针对工艺要求设定的烘丝机入口含水率，根据生产车间的实际温湿度以及贮叶时长等条件，通过模型计算松片回潮加水量。根据模型编写应用程序，将结果应用于实际生产，并在生产中对各个监测点的水分进行检测，将实际生产过程中的各水分值与模型计算结果进行对照分析，验证模型的可行性，并对模型参数等进行校正。最终形成较完善的松片回潮加水量计算方法，在实际生产中进行推广应用。

8.5.4.3　技术架构

1. 多元回归分析模型

回归分析通过回归建模来处理变量之间存在相关关系的问题，并用数学模型将这种关系表达出来。回归模型又分为线性回归模型和非线性回归模型，当变量之间的关系是线性的则称为线性回归模型，否则就称为非线性回归模型。线性回归模型又分为一元线性回归模型和多元线性回归模型，其假设解释变量（指标）与自变量（过程参数）之间的关系是线性的。

设 $x=\{x_1,x_2,\cdots,x_n\}$ 为 n 个自变量，与因变量 y 有相关关系，则可以建立线性关系为

$$y=\beta_0+\beta_1 x_1+\beta_2 x_2+\cdots+\beta_n x_n+\xi$$

其中，$\beta_0,\beta_1,\cdots,\beta_n$ 为回归模型待估参数，ξ 为随机误差。

线性回归模型中，通过数据样本，来估计 $\beta_0,\beta_1,\cdots,\beta_n$ 的参数值。

$$\bar{y}_i=\beta_0+\beta_1 x_{1i}+\beta_2 x_{2i}+\cdots+\beta_n x_{ni}\quad i=1,2,\cdots,k$$

其中，k 为样本的数目，n 为预测变量的数目。在线性模型中，目标是找到 $\beta_0,\beta_1,\cdots,\beta_n$ 最优的参数估计，使得相应变量 y 的真实值与模型的预测值之间的差值最小，即：

$$\sum_i^m (y_i-\bar{y}_i)^2=\sum_i^m (y_i-\beta_0+\beta_1 x_{1i}+\beta_2 x_{2i}+\cdots+\beta_n x_{ni})^2$$

$$=\sum_i^m (\xi_i)^2\quad i=1,2,\cdots,m$$

采用矩阵的表达形式为

$$L(\beta)=\min_\beta \|X^{\mathrm{T}}\beta-y\|^2$$

通常采用最小二乘法来估计模型中的参数 $\beta_0,\beta_1,\cdots,\beta_n$（截距项和斜率）。最小二乘法（又称最小平方法）是一种数学优化技术，它通过最小化误差的平方和寻找数据的最佳函数匹配。利用最小二乘法可以简便地求得未知的数据，并使得这些求得的数据与实际数据之间误差的平方和为最小。最小二乘法可用于曲线拟合，其他一些优化问题也可通过最小化能量或最大化熵用最小二乘法来表达。

在线性模型中，当考虑的变量较多，但不是从大量候选变量中选择最终的预测变量时，有以下两种方法：逐步回归法和全子集回归。

案例中采用逐步回归的方法。逐步回归中，模型会不停添加或者删除一个变量，直到达到某个判停准则为止。例如，向前逐步回归每次添加一个预测变量到模型中，直到添加

变量不会使模型有所改进为止;向后逐步回归从模型包含所有预测变量开始,每次删除一个变量直到会降低模型质量为止;而向前向后逐步回归(通常简称逐步回归),结合了向前逐步回归和向后逐步回归的方法,变量每次进入一个,但是每一步中,变量都会被重新评价,对模型没有贡献的变量将会被删除,预测变量可能会被添加、删除好几次,直到获得最优模型为止。最优模型是在某一给定的评价准则下的最优模型,是一个相对的概念,当评价准则不同时,其最优模型的结果也会不同。常见的评价准则包括 AIC 赤池信息量、BIC 贝叶斯信息量以及 HQ 准则。在案例分析中,采用向后逐步回归和 AIC 评价准则。

AIC 信息准则即 Akaike information criterion,是衡量统计模型拟合优良性的一种标准,由于它为日本统计学家赤池弘次创立和发展的,因此又称赤池信息量准则。它建立在熵的概念基础上,可以权衡所估计模型的复杂度和此模型拟合数据的优良性。AIC 可以表示为

$$AIC = 2k - 2\ln(L)$$

其中,k 是参数的数量,L 是似然函数。假设条件是模型的误差服从独立正态分布,n 为观察数,RSS 为剩余平方和,那么 AIC 变为:

$$AIC = 2k + n\ln(RSS/n)$$

在线性回归中,增加自由参数的数目提高了拟合的优良性,AIC 鼓励数据拟合的优良性,但是尽量避免出现过度拟合(Overfitting)的情况,所以优先考虑的模型应是 AIC 值最小的那一个。赤池信息准则的方法是寻找可以最好地解释数据但包含最少自由参数的模型。

2. Elman 神经网络模型

神经网络(Neural Networks,NNs)是由大量的、简单的处理单元(称为神经元)广泛地互相连接而形成的复杂网络系统,它反映了人脑功能的许多基本特征,是一个高度复杂的非线性动力学习系统。神经网络具有大规模并行、分布式存储和处理、自组织、自适应和自学能力,特别适合处理需要同时考虑许多因素和条件的、不精确和模糊的信息处理问题。神经网络模型是以神经元的数学模型为基础来描述的,由网络拓扑、节点特点和学习规则表示,具有 4 个基本特征:

(1)非线性:非线性关系是自然界的普遍特性,大脑的智慧就是一种非线性现象。人工神经元处于激活或抑制两种不同的状态,这种行为在数学上表现为一种非线性关系。具有阈值的神经元构成的网络具有更好的性能,可以提高容错性和存储容量。

(2)非局限性:一个神经网络通常由多个神经元广泛连接而成。一个系统的整体行为不仅取决于单个神经元的特征,而且可能主要由单元之间的相互作用、相互连接所决定。通过单元之间的大量连接模拟大脑的非局限性。联想记忆是非局限性的典型例子。

(3)非常定性:人工神经网络具有自适应、自组织、自学习能力。神经网络处理的信息不但可以有各种变化,而且在处理信息的同时,非线性动力系统本身也在不断变化。经常采用迭代过程描写动力系统的演化过程。

(4)非凸性:一个系统的演化方向,在一定条件下将取决于某个特定的状态函数。例如,能量函数,它的极值相应于系统比较稳定的状态。非凸性是指这种函数有多个极值,故系统具有多个较稳定的平衡态,这将导致系统演化的多样性,同时也有可能导致模

型结果陷入局部最优。

神经网络模型形式众多,本案例将使用 Elman 神经网络模型。Elman 神经网络是
J.L.Elman 于 1990 年首先提出来一种典型的局部回归网络,是一个具有局部记忆单元
和局部反馈连接的前向神经网络。Elman 神经网络的结构如图 8-66 所示,由输入层、
中间层(隐含层)、承接层和输出层构成,其中输入层、中间层和输出层和传统 BP(Back
Propagation)神经网络相同,但 Elman 神经网络多了一个承接层,用于保存上次输入后
中间层的状态连同输出数据。增加承接层后,Elman 网络比传统 BP 神经网络具有更
复杂的动力学特性,因而具有更强的计算能力,稳定性也优于 BP 神经网络。隐层的传
递函数仍为某种非线性函数,一般为 Sigmoid 函数,输出层为线性函数,承接层也为线
性函数。

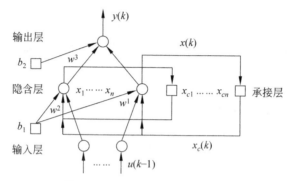

图 8-66 Elman 神经网络的结构

8.5.4.4 数据架构

龙烟公司的生产数据来源 IH 数据采集器,每 10 秒采集一个样本的数据值,为了实
现建模分析,首先需要将原始数据按批次进行归属划分,并剔除批次内无效数据,划分稳
态数据与非稳态数据,再获得按批次统计的参数值,最后需要通过数据标准化处理等方
式,进行数据标准化处理,获得准确的、满足特定格式需求的建模分析样本。图 8-67 给出
了数据处理流程图。

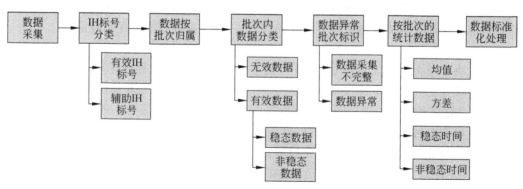

图 8-67 数据处理流程图

1. 数据按批次归属

根据批次的开始和结束时间、批次启停信号、电称占用信号等,将数据采集点采集的生产过程数据按批次的启停信号和电称占用信号的开始时间和结束时间进行归属,形成按批次的过程数据。

2. 批次内数据分类

完成数据的批次归属划分之后,需要对批次内的数据进行进一步的处理。在制丝过程中,当批次占用信号启动时,实际上批次并没有开始生产,但是数据采集点已经开始采集数据,使得批次中存在无效的数据,需要将这些无效的数据在批次数据中标注出来。剩余的批次数据即为批次内的有效数据,有效数据表征制品在实际加工状态。有效数据以电称占用信号启动开始,根据不同 IH 标号的料头与料尾时间进行判断,其数据分类的详细准则如图 8-68 所示。

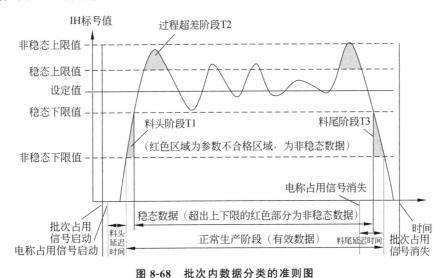

图 8-68　批次内数据分类的准则图

对数据进行批次化划分之后,得到数据样本示例如表 8-2 所示,其中第四列"类别"表示数据的分类:1 表示无效数据,2 表示有效非稳态数据,3 表示稳态数据。

表 8-2　完成批次归属及批次内数据分类的数据示例

IH 标号	时　间	采集值	类别	批次	子批次	工段
EMS.W16007022T	2015-09-19 13:47:30	57.763	1	70494	332748	213
EMS.W16007022T	2015-09-19 13:50:10	57.7687	2	70494	332748	213
EMS.W16007022T	2015-09-19 13:52:10	57.8324	3	70494	332748	213
EMS.W16007022T	2015-09-19 13:57:20	58.0234	3	70494	332748	213
EMS.W16007022T	2015-09-19 13:59:30	58.1449	3	70494	332748	213

3. 按批次的统计数据

在模拟预测的建模中,建立按批次的模拟预测模型,首先需要统计每个批次、每个 IH 标号稳态数据的均值、方差、稳态时间和非稳态时间,其中每个批次的均值将用来进行模拟预测模型的建立、分析和验证。基于批次内数据分类,对每个批次中每个 IH 标号的分类为稳态数据的数据取平均,作为该批次对应 IH 标号的均值,同时统计出方差、稳态时间和非稳态时间。

4. 数据标准化处理

数据标准化可以突出过程变量之间的相关关系,去除过程中存在的一些非线性特性,消除不同测量量纲对模型的影响,简化数据模型的结构。

数据标准化通常包含两个步骤:数据的中心化处理和数据的无量纲化处理。数据的中心化处理是指将数据进行平移变换,使得新坐标系下的数据和样本点集合的均值重合,对于数据矩阵 $X(n \times m)$,数据中心化方式如下:

$$\hat{x} = x_{ij} - \bar{x}_j \quad (i = 1, 2, \cdots, n; j = 1, 2, \cdots, m)$$

$$\bar{x}_j = \frac{1}{n} \sum_{i=1}^{n} x_{ij}$$

其中,n 是样本点个数;m 是变量个数;i 是样本点索引;j 是变量索引。

中心化处理既不会改变数据点之间的相互位置,也不会改变变量间的相关性。

过程变量测量值的量程差异很大。例如,在加料段,温度测量值在 20～40℃ 变化,而加蒸汽的比例为 0.06～0.07,若对这些未经过标准化处理的测量数据进行降维处理,显然,温度的变化将左右着降维变换后的方向。在工程上,这类问题称为数据的假变异,并不能真正反映数据本身的方差结构。为了消除假变异现象,使每个变量的数据模型都具有同等的权重,数据预处理时常常将不同变量的方差归一实现无量纲化:

$$\widetilde{x}_{ij} = \frac{x_{ij}}{s_j} \quad (i = 1, 2, \cdots, n; j = 1, 2, \cdots, m)$$

$$s_j = \sqrt{\frac{1}{n-1} \sum_{i=1}^{n} (x_{ij} - \bar{x}_j)^2}$$

在数据建模方法中,最常用的数据标准化是对数据同时作中心化和方差归一化处理,即把经中心化处理后的数据的每个变量除以它的标准差。这样就把每个变量标定到单位方差上,确保变化大的过程变量不会占主导地位,具体变化如下式:

$$\widetilde{x}_{ij} = \frac{x_{ij} - \bar{x}_j}{s_j} \quad (i = 1, 2, \cdots, n; j = 1, 2, \cdots, m)$$

8.5.5 功能实现

8.5.5.1 数据预处理与正态性检验及相关性分析

1. 数据预处理

数据样本作为数据分析的基础,其有效性、准确性需要得到充分的保障。龙烟公司制丝集控系统建立了 iHistorian 历史数据库,可以为烘丝入口含水率分析提供海量的历史数据。但由于数据通信、设备故障等原因,数据库中所记录的部分数据存在异常,因此需要对数据库中所取得的数据进行一定的预处理,提取所需的变量,并剔除其中的异常样本,形成分析样本才能对数据进行分析,寻找其中的内在规律。

(1) 数据样本。

- 数据来源:制丝集控系统对应的 MES 数据库报表及相应 IH 历史数据库。
- 采样时间:2013 年 1 月 1 日至 2015 年 1 月 1 日。
- 数据范围:A、B、C 三线,牌号 QPLH。

(2) 数据预处理。

- 预处理 1:有效数据筛选。

对制造执行系统 MES 中提取的原始数据进行有效数据筛选,流程见图 8-69。

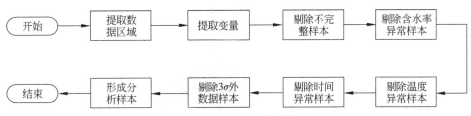

图 8-69　有效数据筛选流程

- 预处理 2:数据无量纲化。

为统一单位保障模型的物理意义,对温湿度及加水比例进行无量纲化。方法如下:

无量纲含水率=原始含水率/(30%);

无量纲环境温度=原始环境温度/(40 ℃);

无量纲环境湿度=原始环境湿度/(80%);

无量纲加水比例=原始加水比例/[7.0 L/(100 kg)]。

- 预处理 3:变量定义

记烘丝机入口含水率 y,并定义无量纲处理后变量为:

松散回潮机加水比例 x1,松散回潮机出口含水率 x2,松散回潮工序环境温度 x3,松散回潮工序环境湿度 x4,预混柜留柜时长 x5,预混柜环境温度 x6,预混柜环境湿度 x7,润叶加料工序入口含水率 x8,润叶加料工序出口含水率 x9,润叶加料工序环境温度 x10,润叶加料工序环境湿度 x11,贮叶柜留柜时长 x12,贮叶柜环境温度 x13,贮叶柜环境湿度 x14,烘丝工序环境温度 x16,烘丝工序环境湿度 x17,综合加水比例 x18。

(3) 数据处理结果。

有效 A 线 QPLH(龙烟公司生产的某牌号卷烟)记录 1344 条;

有效 B 线 QPLH 记录 1251 条;

有效 C 线 QPLH 记录 1336 条。

2. 烘丝入口含水率正态性分析

为保证数据分析存在实际意义和便于后期相关性分析等,需要对因变量 y,即烘丝入口含水率进行正态性分布检验。

检验方法为：首先根据烘丝入口含水率的频数分布图，直观上查看是否接近正态分布，然后再利用 Lilliefors 正态性检验确定是否服从正态分布。

检验结果如下。

A 线烘丝入口含水率频数分布图如图 8-70 所示，直方图显示其符合正态分布，经 Lilliefors 检验，A 线 QPLH 在 10% 置信区间内，符合均值为 19.2373，方差为 0.2166 的正态分布。

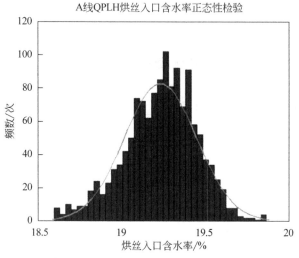

图 8-70　A 线烘丝入口含水率频数分布图

B 线烘丝入口含水率频数分布图如图 8-71，直方图显示其符合正态分布，经 Lilliefors 检验，B 线 QPLH 在 5% 置信区间内，符合均值为 19.4030，方差为 0.1877 的正态分布。

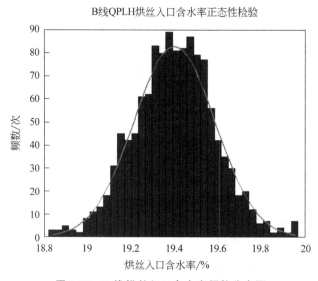

图 8-71　B 线烘丝入口含水率频数分布图

C 线烘丝入口含水率频数分布图如图 8-72,直方图显示其符合正态分布,经 Lilliefors 检验,C 线 QPLH 在 10％置信区间内,符合均值为 22.5075,方差为 0.3064 的正态分布。

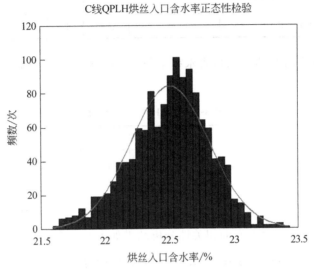

图 8-72　C 线烘丝入口含水率频数分布图

综上,经检验三条生产线的烘丝入口含水率均符合正态分布,因此对烘丝入口含水率进行相关性分析是可行的。

3. 相关性分析

首先根据预处理后的数据对所提取的变量做 Pearson 相关性检验,初步判断因变量与各自变量间的相关程度。

以下相关性检验中设定置信区间 0.01 为极显著相关,置信区间 0.05 为显著相关,即若 P 值小于 0.01 则极显著相关,小于 0.05 为显著相关,大于 0.05 为无显著相关。

分别对 A、B、C 三条线的 QPLH 进行烘丝入口含水率相关性分析,结果如表 8-3 所示。

表 8-3　QPLH_A 相关系数

	x1	x3	x4	x5	x6	x7	x10	x11	x12	x13	x14	y
相关系数	.385**	−.120**	.078	.093*	−.225**	−.073	−.195**	.183**	−.223**	−.254**	.165**	1
P 值	.000	.005	.067	.029	.000	.090	.000	.000	.000	.000	.000	

从表 8-3 可以看出 A 线烘丝入口含水率 y 与 x1、x3、x6、x10、x11、x12、x13、x14 极显著相关,与 x5 为显著相关,而与 x4 和 x7 无显著相关。

从表 8-4 可以看出 B 线烘丝入口含水率 y 与 x1、x5、x6、x12 为极显著相关,与 x10、x11、x14 为显著相关,而与 x3、x4、x7 和 x13 无显著相关。

表 8-4　QPLH_B 相关系数

	x1	x3	x4	x5	x6	x7	x10	x11	x12	x13	x14	y
相关系数	.224**	−.092	.024	.175**	−.138**	−.077	−.109*	.119*	−.211**	−.050	.113*	1
P 值	.000	.051	.614	.000	.003	.103	.021	.011	.000	.292	.017	

从表 8-5 可以看出 C 烘丝入口含水率 y 与 x1、x6、x11、x12 为极显著相关,其余因素均无显著相关。

表 8-5　QPLH_C 相关系数

	x1	x3	x4	x5	x6	x7	x10	x11	x12	x13	x14	y
相关系数	.224**	−.092	.024	.175**	−.138**	−.077	−.109*	.119*	−.211**	−.050	.113*	1
P 值	.000	.051	.614	.000	.003	.103	.021	.011	.000	.292	.017	

综上,获得烘丝入口含水率的相关性分析结果如表 8-6 所示。

表 8-6　烘丝入口含水率的相关性分析结果(QPLH)

	极显著相关	显著相关	无显著相关
A 线	x1、x3、x6、x10、x11、x12、x13、x14	x5	x4、x7
B 线	x1、x5、x6、x12	x10、x11、x14	x3、x4、x7、x13
C 线	x1、x6、x11、x12		x3、x4、x5、x7、x10、x13、x14

从分析中可以发现,每条生产线的烘丝入口含水率都与松片加水比例(x1)、贮叶柜时长(x12)有极显著相关关系,而均与松片湿度(x4)和预混柜湿度(x7)无显著相关关系。此外从相关系数的符号可以发现烘丝入口含水率与温度呈负相关,而与湿度呈正相关,预混柜中停留时间长则会提高烘丝入口含水率,而贮叶柜停留时间长则会降低烘丝入口含水率。

另外,从表 8-6 中也能发现每条线的烘丝入口相关因素具有一定的差异,特别是 C 线的相关因素具有较大不同,可见直接对数据进行 Pearson 相关分析,存在一定的不足。其原因是预混柜时长(x5)和贮叶柜时长(x12)这两类中的数据因烟叶是否留夜生产,会造成时间的跳跃,而这种时间上的大幅跳跃使得这两个变量的连续性无法得到保障,影响 Pearson 相关分析的准确性。

为解决因留柜造成的预混柜时长或贮叶柜时长的跳跃问题,考虑对样本依据预混柜和贮叶柜时长进行分类。

根据 k-mean 聚类分析方法进行留柜时长的聚类分析,可知预混柜的分类界限均在 240min 附近,而贮叶柜的分类界限在 600min 附近,因此,可选预混柜时长 240min 即 4h 作为预混柜存储时间长短的分界点,而贮叶柜可选择时长 600min 即 10h 作为贮叶柜存储时间长短的分界点。从而对样本分类如下:

分类一：无长时贮存，预混柜时长($x5$)<240 且贮叶柜时长($x12$)<600；

分类二：预混柜贮存，预混柜时长($x5$)>240 且贮叶柜时长($x12$)<600；

分类三：贮叶柜贮存，预混柜时长($x5$)<240 且贮叶柜时长($x12$)>600；

分类四：长时间贮存，预混柜时长($x5$)>240 且贮叶柜时长($x12$)>600。

根据经验判断，分类一数据基本上属于当天生产批次，分类二数据属于在预混柜中留柜批次，分类三属于在贮叶柜留柜批次，而分类四这种在预混柜和贮存柜中均长时间存放不符合工艺要求，除非设备故障，一般情况下该类基本不会出现。因此只需对分类一至分类三进行后续分析即可。

分类后为进一步确定烘丝机入口含水率的关键影响因素，再次采用 Pearson 相关性检验法对不留柜(ss)、预混柜留柜(ls)以及贮叶柜留柜(sl)3 种不同情况分别进行相关性分析。相关性检验结果见表 8-7。

表 8-7　分类后相关性检验结果

是否留柜	松散回潮机加水比例	松散回潮工序		预混柜		润叶加料工序		贮叶柜		烘丝工序	
		温度	湿度	温度	湿度	温度	湿度	温度	湿度	温度	湿度
不留柜	**	**	**	—	—	**	**	—	—	*	**
预混柜留柜	**	**	—	**	**	**	**	—	—	*	**
贮叶柜留柜	**	—	—	—	—	*	—	**	**	—	*

注：**为极显著相关，*为显著相关，—为不相关

从表 8-7 相关性分析结果可知烘丝机入口含水率的主要影响因素为：

(1) 不留柜：主要影响因素是松散回潮机加水比例与松散回潮工序、润叶加料工序及烘丝工序的温湿度，而与预混柜及贮叶柜的留柜温湿度无关；

(2) 预混柜留柜：主要影响因素是松散回潮机加水比例与预混柜、润叶加料工序温湿度，而与贮叶柜温湿度无关；

(3) 贮叶柜留柜：主要影响因素是松散回潮机加水比例以及贮叶柜温湿度，而与预混柜的温湿度无关。

此外，从相关性分析结果中可知无论是否留柜，松散回潮机加水比例均是烘丝入口含水率的重要影响因素。

8.5.5.2　各分阶段模型建立

将烘丝前工序分离，采用先分段后综合的方法，利用串联模型进行烘丝机入口含水率多因素影响分析。首先以图 8-73 中水分仪为节点，将制丝流程进行适当分节，利用神经网络算法、多元回归分析等方法建立环境温湿度等影响下，每个分段中烟叶或烟丝的入口与出口含水率关系模型；其次将各分阶段模型进行串联，建立烘丝入口含水率的预测模型；最后通过实际生产数据，适当调整模型参数，完善模型、提高模型预测精度。

根据图 8-73 所示水分仪的分布，将烘丝前工序分成四段，定义如下。

一段：烟叶来料至松散回潮机出口阶段(来料至水分仪 1)；

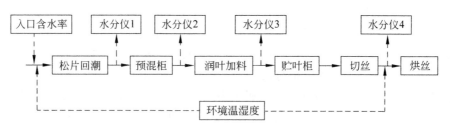

图 8-73 烘丝前工艺流程

二段：松散回潮机出口至润叶加料机入口阶段（水分仪 1 至水分仪 2）；

三段：润叶加料机入口至润叶加料机出口阶段（水分仪 2 至水分仪 3）；

四段：润叶加料机出口至烘丝机入口阶段（水分仪 3 至水分仪 4）。

取 80% 数据样本进行模型参数识别，建立烘丝入口含水率预测模型，再将剩余 20% 数据代入预测模型进行模型预测效果验证。生产工艺标准为：含水率预测值在（设定值 ±0.5）% 内判定含水率合格，含水率预测值在（设定值 ±0.3）% 内判定为含水率控制水平优良。设 n 次预测检验中，第 i 次预测值为 test_i，实际值为 real_i，定义预测误差 E_r 和准确预测比例 R_a 如下：

$$E_r = \frac{1}{n} \sum_{i=1}^{n} |\text{test}_i - \text{real}_i|$$

$$R_a = \frac{N(|\text{test}_i - \text{real}_i| < 0.3)}{n} * 100\%$$

1. 润叶加料出口含水率与烘丝入口含水率的关系模型

本阶段以润叶加料机出口含水率为输入，烘丝机入口含水率为输出，中间经过贮叶柜，根据贮叶柜是否留柜可以建立的多元回归模型如下。

（1）贮叶柜不留柜。

$$y = 0.7866x_9 + 0.1056x_{13} + 0.0748x_{14} + 0.0066x_{15} + 0.0285x_{16} - 0.0485 \qquad (1)$$

该公式拟合优度为 0.806，拟合效果和拟合误差结果（局部图）如图 8-74 所示。

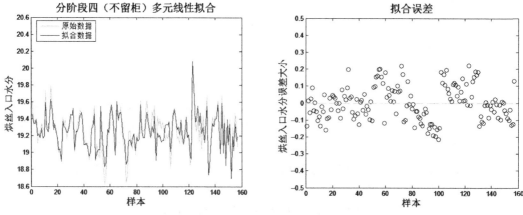

图 8-74 QPLH（阶段四）贮叶柜不留柜的拟合结果

采用该公式进行相应的预测,结果如图 8-75 所示。

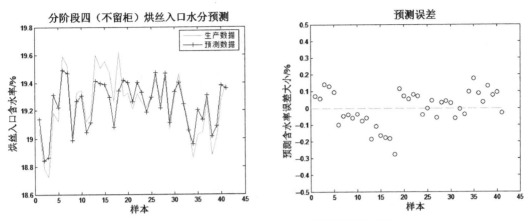

图 8-75　QPLH(阶段四)贮叶柜不留柜的预测结果

由图 8-75 可知,预测曲线和生产曲线有较高的吻合度,且从预测误差计算可知,预测误差均值仅为 0.085%,准确预测比例达 100%,能够满足烘丝机入口含水率为(设定值±0.5)%的允差要求。

(2) 贮叶柜留柜。

$$y = 0.8276x_9 - 0.1688x_{13} + 0.0019x_{14} + 0.0264x_{15} + 0.036x_{16} + 0.1589 \qquad (2)$$

该公式拟合优度大小为 0.799,拟合效果和拟合误差结果(局部图)如图 8-76 所示。

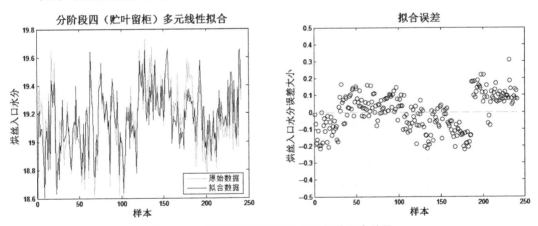

图 8-76　QPLH(阶段四)贮叶柜留柜的拟合结果

采用该公式进行相应的预测,结果如图 8-77 所示。

由图 8-77 可知,预测曲线和生产曲线基本重合,达到很好的预测效果。且从预测误差计算可知,预测误差均值仅为 0.043%,全部为准确预测,能够满足烘丝机入口含水率为(设定值±0.5)%的允差要求。

2. 润叶加料对烟叶水分影响的关系模型

本阶段以润叶加料机入口含水率为输入,润叶加料机出口含水率为输出,润叶加料工

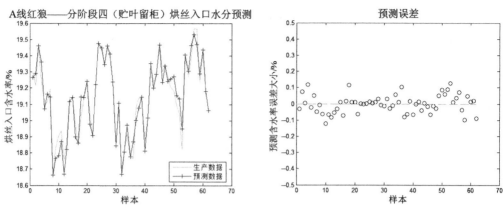

图 8-77　QPLH（阶段四）贮叶柜留柜的预测结果

序环境温湿度为影响因素,建立的多元回归模型如下。

$$x_9 = 0.6032x_8 - 0.0777x_{10} - 0.0023x_{11} + 0.3697 \tag{3}$$

该公式拟合优度大小为 0.622,拟合效果和拟合误差结果（局部）如图 8-78 所示。

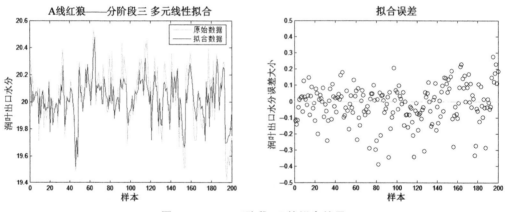

图 8-78　QPLH（阶段三）的拟合结果

采用该公式进行相应的预测,结果如图 8-79 所示。

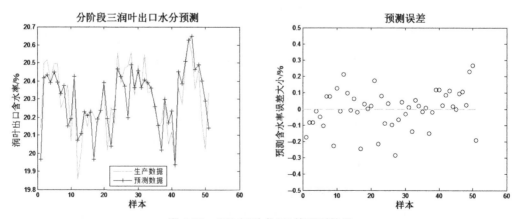

图 8-79　QPLH（阶段三）的预测结果

由图 8-79 可知预测曲线和实际曲线吻合较好。且从预测误差的数据计算可知,预测误差均值仅为 0.120%,准确预测比例为 96.578%,能够满足润叶加料出口含水率为(设定值±0.5)%的允差要求。

3. 松片回潮出口水分与润叶加料入口水分的关系模型

本阶段以松散回潮机出口含水率为输入,润叶加料机入口含水率为输出,中间经过预混柜,根据预混柜是否留柜可以建立相应的多元回归模型如下。

(1) 预混柜不留柜。

$$x_8 = 0.6901x_2 + 0.0024x_3 + 0.0073x_4 - 0.0201x_6 + 0.0165x_7 + 0.1621 \qquad (4)$$

该公式拟合优度大小为 0.604,拟合效果和拟合误差结果(局部图)如图 8-80 所示。

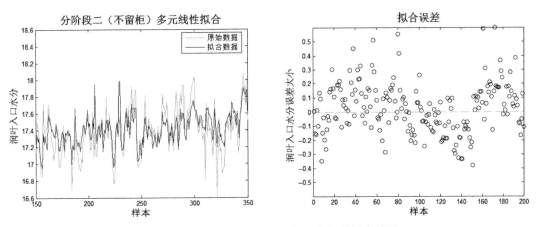

图 8-80　QPLH(阶段二)预混柜不留柜的拟合结果

采用该公式进行相应的预测,结果如图 8-81 所示。

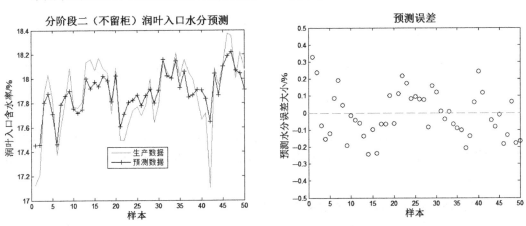

图 8-81　QPLH(阶段二)预混柜不留柜的预测结果

由图 8-81 可知预测曲线和实际曲线吻合较好。且从预测误差的数据计算可知,预测误差均值仅为 0.115%,准确预测比例为 95.292%。能够满足润叶加料出口含水率为(设定值±0.5)%的允差要求。

（2）预混柜留柜。

$$x_8 = 0.4881x_2 + 0.0425x_3 + 0.0214x_4 + 0.0153x_6 - 0.02x_7 + 0.2369 \qquad (5)$$

该公式拟合优度大小为 0.665，拟合效果和拟合误差结果（局部）如图 8-82 所示。

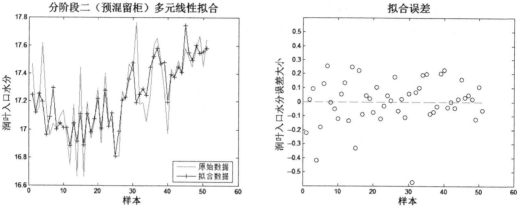

图 8-82　QPLH（阶段二）预混柜留柜的拟合结果

采用该公式进行相应的预测，结果如图 8-83 所示。

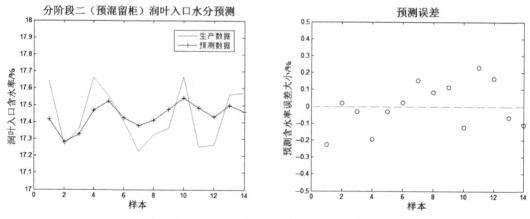

图 8-83　QPLH（阶段二）预混柜留柜的预测结果

由图 8-83 可知预测曲线和实际曲线吻合较好。且从预测误差的数据计算可知，预测误差均值仅为 0.112%，准确预测比例为 100%，能够满足润叶加料出口含水率为（设定值±0.5）%的允差要求。

4. 松片回潮对烟叶水分影响的关系模型

本阶段烟叶含水率的变化主要源于松散回潮加水，同时一定程度受到松散回潮工序环境温湿度的影响。由于该阶段的输入来料含水率默认为固定值，且该阶段受加水比例、蒸汽等影响较为复杂，采用多元回归分析方法拟合度较低，预测误差较大，因此该阶段考虑采用神经网络模型进行非线性拟合。

以松散回潮综合加水比例、相应环境温湿度为输入，出口烟叶含水率为输出，设定训练目标为 0.05,训练速度为 0.01,最大训练步数为 100,进行神经网络训练。

对于神经网络的神经元个数及隐含层个数的确定,首先通过对不同神经元个数分别进行 10 次运行,结果如表 8-8,选取 10 次运行结果对应的决定系数平均值作为评价标准,从结果可知选取 8 个隐含节点的测试集决定系数平均值最大。再对不同层数的隐含层各进行 10 次运行,结果如表 8-9,同样采用 10 次运行结果对应的决定系数平均值作为评价标准,从结果可知选取 2 个隐含层的测试集决定系数平均值最大。

表 8-8　不同神经元个数的 10 次运行结果

神经元个数	决定系数 R^2		
	最小值	最大值	平均值
3	0.5122	0.8592	0.6377
4	0.4721	0.889	0.6541
5	0.5417	0.811	0.6608
6	0.3746	0.854	0.6723
7	0.5088	0.9435	0.6824
8	**0.5859**	**0.9107**	**0.7065**
9	0.483	0.8442	0.7004
10	0.4938	0.853	0.6757

表 8-9　不同隐含层个数的 10 次运行结果

隐含层个数	决定系数 R^2		
	最小值	最大值	平均值
1	0.5859	0.9107	0.7065
2	**0.5178**	**1.2372**	**0.7517**
3	0.6191	0.9519	0.7132

综上,建立每个隐含层有 8 个神经元的双隐含层神经网络,所得神经网络的训练结果见图 8-84。

采用该神经网络对松散回潮机出口烟叶含水率进行预测,预测结果如图 8-85 所示。

由图 8-85 可知采用该神经网络模型预测 120 个样本的松散回潮机出口烟叶含水率预测曲线和实际数据曲线吻合度较高。且从误差数据计算可知,预测误差为 0.149%。所有预测结果误差均控制在 0.5% 以内,准确预测比例为 89.171%,能满足松散回潮工序出口含水率为(设定值±0.5)%的允差要求。

8.5.5.3　分阶段模型汇总

以上给出了 A 线 QPLH 各分阶段模型的建立方法,采用同样的方法可以建立 A、B、C 三线的 QPLH 的分阶段模型,结果如下。

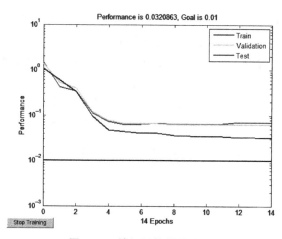

图 8-84　神经网络训练结果

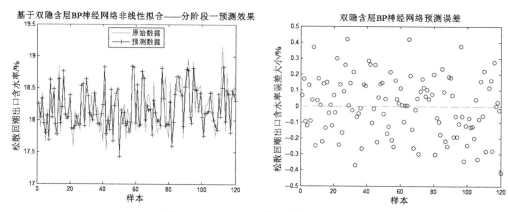

图 8-85　QPLH(阶段一)的预测结果

模型 1：A 线 QPLH,模型参数如表 8-10 所示。

模型 2：B 线 QPLH,模型参数如表 8-11 所示。

表 8-10　A 线 QPLH 模型参数

QPLH_A			
	var	QPLH_A_ss	QPLH_A_ls	QPLH_A_sl
stage1	神经网络模型,模型不可见		
stage2	c0	-0.1358	-0.0985	-0.1358
	spck	0.9713	0.8663	0.9713
	spwd	0.0706	0.0644	0.0706
	spsd	0.0224	0.0427	0.0224
	zywd	-0.0292	0.0143	-0.0292
	zysd	0.0169	0.0091	0.0169

QPLH_A				
	var	QPLH_A_ss	QPLH_A_ls	QPLH_A_sl
stage3	b0	0.6017	0.6017	0.6017
	ryrk	0.5346	0.5346	0.5346
	rywd	−0.1469	−0.1469	−0.1469
	rysd	0.0015	0.0015	0.0015
stage4	a0	0.0574	0.0574	−0.0043
	ryck	0.7867	0.7867	0.7849
	zywd	−0.0816	−0.0816	0.0198
	zysd	−0.0106	−0.0106	−0.0048
	hswd	0.1002	0.1002	0.0813
	hssd	0.0245	0.0245	0.024

表 8-11　B 线 QPLH 模型参数

QPLH_B				
	var	QPLH_B_ss	QPLH_B_ls	QPLH_B_sl
stage1	神经网络模型,模型不可见			
stage2	c0	0.0002	0.1523	0.0002
	spck	0.8665	0.6419	0.8665
	spwd	0.0276	0.1061	0.0276
	spsd	0.0132	0.0149	0.0132
	zywd	−0.0923	−0.1212	−0.0923
	zysd	0.0246	0.013	0.0246
stage3	b0	0.6255	0.6255	0.6255
	ryrk	0.4852	0.4852	0.4852
	rywd	−0.1118	−0.1118	−0.1118
	rysd	−0.0241	−0.0241	−0.0241
stage4	a0	0.0626	0.0626	−0.0158
	ryck	0.6282	0.6282	0.6211
	zywd	0.1439	0.1439	0.2158
	zysd	0.016	0.016	0.0455
	hswd	0.0691	0.0691	0.0841
	hssd	0.0127	0.0127	0.0081

模型 3：C 线 QPLH，模型参数如表 8-12 所示。

表 8-12 C 线 QPLH 模型参数

QPLH_C			
var	QPLH_C_ss	QPLH_C_ls	QPLH_C_sl
stage1	神经网络模型，模型不可见		
c0	0.463	0.084	0.463
spck	0.4017	0.7226	0.4017
spwd	-0.0414	-0.1159	-0.0414
spsd	-0.024	-0.0326	-0.024
zywd	0.0411	0.0987	0.0411
zysd	0.0058	0.081	0.0058
b0	0.466	0.466	0.466
ryrk	0.8687	0.8687	0.8687
rywd	-0.1053	-0.1053	-0.1053
rysd	-0.0577	-0.0577	-0.0577
a0	0.4292	0.4292	0.315
ryck	0.3236	0.3236	0.3076
zywd	0.2395	0.2395	0.3637
zysd	0.0059	0.0059	0.0394
hswd	-0.0207	-0.0207	0.0004
hssd	0.0441	0.0441	0.0313

注：表中 stage2 对应 c0、spck、spwd、spsd、zywd、zysd；stage3 对应 b0、ryrk、rywd、rysd；stage4 对应 a0、ryck、zywd、zysd、hswd、hssd。

8.5.5.4　松散回潮加水比例预估方法

通过以上分阶段模型可以获得每条线 QPLH 不同留柜情况下的相应分阶段模型。通过以上模型，可以根据输入的加水比例，预测松片回潮机出口烟叶含水率，然后再根据预混柜留柜与否预测出润叶加料入口含水率，进而预测相应的出口含水率，最后根据阶段四的相应模型预估出烘丝机入口叶丝含水率。

另外，如果给定烘丝入口含水率，也可以根据获取的环境温湿度，依据分阶段模型求解润叶出口含水率，再求解润叶入口含水率，进而求解出松片回潮机出口烟叶含水率。再利用逼近法，通过大量可能的输入，找出神经网络输出对应的最接近该出口烟叶含水率所对应的加水比例，从而将该加水比例作为参考输入加水比例。松散回潮加水比例预估方法如图 8-86 所示。

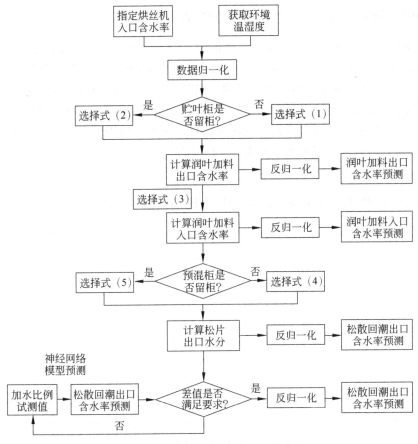

图 8-86　松散回潮加水比例预估方法

8.5.6　建设成效

项目针对烘丝机入口含水率的稳定性控制,利用多元回归分析和神经网络算法对烘丝入口含水率影响因素进行定性和定量分析,建立环境温湿度影响下,加水比例与烘丝机入口含水率的关系模型。最终通过模型求解,达到指定环境条件下,给定烘丝机入口含水率预测相应松散回潮机加水比例的目的。

8.5.6.1　实现烘丝入口含水率预算模型

通过对历史生产数据处理,将烘丝入口含水率影响因素以水分仪为节点分段,先由相关性分析找出相关因素,再采用多元回归分析方法和神经网络算法,建立各阶段含水率变化模型,然后将各阶段整合形成烘丝入口含水率预测模型。通过模型求解给出不同环境温湿度及不同贮柜停留方式等因素影响下,制丝过程含水率损失和补偿量,从而为设定松散回潮加水比例等提供定量参考,进而实现烘丝入口含水率控制水平达到工艺设定值 ± 0.5 个含水率内,控制误差小于 10%,实现对烘丝入口含水率的精确控制。

8.5.6.2　建立分阶段、分牌号、分留柜情况的分支预估模型

常见的烘丝入口含水率预测采用简单的单一线性模型进行预估,本方法则根据水分仪节点划分成多个细分模型,对每个模型分别进行建模,再建立前向整合模型,从而消除各阶段环境温湿度之间存在的共线性问题。同时采用分牌号、分留柜情况进行建模,模型较单一模型比,更具针对性,提高了烘丝入口含水率预估的准确性。烘丝机入口含水率设定值为19.2%时,采用本方法得到的烘丝机入口含水率均值为19.214%,优于改进前的平均含水率19.092%,且误差标准偏差由0.430%降到0.256%,批次间烘丝机入口含水率的波动得到改善。

8.5.6.3　提供极端环境下松散回潮加水比例预估参考值

在温度或者湿度出现极端的情况下,如高温高湿、低温低湿等特殊环境,环境参数值超过模型参数的有效范围情况下,建立环境异常报警机制。在检测到异常输入时,通过对历史数据库采用大数据匹配算法,提供最接近于异常情况下的烘丝前烟叶或烟丝水分变化的历史情境,以供工艺人员进行加水比例调节参考。

8.5.6.4　松散回潮加水比例预估系统

研发松散回潮加水比例预估系统,实现依据烘丝入口含水率模型求解相应松散回潮加水比例的信息化处理。模型仅需选定牌号与留柜情况,设定好烘丝入口含水率工艺设定值,再通过与温湿度传感器连接一键获取当前温湿度后,即可自动计算相应条件下的推荐松散回潮机加水比例。同时系统设置了自动更新模型、提取近似生产情境以及判断是否是异常温湿度等功能。系统改变了原来经验判断加水比例的方法,实现了智能化、精细化的松散回潮加水比例设定值生成。

8.5.6.5　推广应用情况

本案例成果基于多元回归分析的烘丝入口含水率控制模型,已用于开发相应的松散回潮加水比例预估系统,在集控系统中集成后,用于精品线松散回潮加水比例预估参考值。该方法消除了松片回潮加水比例设定对工艺员经验的依赖性,实现根据车间温湿度变化和不同贮柜留柜情况,设定加水量,使得烘丝机入口含水率具有较高的稳定性,为烘丝效果提供较好的保证。此外,通过建立分阶段模型可实现对异常烘丝机入口含水率进行追溯,寻找造成异常的节点。

同时,该项目方法具有较好的应用条件和推广前景,类似处理方法可以推广到其他制丝车间,也可推广到烘丝出口至成品烟丝的烟丝含水率控制,甚至是卷接包过程烟丝含水率控制,从而对整个制丝流水线烟叶或烟丝的水分实现较高精度的控制,使卷烟生产向数字化卷烟迈进。

参 考 文 献

[1] Henry C. Lucas，Jr. 管理信息技术[M]. 北京：机械工业出版社，1999.

[2] Davis G B，Olsen M H. Management Information Systems：Conceptual Foundations，Structure，and Development[J]. McGraw-Hill Book Co，1984.

[3] 刘红军. 信息管理基础[M]. 北京：高等教育出版社，2004.

[4] 托马斯·弗里德曼. 世界是平的——"凌志汽车"和"橄榄树"的视角[M]. 赵绍棣，黄其祥，译. 北京：东方出版社，2006.

[5] Manyika J. Big data：The next frontier for innovation，competition，and productivity[J]. http://www. mckinsey. com/insights/business _ technology/big _ data _ the _ next _ frontier _ for _ innovation. 2011.

[6] Howe J. 众包——大众力量缘何推动商业未来[M]. 牛文静，译. 北京：中信出版社，2009.

[7] Michael S. Branicky. Multi-Disciplinary Challenges and Directions in Networked Cyber-Physical Systems[EB/OL]. http://varma.ece.cmu.edu/cps/Position-Papers/Branicky.pdf.

[8] 周海平. 信息物理系统及其对网络科学研究的影响[J]. 数字技术与应用，2011(3)：2.

[9] 任晓华，丁立铭. 联合攻击战斗机(JSF)项目中信息化技术的应用经验[J]. 军民两用技术与产品，2002(11)：3.

[10] 范玉顺，刘飞，祁国宁. 网络化制造系统及其应用实践[M]. 北京：机械工业出版社，2003.

[11] 张鸿涛，徐连明，张一文. 物联网关键技术及系统应用[M]. 北京：机械工业出版社，2011.

[12] ITU-T-Y.2060. Overview of The Internet of Things[S]. 2012. https://www.document-center. - com/standards/show/ITU-T-Y.2060.

[13] Kevin Ashton. That 'Internet of Things' Thing[J]. 1999.

[14] ITU. ITU Internet Reports：The Internet of Things[EB/OL]. 2005.

[15] Commission of the European Communities. Internet of Things—An action plan for Europe[EB/OL]. 2009.

[16] Dae-Heon Park，Beom-Jin Kang，Kyung-Ryong Cho，et al. A Study on Greenhouse Automatic Control System Based on Wireless Sensor Network[J]. Wireless Personal Communication，2011，56(1)：117-130.

[17] Garfinkel S. Rfid：Applications，Security，and Privacy[M]. Addison-Wesley Professional，2005.

[18] Myung J，Lee W，Srivastava J. Adaptive binary splitting for efficient RFID tag anti-collision[J]. IEEE Communications Letters，2006，10(3)：144-146.

[19] Garfinkel S L，Juels A，Pappu R. RFID Privacy：An Overview of Problems and Proposed Solutions[C]//IEEE. IEEE，2005：34-43.

[20] Juels A. RFID security and privacy：a research survey[J]. IEEE Journal on Selected Areas in Communications，2006，24(2)：381-394.

[21] 李锦涛，郭俊波，罗海勇，等. 射频识别(RFID)技术及其应用[J]. 信息技术快报，2004.

[22] 郎为民. 射频识别(RFID)技术原理与应用[M]. 北京：机械工业出版社，2006.

[23] 李泉林，郭龙岩. 综述 RFID 技术及其应用领域[J]. 射频世界，2006，(001)：51-62.

[24] Pietzuch P R. Hermes：A Scalable Event-Based Middleware. 2004.

[25] Bai Y. Efficiently filtering RFID data streams[C]//Proc Cleandb Workshop. 2006.

［26］　Perrochon L，Mann W，Kasriel S，et al. Event Mining with Event Processing Networks［J］. Springer-Verlag，2000.

［27］　孙利民，李建中，陈渝. 无线传感器网络［M］. 北京：清华大学出版社，2005.

［28］　J.M，Khan，R.H.Katz acm Fellow，K.S.J.Pister. Next Century Challenges：Mobile Networking for "Smart Dust"［J］. acm mobicom，1999.

［29］　I.F. Akyildiz，W. Su，Y. Sankarasubramaniam. Wireless sensor networks：a survey. Computer networks. 2002，38(4)：393-422.

［30］　朱向庆，王建明. ZigBee 协议网络层的研究与实现［J］. 电子技术应用，2006，32(1)：4.

［31］　D. Gay，P. Levis，R. Von Behren，et al. The nesC. Language：A Holistic Approach to Networked Embedded Systems［J］. ACM SIGPLAN Notices. 2003，38(5)：1-11.

［32］　P. Levis，S. Madden，J. Polastre，et al. TinyOS：An Operating System for Wireless Sensor Networks［J］. 2004.

［33］　樊宏. 沃尔玛的 RFID 时代［J］. 中国物流与采购，2006(13)：2.

［34］　陈滢，王庆波，金泽，等. 虚拟化与云计算［M］. 北京：电子工业出版社，2009.

［35］　祁伟，刘冰，路士华，等. 云计算：从基础架构到最佳实践［M］. 北京：清华大学出版社，2013.

［36］　IBM 云计算技术白皮书［EB/OL］. http://download.boulder.ibm.com/ibmdl/pub/software/ dw/ wes/hipods/Cloud_computing_wp_final_8Oct.pdf.

［37］　维基百科. http://en.wikipedia.org/wiki/Cloud_computing.

［38］　Gartner. http://www.gartner.com/technology/topics/cloud- computing.jsp.

［39］　Strachey C. Time sharing in Large Fast Computers［C］. Proceedings of IFIP Congress. 1959：336-341.

［40］　Ginsberg J，Mohebbi M H，Patel R S，et al. Detecting influenza epidemics using search engine query data［J］. Nature，2009，457(7232)：1012-1014.

［41］　Scherer M. Inside the Secret World of the Data Crunchers Who Helped Obama Win［J］. TIME，2012，42：8-13.

［42］　维克托·迈尔-舍恩伯格. 大数据时代［M］. 周涛，译.杭州：浙江人民出版社，2012.

［43］　Chui M，Brown B，Bughin J，et al. Big Data：The next frontier for innovation，competition，and productivity［R］. McKinsey Global Institute，2011.

［44］　Gantz J，Reinsel D. The Digital Universe in 2020：Big Data，Bigger Digital Shadows，and Biggest Growth in the Far East［J］，2012.

［45］　涂子沛. 大数据［M］. 桂林：广西师范大学出版社，2012.

［46］　艾伯特·拉斯洛·巴拉巴西. 爆发［M］. 马慧，译. 北京：中国人民大学出版社，2012.

［47］　腾讯科技讯. Twitter 消息成对冲基金经理预测股价走势利器［EB/OL］. http://finance.qq.com/ a/20110911/000849.htm.

［48］　赵国栋，易欢欢，糜万军，等. 大数据时代的历史机遇：产业变革与数据科学［M］. 北京：清华大学出版社，2013.

［49］　IBM 大数据软件正在颠覆脑损伤治疗［EB/OL］. http://www.sootoo.com/content/404510.shtml.

［50］　郭昕，孟晔. 大数据的力量［M］. 北京：机械工业出版社，2013.

［51］　贞元. 亚马逊——大数据时代的广告新玩法［EB/OL］. http://zhenyuan.baijia .baidu.com/a-rticle/189-57.

［52］　吴忠，丁绪武. 大数据时代下的管理模式创新［J］. 企业管理，2013(10)：35-37.

[53] Walters D, Lancaster G. Value and information—concepts and issues for management[J]. Management Decision, 1999, 37(8): 643-656.

[54] 冯芷艳, 郭迅华, 曾大军, 等. 大数据背景下商务管理研究若干前沿课题[J]. 管理科学学报, 2013 (01): 1-9.

[55] Ghemawat S, Gobioff H, Leung S T. The Google File System[C]//In Proceeding of International Conference on SOSP, 2003, 29-43.

[56] Fay Chang, Jeffrey Dean, Sanjay Ghemawat, et al. Bigtable: A Distributed Storage System for Structured Data[C]//In Proceeding of International Conference on OSDI, 2006: 205-218.

[57] Dean J and Ghemawat S. MapReduce: Simplified data processing on large clusters[C]//In Proceeding of International Conference on OSDI, 2004, 137-150.

[58] Xia B, Fan Y, Huang K. A Method for Predicting Perishing Services in a Service Ecosystem [C]//International Conference on Service Sciences (ICSS), Shenzhen, China, 2013.

[59] Huang K, Fan Y, Tan W, et al. Service Recommendation in an Evolving Ecosystem: A Link Prediction Approach [C]//IEEE 20th International Conference on Web Services (ICWS), Santa Clara, CA, 2013, 507-514.

[60] Huang K, Fan Y, Tan W. Recommendation in an Evolving Service Ecosystem Based on Network Prediction [J]. IEEE Transactions on Automation Science and Engineering, 2014, 11(3): 906-920.

[61] 王宏鼎, 童云海, 谭少华, 等. 异常点挖掘研究进展[J]. 智能系统学报, 2006(01): 67-73.

[62] 覃雄派, 王会举, 李芙蓉, 等. 数据管理技术的新格局[J]. 软件学报, 2013(02): 175-197.

[63] Turing A M. Computing machinery and intelligence [J]. Mind, 1905, 59: 433-460.

[64] Nils J. Nilsson. The Quest for Artificial Intelligence: A History of Ideas and Achievements[M]. Cambridge/New York: Cambridge University Press, 2010.

[65] Brooks R A. Intelligence without representation[J]. Artificial Intelligence, 1991, 47(1-3): 139-159.

[66] Brooks R. New Approach to Robotics[J]. Cambrian Intelligence the Early History of the New Ai, 1999: 4.

[67] Minsky M . Steps toward artificial intelligence[J]. Proceedings of the Ire, 1963, 49(1): 8-30.

[68] Shortliffe E H, Axline S G, Buchanan B G, et al. An artificial intelligence program to advise physicians regarding antimicrobial therapy[J]. Comput Biomed Res, 1973, 6(6): 544-560.

[69] Mccarthy J . Programs with common sense[C]//Symposium on Mechanization of Thought Processes. National Physical Laboratory, 1958.

[70] Kowalski, R . Logic for problem solving[J]. Elsevier North Holland, 1979.

[71] Genesereth, M. R, Ketchpel, S. P. Software agents[J]. Communications of the ACM, 1994.

[72] Waterman, D, Hayes-Roth, F. Pattern-Directed Inference Systems[M]. Academic Press, New York, 1978.

[73] Anderson, J. R. The Architecture of Cognition[M]. Cambridge: Harvard University Press, 1983.

[74] Brownston L, Farrell R, Kant E . Programming expert systems in OPS5 : an introduction torule-based programming. Addison-Wesley, 1985.

[75] Laird J E., Newell A, Rosenbloom P S. SOAR: An Architecture for General Intelligence. Artificial Intelligence [J]. Artificial Intelligence, 1987, 33(1): 1-64.

[76] Quillian M R. Semantic Memory[M]. MIT Press, 1968.

[77] Minsky M. A Framework for Representing Knowledge [J]. MIT-AI Laboratory Memo，1974.

[78] Bobrow D G，Winograd T. An Overview of KRL，a Knowledge Representation Language[J]. Cognitive Science，1977，1(1)：3-46.

[79] Sowa J F. Conceptual Structures：Information Processing in Mind and Machine[M]. Addison-Wesley Longman Publishing Co. Inc. 1984.

[80] Brachman R J，Schmolze J G. An overview of the KL-ONE Knowledge Representation System [J]. Cognitive Science，1985，9(2)：171-216.

[81] Lenat D B，Guha R V. Building Large Knowledge-Based Systems：Representation and Inference in the Cyc Project[C]//Workshop on Applying the Pro-cess Interchange Format to A Supply Chain Process Interoperability Scenario in A Gomez-perez & R Benjamins. 1990.

[82] 郑宇，张钧波.一张图解 AlphaGo 原理及弱点[EB/OL]. https://blog.csdn.net/wcx12932963-15/article/details/81106299.

[83] Silver D，Schrittwieser J，Simonyan K. et al. Mastering the game of Go without human knowledge. Nature 550，2017，354 - 359. https://doi.org/10.1038/nature24270.

[84] Pang-Ning Tan，Michael Steinbach，Vipin Kumar. 数据挖掘导论(完整版)[M]. 范明，范宏建，译. 北京：人民邮电出版社，2013.

[85] 韩力群. 人工神经网络理论、设计与应用[M]. 北京：化学工业出版社，2011.

[86] 赵庶旭，党建武，张振海，等. 神经网络-理论、技术、方法及应用[M]. 北京：中国铁道出版社，2013.

[87] 马锐. 人工神经网络原理[M]. 北京：机械工业出版社，2014.

[88] LeCun Y，Bengio Y. Convolutional Networks for Images，Speech，and Time-Series[J]. Handbook of Brain Theory & Neural Networks，1995.

[89] 清华大学，中国科技政策研究中心. 中国人工智能发展报告 2018[R]. 2018 年 7 月. http://www.clii.com.cn/lhrh/hyxx/201807/P020180724021759.pdf.

[90] Shu Liu，Lu Qi，Haifang Qin，et al. Path Aggregation Network for Instance Segmentation[J]. 2018 IEEE/CVF Conference on Computer Vision and Pattern Recognition (CVPR)，2018.

[91] Nikolaus K. Industry 4.0：Building the Nuts and Bolts of Self-Organizing Factories[J]. Siemens：Pictures of the Future，Spring，2013：19-22.

[92] 保障德国制造业的未来——关于实施工业 3.0 战略的建议. 中华人民共和国工业和信息化部国际经济技术合作中心编译，2013 .http://www.ccpitecc.com/document/books/catalog-10.pdf.

[93] 中华人民共和国科技部. 智能制造科技发展"十二五"专项规划[R]. http://www.most.gov-.cn/tztg/201204/W020120424327129213807.pdf.

[94] IMS2020 Roadmap：Supporting Global Research for IMS Vision.http://www.ims.org/2011/1-0/ims2020-supporting-global-research-for-ims-vision/.

[95] Geyer. The challenge of sustainable manufacturing-four scenarios 2015-2020. http://www.ifz.tugraz.at/Archiv/International-Summer-Academy-on-Technology-Studies/Proceedings-2003.

[96] 刘建国. 现代制造服务业发展模式与实施策略[J].商业经济，2012(5)：56-57,100.

[97] 祁国宁. 制造服务背景内涵和技术体系，"2008 制造业信息化科技工程——现代制造服务业专题工作研讨会"大会报告[R]. 2008-11-26.

[98] 祁国宁. 四大压力催生制造服务[J]. 中国制造业信息化，2009(1)：14-15.

[99] 张旭梅，郭佳荣，张乐乐，等.现代制造服务的内涵及其运营模式研究[J].科技管理研究，2009(9)：227-229.

[100] 李刚,孙林岩,李健.服务型制造的起源、概念和价值创造机理[J].科技进步与对策,2009,26(13):68-72.

[101] 李浩,顾新建,祁国宁,等.现代制造服务业的发展模式及中国的发展策略[J].中国机械工程,2012,23(7):798-809.

[102] 李伯虎,张霖,任磊,等.再论云制造[J].计算机集成制造系统,2011,17(3):449-457.

[103] 孙林岩,李刚,江志斌,等.21世纪的先进制造模式——服务型制造[J].中国机械工程,2007,18(19):2307-2312.

[104] 陶飞,张霖,郭华,等.云制造特征及云服务组合关键问题研究[J].计算机集成制造系统,2011,17(3):477-486.

[105] 唐文龙.卡特彼勒:机械制造巨头的服务转型[J].销售与市场,2010(10):4.

[106] 中国智能城市建设与推进战略研究项目组.中国智能制造与设计发展战略研究[M].杭州:浙江大学出版社,2016.

[107] 尹超,黄必清,刘飞,等.中小企业云制造服务平台共性关键技术体系[J].计算机集成制造系统,2011,17(3):495-503.

[108] 李瑞芳,刘泉,徐文君.云制造装备资源感知与接入适配技术[J].计算机集成制造系统,2012,18(7):7.

[109] 吴雪娇,柳先辉.基于语义的云制造服务描述[J].计算机与现代化,2012(1):40-43.

[110] 任磊,张霖,张雅彬,等.云制造资源虚拟化研究[J].计算机集成制造系统,2011,17(3):511-518.

[111] 孟祥旭,刘士军,武蕾,等.云制造模式与支撑技术[J].山东大学学报:工学版,2011,41(5):13-20.

[112] 中国政府网.国务院关于印发《中国制造2025》的通知.http://www.gov.cn/zhengce/conte-nt/2015-05/19/content_9784.htm.2015-05-19.

[113] 黎丽,谢伟,魏书传,等.中国制造2025[J].金融经济,2015,13(No.190):10.

[114] 李培根.中国制造2025[J].广东科技,2016,25(17):4.

[115] 晓宇.《中国制造2025》落地提速五大工程"施工图"出炉[J].经济研究参考,2016(60):21.

[116] 伊然.工信部:积极推进"中国制造2025"五大工程[J].工程机械,2016(6):59.

[117] 铁隆正.工业4.0环境下的人机协作机器人[J].电气时代,2015(47):88-89.

[118] 丁纯,李君扬.德国"工业4.0":内容、动因与前景及其启示[J].德国研究,2014(4):49-66.

[119] 李金华.德国"工业4.0"与"中国制造2025"的比较及启示[J].中国地质大学学报:社会科学版,2015,015(005):71-79.

[120] 工业和信息化部.关于印发《工业互联网创新发展行动计划(2021-2023年)》的通知.https://www.miit.gov.cn/jgsj/xgj/gzdt/art/2021/art_ecb6ec1ddbf748eebe05ac69c086339d.html.2021-01-13.

[121] 杨家荣.工业互联网的发展现状与展望[J].上海电气技术,2020,13(3):63-67.

[122] 工业互联网产业联盟.工业互联网平台白皮书[R].北京:中国信息通信研究院,2017.

[123] 尹超.工业互联网的内涵及其发展[J].电信工程技术与标准化,2017,30(6):1-6.

[124] 庄存波,刘检华,隋秀凤,等.工业互联网推动离散制造业转型升级的发展现状、技术体系及应用挑战[J].计算机集成制造系统,2019,25(12):3061-3069.

[125] 张婉宁.工业互联网在美国中西部的发展情况及启示[J].全球科技经济瞭望,2019,34(7):28-31.

[126] 刘中土.工业互联网在我国的发展现状、趋势和机遇[J].现代商贸工业,2020,41(36):143-144.

[127] 张婷玉,崔日明.美国"再工业化"战略实施效果评析与启示[J].世界贸易组织动态与研究:上海

贸易学院学报，2013，（6）：75-83.

王聪.基于海洋工程的装备及高技术船舶发展分析[J].化工管理,2019,（13）：185-186.

[129] 王洋.基于海洋工程装备及高技术船舶的发展分析[J].船舶物资与市场,2020,（2）：65-66.

[130] 李春霞.美欧"再工业化"效果初现[J].中国工人,2013(4)：53.

[131] 郝洁.法国当前宏观经济形势及 G20 框架下中法合作建议[J].中国经贸导刊,2016,（18）：43-44.

[132] 宾建成,李德祥.法国"再工业化"战略及对我国外经贸的影响分析[J].湖湘论坛,2014(2)：52-56.

[133] 韩冰,应强.法国以"未来工业"为核心振兴制造业[J].半月谈,2017,（6）：90-91.

[134] 周济.智能制造——"中国制造 2025"的主攻方向[J].中国机械工程,2015,26（17）：2273-2284.

[135] 李永红,王晟.互联网驱动智能制造的机理与路径研究——对中国制造 2025 的思考[J].科技进步与对策,2017,34(16)：56-61.

[136] 延建林,孔德婧.解析"工业互联网"与"工业 4.0"及其对中国制造业发展的启示[J].中国工程科学,2015,17(07)：141-144.

[137] 杜传忠,金文翰.美国工业互联网发展经验及其对中国的借鉴[J].太平洋学报,2020（7）：80-93.

[138] 董悦,王志勤,田慧蓉,等.工业互联网安全技术发展研究[J].中国工程科学,2021,23(2)：65-73.

[139] 张合伟,段国林.基于微笑曲线理论视角下的工业 4.0[J].制造技术与机床,2016(09)：21-23.

[140] 杨帅.工业 4.0 与工业互联网：比较、启示与应对策略[J].当代财经,2015,（8）：99-107.

[141] 王茹.德国工业 4.0 的优势、挑战与启示[J].经济研究参考,2016,（51）：3-6,39.

[142] 王媛媛.日本智能制造发展战略分析[J].亚太经济,2019(2)：94-100.

[143] 李颖.日本构建智能制造生态系统的战略举措[J].中国工业和信息化,2018,（8）：56-60.

[144] 宋慧欣.从 Smart 到 Intelligent,烟草行业智能制造任重而道远[J].自动化博览,2016,（6）：78-81.

[145] 李奇颖,赵阳,阿孜古丽·吾拉木,等.卷烟制造工业互联网平台建设与应用[J].计算机集成制造系统,2020,26(12)：3427-3434.

[146] 宋紫峰,高庆鹏.德国工业 4.0 新进展及对我国的启示[J].政策瞭望,2017(09)：51-53.

[147] 沈忠浩.从博世看工业 4.0 日益具像化[N].经济参考报,2016-03-16(006).

[148] 钱丽娜.博世 4.0 工厂[J].商学院,2015(06)：66-66.

[149] 于璇.博世,工业 4.0 的践行者与供应商[J].电器,2018(01)：62-63.

[150] 洪虹.博世工业 4.0 解决方案助力《中国制造 2025》[J].商用汽车,2016(01)：86-88.

[151] 国务院发展研究中心"德国工业 4.0 在中国的创新与应用"课题组,李伟,隆国强,赵昌文,宋紫峰.对德国工业 4.0 的几点新认识[J].中国发展观察,2016(10)：56-57.

[152] SEW 将工业 4.0 付诸现实[J].起重运输机械,2018(05)：25.

[153] 赵皎云.SEW 苏州电机工厂的物流智能化升级[J].物流技术与应用,2018,23(05)：96-100.

[154] 谭弘颖,刘艳.华中数控"智能制造人才培养研讨会"在佛山举行[J].制造技术与机床,2016(03)：12-14.

[155] 华中数控携手劲胜精密建设的 3C 制造智能工厂迎来视察[J].制造技术与机床,2016(02)：3.

[156] 华中数控与东莞劲胜合作参加 CIIF201[J].制造技术与机床,2015(12)：160.

[157] 杨鹏.论智能制造的发展与智能工厂的实践[J].现代工业经济和信息化,2019,9(12)：13-14.

[158] 陈良元.卷烟生产工艺技术[M].郑州：河南科学技术出版社,2002.

[159] 林天勤,钟文焱,郭剑华,等.滚筒烘丝机烟丝含水率控制系统的改进[J].烟草科技,2013(12)：14-16.

[160] 任正云，晏小平，方维岚，等. 烘丝过程烟丝含水率的 MFA 控制[J].烟草科技，2005（06）：10-15.

[161] 薛美盛，石海健，吴刚，等. 烟丝处理过程的广义预测控制[J].自动化仪表，2001（12）：51-53,55.

[162] 徐俊山. 预测 PID 控制理论及其在烘丝机中的应用[D]. 上海大学，2007.

[163] 何伟，陈晓杜，李甘添，等. 烘丝入口水分对烘丝出口水分影响分析[J].安徽农学通报，2015，21（01）：91-92.

[164] 钟文焱，陈晓杜，马庆文，等. 基于多因素分析的烘丝机入口含水率预测模型的建立与应用[J].烟草科技，2015，48(05)：67-73.

[165] 何晓群. 多元统计分析[M]. 中国人民大学出版社，2011.

[166] 张龙根. 卷烟理化参数与烟气焦油量的回归分析研究[C]//上海市烟草学会年会，2004.

[167] 伍胜健. 数据分析(第三册)[M].北京大学出版社，2016.

[168] 郑晗，张莹，李赓，等. 烟支燃烧温度影响因素的多因素方差与逐步回归分析[J]. 中国烟草学报，2016，22(05)：26-32.

[169] 张文彤. SPSS 统计分析基础教程[M]. 高等教育出版社，2011.

[170] 李萍，曾令可，税安泽，等. 基于 MATLAB 的 BP 神经网络预测系统的设计[J]. 计算机应用与软件，2008(04)：149-150，184.

[171] 王俊松. 基于 Elman 神经网络的网络流量建模及预测[J].计算机工程，2009，35（9）：190-191.

[172] 钱家忠，吕纯，赵卫东等. Elman 与 BP 神经网络在矿井水源判别中的应用[J]. 系统工程理论与实践，2010,30(1)：145-150.

[173] 周云龙，陈飞，刘川，等. 基于图像处理和 Elman 神经网络的气液两相流流型识别[J].中国电机工程学报，2007，27(29)：108-112.

[174] 王宏伟，杨先一，金文标，等. 基于 Elman 网络的时延预测及其改进[J].计算机工程与应用，2008，44(6)：136-138.

[175] 范燕，申东日，陈义俊，等. 基于改进 Elman 神经网络的非线性预测控制[J]. 河南科技大学学报(自然科学版)，2007，28(1)：41-45.

[176] 史峰，王辉，郁磊，等. Matlab 智能算法 30 个案例分析[M]. 北京：北京航空航天出版社，2013.

[100] 李刚,孙林岩,李健.服务型制造的起源、概念和价值创造机理[J].科技进步与对策,2009,26(13):68-72.

[101] 李浩,顾新建,祁国宁,等.现代制造服务业的发展模式及中国的发展策略[J].中国机械工程,2012,23(7):798-809.

[102] 李伯虎,张霖,任磊,等.再论云制造[J].计算机集成制造系统,2011,17(3):449-457.

[103] 孙林岩,李刚,江志斌,等.21世纪的先进制造模式——服务型制造[J].中国机械工程,2007,18(19):2307-2312.

[104] 陶飞,张霖,郭华,等.云制造特征及云服务组合关键问题研究[J].计算机集成制造系统,2011,17(3):477-486.

[105] 唐文龙.卡特彼勒:机械制造巨头的服务转型[J].销售与市场,2010(10):4.

[106] 中国智能城市建设与推进战略研究项目组.中国智能制造与设计发展战略研究[M].杭州:浙江大学出版社,2016.

[107] 尹超,黄必清,刘飞,等.中小企业云制造服务平台共性关键技术体系[J].计算机集成制造系统,2011,17(3):495-503.

[108] 李瑞芳,刘泉,徐文君.云制造装备资源感知与接入适配技术[J].计算机集成制造系统,2012,18(7):7.

[109] 吴雪娇,柳先辉.基于语义的云制造服务描述[J].计算机与现代化,2012(1):40-43.

[110] 任磊,张霖,张雅彬,等.云制造资源虚拟化研究[J].计算机集成制造系统,2011,17(3):511-518.

[111] 孟祥旭,刘士军,武蕾,等.云制造模式与支撑技术[J].山东大学学报:工学版,2011,41(5):13-20.

[112] 中国政府网.国务院关于印发《中国制造2025》的通知.http://www.gov.cn/zhengce/conte-nt/2015-05/19/content_9784.htm.2015-05-19.

[113] 黎丽,谢伟,魏书传,等.中国制造2025[J].金融经济,2015,13(No.190):10.

[114] 李培根.中国制造2025[J].广东科技,2016,25(17):4.

[115] 晓宇.《中国制造2025》落地提速五大工程"施工图"出炉[J].经济研究参考,2016(60):21.

[116] 伊然.工信部:积极推进"中国制造2025"五大工程[J].工程机械,2016(6):59.

[117] 铁隆正.工业4.0环境下的人机协作机器人[J].电气时代,2015(47):88-89.

[118] 丁纯,李君扬.德国"工业4.0":内容、动因与前景及其启示[J].德国研究,2014(4):49-66.

[119] 李金华.德国"工业4.0"与"中国制造2025"的比较及启示[J].中国地质大学学报:社会科学版,2015,015(005):71-79.

[120] 工业和信息化部.关于印发《工业互联网创新发展行动计划（2021-2023年）》的通知.https://www.miit.gov.cn/jgsj/xgj/gzdt/art/2021/art_ecb6ec1ddbf748eebe05ac69c086339d.html.2021-01-13.

[121] 杨家荣.工业互联网的发展现状与展望[J].上海电气技术,2020,13(3):63-67.

[122] 工业互联网产业联盟.工业互联网平台白皮书[R].北京:中国信息通信研究院,2017.

[123] 尹超.工业互联网的内涵及其发展[J].电信工程技术与标准化,2017,30(6):1-6.

[124] 庄存波,刘检华,隋秀峰,等.工业互联网推动离散制造业转型升级的发展现状、技术体系及应用挑战[J].计算机集成制造系统,2019,25(12):3061-3069.

[125] 张婉宁.工业互联网在美国中西部的发展情况及启示[J].全球科技经济瞭望,2019,34(7):28-31.

[126] 刘中土.工业互联网在我国的发展现状、趋势和机遇[J].现代商贸工业,2020,41(36):143-144.

[127] 张婷玉,崔日明.美国"再工业化"战略实施效果评析与启示[J].世界贸易组织动态与研究:上海

对外贸易学院学报，2013，(6)：75-83.

[128] 王聪.基于海洋工程的装备及高技术船舶发展分析[J].化工管理，2019，(13)：185-186.

[129] 王洋.基于海洋工程装备及高技术船舶的发展分析[J].船舶物资与市场，2020，(2)：65-66.

[130] 李春霞.美欧"再工业化"效果初现[J].中国工人，2013(4)：53.

[131] 郝洁.法国当前宏观经济形势及G20框架下中法合作建议[J].中国经贸导刊，2016，(18)：43-44.

[132] 宾建成，李德祥.法国"再工业化"战略及对我国外经贸的影响分析[J].湘潭论坛，2014(2)：52-56.

[133] 韩冰，应强.法国以"未来工业"为核心振兴制造业[J].半月谈，2017，(6)：90-91.

[134] 周济.智能制造——"中国制造2025"的主攻方向[J].中国机械工程，2015，26(17)：2273-2284.

[135] 李永红，王晟.互联网驱动智能制造的机理与路径研究——对中国制造2025的思考[J].科技进步与对策，2017，34(16)：56-61.

[136] 延建林，孔德婧.解析"工业互联网"与"工业4.0"及其对中国制造业发展的启示[J].中国工程科学，2015，17(07)：141-144.

[137] 杜传忠，金文翰.美国工业互联网发展经验及其对中国的借鉴[J].太平洋学报，2020(7)：80-93.

[138] 董悦，王志勤，田慧蓉，等.工业互联网安全技术发展研究[J].中国工程科学，2021，23(2)：65-73.

[139] 张合伟，段国林.基于微笑曲线理论视角下的工业4.0[J].制造技术与机床，2016(09)：21-23.

[140] 杨帅.工业4.0与工业互联网：比较、启示与应对策略[J].当代财经，2015，(8)：99-107.

[141] 王茹.德国工业4.0的优势、挑战与启示[J].经济研究参考，2016，(51)：3-6，39.

[142] 王媛媛.日本智能制造发展战略分析[J].亚太经济，2019(2)：94-100.

[143] 李颖.日本构建智能制造生态系统的战略举措[J].中国工业和信息化，2018，(8)：56-60.

[144] 宋慧欣.从Smart到Intelligent，烟草行业智能制造任重而道远[J].自动化博览，2016，(6)：78-81.

[145] 李奇颖，赵阳，阿孜古丽·吾拉木，等.卷烟制造工业互联网平台建设与应用[J].计算机集成制造系统，2020，26(12)：3427-3434.

[146] 宋紫峰，高庆鹏.德国工业4.0新进展及对我国的启示[J].政策瞭望，2017(09)：51-53.

[147] 沈忠浩.从博世看工业4.0日益具像化[N].经济参考报，2016-03-16(006).

[148] 钱丽娜.博世4.0工厂[J].商学院，2015(06)：66-66.

[149] 于璇.博世，工业4.0的践行者与供应商[J].电器，2018(01)：62-63.

[150] 洪虹.博世工业4.0解决方案助力《中国制造2025》[J].商用汽车，2016(01)：86-88.

[151] 国务院发展研究中心"德国工业4.0在中国的创新与应用"课题组，李伟，隆国强，赵昌文，宋紫峰.对德国工业4.0的几点新认识[J].中国发展观察，2016(10)：56-57.

[152] SEW将工业4.0付诸现实[J].起重运输机械，2018(05)：25.

[153] 赵佼云.SEW苏州电机工厂的物流智能化升级[J].物流技术与应用，2018，23(05)：96-100.

[154] 谭弘颖，刘艳.华中数控"智能制造人才培养研讨会"在佛山举行[J].制造技术与机床，2016(03)：12-14.

[155] 华中数控携手劲胜精密建设的3C制造智能工厂迎来视察[J].制造技术与机床，2016(02)：3.

[156] 华中数控与东莞劲胜合作参加CIIF201[J].制造技术与机床，2015(12)：160.

[157] 杨鹏.论智能制造的发展与智能工厂的实践[J].现代工业经济和信息化，2019，9(12)：13-14.

[158] 陈良元.卷烟生产工艺技术[M].郑州：河南科学技术出版社，2002.

[159] 林天勤，钟文焱，郭剑华，等.滚筒烘丝机烟丝含水率控制系统的改进[J].烟草科技，2013(12)：14-16.

[160] 任正云，晏小平，方维岚，等. 烘丝过程烟丝含水率的 MFA 控制[J].烟草科技，2005（06）：10-15.

[161] 薛美盛，石海健，吴刚，等. 烟丝处理过程的广义预测控制[J].自动化仪表，2001（12）：51-53,55.

[162] 徐俊山. 预测 PID 控制理论及其在烘丝机中的应用[D]. 上海大学，2007.

[163] 何伟，陈晓杜，李甘添，等. 烘丝入口水分对烘丝出口水分影响分析[J].安徽农学通报，2015，21（01）：91-92.

[164] 钟文焱，陈晓杜，马庆文，等. 基于多因素分析的烘丝机入口含水率预测模型的建立与应用[J].烟草科技，2015，48(05)：67-73.

[165] 何晓群. 多元统计分析[M]. 中国人民大学出版社，2011.

[166] 张龙根. 卷烟理化参数与烟气焦油量的回归分析研究[C]//上海市烟草学会年会，2004.

[167] 伍胜健. 数据分析(第三册)[M].北京大学出版社，2016.

[168] 郑晗，张莹，李赓，等. 烟支燃烧温度影响因素的多因素方差与逐步回归分析[J]. 中国烟草学报，2016，22(05)：26-32.

[169] 张文彤. SPSS 统计分析基础教程[M]. 高等教育出版社，2011.

[170] 李萍，曾令可，税安泽，等. 基于 MATLAB 的 BP 神经网络预测系统的设计[J]. 计算机应用与软件，2008(04)：149-150，184.

[171] 王俊松. 基于 Elman 神经网络的网络流量建模及预测[J].计算机工程，2009，35（9）：190-191.

[172] 钱家忠，吕纯，赵卫东等. Elman 与 BP 神经网络在矿井水源判别中的应用[J]. 系统工程理论与实践，2010,30(1)：145-150.

[173] 周云龙，陈飞，刘川，等. 基于图像处理和 Elman 神经网络的气液两相流流型识别[J].中国电机工程学报，2007，27(29)：108-112.

[174] 王宏伟，杨先一，金文标，等. 基于 Elman 网络的时延预测及其改进[J].计算机工程与应用，2008，44(6)：136-138.

[175] 范燕，申东日，陈义俊，等. 基于改进 Elman 神经网络的非线性预测控制[J]. 河南科技大学学报(自然科学版)，2007，28(1)：41-45.

[176] 史峰，工辉，郁磊，等. Matlab 智能算法 30 个案例分析[M]. 北京：北京航空航天出版社，2013.